课堂实录

程朝斌　张水波 / 编著

Oracle 数据库应用
课堂实录

清华大学出版社
北 京

内容简介

本书结合教学的特点编写，将 Oracle 11g 数据库以课程的形式讲解。全书共分为 17 课，从初学者的角度出发，使用通俗易懂的语言详细介绍了 Oracle 11g 数据库。包括 Oracle 11g 的安装和配置、Oracle 11g 数据库体系结构、系统文件、管理表空间、创建表、使用约束和视图、数据查询、PL/SQL 条件和循环语句、Oracle 系统函数、视图和索引、存储过程、触发器、临时表、数据的导出和导入，用户、权限和角色等。最后通过银行系统的数据库设计讲解 Oracle 11g 的实际应用，包括系统需求分析、创建数据库和表、测试存储过程和触发器等内容。

本书既可以作为在校大学生学习使用 Oracle 11g 数据库进行课程设计的参考资料，也可以作为非计算机专业学生学习 Oracle 11g 的参考书。

图书在版编目（CIP）数据

Oracle 数据库应用课堂实录/程朝斌，张水波编著. —北京：清华大学出版社，2016
（课堂实录）
ISBN 978-7-302-40397-5

Ⅰ. ①O…　Ⅱ. ①程…　②张…　Ⅲ. ①关系数据库系统　Ⅳ. ①TP311.138

中国版本图书馆 CIP 数据核字（2015）第 122769 号

责任编辑：夏兆彦
封面设计：张　阳
责任校对：徐俊伟
责任印制：沈　露

出版发行：清华大学出版社
　　　　网　　　址：http://www.tup.com.cn, http://www.wqbook.com
　　　　地　　　址：北京清华大学学研大厦 A 座　　　邮　　编：100084
　　　　社 总 机：010-62770175　　　　　　邮　　购：010-62786544
　　　　投稿与读者服务：010-62776969，c-service@tup.tsinghua.edu.cn
　　　　质量反馈：010-62772015，zhiliang@tup.tsinghua.edu.cn
印 装 者：三河市金元印装有限公司
经　　销：全国新华书店
开　　本：190mm×260mm　　印　张：30.75　　　字　　数：871 千字
版　　次：2016 年 2 月第 1 版　　　　　　印　　次：2016 年 2 月第 1 次印刷
印　　数：1～3000
定　　价：79.00 元

产品编号：051669-01

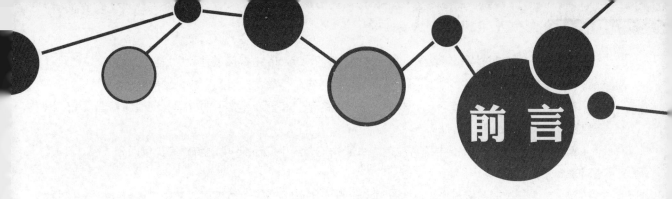

前　言

　　Oracle 数据库作为世界范围内性能最优的数据库系统之一，它在国内数据库市场的占有率远远超过其对手，始终处于数据库领域的领先位置。特别是 Oracle 11g 版本，它既是 Oracle 产品历经 30 年的产物，也是当前企业级开发的首选。Oracle 11g 解决了很多人们关心的问题，提供了一个能帮助企业不断前进的数据库，可以为企业解决数据爆炸和数据驱动应用提供有力的技术支撑。

　　本书以 Oracle 11g 为例，以简明易懂的编写风格介绍了 Oracle 中常用的知识点，非常适合学习 Oracle 的入门书籍，也可以作为培训学校的参考教材。

本书内容

　　全书共分为 17 课，主要内容如下。

　　第 1 课　关系数据库和 Oracle 11g。本课从数据库的概念开始介绍，进而讲解关系数据库的简介及其术语，还介绍了规范关系和数据库建模的方法。然后从 Oracle 的发展史开始，详细介绍 Oracle 11g 的安装及检查。

　　第 2 课　认识 Oracle 体系结构。本课详细阐述了 Oracle 的内部体系结构，分别是：应用结构、物理存储结构、逻辑存储结构、进程结构和内存结构。

　　第 3 课　Oracle 管理工具。本课详细介绍了随安装程序一起安装的数据库管理工具，包括基于 Web 的管理器 OEM、客户端工具 SQL Plus 和 SQL Developer，以及网络管理的相关工具。

　　第 4 课　Oracle 控制文件和日志文件。本课详细介绍了 Oracle 中控制文件和日志文件的管理，包括这两种文件的创建、信息查看以及删除等操作，最后简单介绍了归档日志的作用。

　　第 5 课　表空间。本课对 Oracle 表空间进行详细讲解，包括各种类型表空间的创建、修改、切换和管理等操作。

　　第 6 课　管理表。本课详细介绍创建表和修改表的方法，为表定义完整性约束以及分析表的操作。

　　第 7 课　使用 SELECT 检索语句。本课详细介绍了查询数据表中数据的方法，包括查询指定列、为列指定别名、查询指定比较或者范围条件，排序或者分组，以及子查询。

　　第 8 课　高级查询。本课将详细介绍了多表之间复杂数据查询方法，如查询多表、使用内连接、外连接、自连接以及交叉查询等。

　　第 9 课　使用 DML 语句修改数据表数据。本课详细介绍了 DML 语句中 INSERT、UPDATE、DELETE、MERGE 语句的基本语法和用法。

　　第 10 课　PL/SQL 编程基础。本课详细介绍了 PL/SQL 语言中的常量、变量的声明和使用，流程控制语句的应用，复合变量的用法，以及游标和游标变量的使用。

　　第 11 课　PL/SQL 实用编程。本课详细介绍了 PL/SQL 语言的应用，如使用字符和日期函数、创建自定义函数、数据库事务、程序包以及集合的使用。

第 12 课　存储过程和触发器。本课详细介绍了 Oracle 中存储过程和触发器的使用，如创建存储过程、使用存储的参数、触发器的基本操作、语句和行触发器以及系统触发器等。

第 13 课　管理数据库对象。本课讲解视图的创建和更新、索引的类型、创建和管理索引，以及序列和同义词的使用。

第 14 课　管理 Oracle 中的特殊表。本课详细介绍了 Oracle 中的特殊表，包括分区表、簇表、临时表和外部表。

第 15 课　数据备份与恢复。本课详细介绍了 EXP、IMP、数据泵以及脱机或者联机方式对数据库进行备份和恢复。

第 16 课　数据库安全。本课介绍了用户的创建与管理，用户配置文件的定义，Oracle 中的权限，以及角色的创建与管理。

第 17 课　模拟银行储蓄系统。本课使用 Oracle 设计并实现一个模拟的银行储蓄系统，主要包括开户、存款、取现、查询余额、转账、查询交易记录、挂失和激活等几项功能。

本书特色

本书主要是针对初学者或中级读者量身订做的，全书以课堂课程学习的方式，由浅入深地讲解 Oracle 11g 数据库。并且全书突出了开发时重要的知识点，知识点并配以案例讲解，充分体现理论与实践相结合。

❏ 结构独特

全书以课程为学习单元，每课安排基础知识讲解、实例应用、拓展训练和课后练习 4 个部分讲解 Oracle 11g 技术相关的数据库知识。

❏ 知识全面

本书紧紧围绕 Oracle 11g 数据库展开讲解，具有很强的逻辑性和系统性。

❏ 实例丰富

书中各实例均经过作者精心设计和挑选，它们都是根据作者在实际开发中的经验总结而来，涵盖了在实际开发中所遇到的各种场景。

❏ 应用广泛

对于精选案例，给定详细步骤、结构清晰简明，分析深入浅出，而且有些程序能够直接在项目中使用，避免读者进行二次开发。

❏ 基于理论，注重实践

在讲述过程中，不仅只介绍理论知识，而且在合适位置安排综合应用实例或者小型应用程序，将理论应用到实践当中来加强读者实际应用能力，巩固开发基础和知识。

❏ 视频教学

本书为实例配备了视频教学文件，读者可以通过视频文件更加直观地学习 Oracle 11g 的使用知识。所有视频教学文件均已上传到 www.ztydata.com.cn，读者可自行下载。

❏ 网站技术支持

读者在学习或者工作的过程中，如果遇到实际问题，可以直接登录 www.itzcn.com 与我们取得联系，作者会在第一时间给予帮助。

读者对象

本书适合作为软件开发入门者的自学用书，也适合作为高等院校相关专业的教学参考书，还可供开发人员查阅和参考。

❏ Oracle 11g 数据库入门者。

❏ 各大中专院校的在校学生和相关授课老师。

❏ 准备从事数据库管理的人员。

除了封面署名人员之外，参与本书编写的人员还有李海庆、王咏梅、康显丽、王黎、汤莉、倪宝童、赵俊昌、方宁、郭晓俊、杨宁宁、王健、连彩霞、丁国庆、牛红惠、石磊、王慧、李卫平、张丽莉、王丹花、王超英、王新伟等。本书在编写过程中难免会有漏洞，欢迎读者通过清华大学出版社网站 www.tup.tsinghua.edu.cn 与我们联系，帮助我们改正提高。

编者

目录

第 6 课　管理表

第 7 课　使用 SELECT 检索语句

第 8 课　高级查询

第 9 课　使用 DML 语句修改数据表数据

第 15 课　数据备份与恢复

第 16 课　数据库安全

第 17 课　模拟银行储蓄系统

习题答案

第 1 课
关系数据库和 Oracle 11g

随着互联网的迅速发展，大量信息的产生、处理、存储和传播对数据库的需求越来越高。Oracle 作为关系数据库管理系统之一，以其安全性、完整性和稳定性的特点在市场占有绝对的优势，成为应用最广泛的数据库产品。特别是 Oracle 11g 的出现，增加了 400 多项功能，从而使 Oracle 变得更加可靠。

本课从数据库的概念开始介绍，进而讲解关系数据库的简介及其术语，还介绍了规范关系和数据库建模的方法，然后从 Oracle 的发展史开始，详细介绍 Oracle 11g 的安装及检查。

本课学习目标：

❏ 理解数据和数据库的概念
❏ 了解数据库模型的演变以及关系数据库的概念
❏ 熟悉关系数据库的常用术语
❏ 掌握三大范式规范数据的方法
❏ 熟悉 E-R 图的绘制及转换方法
❏ 了解 Oracle 11g 的发展过程及新增特性
❏ 掌握 Windows 下 Oracle 11g 的安装
❏ 掌握查看 Oracle 服务的方法
❏ 掌握 Oracle 用户解锁的方法

1.1 数据库简介

介绍关系数据库和 Oracle 的内容之前，本节首先向读者阐述数据和数据库的概念、数据库的发展过程，以及数据库模型的演变。

■ 1.1.1 什么是数据和数据库

数据（Data）最简单的定义是描述事物的标记符号。例如，一支铅笔的长度数据是 21 厘米，一本书的页数数据是 389 页等。在我们的日常生活中数据无处不在，像一串数字、一段文字、一个图表、一张图片，甚至一种感觉等都是数据。

在计算机处理数据时，会将与事物特征相关的标记组成一个记录来描述。例如，在学生管理系统中，对于感兴趣的学生信息是学生编号、学生姓名、所在班级、所学专业等，那么我们就可以用下列方式来描述这组信息：

（1001，祝红涛，商务1201，电子商务）

所以上述的数据就组成了学生信息。而对于上述的数据，了解其含义的人就会得到如下解释：

学号为1001的学生祝红涛就读于电子商务专业的商务1201班

但是不了解上述语句的人则无法解释其含义。可见，数据的形式并不能完全表达其含义，这就需要对数据进行解释。所以数据和关于数据的解释是不可分的，数据的解释是指对数据含义的说明，数据的含义称为数据的语义，数据与语义是不可分的。

所谓数据库（Database，简称 DB）是指存放数据的仓库。只不过这个仓库是在计算机存储设备上，而且数据是按一定的格式存放的。人们收集并抽取出一个应用所需要的大量数据之后，应将其保存以供进一步加工处理，进一步抽取有用信息。在科学技术飞速发展的今天，人们的视野越来越广，数据量急剧增加。过去人们把数据存放在文件柜里，现在人们借助计算机和数据库技术科学地保存和管理大量的复杂的数据，以便能方便而充分地利用这些宝贵的信息资源。

1.1.2 数据库发展史

数据库技术从诞生至今的半个多世纪中，已经形成了系统而全面的理论基础，在当今信息多元化的时代，逐渐成为计算机软件的核心技术，并拥有了广泛的应用领域。

数据库（Database）并不是与计算机的产生同时出现的，而是随着计算机技术的发展而产生的。数据库起源于 20 世纪 50 年代，美国为了战争的需要，把收集到的情报集中存储在计算机中，在 20 世纪 60 年代由美国系统发展公司为美国海军基地研制数据中首次引用了 Database 这个词，数据库技术便逐渐的发展起来。

1. 萌芽阶段

1963 年，C.W. Bachman 设计开发的 IDS（Integrate Data Store）系统投入运行，揭开了数据库技术的序幕。

1969 年，IBM 公司开发的层次结构数据模型的 IMS 系统发行，把数据库技术应用到了软件中。

1969 年 10 月，CODASYL 数据库研制者提出了网络模型数据库系统规范报告 DBTG，使数据库系统开始走向规范化和标准化。

2. 发展阶段

20 世纪 70 年代便是数据技术蓬勃发展的时代，网状系统和层次系统占据了整个数据库的商用市场。20 世纪 80 年代关系数据库逐渐取代网状系统和层次系统，数据库技术日益成熟。

1970 年，IBM 公司 Sam Tose 研究试验室的研究员 E.F.Codd 发表了题为"大型共享数据库的数据关系模型"的论文，提出了数据库的关系模型，开创了数据库关系方法和关系数据理论的研究，为数据库技术奠定了理论基础。

1971 年，美国数据系统语言协会在正式发表的 DBTG 报告中，提出了三级抽象模式，即对应用程序所需的那部分数据结构描述的外模式，对整个客体系统数据结构描述的概念模式，对数据存储结构描述的内模式，解决了数据独立性的问题。

1974 年，IBM 公司 San Jose 研究所成功研制了关系数据库管理系统 System R，并投放到软件市场。从此，数据库系统的发展进入了关系型数据库系统时期。

1979 年，Oracle 公司引入了第一个商用 SQL 关系数据库管理系统。

1983 年，IBM 推出了 DB2 商业数据库产品。

1984 年，David Marer 所著的《关系数据库理论》一书，标志着数据库在理论上的成熟。

1985 年，为 Procter&Gamble 系统设计的第一个商务智能系统产生。标志着数据库技术已经走向成熟。

3. 成熟阶段

20 世纪 80 年代至今，数据库理论和应用进入成熟的发展时期。关系数据库成为数据库技术的主流，大量商品化的关系数据库系统问世并被广泛的推广使用。随着信息技术和市场的发展，人们发现关系型数据库系统虽然技术很成熟，但在有效支持应用和数据复杂性上的能力是受限制的。关系数据库原先依据的规范化设计方法，对于复杂事务处理数据库系统的设计和性能优化来说，已经无能为力。20 世纪 90 年代以后，技术界一直在研究和寻求适合的替代方案，即"后关系型数据库系统"。

1.1.3 数据库模型

根据具体数据存储需求的不同，数据库可以使用多种类型的系统模型（模型是指数据库管理系统中数据的存储结构），其中较为常见的有层次模型（Hierarchical Model）、网状模型（Network Model）和关系模型（Relation Model）三种。

1. 层次模型

层次型数据库使用结构模型作为自己的存储结构。这是一种树型结构，由结点和连线组成，其中结点表示实体，连线表示实体之间的关系。在这种存储结构中，数据将根据需要分别存储在不同的层次之下，如图 1-1 所示。

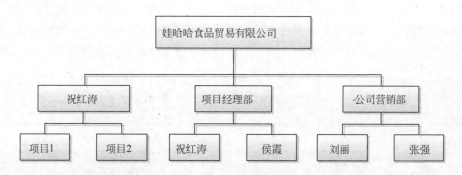

图 1-1　层次结构模型

从图 1-1 中可以看出，层次模型的优点是数据结构类似金字塔，不同层次之间的关联性直接而且简单；缺点是，由于数据纵向发展，横向关系难以建立，数据可能会重复出现，造成管理维护的不便。

2．网状模型

网状模型中数据记录将组成网中的节点，而记录和记录之间的关联组成节点之间的连线，从而构成了一个复杂的网状结构，如图1-2所示。

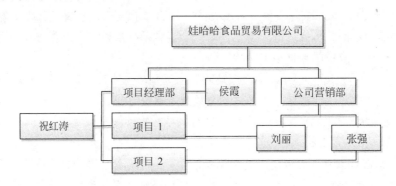

图1-2　网状结构模型

使用这种存储结构数据库的优点是它很容易地反映实体之间的关联，同时还避免了数据的重复性；缺点是这种关联错综复杂，而且当数据库逐渐增多时，将很难对结构中的关联进行维护。尤其是当数据库变得越来越大时，关联性的维护会非常复杂。

3．关系模型

关系型数据库就是基于关系模型的数据库，它使用的存储结构是多个二维表格。在每个二维表格中，每一行称为一条记录，用来描述一个对象的信息；每一列称为一个字段，用来描述对象的一个属性。数据表与数据表之间存在相应的关联，这些关联将被用来查询相关的数据，如图1-3所示。

员工数据表

编号	姓名	性别	职称
WHH1301	侯霞	女	经理
WHH1302	祝红涛	男	经理
WHH1303	刘丽	女	副经理
WHHI304	张强	男	主管

项目表

项目编号	项目名称	负责人
1	项目1	WHH1301
2	项目2	WHH1302

*此处使用员工编号关联员工数据表和项目表

图1-3　关系模型

从图1-3中可以看出使用这种模型的数据库优点是结构简单、格式惟一、理论基础严格，而且数据表之间相对独立，可以在不影响其他数据表的情况下进行数据的增加、修改和删除。在进行查询时，还可以根据数据表之间的关联性，从多个数据表中查询抽取相关的信息。

注意
> 关系存储结构是目前市场上使用最广泛的数据模型，使用这种存储结构的数据库管理系统很多，本书将详细介绍的Oracle就是使用这种存储结构。

1.2 关系数据库简介

目前，关系型数据库管理系统成为当今流行的数据库系统，各种实现方法和优化方法也比较完善。管理关系数据库的计算机软件称为关系数据库管理系统（Relational

Database Management System，RDBMS)。

1.2.1 什么是关系数据库

关系数据库是建立在关系模型基础上的数据库，是利用数据库进行数据组织的一种方式，是现代流行的数据管理系统中应用最为普遍的一种，也是最有效率的数据组织方式之一。

1. 关系数据库中的表

关系数据库是由数据表和数据表之间的关联组成的。其中数据表通常是由行和列组成的二维表，每一个数据表都说明数据库中某一特定的对象及其属性。数据表中的行通常叫做记录或元组，它代表众多具有相同属性的对象中的一个；数据库表中的列通常叫字段或属性，它代表相应数据库表中存储对象共有的属性。如图 1-4 是某学校的学生信息表。

学号	姓名	性别	出生日期	民族	政治面貌	所在班级编号
AYS200301	王晶	女	1990-08-05	汉	团员	LD0105
AYS200302	吴翠	女	1991-04-29	汉	预备党员	LD0104
AYS200303	任建荣	男	1990-12-01	回	党员	LD0209
AYS200304	诸李锋	男	1989-01-08	回	团员	LD0303

图 1-4　学生信息表

从图 1-4 中学生信息表可以清楚地看到，该表中的数据都是学校学生的具体信息。其中，表中的每条记录代表一名学生的完整信息，每一个字段代表学生一方面的信息，这样就组成了一个相对独立于其他数据表之外的学生信息表。可以对这个表进行添加、删除或修改记录等操作，而完全不会影响到数据库中其他的数据表。

2. 关系数据库中的关联

在关系型数据库中，表的关联是一个非常重要的组成部分。表的关联是指数据库中的数据表与数据表之间使用相应的字段实现数据表的连接。通过使用这种连接，不需要再将相同的数据多次存储，同时这种连接在进行多表查询时也非常重要。

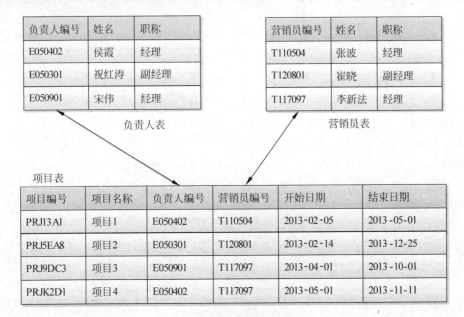

图 1-5　表的关联

在图 1-5 的【项目计划表】中使用的【负责人编号】列将【项目计划】表同【负责人】表连接起来；使用【营销员编号】列将【项目计划】表同【营销员】表连接起来。通过项目名称查询项目负责人的工资或者营销员姓名时，只需要告知管理系统需要查询的项目名称，然后使用【负责人】和【营销员】列关联【项目计划】、【负责人】和【营销员】三个数据表就可以实现。

提示

在数据库设计过程中，所有的数据表名称都是惟一的。因此不能将不同的数据表命名为相同的名称。但是在不同的表中，可以存在同名的列。

1.2.2　关系数据库术语

关系数据库的特点是将每个具有相同属性的数据独立地存在一个表中。对于任何一个表而言，用户可以新增、删除和修改表中的数据，而不会影响表中的其他数据。以下内容介绍了关系数据库中的一些基本术语。

- ❑ **键（Key）** 关系模型中的一个重要概念，在关系中用来标识行的一列或多列。
- ❑ **主关键字（Primary Key）** 它是被挑选出来作为表行的惟一标识的候选关键字，一个表中只有一个主关键字，主关键字又称为主键。主键可以由一个字段，也可以由多个字段组成，分别成为单字段主键或多字段主键。
- ❑ **候选关键字（Candidate Key）** 它是惟一标识表中的一行而又不包含多余属性的一个属性集。
- ❑ **公共关键字（Common Key）** 在关系数据库中，关系之间的联系是通过相容或相同的属性或属性组来表示的。如果两个关系中具有相容或相同的属性或属性组，那么这个属性或属性组被称为这两个关系的公共关键字。
- ❑ **外关键字（Foreign Key）** 如果公共关键字在一个关系中是主关键字，那么这个公共关键字被称为另一个关系的外关键字。由此可见，外关键字表示了两个关系之间的联系，外关键字又称为外键。

警告

主键与外键的列名称可以是不同的，但必须要求它们的值集相同，即主键所在表中出现的数据一定要和外键所在表中的值匹配。

1.2.3　关系数据完整性

关系模型的完整性规则是对关系的某种约束条件。关系模型允许定义三类完整性约束：实体完整性、参照完整性和用户定义的完整性。其中实体完整性和参照完整性是关系模型必须满足的完整性约束条件，被称作是关系的两个不变性，应该由关系数据库系统自动支持。用户定义的完整性是应用领域需要遵循的约束条件，体现了具体领域中的语义约束。

1. 实体完整性（Entity Integrity）

实体完整性规则：若属性（指一个或一组属性）A 是基本关系 R 的主属性，则 A 不能取空值。

以上规则简单严谨，但是不易于理解，与通常所用的数据库系统（例如 Oracle）的名词也相差甚远，下面是对其通俗的表述。

- ❑ 基本关系的所有元组的主键属性不能取空值，也就是数据库表格的主键不能为空。
- ❑ 当主键由属性组组成时，属性组中所有的属性均不能取空值，也就是当数据库表格采用复合主键时，这些组成主键的所有列的值都不能为空。

提示

所谓空值（NULL）就是"不知道"或者"不存在"的值。

例如，以员工信息表中的"员工编号"为主键时，则"员工编号"属性不能取空值。实体完整性规则说明如下。

- 实体完整性是针对基本关系的，一个基本表通常对应于现实世界中一个实体集。例如，员工关系对应于公司的所有员工的集合。
- 现实世界中的实体是可以区分的，即它们具有某种惟一性标识。例如每个员工都是一个独立的个体，是不一样的。
- 关系模型中以主键作为惟一标识。
- 主键中的属性即主属性不能取空值。如果主属性取空值，则存在某个不可标识的实体，这就与第 2 点相矛盾。

2. 参照完整性 (Referential Integrity)

现实世界中，实体之间往往存在着某种联系，在关系模型中实体及实体间的联系都用关系来描述，这样就存在着关系与关系间的引用。在关系数据库系统中，引入外键概念来表达实体之间关系的相互引用。

如果 F 是基本关系 R 的一个或一组属性，但不是关系 R 的主键，而 K 是基本关系 S 的主键，那么如果 F 与 K 相对应，则称 F 是 R 的外键(Foreign Key)。并称基本关系 R 为参照关系(Referencing Relation)，基本关系 S 为被参照关系（ Referenced Relation ）或目标关系（ Target Relation ）。

参照完整性规则：若属性（或属性组）F 是基本关系 R 的外键，它与基本关系 S 的主键 K 相对应（基本关系 R 和 S 不一定是不同的关系），则对于 R 中每个元组在 F 上的值必须为以下两种情况之一：空值（F 的每个属性值均为空值）、等于 S 中某个元组的主键值。

例如，员工关系中，每个元组的"职务"属性值只能取如下两类值：

- 空值，表示尚未给该员工分配职务。
- 非空值，这个值必须存在于职务关系中，也就是说这个值必须在职务名称属性的值范围中。

3. 用户定义的完整性 (User-defined Integrity)

实体完整性和参照完整性是任何关系数据库系统都必须支持的。除此之外，不同的关系数据库系统根据其应用环境的不同，往往还需要一些特殊的约束条件，用户定义的完整性就是针对某一个具体关系数据库的约束条件。它反映某一个具体应用所涉及的数据必须满足的语义要求。

例如，在"员工信息"表中，用户可以根据具体的情况规定从事会计职务的员工必须为女性。

1.3 关系规范化

在数据库实际设计阶段，通常使用关系规范化理论来指导关系数据库的设计，其基本思想为：每个关系都应该满足一定的规范，从而使关系模式设计合理，达到减少数据冗余，提高查询效率的目的。

在关系数据库中这种规范就是范式。范式是符合某一种级别的关系模式的集合。关系数据库中的关系必须满足一定的要求即满足不同的范式，目前关系数据库的范式有：第一范式（1NF）、第二范式（2NF）、第三范式（3NF）、BCNF、第四范式（4NF）和第五范式（5NF）。满足最低要求的范式是第一范式（1NF），在第一范式的基础上进一步满足更多要求的称为第二范式（2NF），其余范式以次类推。一般来说数据库只需要满足第三范式（3NF）即可。

1.3.1 第一范式

第一范式是最基本的范式。第一范式是指数据库表的每一列都是不可分割的基本数据项，同一列中不能有多个值，即实体中的某个属性不能有多个值或者不能有重复的属性。第一范式包括下列指导原则。

- 数组的每个属性只能包含一个值。
- 关系中的每个数组必须包含相同数量的值。
- 关系中的每个数组一定不能相同。

例如，由员工编号、员工姓名和电话号码组成一个表（一个人可能有一个办公室电话和一个家庭电话号码）。现在要使员工表符合第一规范，有如下三种方法。

- 一是重复存储员工编号和姓名。这样，关键字只能是电话号码。
- 二是员工编号为关键字，电话号码分为单位电话和住宅电话两个属性。
- 三是员工编号为关键字，但强制每条记录只能有一个电话号码。

以上三个方法中第一种方法最不可取，按实际情况选取后两种情况（推荐第二种）。如图 1-6 所示的员工信息表使用第二种方式遵循第一范式的要求。

员工编号	姓名	单位电话	住宅电话
E050402	侯霞	0372 - 6602195	0372 - 3190125
E050301	祝红涛	0371 - 56801100	0371 - 86500158
E050901	宋伟	0372 - 6602011	0372 - 5677890

图 1-6　符合第一规范的员工信息表

1.3.2　第二范式

第二范式在第一范式的基础之上更进一层。第二范式需要确保数据表中的每一列都和主键相关，而不能只与主键的某一部分相关（主要针对联合主键而言）。也就是说在一个数据表中只能保存一种数据，不可以把多种数据保存在同一张数据库表中。

例如要设计一个订单信息表，因为订单中可能会有多种商品，所以要将订单编号和商品编号作为数据库表的联合主键，如图 1-7 所示。

订单信息表

订单编号	商品编号	商品名称	数量	单位	价格
ORD 20130005441	P01541	天使牌奶瓶	1	个	￥15
ORD 20130054242	P01542	飞鹤奶粉	2	灌	￥150
ORD 20130054124	P01543	婴儿纸尿裤	4	包	￥20

图 1-7　订单信息表

从图 1-7 中可以看出这个表中是以订单编号和商品编号作为联合主键。在该表中商品名称、单位、商品价格等信息与该表的主键无关，而仅仅是与商品编号相关，所以违反了第二范式的设计原则。

如果把这个订单信息表进行拆分，把商品信息分离到另一个表中，就会非常完美。拆分后的结果如图 1-8 所示。

这样的设计，在很大程度上减小了数据库的冗余。如果要获取订单的商品信息，使用商品编号到商品信息表中查询即可。

订单表

订单编号	商品编号	数量
ORD 20130005441	P01541	1
ORD 20130054242	P01542	2
ORD 20130054124	P01543	4

商品信息表

商品编号	商品名称	单位	价格
P01541	天使牌奶瓶	个	￥15
P01542	飞鹤奶粉	灌	￥150
P01543	婴儿纸尿裤	包	￥20

图 1-8 订单表和商品信息表

1.3.3 第三范式

第三范式在第二范式的基础上更进一层。第三范式需要确保数据表中的每一列数据都和主键直接相关，而不能间接相关。

例如，一个部门信息表，其中每个部门有部门编号、部门名称、部门简介等信息。那么在员工信息表中列出部门编号后就不能再将部门名称、部门简介等与部门有关的信息再加入员工信息表中。如果不存在部门信息表，则根据第三范式（3NF）也应该构建它，否则就会有大量的数据冗余。简而言之，第三范式就是属性不依赖于其他非主属性。

如图 1-9 所示就是一个满足第三范式的一种数据表。

员工信息表

员工编号	员工名称	性别	所在部门编号
1	邓亮	男	ORD001
2	杜超	男	ORD002
3	常乐	女	ORD003

部门信息表

部门编号	部门名称	部门简介
ORD 001	人事部	无
ORD 002	开发部	无
ORD 003	财务部	无

图 1-9 员工信息表和部门信息表

提示

BCNF（Boyce Codd Normal Form）范式比 3NF 又进一步，通常认为 BCNF 是对第三范式的修正，有时也称为扩充的第三范式。BCNF 的定义是：对于一个关系模式 R，如果对于每一个函数依赖 X→Y，其中的决定因素 X 都含有键，则称关系模式 R 满足 BCNF。

1.4 数据库建模

在数据库设计过程中，首先需要建立数据模型，它将确定要在数据库中保存什么信息和确认各种信息之间存在什么关系。建立数据模型需要使用 E-R 数据模型来描述和定义，然后将它转换为关系模型。

1.4.1 E-R 模型

E-R（Entity-Relationship）模型，即实体-关系模型，是由 P.P.Chen 于 1976 年提出来的，它是早期的语义数据模型。该数据模型的最初提出是用于数据库设计，是面向问题的概念性数据模型。

它用简单的图形反映了现实世界中存在的事物或数据及它们之间的关系。

1. 实体 (Entity)

实体是 E-R 模型的基本对象，是现实世界中各种事物的抽象。凡是可以相互区别，并可以被识别的事、物、概念等均可认为是实体。在一个单位中，具有共性的一类实体可以划分为一个实体集。例如，职工朱悦桐、郭晶晶等都是实体，他们都属于职工类。为了便于描述，可以定义"职工"一个实体集，所有职工都是这个集合的成员。

2. 属性 (Attribute)

实体一般具有若干特征，称为实体的属性。例如，职工具有编号、姓名、性别、所属部门等属性。实体的属性值是数据库中存储的主要数据，一个属性实际上相当于关系数据库中表的一个列。

在实例中能惟一标识实体的属性或属性组称为实体集的实体键。如果一个实体集有多个实体键存在，则可以选择一个作为实体主键。

在 E-R 模型中实体用方框表示，方框内注明实体的命名。实体名常用大些字母开头的有具体意义的英文名词表示，联系名和属性名也采用这种方式。通常每个实体集都有很多个实体实例。例如，数据库中存储的每个员工编号都是"员工信息"实体集的实例。图 1-10 所示为一个实体集和它的两个实例。

实体集 　　　　　　　　　两个实例

图 1-10　员工信息实体集及实例

在图 1-10 所示的员工实体中，每一个用来描述员工特性的信息都是一个实体属性。例如，这里员工实体的编号、姓名、性别和部门编号等属性就组合成一个员工实例的基本数据信息。

为了区分和管理多个不同的实体实例，要求每个实体实例都要有标识符。例如，在图 1-10 所示的员工实体中，可以由编号或者姓名来标识。但通常情况下不用姓名来标识，因为可能出现姓名相同的员工，而使用具有惟一标识的编号来标识员工，可以避免这种情况的发生。

3. 关系 (Relationship)

实体之间会存在各种关系。例如，学生实体与课程实体之间有选课关系，人与人之间可能有领导关系等。这种实体与实体之间的关系被抽象为联系。E-R 数据模型将实体之间的联系区分为一对一、一对多和多对多三种。

（1）一对一关联

一对一关联（即 1:1 关联）表示某种实体实例仅和另一个类型的实体实例相关联。如图 1-11 所示的"班级信息_辅导员信息"关联将一个班级和一个辅导员关联。根据该图所示，每个班级只能有一个辅导员，并且一个辅导员只能负责一个班级。

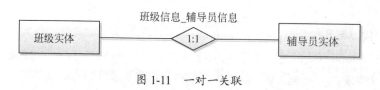

图 1-11　一对一关联

（2）一对多关联

一对多关联（即 1:N 关联）表示多种实体实例可以和多个其他类型的实体实例关联。如图 1-12 所示为一对多关联，在图中的"班级信息_学生信息"关联将一个班级实例与多个学生实例关联起来。根据这个图，可以看出一个班级可以有多个学生，而某个学生只能属于一个班级。

图 1-12　一对多关联

在 1:N 关联时，1 和 N 的位置是不可以任意调换的。当 1 处于班级实例而 N 处于学生实例时，表示一个班级对多个学生。如果将 1 和 N 的位置调换过来的话，则 N:1。此时，表示某个班级只可以有一个学生，而一个学生可以属于多个班级，这显然不是我们想要的关系。

技巧

创建 1:N 关系时，可以根据实际需求来确定 N 的值。例如，规定一个班级最多 30 个学生，则在图 1-12 中的 1:N 关系就可以改为 1:30。

（3）多对多关联

第三种二元关联是多对多关联（即 N:M 关联），如图 1-13 所示。在该图中的"学生信息_教师信息"关联将多个学生实例和多个教师实例关联起来。表示一个学生可以有多个教师，一个教师也可以有多个学生。

图 1-13　多对多关联

1.4.2　E-R 图

实体-关系图是表现实体-关系模型的图形工具，简称 E-R 图。E-R 图提供了用图形表示实体、属性和联系的方法。在 E-R 图中约定实体用方框表示，属性用椭圆表示，联系用菱形表示，并在内部填上实体名、属性名、联系名，如图 1-14 所示。

图 1-14　E-R 图的基本元素

如图 1-15 所示了学生实体和课程实体之间多对多关联的 E-R 图。

如图 1-15 所示，不仅实体具有属性，而且联系也可能有属性。例如，学生与课程联系上的"成绩"，它既不是实体"学生"的属性，也不是实体"课程"的属性，而是联系"选修"的属性。有时为了使 E-R 图简洁明了，常将图中的属性省略，而着重反映实体的联系，而属性以表格的形式单独列出来。

1.4.3　E-R 模型转换为关系模型

由于 E-R 图直观易懂，在概念上表示了一个数据库的信息组织情况，如果能够画出数据库系统的 E-R 图，也就意味着了解了应用领域中的问题。本节将介绍如何根据 E-R 图将 E-R 模型演变为关系模型。

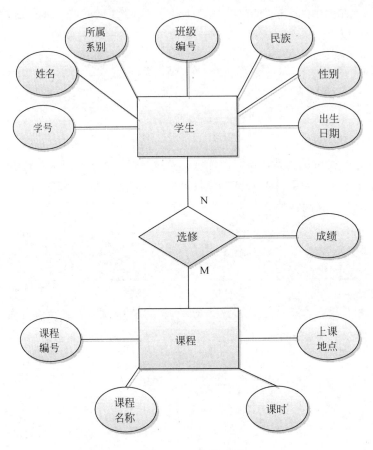

图 1-15　E-R 图示例

1. 实体转化为表

对 E-R 模型中的每个实体，在创建数据库时相应地为其建立一个表，表中的列对应实体所具有的属性，主属性就作为表的主键。在图 1-15 中可以将学生实体和课程实例转换为学生信息表和课程信息表，如图 1-16 所示。

2. 实体间联系的处理

对于实体间一对一的关系，为了加快查询时的速度，可以将一个表中的列添加到两个表中。一对一关系的变换比较简单，一般情况下不需要再建立一个表，而是直接将一个表的主键作为外键添加到另一个表中，如果联系在属性中则还需要将联系的属性添加到该表中。

实体间一对多的关系的变换也不需要再为其创建一个表。设表 A 与表 B 之间是 1:N 关系，则变换时可以将表 A 的主键作为外键添加到表 B 中。

学生信息		课程信息
学号		课程编号
姓名		课程名称
所属系别		课时
班级编号		上课地点
性别		
民族		
出生日期		

图 1-16　实体转化为表

多对多关系的变换要比一对多关系复杂。因为通常这种情况下需要创建一个称为连接表的特殊表，以表达两个实体之间的关系。连接表的列包含其连接的两个表的主键列，同时包含一些可能在关系中存在的特定的列。例如，学生和课程之间的多对多关系就需要借助选修表，如图 1-17 所示为转换后的关系。

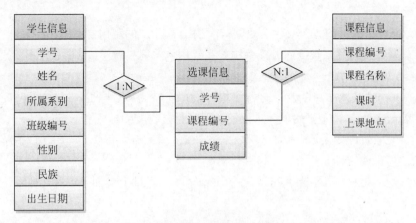

图 1-17 转换多对多关系

提示
为了保证设计的数据库能够有效、正确地运行，往往还需要对表进行规范，以消除数据库中的各种异常现象。

1.5 Oracle 11g 简介

在开始学习 Oracle 数据库之前，首先需要了解 Oracle 的发展过程，以及 Oracle 11g 的新特性。

1.5.1 Oracle 发展史

Oracle Database（简称 Oracle）是美国 ORACLE 公司开发的一款关系数据库管理系统，也是全世界上使用最为广泛的数据库管理系统。作为一个通用的数据库系统，它具有完整的数据管理功能；作为一个关系数据库，它是一个完备关系的产品；作为分布式数据库它实现了分布式处理功能。

1977 年，Larry Ellison、Bob Miner 和 Ed Oates 等人组建了 Relational 软件公司（Relational Software Inc.，RSI）。他们决定使用 C 语言和 SQL 界面构建一个关系数据库管理系统（Relational Database Management System，RDBMS），并很快发布了第一个版本（仅是原型系统）。

1979 年，RSI 首次向客户发布了产品，即第 2 版。该版本的 RDBMS 可以在装有 RSX-11 操作系统的 PDP-11 机器上运行，后来又移植到了 DEC VAX 系统。

1983 年，发布的第 3 个版本中加入了 SQL 语言，而且性能也有所提升，其他功能也得到增强。与前几个版本不同的是，这个版本是完全用 C 语言编写的。同年，RSI 更名为 Oracle Corporation，也就是今天的 Oracle 公司。

1984 年，Oracle 的第 4 版发布。该版本既支持 VAX 系统，也支持 IBM VM 操作系统。这也是第一个加入了读一致性的版本。

1985 年，Oracle 的第 5 版发布。该版本可称作是 Oracle 发展史上的里程碑，因为它通过 SQL*Net 引入了客户端/服务器的计算机模式，同时也是第一个打破 640KB 内存限制的 MS-DOS 产品。

1988 年，Oracle 的第 6 版发布。该版本除了改进性能、增强序列生成与延迟写入（Deferred Writes）功能以外，还引入了底层锁。除此之外，该版本还加入了 PL/SQL 和热备份等功能。这时 Oracle 已经可以在许多平台和操作系统上运行。

1991 年，Oracle RDBMS 的 6.1 版在 DEC VAX 平台中引入了 Parallel Server 选项，很快该选项也可用于其他平台。

1992 年，Oracle 7 发布。Oracle 7 对内存、CPU 和 I/O 的利用方面做了许多体系结构上的变动，这是一个功能完整的关系数据管理系统，在易用性方面也做了许多改进，引入了 SQL*DBA 工具和 database 角色。

1997 年，Oracle 8 发布。Oracle 8 除了增加许多新特性和管理工具以外，还加入了对象扩展特性。开始在 windows 系统下开始使用，以前的版本都是在 UNIX 环境下运行。

2001 年，Oracle 9i Release 1 发布。这是 Oracle 9i 的第一个发行版，包含 RAC（ Real Application Cluster）等新功能。

2002 年，Oracle 9i Release 2 发布，它在 Release 1 的基础上增加了集群文件系统（ Cluster File System）等特性。

2004 年，针对网格计算的 Oracle 10g 发布。该版本中 Oracle 的功能、稳定性和性能的实现都达到了一个新的水平。

2007 年 7 月 12 日，甲骨文公司推出的最新数据库软件 Oracle 11g，Oracle 11g 有 400 多项功能，经过了 1500 万个小时的测试，开发工作量达到了 3.6 万人/月。相对以往版本而言，Oracle 11g 具有了与众不同的特性。

1.5.2 Oracle 11g 新特性

与之前 Oracle 版本相比，Oracle 11g 增加了很多新特性，本节将从三个方面介绍其中最重要的新特性。

1. 数据库管理部分

Oracle 11g 在数据库管理部分的重要新增特性体现在如下几项。

（1）数据库重演（ Database Replay）

这个特性可以捕捉整个数据的负载，并且传递到一个从备份或者 standby 数据库中创建的测试数据库上，然后重演负责以测试系统调优后的效果。

（2）SQL 重演（ SQL Replay）

与数据库重演类似。但是只是捕捉 SQL 负载部分，而不是全部负载。

（3）计划管理（ Plan Management）

这个特性允许将某一特定语句的查询计划固定下来，无论统计数据变化还是数据库版本变化都不会改变查询计划。

（4）事件打包服务（ Incident Packaging Service）

如果用户需要进一步测试或者保留相关信息，这个特性可以将与某一事件相关的信息打包。并且用户还可以将打包信息发给 oracle 支持团队。

（5）自动 SQL 优化（ Auto SQL Tuning）

10g 的自动优化建议器可以将优化建议写在 SQL profile 中。而在 11g 中，可以让 Oracle 自动将 3 倍于原有性能的 profile 应用到 SQL 语句上。性能比较由维护窗口中的一个新管理任务来完成。

（6）访问建议器（ Access Advisor）

11g 的访问建议器可以给出分区建议，包括对新的间隔分区（ Interval Partitioning）的建议。间隔分区相当于范围分区（ Range Partitioning）的自动化版本，它可以在必要时自动创建一个相同大小的分区。范围分区和间隔分区可以同时存在于一张表中，并且范围分区可以转换为间隔分区。

（7）自动内存优化（ Auto Memory Tuning）

在 9i 中，引入了自动 PGA 优化；10g 中，又引入了自动 SGA 优化。到了 11g，所有内存可以通过只设定一个参数来实现全表自动优化。用户只要告诉 oracle 有多少内存可用，就可以自动指定多少内存分配给 PGA、多少内存分配给 SGA 和多少内存分配给操作系统进程。当然也可以设定最大、最小阈值。

（8）资源管理器（Resource Manager）

11g 的资源管理器不仅可以管理 CPU，还可以管理 IO。用户可以设置特定文件的优先级、文件类型和 ASM 磁盘组。

（9）AWR 基线（AWR Baselines）

AWR 基线得到了扩展。可以为一些其他使用到的特性自动创建基线。默认情况下会创建周基线。

2．PLSQL 部分

PLSQL 部分方面的新特性如下。

（1）结果集缓存（Result Set Caching）

这个特性能大大提高很多程序的性能。在一些 MIS 系统或者 OLAP 系统中，需要使用到很多"select count(*)"这样的查询。在之前，如果要提高这样的查询的性能，可能需要使用视图或者查询重写的技术。在 Oracle 11g，我们就只需要加一个"/*+result_cache*/"的提示就可以将结果集缓存，这样就能大大提高查询性能。

（2）正则表达式的改进

Oracle 10g 首次引入了正则表达式，Oracle 11g 再次对这个特性进行了改进。其中，增加了一个名为 regexp_count 的函数。另外，其他的正则表达式函数也得到了改进。

（3）新 SQL 语法 =>

在调用某个函数时可以通过=>来为特定的函数参数指定数据。而在 Oracle 11g 中，这个语法也同样可以出现在 SQL 语句中。例如，下面的示例语句如下。

```
select f(x=>6) from dual;
```

（4）增加了只读表（ReadOnly Table）

之前，只能通过触发器或者约束来实现对表的只读控制。而在 Oracle 11g 中可以直接指定表为只读表。

（5）设置触发器顺序

可能在一张表上存在多个触发器。在 Oracle 11g 中可以指定它们的触发顺序，而不必担心顺序混乱导致数据混乱。

（6）在非 DML 语句中使用序列（Sequence）

在之前的版本中，如果要将 sequence 的值赋给变量，需要通过类似以下语句实现。

```
select seq_x.next_val into v_x from dual;
```

在 Oracle 11g 中只需用下面语句就可以实现。

```
v_x := seq_x.next_val;
```

（7）PLSQL_Warning

Oracle 11g 中可以通过设置 PLSQL_Warning=enable all，如果在"when others"没有错误爆出就发出警告信息。

❑ **PLSQL 的可继承性**　可以在 Oracle 对象类型中通过 super（和 Java 中类似）关键字来实现继承性。

- □ **编译速度提高** 因为不在使用外部 C 编译器了，因此编译速度提高了。
- □ **改进了 DBMS_SQL 包** 其中的改进之一就是 DBMS_SQL 可以接收大于 32KB 的 CLOB 了。另外还能支持用户自定义类型和 bulk 操作。
- □ **增加了 continue 关键字** 在 PLSQL 的循环语句中可以使用 continue 关键字（功能和其他高级语言中的 continue 关键字相同）。
- □ **新的 PLSQL 数据类型——simple_integer** 这是一个比 pls_integer 效率更高的整数数据类型。

3．其他部分

除了上述两个方面，Oracle 11g 在其他方面的重要新增特性如下。

- □ **增强的压缩技术** 可以最多压缩 2/3 的空间。
- □ **高速推进技术** 可以大大提高对文件系统的数据读取速度。
- □ **增强了 DATA Guard** 可以创建 standby 数据库的快照，用于测试。结合数据库重演技术，可以实现模拟生成系统负载的压力测试。
- □ **在线应用升级** 也就是热补丁——安装升级或打补丁不需要重启数据库。
- □ **数据库修复建议器** 可以在错误诊断和解决方案实施过程中指导 DBA。
- □ **逻辑对象分区** 可以对逻辑对象进行分区，并且可以自动创建分区以方便管理超大数据库（Very Large Databases，VLDBs）。
- □ 新的高性能的 LOB 基础结构。
- □ 新的 PHP 驱动。

1.6 Windows 环境下安装 Oracle 11g

在了解 Oracle 发展过程以及 Oracle 11g 重要的新增特性和功能后，本节将介绍如何在 Windows 环境下安装 Oracle 11g。其他环境下安装 Oracle 的方法可以参考网址 http://www.oracle.com。

1.6.1 安装前的准备

开始安装 Oracle 11g 之前，首先需要检查当前所使用的环境是否满足 Oracle 11g 的需求。由于 Oracle 11g 分为 32 位和 64 位两个版本，各种版本对系统的要求也不完全相同。表 1-1 和表 1-2 分别列举了 32 位和 64 位的 Oracle 11g 在 Windows 环境下对软硬件的要求。

表 1-1　Oracle 11g 32 位在 Windows 环境下对软硬件的要求

系统要求	说　　明
操作系统	Windows 2000、Windows XP 专业版、Windows Server 2003 或者以上
CPU	最低主频 1.0GHz 以上
内存	最小 512MB，建议使用 1.0GB 以上
虚拟内存	物理内存的两倍
磁盘空间	基本安装需要 3.6GB

表 1-2　Oracle 11g 64 位在 Windows 环境下对软硬件的要求

系统要求	说　　明
操作系统	Windows 2000、Windows XP 专业版、Windows Server 2003 或者以上
CPU	最低主频 2.0GHz 以上
内存	最小 1.0GB，建议使用 4.0GB 以上

续表

系统要求	说　明
虚拟内存	物理内存的两倍
磁盘空间	基本安装需要 5.0GB

服务器的计算机名称对于安装 Oracle 11g 完成后登录到数据库非常重要。如果安装数据库完成后，再修改计算机名称，可能造成无法启动服务，就不能使用 OEM。如果发现这种情况，只需要将计算机名称重新修改到原来的计算机名称便可。因此，在安装 Oracle 数据库前，就应该对计算机名称配置。

1.6.2　安装过程

Oracle 的安装程序 Universal Installer 是基于 Java 的图形界面安装向导工具。利用它可以帮助用户完成不同操作系统环境下不同类型的 Oracle 安装工作。无论是在 UNIX 环境下，还是本书所介绍的 Windows 环境下，都可以通过使用 Universal Installer 完成正确的安装。

具体的安装过程如下所示。

【练习 1】

（1）一般情况下将光盘放入光驱后 Universal Installer 会自动启动。如果 Universal Installer 没有自动启动，也可以双击其中的 Setup.exe 文件启动安装程序。Oracle 安装程序快速检查一次计算机的软件、硬件安装环境，如果不满足最小需求，则返回一个错误提示并异常终止。

（2）当 Oracle 安装程序检测完软、硬件环境之后，自动打开如图 1-18 所示的“安装方法”界面。

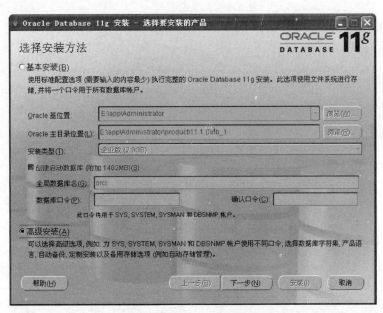

图 1-18　安装方法界面

Oracle 11g 支持的两种安装方式：一种是默认的“基本安装”安装方式，这种方式下用户只需要输入基本的信息，单击【下一步】按钮即可；另一种安装方式是“高级方式”，在这种方式下我们可以对安装过程进行更多的选择。在本书中将以“高级安装”方式介绍 Oracle 11g 的安装过程。

（3）在图 1-18 中选择【高级安装】单选按钮，单击【下一步】按钮，在图 1-19 所示的“选择安装类型”窗口中选择安装类型。

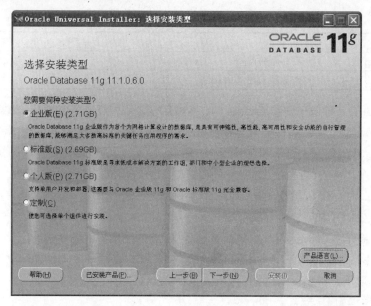

图 1-19　选择安装类型

Oracle 提供以下四种安装类型。

❑ **企业版**　面向企业级应用，应用于对安全性要求较高并且任务至上的联机事务处理（OLTP，On-Line Transaction Processing）和数据仓库环境。

❑ **标准版**　适用于工作组或部门级别的应用，也适用于中小企业。提供核心的关系数据库管理服务和选项。

❑ **个人版**　个人版数据库只提供基本数据库管理服务，适用于单用户开发环境，对系统配置的要求也比较低，主要面向开发技术人员。

❑ **定制**　允许用户从可以安装的组件列表中选择安装单独的组件。还可以在现有的安装中安装附加的产品选项，如要安装某些特殊的产品或选项就必须启用此选项。定制安装需要用户非常熟悉 Oracle 11g 的组成。

（4）这里选择【企业版】单选按钮，单击【下一步】按钮，打开如图 1-20 所示窗口。在这里指定 Oracle 的安装位置。

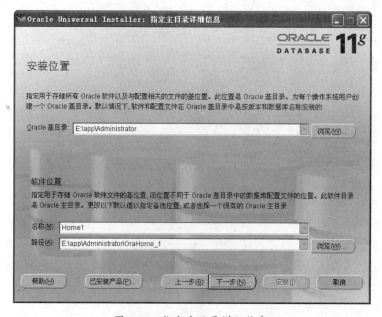

图 1-20　指定主目录详细信息

Oracle 主目录名的长度最多可以为 127 个字符，并且只能包含字母数字字符和下划线 "_"，并且 Oracle 主目录名中不能有空格。

（5）单击【下一步】按钮再次检查软件安装环境，如图 1-21 所示。例如，磁盘空间不足、缺少补丁程序、硬件不合适等问题，如果不能通过检查条件安装可能会失败。

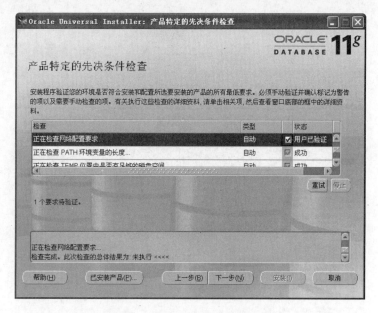

图 1-21　检查软件安装环境结果

对于【正在检查网络配置要求】选项的检查需要手动启用对应的【状态】复选框。图 1-21 中是启用后的效果。未启用时状态为【未执行】。

（6）当检查安装环境总体为通过时，单击【下一步】按钮，打开如图 1-22 所示的【选择配置选项】窗口。

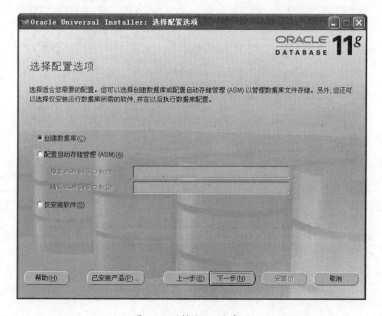

图 1-22　执行配置选项

图 1-22 中各个选项的含义如下。

❑ **创建数据库** 可以创建具有"一般用途/事务处理"、"数据仓库"或"高级"配置的数据库。

❑ **配置自动存储管理** 此选项只在单独的 Oracle 主目录中安装自动存储管理（ASM，Automatic Storage Management）。如果需要，还可以提供 ASM SYS 口令，接下来系统将提示创建磁盘组。

❑ **仅安装软件** 此选项只安装 Oracle 数据库软件，用户可以在以后需要时再配置数据库。

（7）在图 1-22 中采用默认设置，单击【下一步】按钮，在弹出窗口中选择要创建的数据库类型。类型包括"一般用途/事务处理"、"数据仓库"和"高级"三种，在这里选择【一般用途/事务处理】单选按钮，如图 1-23 所示。

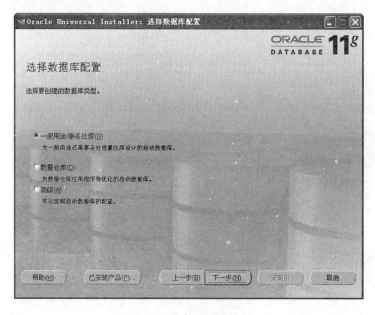

图 1-23 选择数据库类型

（8）单击【下一步】按钮，打开【指定数据库配置选项】窗口，如图 1-24 所示。

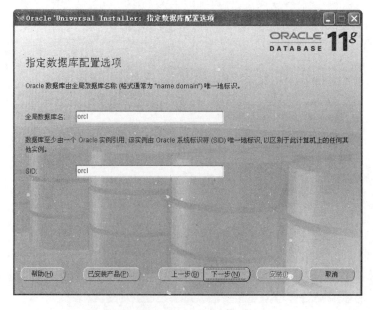

图 1-24 指定数据库配置选项

由于 SID 定义了 Oracle 数据库实例的名称，因此 SID 主要用于区分同一台计算机上的同一个数据库的不同实例。实例由一组用于管理数据库的进程和内存结构组成。对于单实例数据库（仅由一个系统访问的数据库），其 SID 通常与数据库名相同。

（9）单击【下一步】按钮，在【内存】选项卡中用于指定要分配给数据库的物理内存。Oracle 安装程序将自动计算和调节内存分配的默认值，用户可以根据需求指定分配内存的大小，如图 1-25 所示。

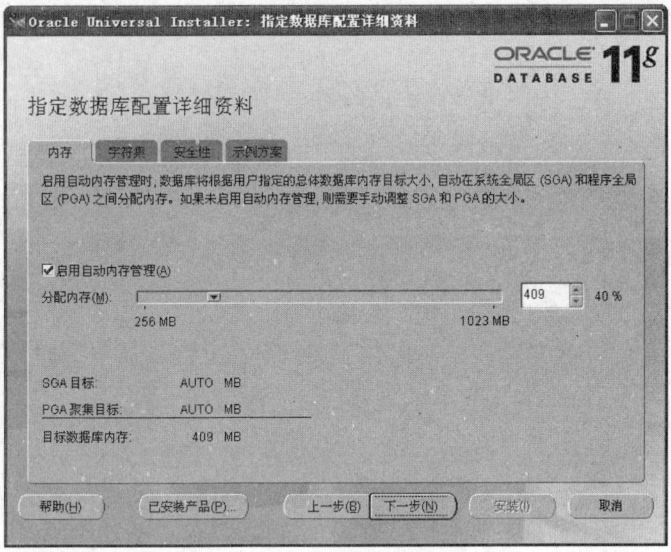

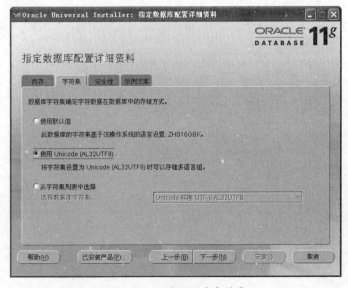

图 1-25　配置数据库内存

在图 1-25 中启用【启用自动内存管理】复选框，表示动态分配系统全局区（SGA，System Global Area）与程序全局区（PGA，Program Global Area）之间的内存。如果启用此选项，则窗口中内存区的配置状态显示为 AUTO；如果禁用此选项，则内存分配的 SGA 与 PGA 在内存区之间的分配比例取决于所选择的数据库配置。一般用途/事务处理类型的数据库其 SGA 为 75%，PGA 为 25%；数据仓库类型的 SGA 为 60%，PGA 为 40%。

（10）切换到【字符集】选项卡配置数据库字符串，在这里选择【使用 Unicode（AL32UTF8）】单选按钮，如图 1-26 所示。

图 1-26　配置数据库字符集

（11）切换到【安全性】选项卡，指定是否要在数据库中禁用默认安全设置，如图 1-27 所示。Oracle 增强了数据库的安全设置；启用审计功能以及使用新的口令概要文件都属于增强的安全设置，这里采用默认设置。

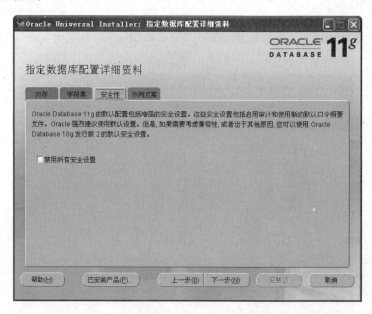

图 1-27　配置数据库安全性

（12）切换到【示例方案】选项卡，指定是否要在数据库中包含示例方案。这里启用【创建带样本方案的数据库】复选框，如图 1-28 所示。

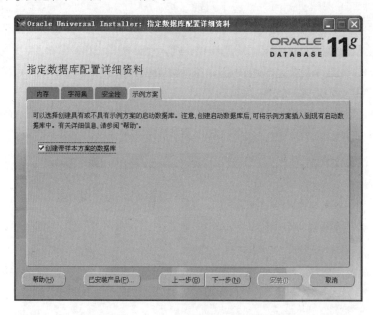

图 1-28　配置数据库示例方案

注意

如果安装示例方案，Oracle 数据库配置助手（Oracle Database Configuration Assistant）将在数据库中创建 EXAMPLES 表空间，将增加 150MB 的磁盘空间。如果不安装示例方案，可以在安装后手动创建。

（13）单击【下一步】按钮，在打开的窗口中选择数据库管理选项，如图 1-29 所示。这里采用默认值。

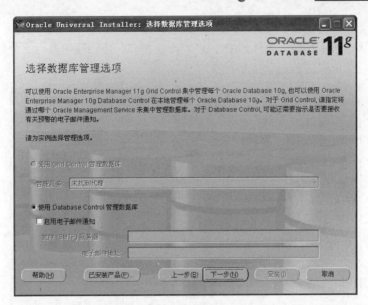

图 1-29　选择数据库管理选项

注意

Oracle 11g 支持网格运算，因此除了使用 Oracle Enterprise Manager Database Control 来管理数据库外，用户还可以选择使用 Oracle Enterprise Manager Grid Control。无论使用 Grid Control 还是使用 Database Control，用户都可以执行相同的数据库管理任务，但使用 Database Control 只能管理一个数据库。

（14）单击【下一步】按钮，在弹出的窗口中指定数据库存储选项，如图 1-30 所示。

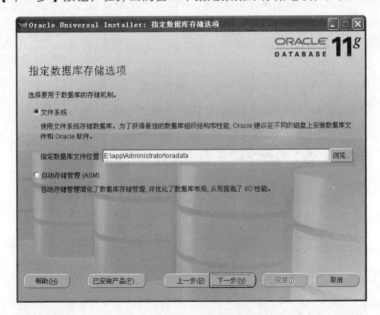

图 1-30　选择数据库存储选项

Oracle 11g 提供了以下两种存储方法。

❑ **文件系统**　Oracle 将使用操作系统的文件系统存储数据文件。在 Windows 系统上默认目录的路径为 ORACLE_BASE\oradata，其中 ORACLE_BASE 为选择在其中安装产品的 Oracle 主目录的父目录。

❑ **自动存储管理**　如果要将数据库文件存储在自动存储管理磁盘组中，则选择此选项。通过指定一个或多个由单独的 Oracle 自动存储管理实例管理的磁盘设备，可以创建自动存储管理磁盘组。自动存储管理可以最大化提高 I/O 性能。

（15）单击【下一步】按钮，打开如图 1-31 所示的窗口，可以指定是否要为数据库启用自动备份功能。

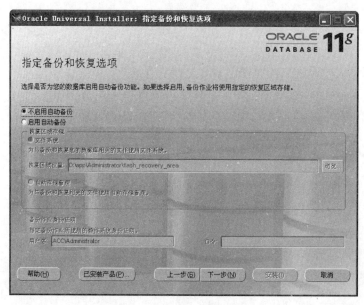

图 1-31　指定备份和恢复选项

如果启用自动备份，OEM 将在每天的同一时间对数据库进行备份。默认情况下，备份作业安排在凌晨 2:00 运行。采用自动备份需要在磁盘上为备份文件指定名为"快速恢复区"的存储区域。可以将文件系统或自动存储管理磁盘组用于快速恢复区。备份文件所需的磁盘空间取决于用户选择的存储机制，一般必须指定至少 2GB 的磁盘存储位置。OEM 使用 Oracle Recovery Manager 来执行备份。

（16）采用默认设置，单击【下一步】按钮，指定数据库方案的口令，可以为每个账户（尤其是管理账户，如 SYS、SYSTEM、SYSMAN、DBSNMP）指定不同的口令。此处选择【所有的账户都使用同一口令】单选按钮，并设置口令为 123456，如图 1-32 所示。

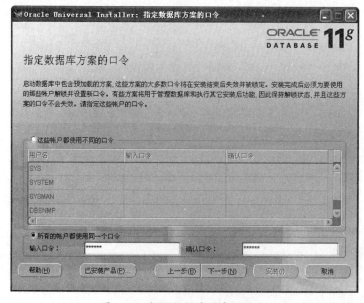

图 1-32　指定数据库方案的口令

（17）单击【下一步】按钮，打开【Oracle Configuration Manager 注册】窗口，如图 1-33 所示。

图 1-33 【Oracle Configuration Manager 注册】窗口

如果禁用 Oracle Configuration Manager，Oracle 则会安装，但不对其进行配置。若启用则需要进行如下配置。

❑ **客户标识号(CSI)** 输入用于惟一标识自己的客户服务号。

❑ **Metalink 账户用户名** 输入 Oracle Metalink 账户的用户名，此用户名用于标识正在上传到 Oracle 的配置数据。

❑ **国家/地区代码** 从下拉列表中选择国家/地区代码

（18）使用默认设置，单击【下一步】按钮查看安装概要，如图 1-34 所示。在该窗口中显示了安装设置，如果需要修改某些设置，则可以单击【上一步】按钮返回进行修改。

图 1-34 安装概要

（19）确认无误后，单击【安装】按钮，将正式开始安装 Oracle 11g 数据库。如图 1-35 所示为安装过程的截图。

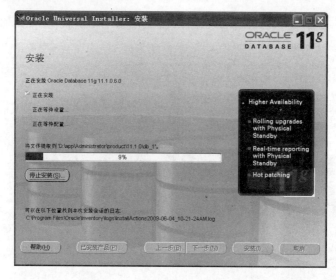

图 1-35　安装 Oracle 11g 数据库

（20）数据库安装完毕后将自动打开如图 1-36 所示窗口。单击该窗口中的【口令管理】按钮，在弹出的【口令管理】窗口中可以锁定、解除数据库用户账户和设置用户账户的口令，如图 1-37 所示。

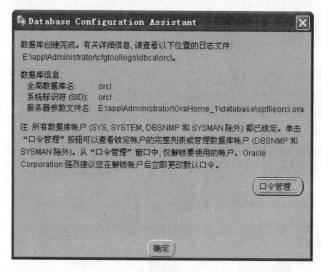

图 1-36　数据库安装完成

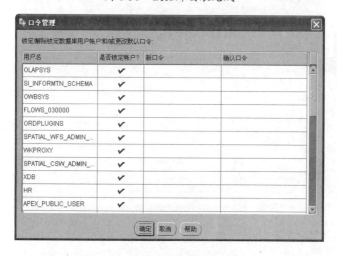

图 1-37　口令管理

（21）在图 1-37 中单击【确定】按钮，打开安装结束窗口。单击【退出】按钮，在弹出的对话框中单击【是】按钮结束安装，如图 1-38 所示。

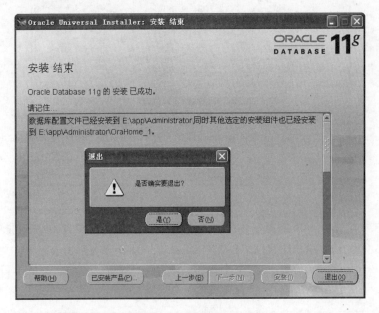

图 1-38 安装结束

1.7 安装后的检查

在上一节对 Oracle 11g 安装的相关知识及过程进行了介绍，安装完成后对安装 Oracle 11g 是否成功进行验证。通常情况下，如果安装过程中没有出现错误提示，即可认为这次是安装成功的。但是，为了检验安装是否正确，也可以采用一些验证方法。本节将介绍最简单验证安装的方法，以及查看和解锁 Oracle 系统用户。

1.7.1 查看 Oracle 服务

成功安装 Oracle 11g 之后，从【开始】菜单上选择【所有程序】|Oracle - OraDb11g_home1 可以看到如图 1-39 所示的程序组。

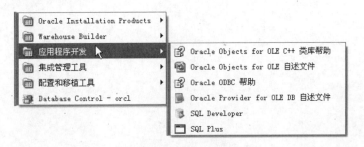

图 1-39 Oracle 11g 程序组

【练习 2】

在 Windows 操作系统环境下，Oracle 数据库服务器以系统服务的方式运行。可以通过执行【控制面板】|【管理工具】|【服务】命令打开系统服务窗口，如图 1-40 所示。

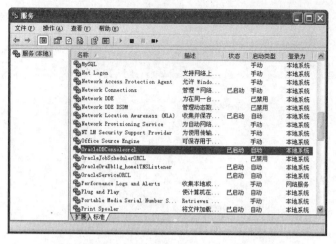

图 1-40　Windows 操作系统的【服务】窗口

在图 1-40 中所有的 Oracle 服务名称都以 Oracle 开头。其中主要的 Oracle 服务有以下三种。

❑ **Oracle<ORACLE_HOME_NAME>TNSListener**　监听程序服务。

❑ **OracleDBConsoleorcl**　本地 OEM 控制。

❑ **OracleService<SID>**　Oracle 数据库实例服务，是 Oracle 数据库的主要服务。

注意

ORACLE_HOME_NAME 为 Oracle 的主目录；SID 为创建的数据库实例的标识。通过 Windows 操作系统的【服务】窗口，可以看到 Oracle 数据库服务是否正确地安装并启动运行，并且可以对 Oracle 服务进行管理，例如启动与关闭服务。

1.7.2　查看 Oracle 系统用户

在 Oracle 安装过程中可以设置系统用户的口令以及使用状态。默认情况下只有 SYS、SYSTEM、DBSNMP、SYSMAN 和 MGMT_VIEW 这 5 个用户是解锁状态，其他用户都被锁定。当然用户也可以在需要时进行手动解锁。

【练习 3】

使用 Oracle 11g 的 DBA_USERS 数据字典可以查询当前系统中的用户列表及用户状态。例如，使用 Oracle 自带的 SQL Plus 工具以 system 用户登录，然后查询 DBA_USERS 数据字典，语句如下所示。

```
请输入用户名: system
输入口令:
连接到:
Oracle Database 11g Enterprise Edition Release 11.1.0.6.0 - Production
With the Partitioning, OLAP, Data Mining and Real Application Testing options
SQL> SELECT username,account_status FROM DBA_USERS;
USERNAME              ACCOUNT_STATUS
-----------------     --------------------
MGMT_VIEW             OPEN
SYS                   OPEN
SYSTEM                OPEN
DBSNMP                OPEN
SYSMAN                OPEN
SCOTT                 EXPIRED & LOCKED
OUTLN                 EXPIRED & LOCKED
FLOWS_FILES           EXPIRED & LOCKED
...
已选择 37 行。
```

在上面的查询语句中，USERNAME 字段表示用户名，ACCOUNT_STATUS 字段表示用户的状态。如果 ACCOUNT_STATUS 字段的值为 OPEN，则表示用户为解锁状态，否则为锁定状态。

【练习 4】

假设要为 SCOTT 用户解锁，可以使用如下语句。

```
SQL> ALTER USER SCOTT ACCOUNT UNLOCK;
```

【练习 5】

解锁后的用户还不能马上使用，因为还需要设置登录密码。假设要为上面的 SCOTT 用户指定密码为 tiger，语句如下。

```
SQL> ALTER USER SCOTT IDENTIFIED BY tiger;
```

1.8 实例应用

1.8.1 设计学生成绩管理系统数据库模型

学生成绩管理系统主要用于管理高校学生的考试成绩，提供学生成绩的录入、修改、查询等各种功能。成绩由各个系的任课老师录入，或教务处人员统一录入。学生成绩录入后由各系系秘书签字确认，只有教务处拥有对学生成绩的修改权限。下面分析教师、系统管理员以及学生三种用户的具体需求，然后设计关系模型并画出 E-R 图。

1. 用户的具体需求分析

（1）教师：负责成绩的录入，能够在一定的权限内对学生的成绩进行查询，可以对自己的登录密码进行修改以及个人信息的修改等基本功能。

（2）系统管理员：与老师的功能相似（每个系都设有一个管理员）。

管理员具有用户管理功能，能够对新上任的老师和新注册的学生行进添加，并能删除已经毕业和退休的老师。用户分为管理员、教师用户、学生用户三类。不论是管理员或教师用户，还是学生用户都需要通过用户名和口令进行登录。用户名采用学生的学号和教师的工号，所以规定只能包括数字。密码也只能是数字，用户只有正确填写用户名和密码才可以登录，进行下一步操作。用户名被注销后，用户将不再拥有任何权限，并且从数据表中删除该用户的信息。

（3）学生：能够实现学生成绩和个人信息的查询、登录密码的修改等基本功能。

2. 关系模型设计

由前面的系统需求分析得到实体主要有五个：教师、学生、管理员、课程和成绩。

- ❏ **教师实体** 主要属性有教师号、姓名、性别、院系和联系电话。
- ❏ **学生实体** 主要属性有学号、姓名、性别、系名、专业和出生日期。
- ❏ **管理员实体** 主要属性有用户名和密码。
- ❏ **课程实体** 主要属性有课程号、课程名、学分、课时和上课地点。
- ❏ **成绩实体** 主要属性学号、课程号和分数。

（1）教师与课程之间的关系

教师与课程之间是 N:M 的关系，即一个老师能任教多门课程，一门课程可以由多个老师讲授，E-R 图如图 1-41 所示。

（2）学生与教师之间的关系

学生与教师之间是 N:M 的关系，即一名老师可以教多个学生，而一个学生可以由多个教师来教，E-R 图如图 1-42 所示。

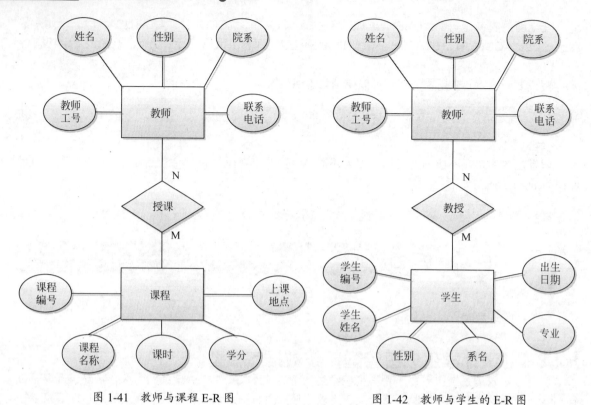

图 1-41　教师与课程 E-R 图　　　　图 1-42　教师与学生的 E-R 图

（3）学生与课程之间的关系

学生与课程之间是 N:M 的关系，即一个学生可以选修多门课程，一门课程可以被多个学生选学，E-R 图如图 1-43 所示。

（4）学生与成绩之间的关系是 N:M 的关系，E-R 图如图 1-44 所示。

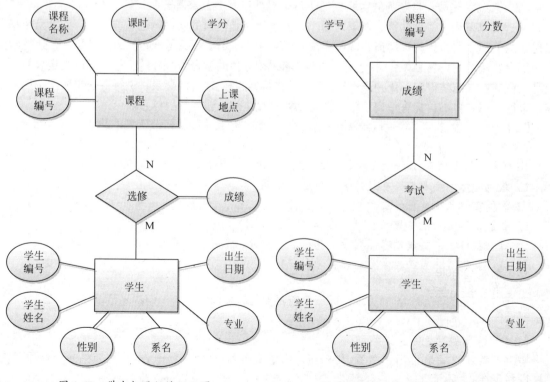

图 1-43　学生与课程的 E-R 图　　　　图 1-44　学生与成绩的 E-R 图

（5）管理员与用户的关系 E-R 图如图 1-45 所示。

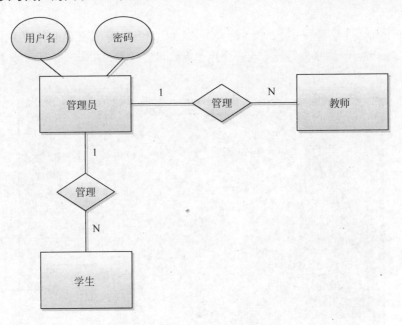

图 1-45　管理员与用户的 E-R 图

（6）学生成绩管理全局 E-R 图如图 1-46 所示。

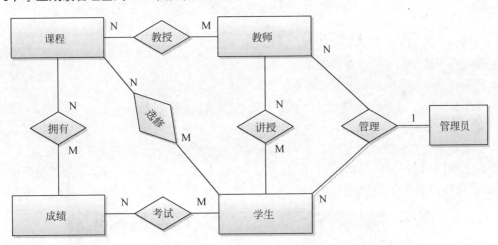

图 1-46　学生成绩管理全局 E-R 图

试一试

读者可以根据图 1-46 所示的 E-R 图将它转换为关系模型。

▌1.8.2　创建示例数据库

　　如果安装 Oracle 系统时，选择不创建数据库，将会安装 Oracle 数据库服务器软件。在这种情况下要使用 Oracle 系统则必须创建数据库。如果在安装系统时数据库已经创建完成，也可以再创建一个数据库。

　　在 Oracle 11g 中创建数据库最简单的方法是使用图形化用户界面工具 DBCA 完成。使用 DBCA 可以快速、直观地创建数据库，并且通过使用数据库模板，用户只需要做很少的操作就能够完成数据库创建工作。

在上一小节中针对学生成绩管理系统绘制了 E-R 图，下面介绍使用 DBCA 创建学生成绩数据库的步骤。

（1）执行【开始】|【所有程序】| Oracle - OraDb11g_home1 |【配置和移置工具】| Database Configuration Assistant 命令，打开【欢迎使用】窗口，在该窗口中单击【下一步】按钮，打开如图 1-47 所示窗口。

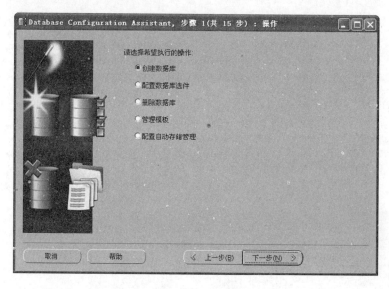

图 1-47　选择创建数据库

图 1-47 中各个选项的含义如下所示。

❑ **创建数据库**　创建一个新的数据库。

❑ **配置数据库选件**　用来配置已经存在的数据库。

❑ **删除数据库**　从 Oracle 数据库服务器中删除已经存在的数据库。

❑ **管理模板**　用于创建或者删除数据库模板。

❑ **配置自动存储管理**　创建和管理 ASM 及其相关磁盘组，与创建新数据库无关。

（2）选择【创建数据库】单选按钮后单击【下一步】按钮。在如图 1-48 所示的窗口中选择创建数据库时所使用的数据库模板。

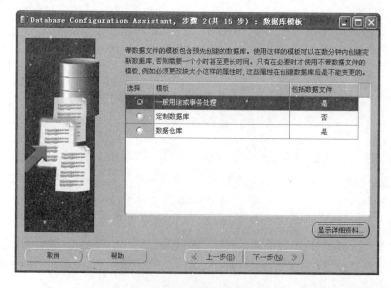

图 1-48　选择数据库模板

> **提示**
>
> 在图 1-48 中选择某个模板并单击【显示详细资料】按钮，在打开的窗口中可以查看该数据库模块的各种信息，包括常用选项、初始化参数、字符集、控制文件以及重做日志等。

（3）在图 1-48 中采用默认设置，单击【下一步】按钮，在打开的窗口中指定数据库的标识。在该窗口中需要输入一个数据库名称和一个 SID，其中 SID 在同一台计算机上不能重复，用于惟一标识一个实例，如图 1-49 所示。

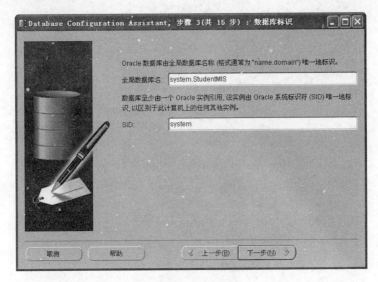

图 1-49　指定数据库标识

（4）单击【下一步】按钮，在打开的窗口中指定数据库的管理选项，这里采用默认设置，如图 1-50 所示。

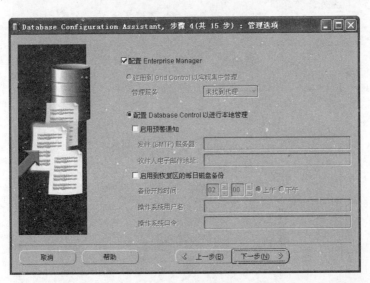

图 1-50　设置管理选项

（5）单击【下一步】按钮，打开【数据库身份证明】窗口，在该窗口中选择【所有账户使用同一管理口令】单选按钮并设置口令，如图 1-51 所示。

（6）口令设置完成后单击【下一步】按钮，打开【存储选项】窗口，选择【文件系统】单选按钮，表示使用文件系统进行数据库的存储，如图 1-52 所示。

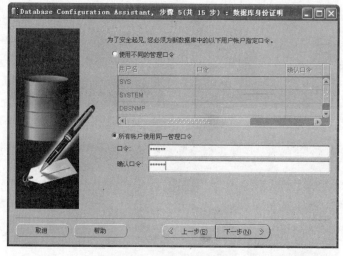

图 1-51　设置数据库口令

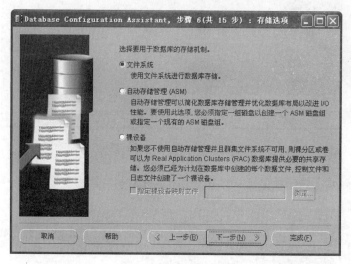

图 1-52　指定存储选项

（7）单击【下一步】按钮，打开【数据库文件所在位置】窗口，在此窗口中指定存储数据库文件的位置和方式，如图 1-53 所示。

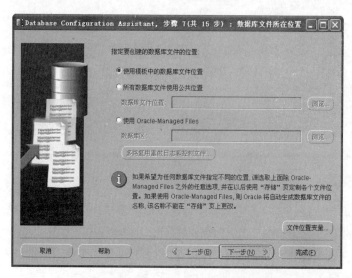

图 1-53　指定数据库文件存储位置

图 1-53 中各个可用选项的含义如下所示。

❑ **使用模板中的数据文件位置** 使用为此数据库选择的数据库模板中的预定义位置。

❑ **所有数据库文件使用公共位置** 为所有数据库文件指定一个新的公共位置。

❑ **使用 Oracle-Managed Files** 可以简化 Oracle 数据库的管理。利用由 Oracle 管理的文件，DBA 将不必直接管理构成 Oracle 数据库的操作系统文件。用户只需要提供数据库区的路径，该数据区用作数据库存放其数据库文件的根目录。

> **注意**
>
> 若启用【多路复用重做日志和控制文件】按钮，可以标识存储重复文件副本的多个位置，以便在某个目标位置出现故障时为重做日志和控制文件提供更强的容错能力。但是启用该选项后，在后面将无法修改这里设定的存储位置。

（8）单击【下一步】按钮，打开如图 1-54 所示的【恢复配置】窗口。

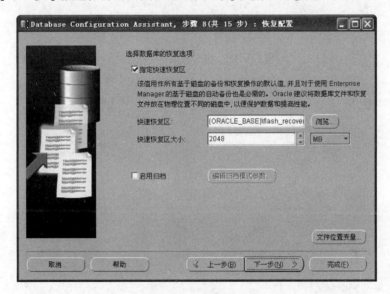

图 1-54　恢复配置

图 1-54 中各个可用选项的含义如下所示。

❑ **指定快速恢复区** 快速恢复区用于恢复数据库的数据，以免系统发生故障时丢失数据。快速恢复区是由 Oracle 管理的目录、文件系统或"自动存储管理"磁盘组成。该区提供了存放备份文件和恢复文件的磁盘位置。

❑ **启用归档** 启用归档后，数据库将归档其重做日志。利用重做日志可以将数据库中的数据恢复到重做日志中记录的某一个状态。

（9）单击【下一步】按钮，打开如图 1-55 所示的窗口。在这里选择数据库创建好后运行的 SQL 脚本，以便运行该脚本来修改数据库，这里使用默认设置。

（10）单击【下一步】按钮，打开如图 1-56 所示的设置【初始化参数】窗口。

在该窗口中有四个选项卡，内存和字符集前面内容中已经介绍过，其他选项卡说明如下。

❑ **调整大小** 调整 Oracle 数据块的大小和连接到服务器的进程数。

❑ **连接模式** 用于选择数据库的连接模式，专用服务器模式或者共享服务器模式。

（11）使用默认设置初始化参数。单击【下一步】按钮，打开如图 1-57 所示的【安全设置】窗口。

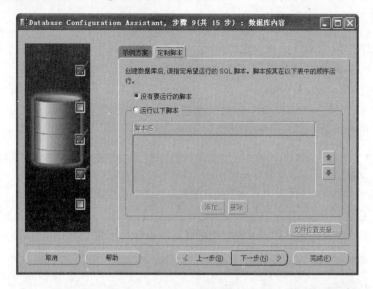

图 1-55　定制用户自定义脚本

图 1-56　设置初始化参数

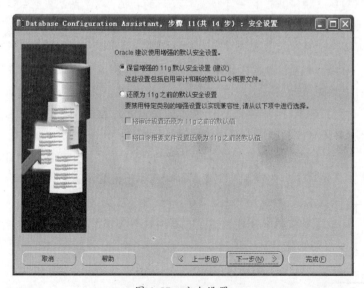

图 1-57　安全设置

（12）确定数据库的安全设置后，单击【下一步】按钮，打开如图 1-58 所示的配置数据库自动维护窗口。

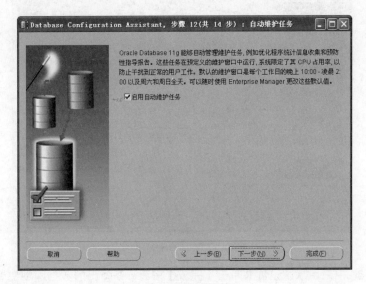

图 1-58 自动维护数据库

提示

自动管理维护任务可方便地管理各种数据库维护任务之间资源的分配，确保最终用户的活动在维护操作期间不受影响，并且这些活动可获得完成任务所需要的足够资源。

（13）采用默认设置单击【下一步】按钮，进入如图 1-59 所示的【数据库存储】窗口。在这里可以对数据库的控制文件、数据文件和重做日志文件进行设置。

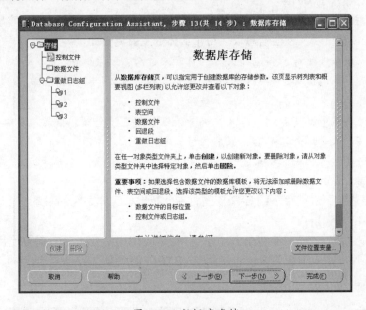

图 1-59 数据库存储

（14）单击【下一步】按钮，打开如图 1-60 所示窗口。

提示

【另存为数据库模板】将前面对创建数据库的参数配置另存为模板。【生成数据库创建脚本】将前面所做的配置以创建数据库脚本的形式保存起来，当需要创建数据库时，可以通过运行该脚本创建。

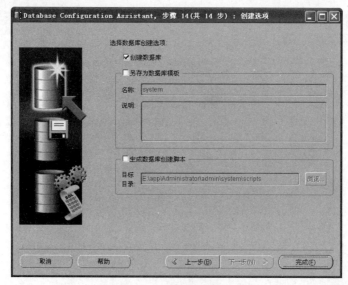

图 1-60　数据库创建选项

（15）在图 1-60 中采用默认设置并单击【完成】按钮，在弹出的数据库创建确认对话框中检查创建信息。如果无误单击【确认】按钮开始数据库的创建工作。

1.9 拓展训练

1．绘制进销存系统 E-R 图

在企业进销存系统中主要涉及到的实体有 7 个，分别是：供应商表、商品信息表、库存表、销售表、销售人员表、进货表及顾客信息表。每个实体的主要属性如下。

- ❑ **供应商表**　供应商编号、供应商名称、负责人姓名、联系电话。
- ❑ **商品信息表**　商品编号、供应商编号、商品名称、商品价格、商品单位、详细描述。
- ❑ **库存表**　库存编号、商品编号、库存数量。
- ❑ **销售表**　销售编号、商品编号、客户编号、销售数量、金额、销售人员编号。
- ❑ **销售人员表**　人员编号、姓名、家庭住址、电话。
- ❑ **进货表**　进货编号、商品编号、进货数量、销售人员编号、进货时间。
- ❑ **客户信息表**　客户编号、姓名、客户住址、联系电话。

根据上面的描述绘制进销存系统 E-R 模型，并分析出各实体之间的联系。

2．管理 Oracle 系统用户

Oracle 安装完之后，由于只有少数几个系统用户可以使用。因此，当需要使用其他系统用户时必须先进行解锁操作。本次训练要求读者使用 SYSTEM 登录到 Oracle，然后对系统用户 OUTLN 解除锁定，并设置密码为 123456。

1.10 课后练习

一、填空题

1．_____是关系模型中的一个重要概念，用来标识行的一列或多列。

2. 关系模型允许定义三类完整性约束：_____、参照完整性和用户定义的完整性。

3. _____范式的目标是确保数据库表中的每一列都和主键相关，而不能只与主键的某一部分相关。

4. E-R 模型中的实体使用_____来表示对象的特征。

5. Oracle<ORACLE_HOME_NAME>TNSListener 服务的作用是_____。

二、选择题

1. 以下属于不是数据模型的是_____。

    A. 层次模型   B. 网状模型

    C. 关系模型   D. 概念模型

2. _____的优点是数据结构类似金字塔，不同层次之间的关联性直接而且简单。

    A. 层次模型   B. 网状模型

    C. 关系模型   D. 概念模型

3. 在关系数据库中一个表只能有一个_____。

    A. 键   B. 主关键字

    C. 候选键字   D. 公共关键字

4. 在安装 Oracle 后只有 SYS、SYSTEM、DBSNMP、_____和 MGMT_VIEW 这 5 个用户默认为解锁状态。

    A. SA   B. ADMIN

    C. SYSMAN   D. SAMAN

5. 如果需要为 EM 用户解锁，下面的选项中哪个是正确的口令？_____

    A. ALTER EM ACCOUNT UNLOCK;

    B. ALTER EM ACCOUNT LOCK;

    C. ALTER USER EM ACCOUNT UNLOCK;

    D. ALTER USER EM ACCOUNT LOCK;

三、简答题

1. 简述数据库模型经历了哪些阶段，它们各自有哪些优缺点。

2. 解释键、主键和候选键的区别。

3. 简述数据库的三大范式分别需要符合哪些条件。

4. 基本的 E-R 图元素有几个？分别用什么形状来绘制。

5. 简述 Oracle 的发展过程。

6. 简述 Oracle 的安装及验证安装步骤。

第 2 课
认识 Oracle 体系结构

　　数据库的体系结构是从某一个角度分析数据库的组成和工作过程，以及数据库如何管理和组织数据。因此，在开始对 Oracle 进行操作之前，用户还需要理解 Oracle 数据库的体系结构。了解 Oracle 的体系结构不仅可以使用户对 Oracle 数据库有一个从外到内的整体认识，而且还可以对以后的具体操作具有指导意义。特别是对 Oracle 的初学者，对 Oracle 体系结构的掌握将直接影响到以后的学习。

　　在本课将从五大方面阐述 Oracle 的内部体系结构，分别是：应用结构、物理存储结构、逻辑存储结构、进程结构和内存结构。最后简单介绍 Oracle 中的数据字典，以及常用的数据字典和使用方法。

本课学习目标：

❏ 了解 Oracle 不同应用场景下的结构

❏ 理解什么是 Oracle 的物理存储结构，以及组成

❏ 理解 Oracle 体系的逻辑存储结构

❏ 理解 Oracle 体系的逻辑存储结构与物理结构的关系

❏ 了解 Oracle 体系的内存管理方式

❏ 了解什么是数据库实例

❏ 了解数据库实例的主要后台进程的作用

❏ 理解 Oracle 数据库中数据字典的作用

2.1 Oracle 应用结构

随着计算机软硬件的升级，以及网络技术的迅速发展，对数据库的使用方式提出了不同的要求。除了传统的单机应用结构，还出现了多数据库、分布式、B/S 和 C/S 等结构。本节将针对 Oracle 11g 在不同应用场景下的存储结构进行介绍。

2.1.1 单磁盘结构

单磁盘结构是最简单、最常用的结构，在此结构中只有一台计算机，并且计算机使用一个硬盘，也就是最常见的计算机结构，如图 2-1 所示。在这里将 Oracle 数据库服务器表示 Oracle 实例，用数据库文件来表示数据库。

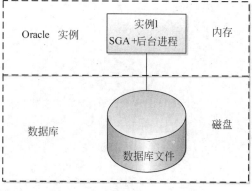

图 2-1　单磁盘独立主机结构

这种应用结构只有一个数据库服务器（DBMS）、一个数据库结构（数据库文件），并且这些数据文件都存储在一个物理磁盘上。这是最基本的应用结构，其他应用结构都是对此基本结构的修改和扩展。

由于这种结构将所有的数据库文件都存放在一个硬盘上，因此对硬件的可靠性要求较高，性能调整的主要方向是试图减少对数据库文件的访问次数。

提示

数据库服务器是（简称实例）由一组内存结构和访问数据库文件的后台进程组成。

2.1.2 多磁盘结构

多磁盘独立主机结构只有一台计算机，但是该计算机使用了多个硬盘的结构，如图 2-2 所示。

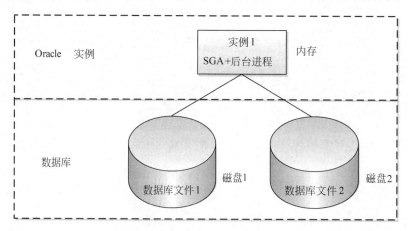

图 2-2　多磁盘独立主机结构

图 2-2 中只有一个数据库服务器、一个数据库的结构，但是数据库存储在多个物理磁盘中。由于使用了多个物理磁盘，数据库文件便可以被分开存储，可以减少数据库文件的连接数量，减少数据文件的磁盘 I/O。

如果在这些磁盘上采用了磁盘镜像技术（RAID 技术，独立磁盘冗余阵列技术），则所有数据库文件在每个硬盘上都有完整的备份，任意一个硬盘发生故障后，都能由镜像磁盘代替其工作，并可对其进行维修、恢复，因此提高了硬件的可靠性。

　　由于在数据库操作期间，处理一个事务或查询可能需要多个文件的信息是非常普遍的事，所以在这种多磁盘结构中，还可以将数据库文件分别存放在不同的硬盘上，以便减少数据库文件之间的竞争的数量，从而提高数据库的性能。

> **注 意**
>
> 多磁盘不一定就是镜像的，但镜像一定需要多磁盘。通常，磁盘的镜像是由硬件系统来实现，而不是使用 Oracle 的镜像解决方案。

2.1.3　多数据库结构

　　多数据库独立主机结构只有一台计算机，可以有一个或多个硬盘，如图 2-3 所示。

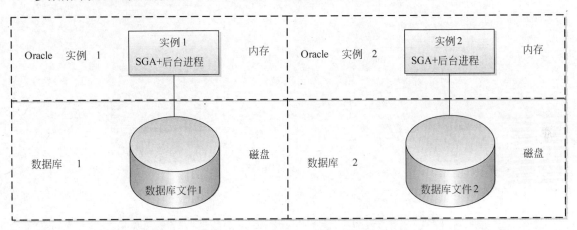

图 2-3　多数据库独立主机结构

　　这种应用结构由多个数据库服务器、多个数据库文件组成，也就是在同一台计算机上装两个版本的 Oracle 数据库（如 Oracle 10g、Oracle 11g）。尽管它们在同一台计算机上，但无论是内存结构、服务器进程、数据库文件等都不是共享的，它们各自都有自己的内存结构、服务器进程和数据库文件。虽然这两个数据库位于同一台计算机上，但它们彼此之间并不能进行共享，一个数据库的进程并不能访问另一个数据库的数据库文件。这种结构对硬件的要求较高（内存大、CPU 快、硬盘快），一般情况下不采用这种应用结构。

2.1.4　分布式结构

　　数据库系统可按数据分布方式分为集中式数据库系统和分布式数据库系统。集中式数据库系统是将数据集中存放在一台计算机上，而分布式数据库系统是将数据存放在由计算机网络联接的不同计算机上。一个分布式数据库是由分布于计算机网络上的多个逻辑相关的数据库组成的集合，网络的每个节点都具有独立处理能力，可以执行局部应用，也可以通过网络执行全局应用。图 2-4 为分布式数据库系统结构。

　　从图 2-4 可以看出，分布式数据库由以下几部分组成。

- ❑ **局部数据库管理系统**　创建和管理局部数据库，执行局部和全局应用的子查询。
- ❑ **全局数据库管理系统**　协调各个局部数据库管理系统，共同完成全局事务的执行，并保证全局数据库执行的正确性和全局数据的完整性。
- ❑ **通信管理**　实现分布在网络中各个数据库之间的通信。

- **全局数据字典**　存放全局概念模式。
- **局部数据库**　查询全局数据库信息。

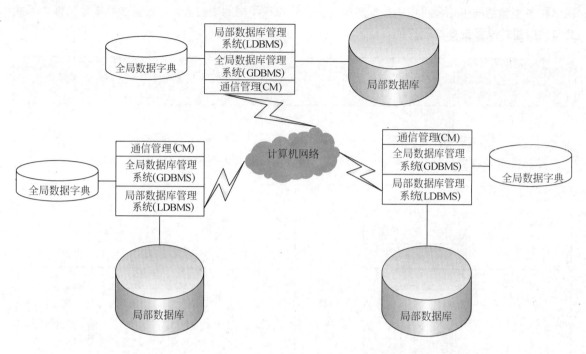

图 2-4　分布式数据库系统结构

分布式数据库管理系统的数据在物理上是分布存储，即数据存放在计算机网络上不同的节点（局部数据库）；而在逻辑上数据之间有语义上的联系，属于一个系统。访问数据的用户即可以是本地用户，也可以是通过网络连接的远地用户。

Oracle 数据库支持分布式数据结构，它属于一个客户/服务器模式结构。在网络环境中，每个具有多用户处理能力的硬件平台都可以作为服务器，多个服务器上的数据库对于用户来说是一个逻辑上的单一数据库系统。

Oracle 在网络环境中使用 SQL*Net、Net8 或 Net8i 等进行客户端与服务器、服务器与服务器之间的通信。在分布式数据库中，各个服务器之间可以实现数据的实时、定时复制。通过 Oracle 的远程数据复制选件、触发器、快照等在多个不同地域实现数据的远程复制。图 2-5 给出了 Oracle 分布式数据库系统结构。

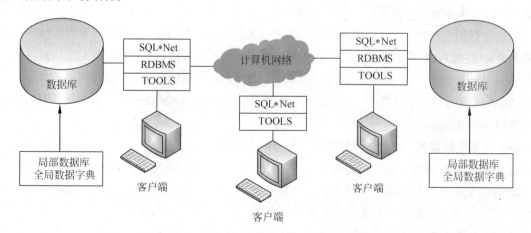

图 2-5　Oracle 分布式数据库系统结构

▌2.1.5 浏览器/服务器结构

图 2-6 为 Oracle 浏览器/服务器（B/S，Browser/Server）3 层系统结构。B/S 的 3 层模型中，客户端应用程序通常采用 Web 浏览器展示，所以客户端也称为瘦客户。

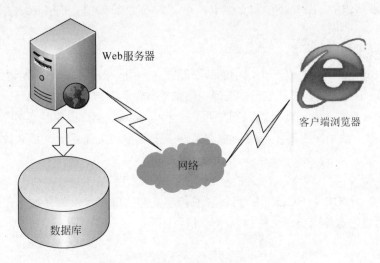

图 2-6　Oracle 的 3 层系统结构

在客户计算机上没有加载程序代码，所有的程序代码都存储在 Web 服务器上。如果客户端要访问数据，则访问请求首先通过网络被发送到 Web 服务器，然后由 Web 服务器将请求传递到数据库服务器，经过数据库服务器处理的数据以 HTML 的格式在客户端 Web 浏览器中显示。

B/S 结构是面向非连接的，即存取数据库时建立连接，存取结束断开连接，再次存取时需要重新建立连接。所以，与 C/S 两层模式相比，其效率比较低。所以 B/S 主要应用于运行效率要求不高，以数据的对外发布为主的环境。

▌2.1.6 客户/服务器结构

在 C/S（Client/Server）结构模式中，所有的数据集中存储在服务器中，数据处理由服务器完成，一般采用硬件资源配置比较高的机器作为服务器，而使用配置比较低的 PC 机作为客户端。服务器与客户端之间通过专用网络连接，一般为局域网或企业内部网。

图 2-7 列出了 Oracle 客户/服务器系统结构。应用程序运行在客户端，Oracle 数据库运行在服务器上，二者之间通过计算机网络连接在一起。Oracle 使用 SQL*Net 在客户端与服务器之间进行通信。

与 Oracle 数据库进行交互的语言为 SQL 或 PL/SQL。运行在客户端的应用软件与 Oracle 数据库的 RDBMS（Relational Database Management System，关系型数据库管理系统）核心进行通信，访问数据库中的数据，要经过开发工具及 Oracle 驱动程序转换成 SQL 语言，再通过网络传递传输工具

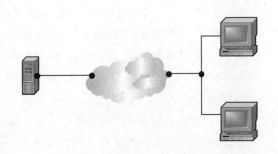

图 2-7　Oracle 客户/服务器系统结构

SQL*Net 传递到服务器端。Oracle 服务器同样使用 SQL*Net 接收客户端的请求，并根据该 SQL 语言响应客户端的请求，最后将执行结果再传递到客户端，从而完成对数据库的一次访问。

2.2 物理存储结构

Oracle 的物理存储结构是指 Oracle 运行时需要的物理存储文件。这些文件主要由三种类型组成，分别是控制文件（ *.ctl ）、数据文件（ *.dbf ）和重做日志文件（ *.log ）。

2.2.1 控制文件

控制文件（ Control File ）是一个很小的二进制文件，用于描述数据库的物理结构。在 Oracle 数据库中控制文件相当重要，它存放有数据库中的数据文件和日志文件的信息。

在安装 Oracle 系统时会自动创建控制文件。一个 Oracle 数据库通常包含多个控制文件，在数据库的使用过程中，数据库需要不断更新控制文件，一旦控制文件受损，那么数据库将无法正常工作。

【练习 1】

通过数据字典 V$CONTROLFILE 可以了解控制文件的信息。例如，如下语句使用数据字典 v$controlfile 查看当前数据库控制文件的名称与路径。

```
SQL> SELECT name FROM v$controlfile;

NAME
--------------------------------------------------
E:\APP\ADMINISTRATOR\ORADATA\ORCL\CONTROL01.CTL
E:\APP\ADMINISTRATOR\ORADATA\ORCL\CONTROL02.CTL
E:\APP\ADMINISTRATOR\ORADATA\ORCL\CONTROL03.CTL
```

提示

Oracle 一般会默认创建 3 个包含相同信息的控制文件，目的是为了其中一个受损时，可以调用其他控制文件继续工作。

2.2.2 数据文件

数据文件（ Data File ）是在物理上保存数据库中数据的操作系统文件。例如，表中的记录和索引等都存放在数据文件中。一个表空间在物理上可以对应一个或多个数据文件，而一个数据文件只能属于一个表空间。

存储数据时，用户修改或添加的数据会先保存在内存的数据缓冲区中，然后由 Oracle 的后台进程 DBWn 将数据写入数据文件；读取数据时，如果用户要读取的数据不在内存的数据缓冲区中，那么 Oracle 就从数据文件中把数据读取出来，放到内存的缓冲区中，供用户查询。这样的存取方式减少了磁盘的 I/O 操作，提高了系统的响应性能。

数据文件一般有以下特点。

❑ 一个表空间由一个或多个数据文件组成。

❑ 一个数据文件只对应一个数据库。而一个数据库通常包含多个数据文件。

❑ 数据文件可以通过设置其参数，实现其自动扩展的功能。

【练习 2】

如果想要了解数据文件的信息，可以查询数据字典 DBA_DATA_FILES 和 V$DATAFILE。首先使用 DESC 命令了解 DBA_DATA_FILES 的结构，如下所示。

```
SQL> desc dba_data_files;
```

名称	是否为空	类型
FILE_NAME		VARCHAR2(513)
FILE_ID		NUMBER
TABLESPACE_NAME		VARCHAR2(30)
BYTES		NUMBER
BLOCKS		NUMBER
STATUS		VARCHAR2(9)
RELATIVE_FNO		NUMBER
AUTOEXTENSIBLE		VARCHAR2(3)
MAXBYTES		NUMBER
MAXBLOCKS		NUMBER
INCREMENT_BY		NUMBER
USER_BYTES		NUMBER
USER_BLOCKS		NUMBER
ONLINE_STATUS		VARCHAR2(7)

DBA_DATA_FILES 数据字典中的主要字段含义如下。

❑ **file_name**　数据文件的名称以及存放路径。

❑ **file_id**　数据文件在数据库中的 ID 号。

❑ **tablespace_name**　数据文件对应的表空间名。

❑ **bytes**　数据文件的大小。

❑ **blocks**　数据文件所占用的数据块数。

❑ **status**　数据文件的状态。

❑ **autoextensible**　数据文件是否可扩展。

【练习 3】

使用数据字典 dba_data_files 查看表空间 SYSTEM 所对应的数据文件的部分信息，实现语句如下。

```
SQL> SELECT file_name , tablespace_name , autoextensible
  2  FROM dba_data_files
  3  WHERE tablespace_name = 'SYSTEM';


FILE_NAME                                             TABLESPACE_NAME     AUT
---------------------------------------------------   -----------------   -------
E:\APP\ADMINISTRATOR\ORADATA\ORCL\SYSTEM01.DBF        SYSTEM              YES
```

另一个数据字典 v$datafile 则记录了数据文件的动态信息，它主要有以下字段。

❑ **file#**　存放数据文件的编号。

❑ **status**　数据文件的状态。

❑ **checkpoint_change#**　数据文件的同步号，随着系统的运行自动修改，以维持所有数据文件的同步。

❑ **bytes**　数据文件的大小。

❑ **blocks**　数据文件所占用的数据块数。

❑ **name**　数据文件的名称以及存放路径。

【练习 4】

使用数据字典 v$datafile 查看当前数据库的数据库文件动态信息，实现语句如下。

```
SQL> SELECT file# , name , checkpoint_change#
  2  FROM v$datafile;

FILE#   NAME                                                    CHECKPOINT_CHANGE#
------  ------------------------------------------------------  ------------------
1       E:\APP\ADMINISTRATOR\ORADATA\ORCL\SYSTEM01.DBF          987560
2       E:\APP\ADMINISTRATOR\ORADATA\ORCL\SYSAUX01.DBF          987560
3       E:\APP\ADMINISTRATOR\ORADATA\ORCL\UNDOTBS01.DBF         987560
4       E:\APP\ADMINISTRATOR\ORADATA\ORCL\USERS01.DBF           987560
```

2.2.3 重做日志文件

重做日志文件（Redo Log File）主要用于记录数据库中所有修改信息的文件，简称日志文件。通过使用日志文件，不仅可以保证数据库的安全，还可以实现数据库备份与恢复。为了确保日志文件的安全，在实际应用中允许对日志文件进行镜像。

一个日志文件和它的所有镜像文件构成一个日志文件组，它们包含相同的信息。同一组中的日志文件最好保存到不同的磁盘中，可以防止物理损坏带来的麻烦。在一个日志文件组中的日志文件镜像个数受 MAXLOGMEMBERS 参数限制，最多可以有 5 个。

【练习 5】

使用数据视字典视图 V$LOG 可以了解系统当前正在使用的日志文件组，语句如下所示。

```
SQL> SELECT GROUP#,STATUS FROM V$LOG;
 GROUP#            STATUS
-----------       ------------
 1                INACTIVE
 2                CURRENT
 3                INACTIVE
```

从上述查询结果来看，STATUS 字段值为 CURRENT，则表示系统当前正在使用该字段对应的日志文件组，因此系统当前正在使用文件组是第二日志文件组。

如果一个日志文件组的空间被用完后，Oracle 系统就会自动转换到另一个日志文件组。但是，数据库管理员也可以使用 ALTER SYSTEM 命令进行手工切换，使用 ALTER SYSTEM 命令的语法格式如下。

```
ALTER SYSTEM SWITCH LOGFILE;
```

【练习 6】

手动切换到下一个日志文件组，并查询切换后的结果，如下所示。

```
SQL> ALTER SYSTEM SWITCH LOGFILE;
系统已更改。
SQL> SELECT GROUP#,STATUS FROM V$LOG;
GROUP#               STATUS
--------------       -----------
1                    INACTIVE
2                    ACTIVE
3                    CURRENT
```

2.2.4 其他存储结构文件

除了前面介绍的控制文件、数据文件和重做日志文件以外，Oracle 中还有备份文件、归档重做日志文件、参数文件以及警告、跟踪日志文件。

1．备份文件

文件受损时，可以借助备份文件对受损文件进行恢复。对文件进行还原的过程，就是用备份文件替换该文件的过程。

2．归档重做日志文件

归档重做日志文件用于对写满的日志文件进行复制并保存，具体功能由归档进程 ARCn 实现，该进程负责将写满的重做日志文件复制到归档日志目标中。

3．参数文件

参数文件用于记录 Oracle 数据库的基本参数信息，主要包括数据库名和控制文件所在的路径等。参数文件分为文本参数文件（ Parameter File，简称 PFILE ）和服务器参数文件（ Server Parameter File，简称 SPFILE ）。

提示

文本参数文件为 init<SID>.ora，服务器参数文件为 spfile<SID>.ora 或 spfile.ora。

当数据库启动时，将打开上述两种参数文件中的一种，数据库实例首先在操作系统中查找服务器参数文件 SPFILE，如果找不到则查找文本参数文件 PFILE。

4．警告、跟踪日志文件

当一个进程发现一个内部错误时，它可以将关于错误的信息存储到它的跟踪文件中。而警告文件则是一种特殊的跟踪文件，它包含错误事件的说明，而随之产生的跟踪文件则记录该错误的详细信息。

2.3 逻辑存储结构

在 Oracle 中，数据库的所有操作都会涉及到逻辑存储结构，因此可以说逻辑存储结构是 Oracle 数据库存储结构的核心内容。Oracle 数据库从逻辑存储结构上来讲，主要包括表空间、段、区和数据块。其中表空间由多个段组成、段由多个区组成、区由多个数据块组成。其逻辑存储单元从小到大依次为数据块、区、段和表空间。图 2-8 显示了个逻辑单位之间的关系。

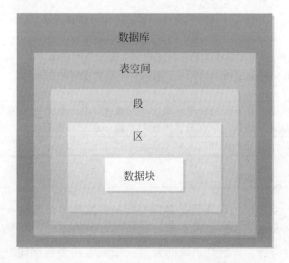

图 2-8　Oracle 的数据库逻辑存储结构

2.3.1 表空间

表空间（TABLESPACE）是 Oracle 中最大的逻辑存储结构，它与物理上的一个或多个数据文件相对应，每个 Oracle 数据库都至少拥有一个表空间，表空间的大小等于构成该表空间的所有数据文件大小的总和。表空间用于存储用户在数据库中创建的所有内容，例如用户在创建表时，可以指定一个表空间存储该表，如果用户没有指定表空间，则 Oracle 系统会将用户创建的内容存储到默认的表空间中。

> **技巧**
> 通过增加、删除表空间对应的数据文件，或修改其数据文件的大小来改变表空间的大小。

【练习7】

在安装 Oracle 时会自动创建一系列的表空间（如 system）。例如，使用数据字典 dba_tablespaces 查看当前数据库的所有表空间的名称，语句如下。

```
SQL> SELECT tablespace_name FROM dba_tablespaces;

TABLESPACE_NAME
--------------------
SYSTEM
SYSAUX
UNDOTBS1
TEMP
USERS

已选择 5 行。
```

查询结果返回 5 个表空间，它们也是 Oracle 数据库自动创建的表空间，具体说明如表 2-1 所示。

表 2-1　Oracle 数据库自动创建的表空间

表空间	说　　明
sysaux	辅助系统表空间。用于减少系统表空间的负荷，提高系统的作业效率。该表空间由 Oracle 系统内部自动维护，一般不用于存储用户数据
system	系统表空间，用于存储系统的数据字典、系统的管理信息和用户数据表等
temp	临时表空间。用于存储临时的数据，例如存储排序时产生的临时数据。一般情况下，数据库中的所有用户都使用 temp 作为默认的临时表空间。临时表空间本身不是临时存在的，而是永久存在的，只是保存在临时表空间中的段是临时的。临时表空间的存在，可以减少临时段与永久段之间的磁盘 I/O 争用
undotbs1	撤销表空间。用于在自动撤销管理方式下存储撤销信息。在撤销表空间中，除了回退段以外，不能建立任何其他类型的段。所以用户不可以在撤销表空间中创建任何数据库对象
users	用户表空间。用于存储永久性用户对象和私有信息

2.3.2 段

段（Segment）是一组盘区，它不再是存储空间的分配单位，而是一个独立的逻辑存储结构。对于具有独立存储结构的对象，它的数据全部存储在保存它的段中。一个段只属于一个特定的数据库对象，每当创建一个具有独立段的数据库对象时，Oracle 将为它创建一个段。

1. 数据段

数据段用于存储表中的数据。在 Oracle 中如果用户在表空间中创建一个表，那么系统会自动在该表空间中创建一个数据段，而且该数据段的名称与表的名称相同。

2. 索引段

索引段用于存储表中的所有索引信息。在 Oracle 中如果用户创建一个索引，系统会为该索引创建一个索引段，而且该索引段的名称与索引的名称相同。

3. 临时段

临时段用于存储临时数据。在 Oracle 中排序或者汇总时产生的临时数据都存储在临时段中，该段由系统在用户的临时表空间中自动创建，并在排序或汇总结束时自动消除。

4. LOB 段

LOB 段用于存储表中的大型数据对象。在 Oracle 中大型数据对象的类型主要有 CLOB 和 BLOB。

5. 回退段

回退段用于存储用户数据被修改之前的值。在 Oracle 中如果需要对用户的数据进行回退操作（恢复操作）需要使用回退段。在每个 Oracle 数据库中都应该至少拥有一个回退段供数据恢复时使用。

2.3.3 区

区（EXTENT）是磁盘空间分配的最小单位，由一个或多个数据块组成。当一个段中的所有空间被使用完毕后，系统将自动为该段分配一个新的区。

一个或多个区组成一个段，所以段的大小由区的个数决定。但是一个数据段可以包含区的个数并不是无限制的，它是由以下两个参数决定：

❏ **MIN_EXTENTS** 定义段初始分配区的个数，也就是段最少可分配的区的个数。

❏ **MAX_EXTENTS** 定义一个段最多可以分配的区的个数。

【练习8】

如果需要了解表空间的信息、表空间的最小与最大区的个数可以通过数据字典视图 DBA_TABLESPACES 来查询，语句如下。

```
SQL> SELECT TABLESPACE_NAME,MIN_EXTENTS,MAX_EXTENTS
  2  FROM DBA_TABLESPACES;
TABLESPACE_NAME                 MIN_EXTENTS        MAX_EXTENTS
------------------------------  --------------  ------------------

SYSTEM                          1                  2147483645
SYSAUX                          1                  2147483645
UNDOTBS1                        1                  2147483645
TEMP                            1
USERS                           1                  2147483645
EXAMPLE                         1                  2147483645
```

2.3.4 块

在 Oracle 中块(BLOCK)是用来管理存储空间的最基本单位,也是最小的逻辑存储单位。Oracle 数据库是以块为单位进行逻辑读写操作的。

在创建 Oracle 数据库时，初始化参数 DB_BLOCK_SIZE 用来指定一个数据块的大小。数据库创建之后，将无法修改数据块的大小。使用 SHOW PARAMETER DB_BLOCK_SIZE 命令可以查找该参数的信息，如下所示。

```
SQL> show parameter db_block_size;
NAME                      TYPE          VALUE
------------------       -----------   ----------
db_block_size            integer       8192
```

在数据块中可以存储的数据有表数据、索引数据和簇数据等。虽然数据块可以存储这些不同类型的数据，但是每个数据块都具有相同的结构，如图 2-9 所示。

由图 2-9 可知，一个数据块主要由五部分组成，分别是：块头部、表目录、行目录、空闲空间和行空间。

❑ **块头部**　包含数据块中一般的属性信息，例如数据块的物理地址、所属段的类型等。

❑ **表目录**　如果数据块中存储的数据是某个表的数据（表中一行或多行记录），则关于该表的信息将存放在表目录中。

❑ **行目录**　用来存储数据块中有效的行信息。

图 2-9　数据块结构

提示
块头部、表目录和行目录三个部分共同组成数据块的头部信息区。块头部信息区中并没有存储实际的数据库数据，它只是用来引导 Oracle 系统的读取数据。而如果头部信息区受损，则该数据块将失效，块中所存储的数据也将丢失。

❑ **空闲空间**　数据块中还没有使用的存储空间。

❑ **行空间**　表或者索引的数据存储在行空间中，所以行空间是数据块中已经使用的存储空间。

提示
由于块头部、表目录和行目录所组成的头部信息区并不存储实际数据，所以一个数据块的容量实际上是空闲空间与行空间容量的总和。

2.4 进程结构

Oracle 进程结构与 Oracle 内存结构共同组成了 Oracle 数据库的实例结构，本节首先介绍进程结构。

2.4.1　Oracle 进程结构概述

Oracle 数据库启动时，首先启动 Oracle 实例，系统将自动分配 SGA，并启动多个后台进程。Oracle 数据库的实例进程分为两种类型：单进程实例和多进程实例。

1. 单进程 Oracle 实例

在单进程 Oracle 实例中，一个进程执行全部 Oracle 代码，并且只允许一个用户存取。实际上就是服务器进程与用户进程紧密联系在一起，无法分开执行。这种方式不支持网络连接，不可以进行数据复制，一般用于单任务操作系统。

2. 多进程 Oracle 实例

在多进程 Oracle 实例中，由多个进程执行 Oracle 代码的不同部分，允许多个用户同时使用，对于每一个连接的用户都有一个进程。在多进程系统中，进程可以分为服务器进程、用户进程与后台进程，其中服务器进程用于处理连接到 Oracle 实例的用户进程的请求，可以执行如下任务。

（1）对 SQL 语句进行语法分析并执行。

（2）从磁盘的数据文件中读取必要的数据块到 SGA 的共享数据缓冲区中。

（3）将结果返回给用户进程。

多实例进程除了包括用户进程与服务器进程以外，还包括后台进程。后台进程的作用是提高系统的性能和协调多个用户。

2.4.2　后台进程结构

通过查询数据字典 V$BGPROCESS 可以了解数据库中启动的后台进程信息，本节介绍 Oracle 中重要进程的结构。

1．DBWn 进程

DBWn（Database Writer，数据库写入）进程，是 Oracle 中采用 LRU（Least Recently Used，最近最少使用）算法将数据缓冲区中的数据写入数据文件的进程。

了解 DBWn 进程的作用以及工作流程之前，首先来认识一下 LRU 以及 DIRTY 的概念。

❑ **LRU**　LRU（LEAST RECENTLY USED），是数据缓冲区的一种管理机制，只保留最近数据，不保留旧数据。

❑ **DIRTY**　DIRTY 表示"脏列"，实际上就是指被修改但还没有被写入数据文件的数据。

DBWn 进程的主要作用如下所示。

❑ 管理数据缓冲区，以使用户进程能找到空闲的缓冲区。

❑ 将所有修改后的缓冲区数据写入数据文件。

❑ 使用 LRU 算法将最近使用过的块保留在内存中。

❑ 通过延迟写来优化磁盘 I/O 读写。

DBWn 进程的工作流程如下。

（1）当一个用户进程产生后，服务器进程查找内存缓冲区中是否存在用户进程所需要的数据。

（2）如果内存中没有需要的数据，服务器进程就从数据文件中读取数据。此时，服务器进程首先会从 LRU 中查找是否有存放数据的空闲块。

（3）如果 LRU 中没有空闲块，则将 LRU 中的 DIRTY 数据块移入 DIRTY LIST（弄脏表）。

（4）如果 DIRTY LIST 超长，服务器进程通知 DBWn 进程将数据写入磁盘，刷新缓冲区。

（5）当 LRU 中有空闲块后，服务器进程从磁盘的数据文件中读取数据并存放到数据缓冲区中。

上面提到在一个 Oracle 数据库实例中 DBWn 进程可以启动多个，允许启动的 DBWn 进程个数由 DB_WRITER_PROCESSES 参数决定。

【练习9】

使用 SHOW PARAMETER 语句查看 DB_WRITER_PROCESSES 参数的信息，语句如下。

```
SQL> SHOW PARAMETER DB_WRITER_PROCESSES;
NAME                         TYPE      VALUE
---------------------------- --------- ----------
db_writer_processes          integer       1
```

2．LGWR 进程

LGWR（LOG WRITER，日志写入）进程，负责将日志缓冲区中的日志数据写入磁盘的日志文件中。Oracle 数据库运行时，对数据库的修改操作将被记录到日志信息中，而这些日志信息将首先保存在日志缓冲区中。当日志信息达到一定数量时，由 LGWR 进程将日志数据写入日志文件中。

使用 LGWR 进程将缓冲区中的日志数据写入磁盘的情况主要有以下几种。

❑ 用户进程提交事务。

❑ 日志缓冲区池已满 1/3。

❑ 出现超时。

❑ DBWn 进程为检查点清除缓冲区块。

❑ 一个实例只有一个日志写入进程。

❑ 事务被写入日志文件，并确认提交。

> **提示**
>
> 日志缓冲区是一个循环缓冲区，当 LGWR 进程将日志缓冲区中的日志数据写入磁盘日志文件中后，服务器进程又可以将新的日志数据保存到日志缓冲区中。

LGWR 进程将日志信息同步地写入在线日志文件组的多个日志成员文件中，如果日志文件组中的某个成员文件被删除或者不可以使用时，则 LGWR 进程可以将日志信息写入该组的其他文件中，从而不影响数据库的正常运行，但会在警告日志文件中记录错误。如果整个日志文件组都无法正常使用，则 LGWR 进程会失败，并且整个数据库实例将挂起，直到问题被解决。

3. SMON 进程

SMON（System Monitor，系统监控）进程，用于数据库实例出现故障或系统崩溃时，通过将联机重做日志文件中的条目应用于数据文件来执行崩溃恢复。SMON 进程一般用于定期合并字典管理的表空间中的空闲空间。此外，它还用于在系统重新启动期间清理所有表空间中的临时段。

4. PMON 进程

PMON（PROCESS MONITOR，进程监控）进程，用于清除失效的用户进程，释放用户进程所用的资源。PMON 进程周期性检查调度进程和服务器进程的状态，如果发现进程无响应，则重新启动。PMON 进程被有规律地唤醒，检查是否需要使用，或者其他进程发现需要时也可以调用此进程。

5. ARCn 进程

ARCn（Archive Process，归档）进程有两种运行方式分别是归档（ARCHIVELOG）方式和非归档（NOARCHIVELOG）方式，当且仅当 Oracle 数据库运行在归档模式下时才会产生 ARCn 进程。该进程主要用于将写满的日志文件复制到归档日志文件中，防止日志文件组中的日志信息由于日志文件组的循环使用而被覆盖。

在一个 Oracle 数据库实例中允许启动的 ARCn 进程的个数由 LOG_ARCHIVE_MAX_PROCESSES 参数决定。通过 SHOW PARAMETER 语句可以查看该参数的信息，语句如下。

```
SQL> SHOW PARAMETER LOG_ARCHIVE_MAX_PROCESSES;
NAME                                 TYPE            VALUE
------------------------------------ --------------- ----------
log_archive_max_processes            integer         4
```

从查询结果可知，目前最多可以启动的 ARCn 进程个数为 4。

> **提示**
>
> 在一个数据库实例中 ARCn 进程最多可以启动 10 个，进程名称分别为：ARC0、ARC1、…、ARC9。

6. RECO 进程

RECO（RECOVERY，恢复）进程，存在于分布式数据库系统中，主要负责在分布式数据库环境中自动恢复那些失败的分布式事务。

例如在分布式数据库系统中有两个数据库 A 和 B，目前需要同时修改 A 和 B 表中的数据，当 A

数据库中表的数据被修改后，网络连接失败，B 中的表数据无法进行修改，就出现了分布式数据库中的事务故障，此时 RECO 进程将进行事务回滚。

当一个数据库服务器的 RECO 进程试图与一个远程服务器建立通信时，如果远程服务器不可用或者无法建立网络连接，RECO 进程将自动在一个时间间隔之后再次连接。

7. LCKn 进程

LCKn（LOCK，封锁）进程，用于实现多个实例间的封锁，它存在于并行服务器系统中。在一个 Oracle 数据库实例中，最多可以启动 10 个 LCKn 进程，进程名称分别以：LCK0、LCK1、…、LCK9 命名。

8. Dnnn 进程

Dnnn（DISPATCHERS，调度）进程，用于将用户进程连接到服务器进程，它存在于多线程服务器体系结构中。Dnnn 进程可以启动多个，名称分别为：D001、D002、…、Dnnn。

在一个数据库实例中，对每种网络协议至少建立一个调度进程。数据库管理员根据操作系统中每个进程可连接数目的限制，决定需要启动调度进程的个数，在实例运行时可以增加或者删除调度进程。

9. SNPn 进程

SNPn（SNAPSHOT PROCESS，快照）进程用于处理数据库快照的自动刷新。在 Oracle 数据库中通过 JOB_QUEUE_PROCESS 参数设置快照进程的个数。

【练习 10】

使用 SHOW PARAMETER 语句查看 JOB_QUEUE_PROCESS 参数的信息，语句如下。

```
SQL> SHOW PARAMETER JOB_QUEUE_PROCESS;
NAME                                 TYPE           VALUE
------------------------------------ -------------- ----------
job_queue_processes                  integer        1000
```

2.5 内存结构

内存是 Oracle 数据库体系结构中非常重要的一个组成部分，也是影响数据库性能的主要因素之一。在了解 Oracle 进程结构之后，本节将详细介绍 Oracle 的内存结构。

2.5.1 Oracle 内存结构概述

在数据库运行时，内存主要用于存储各种信息，例如：执行的程序代码、连接到数据库的会话信息、数据库共享信息、程序运行期间所需要的数据以及存储在外存储上的缓冲信息等。

当用户发出一条 SQL 命令时，服务器进程会对该 SQL 语句进行语法分析并执行，然后将数据从磁盘的数据文件中读取出来，存放在系统全局区中的数据缓冲区中。如果用户进程对缓冲区中的数据进行了修改，则修改后的数据将由写入进程 DBWn 写入磁盘数据文件中。

Oracle 内存结构如图 2-10 所示。

在 Oracle 内存结构中，软件代码区域用于存储作为 Oracle 实例的一部分运行的 Oracle 可执行文件，这些代码区域实际上是静态的，只有在安装新的软件版本时才会改变。下面详细介绍 Oracle 内存结构中的系统全局区与程序全局区。

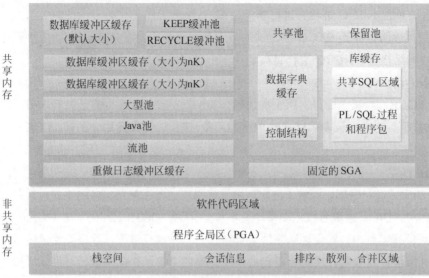

图 2-10　Oracle 内存结构

2.5.2　系统全局区

系统全局区（System Global Area，SGA）是 Oracle 为系统分配的一组共享的内存结构，可以包含一个数据库实例的数据或控制信息。在一个数据库实例中，可以有多个用户进程，这些用户进程可以共享系统全局区中的数据，所以系统全局区又称为共享全局区。

当数据库实例启动时，SGA 的内存被自动分配；当数据库实例关闭时，SGA 被回收。从图 2-10 可以看出，SGA 由许多不同的区域组成，为 SGA 分配内存时，控制 SGA 不同区域的许多参数都是动态的。

【练习 11】

SGA 区域总内存的大小由 sga_max_size 参数决定，可以使用 SHOW PARAMETER 语句查看该参数的信息，语句如下。

```
SQL> SHOW PARAMETER sga_max_size;

NAME                          TYPE              VALUE
-----------------------       ---------------   ---------
sga_max_size                  big integer       512M
```

如果没有指定 sga_max_size 参数，而是指定了 sga_target 参数，Oracle 会自动调整 SGA 各个区域的内存大小，并使内存的总量等于 sga_target 参数指定的值。

提示

SGA 中的内存以区组（Granule）为单位进行分配。如果 SGA 的总内存小于或等于 128MB，则区组的大小为 4MB；如果大于 128MB，则区组的大小为 16MB。

1．数据缓冲区

数据缓冲区用于存储从磁盘数据文件中读取的数据，供所有用户共享。由于系统读取内存的速度要比读取磁盘快得多，所以数据缓冲区的存在可以提高数据库的整体效率。

创建表时，可以在 CREATE TABLE 语句中，使用 STORAGE 子句指定 BUFFER_POOL_KEEP 或 BUFFER_POOL_RECYCLE 关键字，将表的数据块保存在 KEEP 缓冲池或 RECYCLE 缓冲

池中。

【练习 12】

数据缓冲区的大小由 db_cache_size 参数决定，可以通过 SHOW PARAMETER 语句查看该参数的信息，语句如下。

```
SQL> SHOW PARAMETER db_cache_size;
NAME                              TYPE          VALUE
--------------------------------  ------------  ---------
db_cache_size                     big integer   20M
```

2. 日志缓冲区

日志缓冲区用于存储数据库的修改操作信息。当日志缓冲区中的日志量达到总容量的 1/3 时，或每隔 3 秒，或日志量达到 1MB 时，日志写入进程 LGWR 就会将日志缓冲区中的日志信息写入日志文件中。

【练习 13】

日志缓冲区的大小由 log_buffer 参数决定，可以通过 SHOW PARAMETER 语句查看该参数的信息，语句如下。

```
SQL> SHOW PARAMETER log_buffer;

NAME                              TYPE         VALUE
--------------------------------  -----------  ----------
log_buffer                        integer      5654016
```

3. 共享池

共享池用于保存最近执行的 SQL 语句、PL/SQL 程序的数据字典信息，它是对 SQL 语句和 PL/SQL 程序进行语法分析、编译和执行的内存区域。共享池主要包括以下两种子缓存。

（1）库缓存（Library Cache）

库缓存保存数据库运行的 SQL 和 PL/SQL 语句的有关信息。在库缓冲区中，不同的数据库用户可以共享相同的 SQL 语句。

（2）数据字典缓存（Data Dictionary Cache）

数据字典是数据库表的集合，其中包含有关数据库、数据库结构以及数据库用户的权限和角色的元数据。

【练习 14】

共享池的大小由 shared_pool_size 参数决定，可以通过 SHOW PARAMETER 语句查看该参数的信息，语句如下。

```
SQL> SHOW PARAMETER shared_pool_size;

NAME                              TYPE         VALUE
--------------------------------  -----------  ----------
shared_pool_size                  big integer   20M
```

4. 大型池

大型池用于提供一个大的缓冲区供数据库备份与恢复操作的使用，它是 SGA 的可选区域。

【练习 15】

大型池的大小由 large_pool_size 参数决定，可以通过 SHOW PARAMETER 语句查看该参数的信息，语句如下。

```
SQL> SHOW PARAMETER large_pool_size;

NAME                            TYPE          VALUE
------------------------------- ------------- ---------
large_pool_size                 big integer   15728640
```

5. Java 池

Java 池用于在数据库中支持 Java 的运行。例如用 Java 编写一个存储过程，这时 Oracle 的 Java 虚拟机（Java Virtual Machine，JVM）就会使用 Java 池来处理用户会话中的 Java 存储过程。

【练习 16】

Java 池的大小由 java_pool_size 参数决定，可以通过 SHOW PARAMETER 语句查看该参数的信息，语句如下。

```
SQL> SHOW PARAMETER java_pool_size;

NAME                            TYPE          VALUE
------------------------------- ------------- ---------
java_pool_size                  big integer   20M
```

2.5.3　程序全局区

程序全局区（PROGRAM GLOBAL AREA，PGA）是包含单个用户或服务器数据和控制信息的内存区域。PGA 在用户进程连接到 Oracle 数据库并创建一个会话时，由 Oracle 自动分配。

【练习 17】

程序全局区的大小由 PGA_AGGREGATE_TARGET 参数决定，可以通过 SHOW PARAMETER 查询语句该参数的信息，语句如下。

```
SQL> show parameter pga_aggregate_target;
NAME                            TYPE          VALUE
------------------------------- ------------- ---------
pga_aggregate_target            big integer   20M
```

注意

PGA 不是共享区，只有服务器进程本身才能访问自己的 PGA，它主要用来保存用户在编程时使用的变量与数组等。

2.6　Oracle 数据字典

所谓数据字典是指在 Oracle 实例中存储数据库信息的一组表，通过它们可以了解 Oracle 系统和数据库的详细信息。在本节前面的内容中已经多次使用过数据字典，它的所有者为 SYS 用户，而数据字典表和数据字典视图都被保存在 SYSTEM 表空间中。

2.6.1 数据字典概述

数据字典（Data Dictionary）是 Oracle 存储数据库中所有对象信息的知识库，Oracle 数据库管理系统使用数据字典获取对象信息和安全信息，而用户和数据库系统管理员则用数据字典来查询数据库信息。

Oracle 数据字典保存有数据库中的各种对象和段的信息，例如表、视图、索引、包、存储过程以及用户、权限、角色、审计和约束等。如表 2-2 列出了常用数据字典所属的视图类型。

在前面的内容中已经多次使用过数据字典，常用的数据字典由表 2-2 所示的视图组成。

表 2-2 Oracle 数据字典视图类型

视 图 类 型	说　　明
USER 视图	USER 视图的名称以 user_为前缀，用来记录用户对象的信息。例如 user_tables 视图记录用户的表信息
ALL 视图	ALL 视图的名称以 all_为前缀，用来记录用户对象的信息以及被授权访问的对象信息。例如 all_synonyms 视图记录用户可以存取的所有同义词信息
DBA 视图	DBA 视图的名称以 dba_为前缀，用来记录数据库实例的所有对象的信息。例如 dba_tables 视图可以访问所有用户的表信息
V$视图	V$视图的名称以 v$为前缀，用来记录与数据库活动相关的性能统计动态信息。例如 v$datafile 视图记录有关数据文件的统计信息
GV$视图	GV$视图的名称以 gv$为前缀，用来记录分布式环境下所有实例的动态信息。例如 gv$lock 视图记录出现锁的数据库实例的信息

注意

数据字典是只读的，用户不可以手动更改其数据信息和结构。

2.6.2 常用数据字典

为了方便后面内容的学习，本节将介绍 Oracle 中一些常用的数据字典，主要包括基本的数据字典、与数据库组件相关的数据字典以及动态性能视图。

1. 基本的数据字典

Oracle 中基本的数据字典如表 2-3 所示。

表 2-3 基本的数据字典

字 典 名 称	说　　明
dba_tables	所有用户的所有表的信息
dba_tab_columns	所有用户的表的字段信息
dba_views	所有用户的所有视图信息
dba_synonyms	所有用户的同义词信息
dba_sequences	所有用户的序列信息
dba_constraints	所有用户的表的约束信息
dba_indexes	所有用户的表的索引简要信息
dba_ind_columns	所有用户的索引的字段信息
dba_triggers	所有用户的触发器信息
dba_sources	所有用户的存储过程信息
dba_segments	所有用户的段的使用空间信息
dba_extents	所有用户的段的扩展信息

续表

字 典 名 称	说 明
dba_objects	所有用户对象的基本信息
cat	当前用户可以访问的所有基表
tab	当前用户创建的所有基表、视图和同义词等
dict	构成数据字典的所有表的信息

【练习 18】

通过 dba_tables 数据字典查询 scott 用户所有表的信息，语句如下。

```
SQL> SELECT table_name , tablespace_name , owner
  2  FROM dba_tables
  3  WHERE owner = 'SCOTT';


TABLE_NAME                        TABLESPACE_NAME          OWNER
------------------------------    ----------------         ---------
DEPT                              USERS                    SCOTT
EMP                               USERS                    SCOTT
BONUS                             USERS                    SCOTT
SALGRADE                          USERS                    SCOTT
```

其中，table_name 列表示表名，tablespace_name 列表示表所在的表空间名，owner 列表示表的拥有者。

2. 与数据库组件相关的数据字典

Oracle 中与数据库组件相关的数据字典如表 2-4 所示。

表 2-4 与数据库组件相关的数据字典

数据库组件	数据字典中的表或视图	说 明
数据库	v$datafile	记录系统的运行情况
表空间	dba_tablespaces	记录系统表空间的基本信息
	dba_free_space	记录系统表空间的空闲空间的信息
控制文件	v$controlfile	记录系统控制文件的基本信息
	v$controlfile_record_section	记录系统控制文件中记录文档段的信息
	v$parameter	记录系统各参数的基本信息
数据文件	dba_data_files	记录系统数据文件以及表空间的基本信息
	v$filestat	记录来自控制文件的数据文件信息
	v$datafile_header	记录数据文件头部分的基本信息
段	dba_segments	记录段的基本信息
数据区	dba_extents	记录数据区的基本信息
日志	v$thread	记录日志线程的基本信息
	v$log	记录日志文件的基本信息
	v$logfile	记录日志文件的概要信息
归档	v$archived_log	记录归档日志文件的基本信息
	v$archive_dest	记录归档日志文件的路径信息
数据库实例	v$instance	记录实例的基本信息
	v$system_parameter	记录实例当前有效的参数信息

数据库组件	数据字典中的表或视图	说　　　明
内存结构	v$sga	记录 SGA 区的大小信息
	v$sgastat	记录 SGA 的使用统计信息
	v$db_object_cache	记录对象缓存的大小信息
	v$sql	记录 SQL 语句的详细信息
	v$sqltext	记录 SQL 语句的语句信息
	v$sqlarea	记录 SQL 区的 SQL 基本信息
后台进程	v$bgprocess	显示后台进程信息
	v$session	显示当前会话信息

【练习 19】

使用 v$session 数据字典了解当前的用户会话信息，语句如下。

```
SQL> SELECT username , terminal FROM v$session WHERE username IS NOT NULL;

USERNAME                   TERMINAL
-------------------------  --------------
SYS                        HZKJ
```

其中，username 列表示当前会话用户的名称；terminal 列表示当前会话用户的主机名。

3. 常用动态性能视图

Oracle 中常用的动态性能视图如表 2-5 所示。

表 2-5　常用动态性能视图

视图名称	说　　　明
v$fixed_table	显示当前发行的固定对象的说明
v$instance	显示当前实例的信息
v$latch	显示锁存器的统计数据
v$librarycache	显示有关库缓存性能的统计数据
v$rollstat	显示联机的回滚段的名字
v$rowcache	显示活动数据字典的统计
v$sga	显示有关系统全局区的总结信息
v$sgastat	显示有关系统全局区的详细信息
v$sort_usage	显示临时段的大小及会话
v$sqlarea	显示 SQL 区的 SQL 信息
v$sqltext	显示在 SGA 中属于共享游标的 SQL 语句内容
v$stsstat	显示基本的实例统计数据
v$system_event	显示一个事件的总计等待时间
v$waitstat	显示块等待的统计数据

【练习 20】

使用 v$instance 数据字典了解当前数据库实例的信息，语句如下。

```
SQL> COLUMN host_name FORMAT A20;
SQL> SELECT instance_name , host_name , status
  2  FROM v$instance;

INSTANCE_NAME        HOST_NAME            STATUS
```

```
----------------    ----------------    --------------
orcl               HZKJ               OPEN
```

其中，instance_name 列表示当前运行的 Oracle 数据库实例名；host_name 列表示运行该数据库实例的计算机的名称；status 列表示数据库实例的状态。

2.7 拓展训练

查看用户的表信息

使用本课介绍的数据字典完成以下要求的查询。

（1）使用 DBA_TABLES 数据字典查询 SCOTT 用户所有表的信息。

（2）通过 DESC DBA_TAB_COLUMNS 命令了解用户表的字段信息结构。

（3）查询 EMP 表中的字段 ID、字段名称和表名信息。

（4）通过 DBA_INDEXES 数据字典了解 EMP 表中的索引信息。

2.8 课后练习

一、填空题

1. Oracle 数据库系统的物理存储结构主要由三类文件组成，分别为数据文件、_____、控制文件。

2. 一个表空间物理上对应一个或多个_____文件。

3. 在 Oracle 的逻辑存储结构中，根据存储数据的类型，可以将段分为数据段、索引段、回退段、LOB 段和_____。

4. 在 Oracle 的逻辑存储结构中，_____是最小的 I/O 单元。

二、选择题

1. 下列选项中，哪一部分不是 Oracle 实例的组成部分？_____

   A. 控制文件

   B. PMON 后台进程

   C. 系统全局区 SGA

   D. Dnnn 调度进程

2. 在全局存储区 SGA 中，哪部分内存区域是循环使用的？_____

   A. 数据缓冲区

   B. 日志缓冲区

   C. 共享池

   D. 大池

3. 解析后的 SQL 语句在 SGA 的哪个区域中进行缓存？_____

   A. 数据缓冲区

   B. 日志缓冲区

   C. 共享池

　　　　D. 大池

　4. 当数据库运行在归档模式下时，如果发生日志切换为了保证不覆盖旧的日志信息，系统将启动如下哪一个进程？_____

　　　　A. ARCH

　　　　B. LGWR

　　　　C. SMON

　　　　D. DBWR

　5. 下列哪一个进程用于将修改过的数据从内存保存到磁盘数据文件中？_____

　　　　A. DBWR

　　　　B. LGWR

　　　　C. RECO

　　　　D. ARCH

　6. 下列哪一项是 Oracle 数据库中最小的存储分配单元？_____

　　　　A. 表空间

　　　　B. 段

　　　　C. 盘区

　　　　D. 数据块

　7. 下面的选项哪一个正确描述了 Oracle 数据库的逻辑存储结构？_____

　　　　A. 表空间由段组成，段由盘区组成，盘区由数据块组成

　　　　B. 段由表空间组成，表空间由盘区组成，盘区由数据块组成

　　　　C. 盘区由数据块组成，数据块由段组成，段由表空间组成

　　　　D. 数据块由段组成，段由盘区组成，盘区由表空间组成

三、简答题

1. 简要介绍表空间和数据文件之间的关系？

2. 简要概述 Oracle 数据库体系的物理结构？

3. 简要介绍表空间、段、盘区和数据块之间的关系？

4. 介绍多进程 Oracle 实例系统中，各后台进程的作用？

5. 简要介绍共享操作模式和专用操作模式的工作过程？

第 3 课
Oracle 管理工具

对于数据库技术来说，管理数据库的工具是数据库管理员日常工作中不可缺少的部分，因为通过数据库管理工具可以减少开发过程的工作量，提高工作效率，降低出错率。

在了解 Oracle 11g 的体系结构之后，本课将详细介绍跟随安装程序一起安装的数据库管理工具，包括基于 Web 的管理器 OEM、客户端工具 SQL Plus 和 SQL Developer，以及网络管理的相关工具。

本课学习目标：

❑ 掌握 OEM 的启动方法
❑ 熟悉 OEM 工具的基本使用
❑ 掌握 SQL Plus 的启动和断开连接的方法
❑ 掌握 SQL Plus 中查看表和执行 SQL 的方法
❑ 掌握 SQL Plus 的各种编辑命令
❑ 掌握变量在 SQL Plus 中的使用
❑ 掌握格式化查询结果的设置
❑ 熟悉掌握 SQL Developer 对数据库的操作
❑ 熟悉 Oracle Net Configuration Assistant 工具
❑ 熟悉 Oracle Net Manager 工具

3.1 OEM 工具

OEM 全称为 Oracle Enterprise Manager（Oracle 企业管理器），提供了一个基于 Web 的管理界面，可以管理单个 Oracle 数据库实例。OEM 基于 HTTPS 协议上建立安全机制，同时用 3 层结构访问 Oracle 数据库系统。

3.1.1 启动 OEM

在成功安装 Oracle 后，OEM 也就被安装完毕。启动 OEM 时，除了需要启动 Oracle 监听和 Oracle 服务外，还必须启动本地 OracleDBConsoleorcl。具体方法如下。

【练习1】

（1）在浏览器地址栏中请求 OEM 的 URL 地址，即 https://localhost:1158/em。然后将出现 OEM 登录页面，如图 3-1 所示。

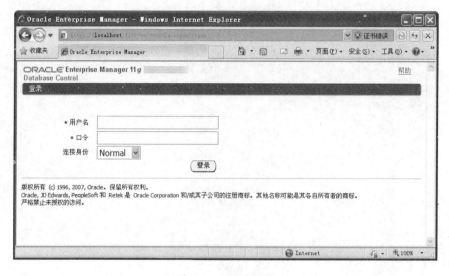

图 3-1 OEM 页面

技巧

可以将 localhost 替换为本机 IP 地址或者计算机名称。

（2）如果是第一次请求 OEM 的 URL 地址，在浏览器右上角会提示证书错误，如图 3-1 所示。单击【证书错误】标签在弹出的悬浮面板中选择【查看证书】链接，打开如图 3-2 所示的【证书】对话框。

（3）单击【安装证书】按钮，在弹出的对话框中单击【下一步】按钮继续。在【证书存储】页选择【将所有的证书放入下列存储区】单选按钮，单击【浏览】按钮，在弹出的对话框中选择【受信任的根证书颁发机构】节点并单击【确定】按钮关闭该对话框。选择后的界面如图 3-3 所示，再单击【下一步】按钮继续直到安装成功。

（4）当证书安装成功之后再次进入 OEM 登录界面，在地址栏右侧会显示一个锁，表示正在处于 HTTPS 协议下，如图 3-4 所示。

图 3-2 【证书】对话框

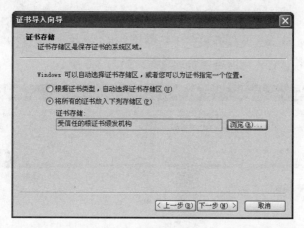

图 3-3　选择证书位置

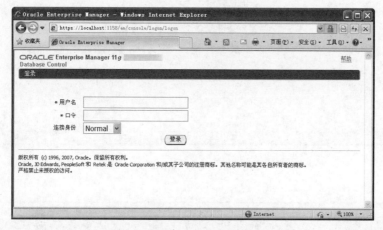

图 3-4　安装证书后的登录界面

3.1.2　使用 OEM

Oracle 11g EM 是初学者和最终用户管理数据库最方便的管理工具。使用 OEM 可以很容易地对 Oracle 系统进行管理，不需要记忆大量的管理命令。

【练习 2】

（1）在如图 3-4 所示的页面中输入登录用户名（例如 system）和对应的口令，使用默认的连接身份（Normal）。单击【登录】按钮，进入【数据库实例：orcl】主页的【主目录】属性页，如图 3-5 所示。

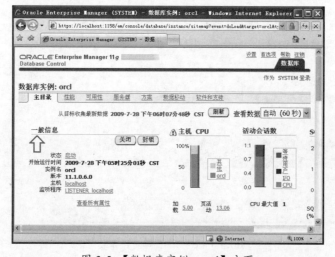

图 3-5　【数据库实例：orcl】主页

（2）在【数据库实例：orcl】页面中，可以对 Oracle 系统进行一系列的管理操作：性能、可用性、服务器、方案、数据移动以及软件和支持。单击操作名链接，可以进入到相应的操作页面。例如，单击【服务器】链接，进入到服务器管理页面，如图 3-6 所示。

图 3-6 【服务器】页面

技巧

在【服务器】页面中有常见的一些分类：存储、数据库配置、Oracle Scheduler、统计信息管理、资源管理器、安全性、查询优化程序以及更改数据库。每个分类属于一个单独的档。

（3）在【数据库配置】档中，有数据库配置方面相关的内容，以链接的形式存在。例如，单击【初始化参数】链接，可以查看数据库 orcl 的所有初始化参数信息，如图 3-7 所示。

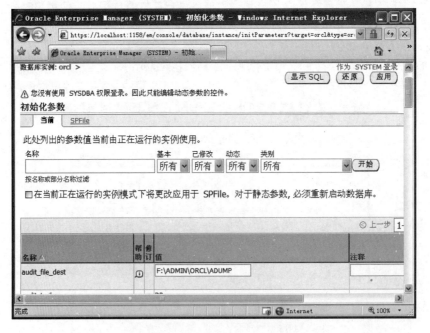

图 3-7 【初始化参数】页面

技巧

单击页面中的【显示 SQL】按钮可以查看操作生成的 SQL 语句，从而与 Oracle 操作命令结合起来。

（4）如果单击【安全性】档中的【角色】或【用户】等链接、或者单击【存储】档中的【表空间】等链接，在进入相应的页面后，还可以进行创建、编辑、查看和删除等操作。例如，单击【用户】链接，进入用户管理页面，如图 3-8 所示。

图 3-8　用户管理页面

3.2 SQL Plus 工具

　　OEM 工具的特点是图形化界面、直观、简单和容易操作，其缺点是不利于用户掌握命令和其选项的应用。本节介绍 Oracle 的 SQL Plus 是一款命令行管理工具，通过非常灵活的命令操作 Oracle，可以加深用户对复杂命令选项的理解，并且可以完成某些图形工具无法完成的任务。

　　在 SQL Plus 中可以执行如表 3-1 所示的三种类型命令。

表 3-1　SQL Plus 中可以执行的三种命令

命 令 类 型	说　　明
SQL 语句	SQL 语句是以数据库对象为操作对象的语言，主要包括 DDL、DML 和 DCL
PL/SQL 语句	PL/SQL 语句同样是以数据库对象为操作对象，但所有 PL/SQL 语句的解析均由 PL/SQL 引擎来完成。使用 PL/SQL 语句可以编写过程、触发器和包等数据库永久对象
SQL Plus 内部命令	内部命令主要用来格式化查询结果，设置选择，编辑以及存储 SQL 命令，设置查询结果的显示格式，并且可以设置环境选项，还可以编辑交互语句与数据库进行"对话"

　　本节主要介绍 SQL Plus 内部命令的使用，而有关 SQL 语句和 PL/SQL 语句的内容将在本书后面的课程中具体介绍。

3.2.1　启动 SQL Plus

　　启动 SQL Plus 有两种方式，一种是通过【开始】菜单进行选择，另一种是通过命令行启动，下面详细介绍这两种方式。

【练习3】

（1）执行【开始】|【程序】| Oracle – OraDb11g_home1 |【应用程序开发】| SQL Plus，
打开 SQL Plus 窗口，显示登录界面。

（2）在登录界面中将提示输入用户名，根据提示输入相应的用户名和口令（例如 SYSTEM 和
123456）后按 Enter 键，SQL Plus 将连接到默认的数据库。

（3）连接到数据库之后将显示提示符"SQL>"，此时便可以输入 SQL 命令。例如，可以输入
如下语句来查看当前数据库实例的名称，执行结果如图 3-9 所示。

```
SELECT name FROM V$DATABASE;
```

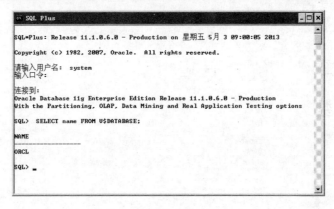

图 3-9　连接到默认数据库

技巧

图 3-9 中输入的口令信息被隐藏。也可以在"请输入用户名:"后一次性输入用户名与口令，格式为：用户
名/口令，例如"SYSTEM/123456"，只是这种方式会显示出口令信息。

从命令行启动 SQL Plus，可以使用 SQLPLUS 命令。SQLPLUS 命令的一般用法形式如下。

```
SQLPLUS [ user_name[ / password ][ @connect_identifier ] ]
   [AS { SYSOPER | SYSDBA | SYSASM } ] | / NOLOG ]
```

语法说明如下。

❑ **user_name**　指定数据库的用户名。

❑ **password**　指定该数据库用户的口令。

❑ **@connect_identifier**　指定要连接的数据库。

❑ **AS**　用来指定管理权限，权限的可选值有 SYSDBA、SYSOPER 和 SYSASM。

❑ **SYSOPER**　SYSDBA 权限包含 SYSOPER 的所有权限，另外还能够创建数据库，并且授权
　SYSDBA 或 SYSOPER 权限给其他数据库用户。

❑ **SYSDBA**　具有 SYSOPER 权限的管理员可以启动和关闭数据库，执行联机和脱机备份，归
　档当前重做日志文件连接数据库。

❑ **SYSASM**　SYSASM 权限是 Oracle Database 11g 的新增特性，是 ASM 实例所特有的，用来
　管理数据库存储。

❑ **NOLOG**　表示不记入日志文件。

【练习4】

在 DOS 窗口中输入"SQLPLUS SCOTT/tiger"命令可以用 SCOTT 用户连接数据库，如图 3-10
所示。

为了安全起见，连接到数据库时可以隐藏口令。例如，可以输入"SQLPLUS SYSTEM@orcl"命令连接数据库，此时输入的口令会被隐藏起来，如图 3-11 所示。

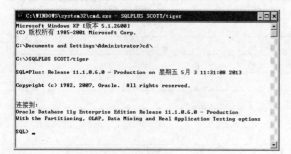

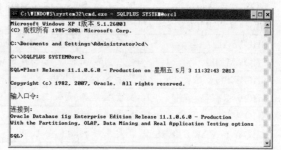

图 3-10　使用 SCOTT 用户登录　　　　　　　图 3-11　使用 SYSTEM 用户登录

提示

图 3-11 中在用户名后面添加了主机字符串"@orcl"，这样可以明确指定要连接的数据库。

3.2.2　断开数据连接

通过输入 DISCONNECT 命令（简写为 DISCONN）可以断开数据库连接，并保持 SQL Plus 运行。可以通过输入 CONNECT 命令重新连接到数据库，如图 3-12 所示。要退出 SQL Plus，可以输入 EXIT 或者 QUIT 命令。

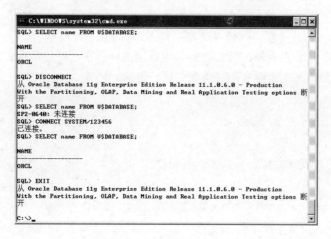

图 3-12　断开与重新连接数据库

如图 3-12 所示在 SQL Plus 连接到 Oracle 之后执行了一条 SELECT 语句，可以看到有结果返回。然后运行 DISCONNECT 断开连接之后，再次执行 SELECT 语句会提示未连接。此时又使用 CONNECT 命令建立并执行 SELECT 语句，最后运行 EXIT 命令退出 SQL Plus。

3.2.3　查看表结构

SQL Plus 为操作 Oracle 数据库提供了许多命令，例如 HELP、DESCRIBE 以及 SHOW 命令等。这些命令主要用来查看数据库信息，以及数据库中已经存在的对象信息，但不能对其执行修改等操作，常用命令如表 3-2 所示。

表 3-2　SQL Plus 常用命令

命　　令	说　　明
HELP [topic]	查看命令的使用方法，topic 表示需要查看的命令名称，例如 HELP DESC
HOST	使用该命令可以从 SQL Plus 环境切换到操作系统环境，以便执行操作系统命令

续表

命 令	说 明
HOST [系统命令]	执行系统命令，例如 HOST notepad.exe 将打开一个记事本文件
CLEAR SCR[EEN]	清除屏幕内容
SHOW ALL	查看 SQL Plus 的所有系统变量值信息
SHOW USER	查看当前正在使用 SQL Plus 的用户
SHOW SGA	显示 SGA 大小
SHOW REL[EASE]	显示数据库版本信息
SHOW ERRORS	查看详细的错误信息
SHOW PARAMETERS	查看系统初始化参数信息
DESC	查看对象的结构，这里的对象可以是表、视图、存储过程、函数和包等

下面将重点对 DESC 命令进行讲解。DESC 命令可以返回数据库中所存储的对象的描述。对于表和视图等对象来说，DESC 命令可以列出各个列以及各个列的属性。除此之外，该命令还可以输出过程、函数和程序包的规范。

DESC 命令的语法如下。

```
DESC { [ schema. ] object [ @connect_identifier ] }
```

语法说明如下。

❑ **schema**　指定对象所属的用户名或者所属的用户模式名称。

❑ **object**　表示对象的名称，如表名或视图名等。

❑ **@connect_identifier**　表示数据库连接字符串。

使用 DESCRIBE 命令查看表的结构时，如果指定的表存在，则显示该表的结构。在显示表结构时，将按照"名称"、"是否为空"和"类型"进行显示。

❑ **名称**　表示列的名称。

❑ **是否为空**　表示对应列的值是否可以为空。如果不可以为空，则显示 NOT NULL；否则不显示任何内容。

❑ **类型**　表示列的数据类型，并且显示其精度。

【练习 5】

假设要查看 course 用户下 SCORES 表的结构，可以用如下命令。

```
SQL> DESC SCORES;
```

执行后的结果如图 3-13 所示。

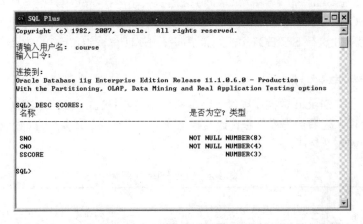

图 3-13　查看 SCORES 表结构

由图 3-13 所示输出的结果可知，DESCRIBE 命令输出 3 列："名称"、"是否为空"和"类型"。"名称"显示该表中所包含的列名称，在本示例中 SCORES 表有 3 列：SNO（学生编号）、CNO（课程编号）、SSCORE（课程成绩）。"是否为空"说明该列是否可以存储空值，如果该列值为 NOT NULL，说明不可以存储空值。"类型"说明该列的数据类型，在本示例中，表的 3 列都为 NUMBER 类型。

3.2.4　编辑 SQL 语句

SQL Plus 可以在缓冲区中保存前面输入的 SQL 语句，所以可以编辑缓冲区中保存的内容来构建自己的 SQL 语句，就不需要重复输入相似的 SQL 语句。表 3-3 列出了常用的编辑命令。

表 3-3　常用编辑命令

命　　令	说　　明
A[PPEND] text	将 text 附加到当前行之后
C[HANGE]/old/new	将当前行中的 old 替换为 new
CL[EAR] BUFF[ER]	清除缓存区中的所有行
DEL	删除当前行
DEL x	删除第 x 行（行号从 1 开始）
L[IST]	列出缓冲区中所有的行
L[IST] x	列出第 x 行
R[UN]或/	运行缓冲区中保存的语句，也可以使用 / 来运行缓冲区中保存的语句
x　　　　　'	将第 x 行作为当前行

【练习 6】

以 course 用户连接数据库，查询 COURSE 表中名称为"Oracle 数据库"的课程信息，语句如下。

```
SQL> SELECT * FROM COURSE
  2  WHERE CNAME='Oracle数据库';

 CNO    CNAME                CREDIT
 ------ -------------------- --------
 1101   Oracle 数据库           80
```

使用 SQL Plus 编辑命令时，如果输入超过一行的 SQL 语句，SQL Plus 会自动增加行号，并在屏幕上显示行号。根据行号就可以对指定的行使用编辑命令进行操作。

如果在"SQL>"提示符后直接输入行号将显示对应行的信息。例如，这里输入"1"按回车键后，SQL Plus 将显示第一行的内容，如图 3-14 所示。

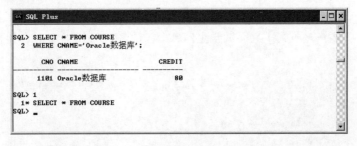

图 3-14　输入数字查看行内容

【练习 7】

以 course 用户连接数据库，查询 STUDENT 表中 SNO 为 20100092 的学生信息，包括 SNO

列、SNAME 列和 SSEX 列，语句如下。

```
SQL> SELECT SNO,SNAME,SSEX
  2  FROM STUDENT
  3  WHERE SNO=20100092
  4  ;

SNO         SNAME        SSEX
----------  -----------  -----------
  20100092  祝红涛          男
```

希望 STUDENT 表的 SBIRTH 列和 SADRS 列也出现在查询结果中，可以使用 APPEND 命令将这两列追加到第 1 行，语句如下。

```
SQL> 1
  1* SELECT SNO,SNAME,SSEX
SQL> APPEND ,SBIRTH,SADRS
  1* SELECT SNO,SNAME,SSEX,SBIRTH,SADRS
```

从上面的例子可以看出，SBIRTH 列和 SADRS 列已经追加到第一行中。然后，使用 LIST 命令显示缓冲区中所有的行，如下所示。

```
SQL> LIST
  1  SELECT SNO,SNAME,SSEX,SBIRTH,SADRS
  2  FROM STUDENT
  3  WHERE SNO=20100092
  4*
```

下面使用 RUN 命令来执行该查询。

```
SQL> RUN
  1  SELECT SNO,SNAME,SSEX,SBIRTH,SADRS
  2  FROM STUDENT
  3  WHERE SNO=20100092
  4*

SNO         SNAME        SSEX       SBIRTH          SADRS
----------  -----------  ---------  --------------  --------
  20100092  祝红涛          男          12-8 月 -93      上海
```

【练习 8】

查询 STUDENT 表中性别为"男"的学生信息，包括 SNO 列、SNAME 列和 SSEX 列，语句如下。

```
SQL> SELECT SNO,SNAME,SSEX FROM STUDENT
  2  WHERE SSEX='男';

SNO         SNAME        SSEX
---------   ------------ ---------
  20100092  祝红涛          男
  20110003  魏晨           男
```

| 20110012 | 张鹏 | 男 |
| 20110064 | 宋帅 | 男 |

下面使用 CHANGE 命令将条件修改为查询性别为"女"的学生信息，语句如下。

```
SQL> CHANGE/SSEX='男'/SSEX='女'
  2* WHERE SSEX='女'
SQL> RUN
  1  SELECT SNO,SNAME,SSEX FROM STUDENT
  2* WHERE SSEX='女'

  SNO          SNAME          SSEX
  -----------  -------------  ----------
  20100094     刘瑞            女
  20100099     张宁            女
  20110001     张伟            女
  20110002     周会            女
```

技巧

可以使用斜扛"/"代替 R[UN]命令，来运行缓冲区中保存的 SQL 语句。

▌3.2.5 保存内容到文件

在 SQL Plus 中执行 SQL 语句时，Oracle 会把刚刚执行过的语句存放到一个称为"缓冲区"的地方。每执行一次 SQL 语句，该语句就会存入缓冲区而且会把之前存放的语句覆盖。也就是说，缓冲区中存放的是上次执行过的 SQL 语句。

使用 SAVE 命令可以将当前缓冲区的内容保存到文件中，这样即使缓冲区中的内容被覆盖，也保留有前面的执行语句。SAVE 命令的语法如下。

```
SAV[E] [ FILE ] file_name [ CRE[ATE] | REP[LACE] | APP[END] ]
```

语法说明如下。

❑ **file_name**　表示将 SQL Plus 缓冲区的内容保存到 file_name 指定的文件中。

❑ **CREATE**　表示创建一个 file_name 文件，并将缓冲区中的内容保存到该文件。该选项为默认值。

❑ **REPLACE**　如果 file_name 文件已经存在，则覆盖 file_name 文件的内容；如果该文件不存在则创建。

❑ **APPEND**　如果 file_name 文件已经存在，则将缓冲区中的内容，追加到 file_name 文件的内容之后；如果该文件不存在则创建。

【练习 9】

使用 SAVE 命令将 SQL Plus 缓冲区中的 SQL 语句保存到一个名称为 StuSql.sql 的文件中。

```
SQL> SAVE StuSql.sql
已创建 file StuSql.sql
```

如果该文件已经存在，且没有指定 REPLACE 或 APPEND 选项，将会显示错误提示信息。

```
SQL> SAVE StuSql.sql
SP2-0540: 文件 "StuSql.sql" 已经存在。
使用 "SAVE filename[.ext] REPLACE"。
```

3.2.6 从文件中读取内容

使用 SAVE 命令可以将缓冲区的内容保存到文件中,如果要将文件中的内容读取到缓冲区,那么就需要使用 GET 命令。GET 命令的语法如下。

```
GET [ FILE ] file_name [ LIST | NOLIST ]
```

语法参数说明如下。

❏ **file_name** 表示一个指定文件,将该文件的内容读入 SQL Plus 缓冲区中。

❏ **LIST** 列出缓冲区中的语句。

❏ **NOLIST** 不列出缓冲区中的语句。

【练习 10】

将 StuSql.sql 文件中的内容读入到缓冲区,并获取执行结果。

```
SQL> GET StuSql.sql
  1  SELECT SNO,SNAME,SSEX FROM STUDENT
  2* WHERE SSEX='女'
SQL> RUN
  1  SELECT SNO,SNAME,SSEX FROM STUDENT
  2* WHERE SSEX='女'


SNO          SNAME        SSEX
-----------  -----------  --------
  20100094    刘瑞          女
  20100099    张宁          女
  20110001    张伟          女
  20110002    周会          女
```

注意

使用 GET 命令时,如果 file_name 指定的文件在 product\11.1.0\db_1\BIN 目录下,则只需要指出文件名;如果不在这个目录下,则必须指定完整的路径名。

3.2.7 运行文件中的内容

使用 START 命令可以读取文件中的内容到缓冲区中,然后在 SQL Plus 中运行这些内容。START 命令的语法如下。

```
STA[RT] { url | file_name }
```

语法说明如下。

❏ **url** 用来指定一个 URL 地址,例如 http://host.domain/script.sql。

❏ **file_name** 指定一个文件。该命令将 file_name 文件的内容读入 SQL Plus 缓冲区中,然后运行缓冲区中的内容。

【练习 11】

使用 START 命令读取并运行 StuSql.sql 文件,如下所示。

```
SQL> START StuSql.sql

  SNO          SNAME          SSEX
----------- ------------ ---------
  20100094    刘瑞            女
  20100099    张宁            女
  20110001    张伟            女
  20110002    周会            女
```

上述输出结果表示执行 START 命令后，运行了保存在 StuSql.sql 文件中的语句。

提 示

START 命令等同于@命令，例如 START E:\user.sql 等同于@E:\user.sql。

3.2.8　编辑文件内容

使用 EDIT 命令可以将 SQL Plus 缓冲区的内容复制到一个名称为 afiedt.buf 的文件中，然后启动操作系统中默认的编辑器打开文件，并且使文件处于可编辑状态。在 Windows 操作系统中默认的编辑器是 Notepad（记事本）。

EDIT 命令语法如下所示。

```
ED[IT] [ file_name ]
```

其中，file_name 默认为 afiedt.buf，也可以指定一个其他的文件。

【练习 12】

在 SQL Plus 中使用 EDIT 命令将缓冲区的内容复制到 afiedt.buf 文件中。

```
SQL> EDIT
已写入 file afiedt.buf
```

这时将打开一个记事本文件 afiedt.buf，在该文件中显示缓冲区中的内容，文件的内容以斜杠"/"结束，如图 3-15 所示。

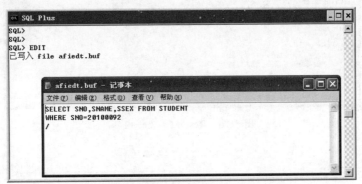

图 3-15　使用 EDIT 命令编辑缓冲区内容

对上述记事本中的内容可以执行编辑操作，在退出编辑器时所编辑的文件将被复制到 SQL Plus 缓冲区中。

3.2.9　复制输出结果到文件

使用 SPOOL 命令实现将 SQL Plus 中的输出结果复制到一个指定的文件中，或者把查询结果发送到打印机，直到使用 SPOOL OFF 命令为止。SPOOL 命令的语法如下所示。

```
SPO[OL] [ file_name [ CRE[ATE] | REP[LACE] | APP[END]] | OFF | OUT ]
```

语法说明如下所示。

- ❑ **file_name**　指定一个操作系统文件。
- ❑ **CREATE**　创建一个指定的 file_name 文件。
- ❑ **REPLACE**　如果指定的文件已经存在，则替换该文件。
- ❑ **APPEND**　将内容附加到一个已经存在的文件中。
- ❑ **OFF**　停止将 SQL Plus 中的输出结果复制到 file_name 文件中，并关闭该文件。
- ❑ **OUT**　启动该功能，将 SQL Plus 中的输出结果复制到 file_name 指定的文件中。

【练习 13】

使用 SPOOL 命令将 SQL Plus 中的输出结果复制到 Result.txt 文件中，语句如下。

```
SQL> SPOOL dept.txt
```

然后执行如下查询语句。

```
SQL> SELECT SNO,SNAME,SSEX FROM STUDENT;
```

执行后将看到缓冲区中的结果。再执行 SPOOL OFF 命令停止复制内容，在该命令之后所操作的任何语句将不再保存其执行结果，命令如下。

```
SQL> SPOOL OFF
```

在 Oracle 安装路径的 product\11.1.0\db_1\BIN 目录下找到 Result.txt 文件，文件内容如图 3-16 所示。

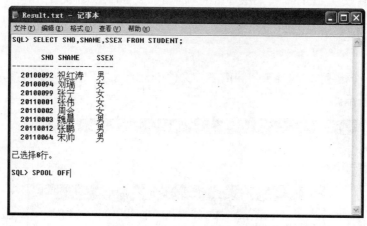

图 3-16　Result.txt 文件内容

3.2.10　使用变量

在 Oracle 数据库中使用变量可以使编写的 SQL 语句更加灵活和通用。Oralce 11g 系统提供了两种类型的变量，即临时变量和已定义变量。

1. 临时变量

在 SQL 语句中如果在某个变量前面使用了 "&" 符号，就表示该变量是一个临时变量。例如，&v_deptno 就定义了一个名为 v_deptno 的变量。

临时变量可以使用在 WHERE 子句、ORDER BY 子句、列表达式或表名中，甚至可以表示整个 SELECT 语句。在执行 SQL 语句时，系统会提示用户为该变量提供一个具体的数据。

【练习 14】

使用 course 用户连接到 Oracle 数据库，编写 SELECT 语句对学生成绩表 SCORES 进行查询，查询出成绩大于某个分数的信息。该分数的具体值由临时变量&value 决定。

查询语句如下所示。

```
SELECT * FROM SCORES WHERE SSCORE>=&value
```

由于上述语句中有一个临时变量&value，因此在执行时 SQL Plus 会提示用户为该变量指定一个具体的值，然后输出替换后的语句，再执行查询。例如输入 80，执行结果如下：

```
SQL> SELECT * FROM SCORES
  2  WHERE SSCORE>=&value;
输入 value 的值: 80
原值    2: WHERE SSCORE>=&value
新值    2: WHERE SSCORE>=80


    SNO         CNO      SSCORE
----------- ------- --------
  20100092    1102       80
  20100094    1094       90
  20100094    1098       92
  20100099    1098       86
  20100099    1102       83
  20110002    1102       86
  20110012    1102       87


已选择 7 行。
```

从上述查询结果可以看出，当输入 80 后查询语句变成了如下最终形式：

```
SELECT * FROM SCORES WHERE SSCORE>=80
```

在 SQL 语句中如果希望重新使用某个变量并且不希望重新提示输入值，那么可以使用 "&&" 符号来定义临时变量。

【练习 15】

在 SELECT 语句中指定检索列为临时变量&&columnName，并在 WHERE 语句和 ORDER 语句中再次指定临时变量&&columnName。这时，使用 "&&" 符号定义该变量，在执行 SELECT 语句时，系统只提示一次输入变量的值。示例如下所示。

```
SQL> SELECT SNO,CNO,&&columnName
  2  FROM SCORES
  3  WHERE &&columnName>=&value
  4  ORDER BY &&columnName DESC
  5  ;
输入 columnname 的值: SSCORE
原值    1: SELECT SNO,CNO,&&columnName
新值    1: SELECT SNO,CNO,SSCORE
输入 value 的值: 85
原值    3: WHERE &&columnName>=&value
新值    3: WHERE SSCORE>=85
原值    4: ORDER BY &&columnName DESC
新值    4: ORDER BY SSCORE DESC
```

```
      SNO        CNO      SSCORE
  ------------  ------  ----------
   20100094      1098     92
   20100094      1094     90
   20110012      1102     87
   20110002      1102     86
   20100099      1098     86
```

技巧

使用 "&&" 符号替代 "&" 符号，可以避免为同一个变量提供两个不同的值，而且使得系统为同一个变量值只提示一次信息。

2．已定义变量

在 SQL 语句中可以在使用变量之前对变量进行定义，然后在同一个 SQL 语句中可以多次使用这个变量。已经定义变量的值会一直保留到被显式地删除、重定义或退出 SQL Plus 为止。

DEFINE 命令既可以用来创建一个数据类型为 CHAR 的变量，也可以用来查看已经定义的变量。该命令的语法形式有以下三种。

❑ **DEF[INE]**　显示所有的已定义变量。

❑ **DEF[INE] variable**　显示指定变量的名称、值和数据类型。

❑ **DEF[INE] variable = value**　创建一个 CHAR 类型的用户变量，并且为该变量赋初始值。

下面的例子定义了一个名称为 var_deptno 的变量，并将值设置为 20。

```
SQL> DEFINE var_deptno=20
```

使用 DEFINE 命令和变量名就可以用来查看该变量的定义。下面例子就显示了变量 var_deptno 的定义。

```
SQL> DEFINE var_deptno
DEFINE VAR_DEPTNO     = "20" (CHAR)
```

单独输入 DEFINE 命令可以查看当前会话的所有变量，示例内容如下所示。

```
SQL> DEFINE
DEFINE _DATE             = "04-5月 -13" (CHAR)
DEFINE _CONNECT_IDENTIFIER = "orcl" (CHAR)
DEFINE _USER             = "COURSE" (CHAR)
DEFINE _PRIVILEGE        = "" (CHAR)
DEFINE _SQLPLUS_RELEASE = "1101000600" (CHAR)
DEFINE _EDITOR           = "Notepad" (CHAR)
DEFINE _O_VERSION        = "Oracle Database 11g Enterprise Edition Release 11.1.0.
6.0 - Production
With the Partitioning, OLAP, Data Mining and Real Application Testing options" (
CHAR)
DEFINE _O_RELEASE        = "1101000600" (CHAR)
DEFINE COLUMNNAME        = "SSCORE" (CHAR)
```

【练习 16】

使用 DEFINE 定义表示成绩的变量 value，并为其赋值 90。然后使用该变量作为条件查询大于等于该变量值的学生成绩信息。

```
SQL> DEFINE value=90
SQL> SELECT * FROM SCORES
  2  WHERE SSCORE>=&value
  3  ;
原值   2: WHERE SSCORE>=&value
新值   2: WHERE SSCORE>=90


   SNO          CNO      SSCORE
------------ ------- --------
  20100094     1094        90
  20100094     1098        92
```

提示

使用 UNDEFINE 命令可以删除一个变量，例如执行 UNDEFINE temp，则定义的 temp 变量没有作用。

除了 DEFINE 命令，也可以使用 ACCEPT 命令定义变量。ACCEPT 命令还允许定义一个用户提示，用于提示用户输入指定变量的数据。ACCEPT 命令既可以为现有的变量设置一个新值，也可以定义一个新变量并初始化。

ACCEPT 命令的语法如下所示。

```
ACC[EPT] variable [ data_type ] [ FOR[MAT] format ] [ DEF[AULT] default ]
[ PROMPT text | NOPR[OMPT] ] [ HIDE ]
```

语法说明如下。

❑ **variable**　用于一个指定接收值的变量。如果该名称的变量不存在，那么 SQL Plus 自动创建该变量。

❑ **data_type**　指定变量的数据类型，可以使用的类型有 CHAR、NUM[BER]、DATE、BINARY_FLOAT 和 BINARY_DOUBLE。默认的数据类型为 CHAR。而 DATE 类型的变量实际上也是以 CHAR 变量存储的。

❑ **FORMAT**　指定变量的格式，包括 A15（15 个字符）、9999（一个 4 位数字）和 DD-MON-YYYY（日期）。

❑ **DEFAULT**　用来为变量指定一个默认值。

❑ **PROMPT**　用于表示在用户输入数据之前显示的文本消息。

❑ **HIDE**　表示隐藏用户为变量输入的值。

【练习 17】

下面使用 ACCEPT 命令定义一个名称为 score 的变量，该变量为两位数字。然后在查询条件中使用该变量，语句如下。

```
SQL> ACCEPT score NUMBER FORMAT 99 PROMPT '请输入一个成绩:'
请输入一个成绩:85
SQL> SELECT * FROM SCORES
  2  WHERE SSCORE>=&score
  3  ;
原值   2: WHERE SSCORE>=&score
新值   2: WHERE SSCORE>=        85


   SNO          CNO      SSCORE
------------ ------- ------------
```

20100094	1094	90
20100094	1098	92
20100099	1098	86
20110002	1102	86
20110012	1102	87

提示

在上述示例中对于用户输入的变量值"85"并没有隐藏。在实际的应用中，为了安全，一般会隐藏用户输入的值，即在 ACCEPT 命令行的末尾加上"HIDE"选项即可。

3.2.11 格式化结果集

SQL Plus 提供了大量的命令用来格式化结果集，在使用格式化命令时应该遵循以下一些规则。

❑ 格式化命令设置之后，该命令一直起作用，直到会话结束或者下一个格式化命令的设置。

❑ 每一次报表结束后，重新设置 SQL Plus 默认值。

❑ 如果为某个列指定了别名，那么必须引用该别名，而不能引用列名。

下面对最常用的 COLUMN、PAGESIZE 和 LINESIZE 命令进行介绍。

1. 格式化列

在 SQL Plus 中使用 COLUMN 命令可以对所输出的列进行格式化，即按照一定的格式进行显示。COLUMN 命令的语法如下。

```
COLUMN {column | alias} [options]
```

❑ **column** 指定列名。

❑ **alias** 指定要格式化列的别名。

❑ **options** 指定用于格式化列或别名的一个或多个选项。

在 COLUMN 命令中 options 参数可以使用很多选项。表 3-4 列出了其中的常用格式化选项。

表 3-4 常用格式化选项

选 项	说 明
FOR[MAT] format	将列或列名的显示格式设置为由 format 字符串指定的格式
HEA[DING] heading	将列或列名的标题中的文本设置为由 heading 字符串指定的格式
JUS[TIFY] [{LEFT|CENTER|RIGHT}]	将列输出设置为左对齐、居中或右对齐
WRA[PPED]	在输出结果中将一个字符串的末尾换行显示。该选项可能导致单个单词跨越多行
WOR[D_WRAPPED]	与 WRAPPED 选项类似，不同之处在于单个单词不会跨越多行
CLE[AR]	清除列的任何格式化（将格式设置回默认值）

表 3-4 中的 format 字符串可以使用很多格式化参数，可以指定的参数取决于该列中保存的数据。

❑ 如果列中包含字符，可以使用 Ax 对字符进行格式化，其中 x 指定了字符的宽度。例如，A2 就是将宽度设置为 2 个字符。

❑ 如果列中包含数字，可以使用数字格式。例如，$99.99 就是在数字前加美元符号。

❑ 如果列中包含日期，可以使用日期格式。例如，MM-DD-YYYY 设置的格式就是：一个两位的月份（MM），一个两位的日（DD），一个 4 位的年份（YYYY）。

【练习 18】

使用 COLUMN 命令对 course 用户下的 STUDENT 表进行格式，要求如下所示。

（1）为 SNO 列定义别名"学生编号"，并格式化为 8 位数字。

（2）为 SNAME 列定义别名"学生姓名"。

（3）为 SSEX 列定义别名"姓名"，并格式化为 6 个字符。

（4）为 SBIRTH 列定义别名"出生日期"，并格式化为 16 个字符。

语句如下：

```
SQL> COLUMN SNO HEADING '学生编号' FORMAT 99999999
SQL> COLUMN SNAME HEADING '学生姓名'
SQL> COLUMN SSEX HEADING '性别' FORMAT A6
SQL> COLUMN SBIRTH HEADING '出生日期' FORMAT A16
SQL> SELECT SNO,SNAME,SSEX,SBIRTH
  2  FROM STUDENT;


学生编号        学生姓名      性别      出生日期
----------    ----------    --------    ----------
20100092       祝红涛        男        12-8 月 -93
20100094       刘瑞          女        15-9 月 -92
20100099       张宁          女        13-12 月 -92
20110001       张伟          女        09-5 月 -93
20110002       周会          女        25-9 月 -93
20110003       魏晨          男        30-9 月 -93
20110012       张鹏          男        14-6 月 -92
20110064       宋帅          男        19-3 月 -92


已选择 8 行。
```

从上面的例子中可以看出，使用 COLUMN 命令不仅可以对列的值进行格式化，也可以为列使用别名显示，从而使查询结果更加简明、直观。

2. 设置一页显示多少行数据

使用 SET PAGESIZE 命令可以设置一页要显示的数据行数。这个命令设置的是 SQL Plus 输出结果中一页应该显示的行数，超过设置的行数之后 SQL Plus 就会再次显示标题。设置一页显示行数据的语法如下。

```
SET PAGESIZE n
```

其中，参数 n 表示每一页大小的正整数，最大值可以为 50 000，默认值为 14。

提示

> SQL Plus 中的页并不是仅仅由输出的数据行构成的，而是由 SQL Plus 显示到屏幕上的所有输出结果构成的，包括标题和空行等。

【练习 19】

下面使用 SET PAGESIZE 命令将每页的数据显示为 6 行。然后再执行 COLUMN 命令对列进行格式化后的查询语句，示例如下。

```
SQL> SET PAGESIZE 6
SQL> SELECT SNO,SNAME,SSEX,SBIRTH
  2  FROM STUDENT;


学生编号        学生姓名      性别      出生日期
----------    ----------    ------    --------------
```

20100092	祝红涛	男	12-8 月 -93
20100094	刘瑞	女	15-9 月 -92
20100099	张宁	女	13-12 月 -92

在上述代码中设置了该页显示 6 行的数据，即空白行+标题行+横线行+3 行数据为 6 行，因此只在顶部显示了一次标题。

3. 设置一行显示多少个字符

使用 SET LINESIZE 命令可以设置每行数据可以容纳的字符数量，默认数量为 80。如果设置的值比较小，那么表中的每行数据有可能在屏幕上需要分多行显示；如果设置的值大一些，则表中的每行数据就可以在屏幕的一行中进行显示。LINESIZE 命令的语法如下。

```
SET LINESIZE n
```

其中，n 表示屏幕上一行数据可以容纳的字符数量，有效范围是 1~32767。

【练习 20】

使用 SET LINESIZE 命令每显示 4 个字符（两个汉字），然后针对 STUDENT 表的 SNAME 列进行查询，条件为 SSEX 为"男"的数据，语句如下。

```
SQL> SET LINESIZE 4
SQL> SELECT SNAME FROM STUDENT WHERE SSEX='男';

SNAME
-----------
祝红
涛

魏晨
张鹏
宋帅
```

在该示例中由于一行显示的字符数为 4，因此超出的部分将换行显示。

技巧

执行 SET LINESIZE 命令后，如果设置的字符值足够大，但是在 SQL Plus 中应该一行显示的数据仍然分行显示，那么就需要在 SQL Plus 窗口的【属性】|【布局】中，将窗口大小（表示屏幕宽度）和屏幕缓冲区大小（表示内容宽度）设置为足够大。

4. 清除列格式

清除某个列的格式设置，可以在 COLUMN 命令中使用 CLEAR 选项。如果清除所有列的格式，可以使用 CLEAR COLUMNS 语句。清除单个列的格式语法如下所示。

```
COLUMN column_name CLEAR
```

其中，column_name 是需要清除格式的列名称，该列的名称必须在 SQL Plus 缓冲区中存在，否则将找不到指定的对象。

【练习 21】

下面代码演示了清除列格式前后的不同输出结果。

```
SQL> COLUMN SNAME HEADING '学生姓名' FORMAT A50 JUSTIFY RIGHT
SQL> SELECT SNO,SNAME
  2  FROM STUDENT
```

```
   3  WHERE SSEX='男';

      SNO         学生姓名
------------  ----------------
  20100092     祝红涛
  20110003     魏晨
  20110012     张鹏
  20110064     宋帅

SQL> COLUMN SNAME CLEAR
SQL> SELECT SNO,SNAME
  2  FROM STUDENT
  3  WHERE SSEX='男';

      SNO            SNAME
---------------  -----------
  20100092         祝红涛
  20110003         魏晨
  20110012         张鹏
  20110064         宋帅
```

一旦清除列的格式化,那么查询输出的结果就使用该列的默认格式,即使用 SNAME 作为列名。

3.3　Oracle SQL Developer 工具

　　SQL Plus 是初学者的首选工具,而对于商业应用的开发则需要一款高效率的生产工具。Oracle SQL Developer(简称 SQL Developer)是基于 Oracle RDBMS 环境的一款功能强大、界面非常直观、且容易使用的开发工具。SQL Developer 的目的就是提高开发人员和数据库用户的工作效率,单击一下鼠标就可以显示有用的信息,从而消除了键入一长串文字的烦恼,也无须费尽周折地去研究整个应用程序中究竟用到了哪些列。

　　SQL Developer 跟随 Oracle 安装程序安装,打开方法是选择【开始】|【程序】| Oracle – OraDb11g_home1 |【应用程序开发】| SQL Developer。第一次打开时还需要指定随 Oracle 一起安装的 JDK 的位置。

▌3.3.1　连接 Oracle

　　使用 SQL Developer 管理 Oracle 数据库时首先需要连接到 Oracle,连接时需要指定登录账户、登录密码、端口和实例名等信息,具体步骤如下所示。

　　【练习 22】

　　(1)选择【开始】|【程序】| Oracle – OraDb11g_home1 |【应用程序开发】| SQL Developer,打开 SQL Developer 工具的主界面,如图 3-17 所示。

　　(2)从左侧的 Connections 窗口下右击 Connections 节点选择 New Connection 命令,在弹出的对话框中创建一个新连接。

　　(3)在 Connection Name 文本框中为连接指定一个别名,并在 Username 和 Password 文本框中指定该连接使用的登录名和密码,再启用 Save Password 复选框来记住密码。

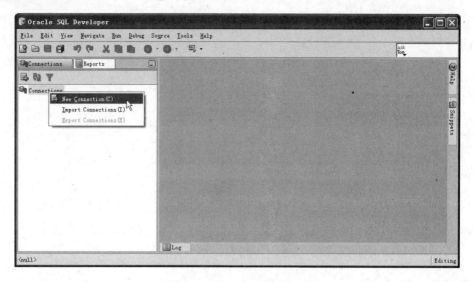

图 3-17 SQL Developer 主界面

（4）在 Role 下拉列表中可以指定连接时的身份为 default 或者 sysdba，这里保持默认值 default。

（5）在 Hostname 文本框指定 Oracle 数据库所在的计算机名称，本机可以输入 localhost；在 Port 文本框指定 Oracle 数据库的端口，默认为 1521。

（6）选择 SID 单选按钮并在后面的文本框中输入 Oracle 的 SID 名称，例如 ORCL。

（7）以上信息设置完成后单击 Test 按钮进行连接测试，如果通过将会显示 Success，如图 3-18 所示。

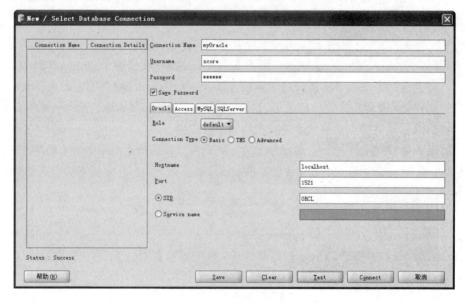

图 3-18 设置连接信息

（8）单击 Save 按钮保存连接，再单击 Connect 按钮连接到 Oracle。此时 Connections 窗口中多出一个刚才创建的连接名称，展开该连接可以查看 Oracle 中的各种数据库对象。在右侧可以编辑 SQL 语句，如图 3-19 所示为查看 STUDENT 表内容的查询结果。

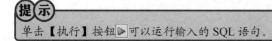

单击【执行】按钮▷可以运行输入的 SQL 语句。

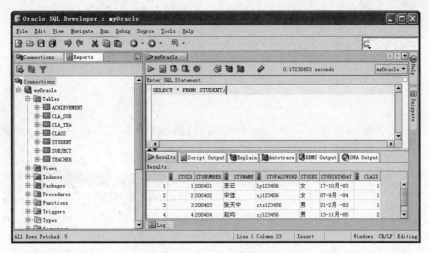

图 3-19　查看 STUDENT 表内容

（9）从左侧展开 myOracle 连接下的 Tables 节点查看属于当前用户的表。从列表中选择一个表可查看表的定义，该表中包括列名、数据类型、数据长度以及是否为主键等多个内容。如图 3-20 所示为 CLASS 的表定义窗口。

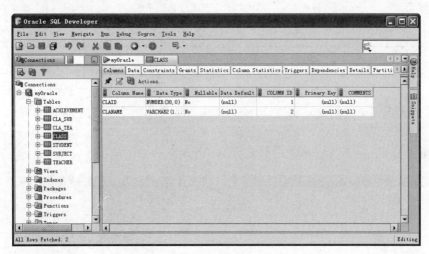

图 3-20　查看 CLASS 表定义

（10）单击 Data 选项卡可以查看 CLASS 中的数据，如图 3-21 所示。

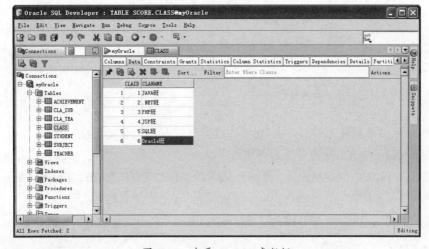

图 3-21　查看 CLASS 表数据

3.3.2 创建表

下面使用 SQL Developer 工具向 score 用户的表空间创建一个名称为 Departments 的表，该表包含一个带有 Teacher 表的外键，具体步骤如下。

【练习 23】

（1）在 SQL Developer 中使用 score 用户连接到 Oracle。然后在 Connections 窗口中展开连接并右击 Tables 表选择 New Table 命令，如图 3-22 所示。

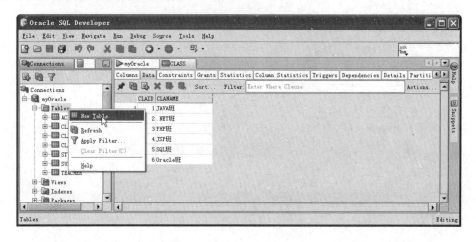

图 3-22 选择 New Table 命令

（2）此时将打开 Create Table 对话框，在 Name 文本框中指定表名为 Departments，如图 3-23 所示。

（3）启用 Advanced 复选框将显示图 3-24 所示的高级设置对话框。

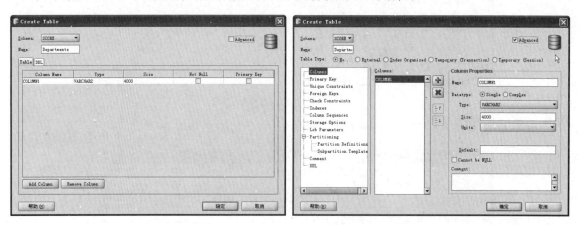

图 3-23　Create Table 对话框　　　　图 3-24　创建表的高级设置

（4）在 Name 文本框输入 DID，从 Type 中选择 NUMBER 作为类型，Precision 文本框中输入 6，再启用 Cannot be NULL 复选框使列不能为空。

（5）单击 ✚ 按钮添加 DNAME 列，类型为 VARCHAR2，SIZE 为 20，并启用 Cannot be NULL 复选框。

（6）添加 TID 列，类型为 NUMBER，SIZE 为 20，并启用 Cannot be NULL 复选框。

（7）在左侧选择 Foreign Key 选项进入外键设置界面，单击 Add 按钮添加一个外键。设置外键引用 TEACHER 表的 TEAID 列，如图 3-25 所示。

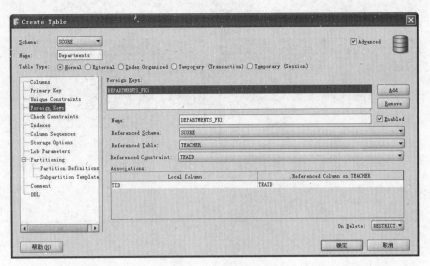

图 3-25　设置外键

（8）设置完成后单击【确定】按钮关闭对话框，此时在 Tables 节点中将看到新创建的 Departments 表。

【练习 24】

如果要使用 SQL Developer 对表中的列进行更改可以使用如下步骤，下面以 Departments 表为例。

（1）在 Tables 节点下选择要更改的表，例如 Departments 表。

（2）从右侧的 Columns 选项卡下单击 Action 按钮，在弹出的菜单中选择 Column | Add 命令，如图 3-26 所示。

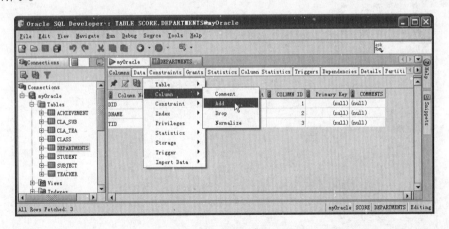

图 3-26　选择添加列

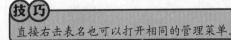

直接右击表名也可以打开相同的管理菜单。

（3）如图 3-27 所示为添加列的对话框，可以设置列名、数据类型和精度等信息，设置完成后单击【应用】按钮确认添加。最后单击【刷新】按钮即可看到新添加的列。

（4）如果在图 3-26 所示的菜单中选择 Drop 命令可以删除列，如图 3-28 所示为弹出的删除列对话框。

提示

Oracle 中表的创建、修改和管理将在本书第 6 课介绍。

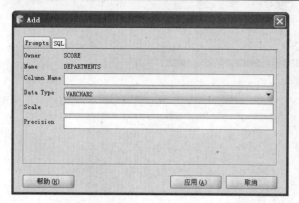

图 3-27　添加列对话框

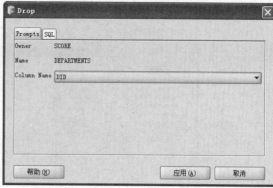

图 3-28　删除列对话框

3.3.3　向表中添加数据

使用 SQL Plus 工具只能通过 INSERT 语句向表中添加数据，而 SQL Developer 提供了多种添加数据的方法，可以一次添加一行、多行或者批量添加。

【练习 25】

下面以向 Departments 表中添加数据为例，具体步骤如下。

（1）从 Tables 节点下单击 Departments 表名，在右侧打开 Data 选项卡。

（2）单击【插入行】按钮，下方将会出现一个空白的行。

（3）在空白行中依次为 DID 列、DNAME 列和 TID 列指定值，再单击【提交修改】按钮进行保存，如图 3-29 所示。

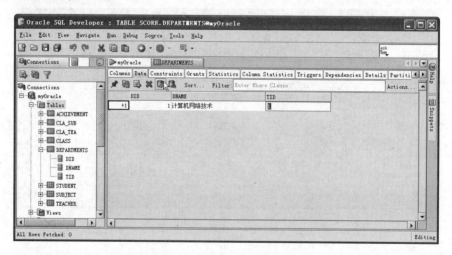

图 3-29　添加一行数据

（4）SQL Developer 会将用户的输入转换为对应的 INSERT 语句，并显示执行成功，如图 3-30 所示。

（5）使用这种方法也可以一次添加多行，如图 3-31 所示为添加 3 行数据的效果。

（6）SQL Developer 同样支持使用 SQL 脚本形式添加数据。方法是在连接的 SQL 编辑器中输入添加数据的语句，再单击【执行】按钮。如图 3-32 为使用这种方法添加 2 行数据的效果。

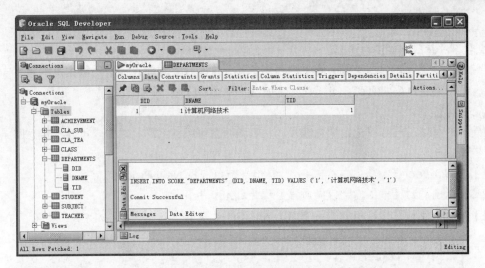

图 3-30　日志信息

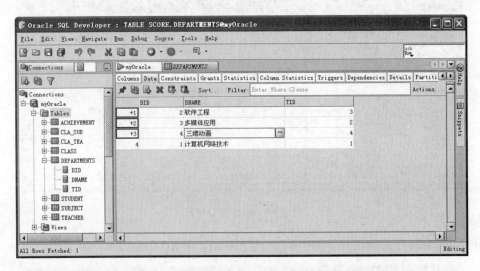

图 3-31　添加 3 行数据

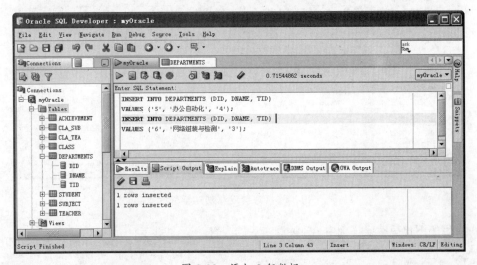

图 3-32　添加 2 行数据

 试一试

在 SQL 编辑器中右击选择 Open File 命令执行外部文件来批量添加数据。

3.3.4　使用存储过程

存储过程是保存在数据库服务器上的程序单元，这些程序单元在完成对数据库的重复操作时非常有用。下面重点介绍如何在 SQL Developer 中创建和执行存储过程。

【练习 26】

创建一个存储过程可以查询学生编号、姓名和所在班级的名称，并要求可以指定返回结果的行数，体步骤如下。

（1）在 Connections 窗口中右击 Procedures 节点选择 New Procedure 命令。

（2）在弹出的对话框中指定存储过程名称为 getStudent。

（3）单击【添加】按钮 ✚ 创建一个名为 param1 的参数，类型为 NUMBER，如图 3-33 所示。

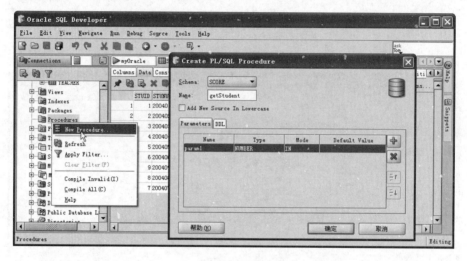

图 3-33　创建存储过程

（4）单击【确定】按钮进入存储过程的创建模板，如图 3-34 所示。

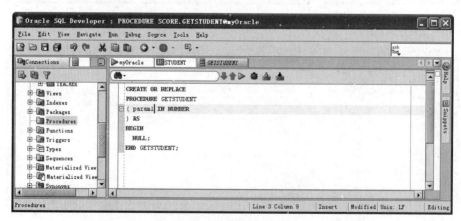

图 3-34　存储过程创建模板

（5）使用如下代码替换模板中 AS 关键字后的内容。

```
CURSOR stu_cursor IS
 SELECT s.stunumber,s.stuname,c.claname
  FROM Student s,Class c
  WHERE s.CLAID=c.CLAID;
```

```
  emp_record stu_cursor%ROWTYPE;
  TYPE stu_tab_type IS TABLE OF stu_cursor%ROWTYPE INDEX BY BINARY_INTEGER;
  stu_tab stu_tab_type;
i NUMBER := 1;
BEGIN
  OPEN stu_cursor;
  FETCH stu_cursor INTO emp_record;
  stu_tab(i) := emp_record;
  WHILE ((stu_cursor%FOUND) AND (i < param1) LOOP
    i := i + 1;
    FETCH stu_cursor INTO emp_record;
    stu_tab(i) := emp_record;
  END LOOP;
  CLOSE stu_cursor;
  FOR j IN REVERSE 1..i LOOP
    DBMS_OUTPUT.PUT_LINE('学号:'||stu_tab(j).stunumber||'  姓名:'||stu_tab(j).
    stuname||'  班级名称:'        ||stu_tab(j).claname);
  END LOOP;
END;
```

（6）单击工具栏上的【保存】按钮 🖬 保存存储过程的语句。

（7）以上步骤完成了存储过程的创建。在使用之前首先需要对其进行编译并检测语法错误。单击工具栏上的【编译】按钮 🖾 进行编译，当检测到无效的 PL SQL 语句时会在底部的日志窗口显示错误列表，如图 3-35 所示。

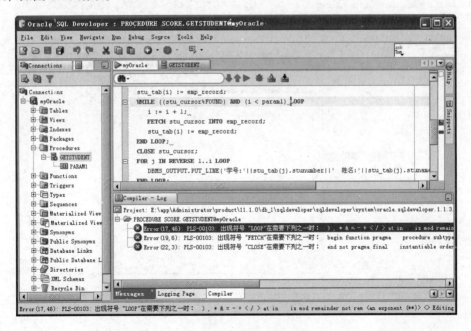

图 3-35　编译时的错误

在日志窗口中双击错误即可导航到错误中报告的对应行。SQL Developer 还在右侧边列中显示错误和提示。如果将鼠标放在边列中的每个红色方块上，将显示错误消息。

（8）经过检查在本示例中 WHILE 后多出了一个左小括号，删除后再次编译将不再有错误出现，如图 3-36 所示。

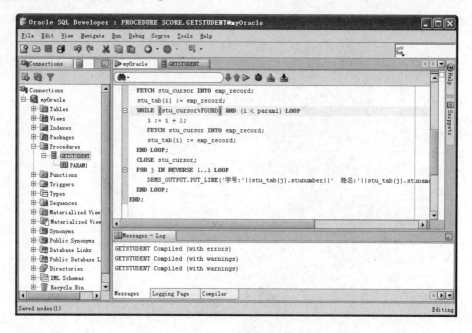

图 3-36　编译通过

（9）下面运行 getStudent 存储过程。方法是展开 Procedures 节点，右击 getStudent 并选择 Run 命令。由于该存储过程有一个参数，会打开参数的指定对话框，设置 PARAM1 参数的值为 5，如图 3-37 所示。

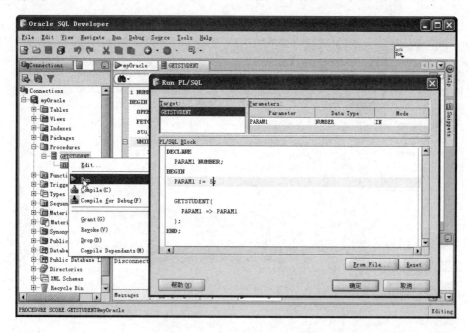

图 3-37　为参数指定值

（10）单击【确定】按钮开始执行，然后会在 Running 窗口中看到输出结果。这里会显示 5 行学生信息，如图 3-38 所示。

3.3.5　导出数据

SQL Developer 能够将用户数据导出为各种格式，包括 CSV、XML、HTML 以及 TEXT 等。

图 3-38　存储过程运行结果

【练习 27】

假设要将 Departments 表中的数据导出为 INSERT 语句，可以使用以下步骤。

（1）打开查看 Departments 表数据的界面，空白处右击选择 Export Data | INSERT 命令，如图 3-39 所示。

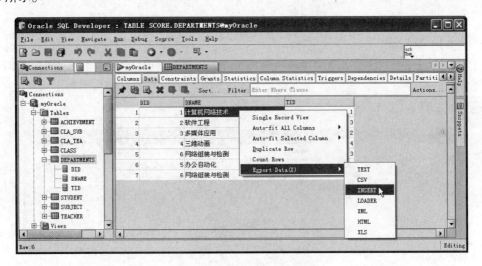

图 3-39　选择 INSERT

（2）在弹出的 Export Data 对话框中指定 Format 为 INSERT，单击 Browse 按钮可以更改导出文件的位置和文件名称，如图 3-40 所示。

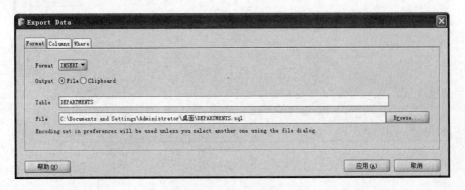

图 3-40　Export Data 对话框

（3）在 Columns 选项卡下可以指定要导出的列，这里为全部列；在 Where 选项卡下可以指定导出数据的条件，这里使用默认值。最后单击【应用】按钮开始导出，完成后打开生成的文件会看到很多 INSERT 语句，如图 3-41 所示。

（4）如果在图 3-39 中选择 CSV 命令可以将数据导出到 CSV 文件，导出后的文件内容如图 3-42 所示。

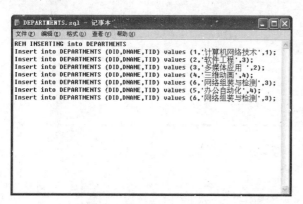

图 3-41　导出为 INSERT

图 3-42　导出为 CSV

以上方法仅能够导出表中的数据，假设要导出 Department 表的定义以及其他对象可以通过如下方法。

【练习 28】

（1）打开 SQL Developer，从主菜单中选择 Tools | Export DDL 命令，打开 Export 对话框。

（2）在默认的 Export 选项卡下设置导出的文件名称、导出使用的连接、导出对象的类型，以及设置选项，如图 3-43 所示。

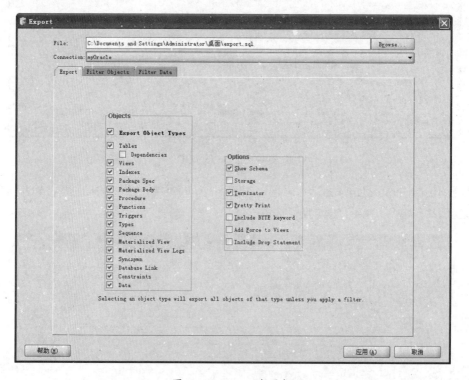

图 3-43　Export 选项卡

（3）在 Filter Objects 选项卡中可以设置不希望导出的对象，如图 3-44 所示。

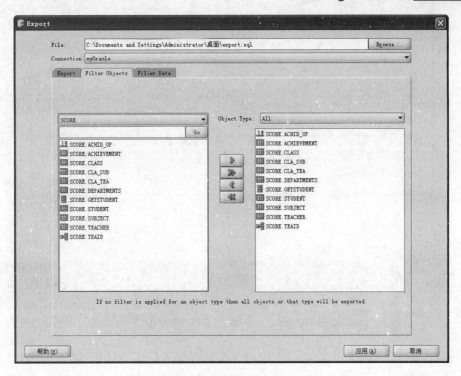

图 3-44　Filter Objects 选项卡

（4）最后的 Filter Data 选项卡用于对数据的导出范围进行限制，如图 3-45 所示。

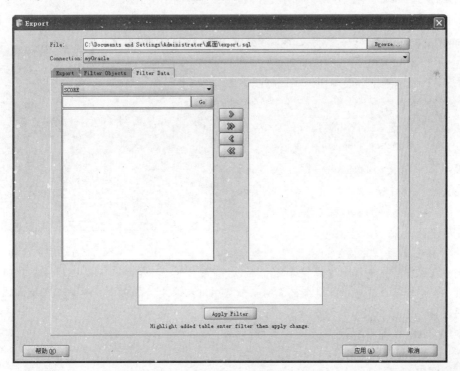

图 3-45　Filter Data 选项卡

（5）全部设置完成之后单击【应用】按钮开始导出。如图 3-46 所示为导出的文件内容。

SQL Developer 工具的功能还有很多，限于篇幅这里就不再逐一介绍。

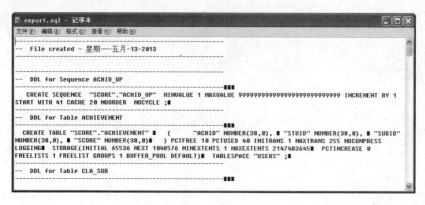

图 3-46　查看导出后的文件内容

3.4 Oracle Net Configuration Assistant 工具

Oracle Net Configuration Assistant 简称 Oracle 网络配置助手，为用户提供了一个图形化的向导界面，用来配置 Oracle 数据库的监听程序、命名方法、本地 NET 服务名和目录配置等。

【练习 29】

下面以配置 Oracle 的监听程序为例讲解该工具的具体使用方法。

（1）选择【开始】|【程序】| Oracle – OraDb11g_home1 |【配置和移植工具】| Net Configuration Assistant 命令，打开 Oracle 网络配置助手，如图 3-47 所示为主界面。

在图 3-47 所示的主界面中显示了四种配置类型，其含义如下。

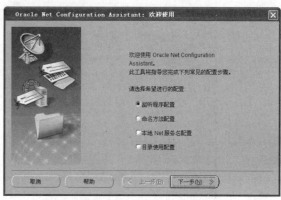

- ❑ **监听程序配置**　选择此类型可以创建、修改、删除或重命名监听程序。监听程序是服务器中接收和响应客户机对数据库的连接请求的进程。使用配置有相同协议地址的连接描述符的客户机可以向监听程序发送连接请求。此类型在客户机上不可用。

图 3-47　网络配置助手主界面

- ❑ **命名方法配置**　此类型用于配置命名方法。当最终用户连接数据库服务时，将使用连接字符串，它通过称为连接标识符的简称标识服务。连接标识符可以是服务的实际名称或 Net 服务名。命名方法将连接标识符解析为连接描述符，它包含服务的网络位置和标识。

- ❑ **本地 Net 服务名配置**　选择此类型可以创建、修改、删除、重命名或测试存储在本地 tnsnames.ora 文件中的连接描述符的连接。

- ❑ **目录使用配置**　选择此类型可以集中管理连接标识符的目录命名、配置与 Oracle Advanced Security 一起使用的企业用户安全性功能，以及使用集中式目录服务器来存储其他 Oracle 产品功能。

（2）选择【监听程序配置】单选按钮，单击【下一步】按钮进入监听程序的操作选择界面，如图 3-48 所示。

（3）选择【添加】单选按钮，单击【下一步】按钮在进入的界面为监听程序指定一个名称，如

图 3-49 所示。

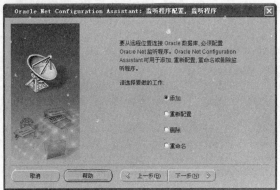

图 3-48　选择监听操作

图 3-49　指定监听程序名称

（4）单击【下一步】按钮，为监听程序选择可用的协议，可以是 TCP、TCPS、IPC 或者 NMP，如图 3-50 所示。

监听程序将协议地址保存在 listener.ora 文件中，该协议用于接收客户机的请求以及向客户机发送数据。这里使用默认的 TCP 协议，根据协议的不同，所需的协议参数信息也会不同。

（5）单击【下一步】按钮，为监听程序指定监听的端口，可以是标准的 1521，也可以指定其他端口号，如图 3-51 所示。

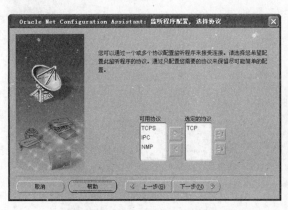

图 3-50　选择监听使用协议

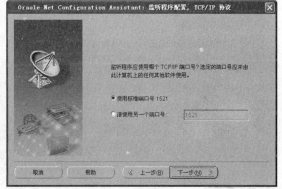

图 3-51　指定监听端口

（6）使用标准端口单击【下一步】按钮，提示用户是否还需要配置另外一个监听程序。这里选择【否】单选按钮，如图 3-52 所示。

（7）单击【下一步】按钮，在进入的界面中选择要启动的监听程序，如图 3-53 所示。

图 3-52　是否配置另一外监听程序

图 3-53　选择要启动的监听程序

（8）单击【下一步】按钮，开始启动监听程序，启动以后客户机可以发送与监听程序具有相同协议地址的连接请求。最后会显示监听程序配置完成，单击【下一步】按钮，返回主界面继续其他操作。

上面对监听程序的设置最终会写入监听文件 listener.ora 中，如下所示为上面操作生成的内容。

```
MYLISTENER =
  (DESCRIPTION_LIST =
    (DESCRIPTION =
      (ADDRESS = (PROTOCOL = TCP)(HOST = hzkj)(PORT = 1521))
    )
  )
```

3.5 Oracle Net Manager 工具

Oracle Net Manager 简称 Oracle 网络管理器，与 Oracle 网络配置助手具有类似的功能。Oracle 网络配置助手总是以向导的模式出现，引导用户逐步进行配置，非常适合初学者。而 Oracle 网络管理器将所有配置步骤结合到一个界面，更适合熟练的用户进行快速操作。

Oracle 网络管理器可以完成下列特性和组件的配置管理。

1. 服务命名

可以创建或修改 tnsnames.ora 文件、目录服务器或 Oracle Names Server 中数据库服务的网络说明。连接描述符的网络描述被映射到连接标识符（在数据库连接期间，客户机在它们的连接字符串中使用连接标识符）。如图 3-54 所示为服务命名的配置界面。

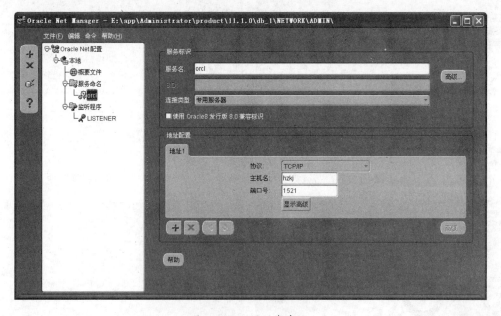

图 3-54　配置服务命名

2. 监听程序

可以创建或修改监听程序，它是服务器上的接收和响应数据库服务的客户机连接请求的进程。如图 3-55 所示为监听程序的配置界面。

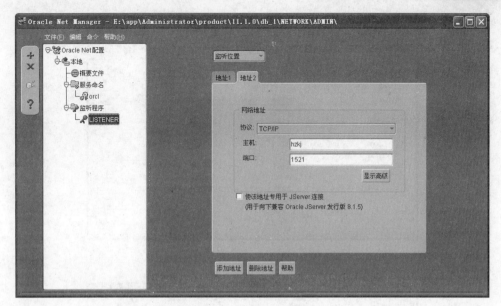

图 3-55　配置监听程序

3．概要文件

可以创建或修改概要文件，它是确定客户机如何连接到 Oracle 网络的参数的集合。可以配置命名方法、事件记录、跟踪、外部命名参数以及 Oracle Advanced Security 的客户机参数。如图 3-56 所示为概要文件的配置界面。

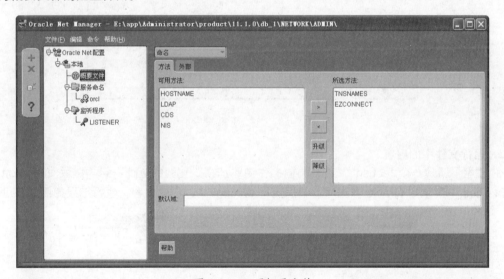

图 3-56　配置概要文件

3.6 拓展训练

1．使用 OEM 管理 Oracle

根据本课第 1 节所学的知识，使用 sys 用户以 sysdba 身份登录到 OEM。然后在 OEM 中通过搜索查看 SCORE 表空间下的表，结果如图 3-57 所示。再通过执行自定义的 SQL 命令查看学生编号、学生姓名和所在的班级名称，执行结果如图 3-58 所示。

图 3-57 查看 SCORE 表空间下的表

图 3-58 执行 SQL 命令

2．运行文件中的内容

在 E 盘下新建一个 test.sql 文件，再向文件中添加格式化列的查询语句。然后使用 scott 用户在 SQL Plus 中登录到 Oracle 数据库。最后执行 test.sql 文件中的内容，执行结果如图 3-59 所示。

```
SQL Plus

SQL*Plus: Release 11.1.0.6.0 - Production on 星期二 5月 14 20:18:25 2013

Copyright (c) 1982, 2007, Oracle.  All rights reserved.

请输入用户名: scott
输入口令:

连接到:
Oracle Database 11g Enterprise Edition Release 11.1.0.6.0 - Production
With the Partitioning, OLAP, Data Mining and Real Application Testing options

SQL> start e:\test.sql

日期:14-5月 -13                    使用报表统计各部门人数
员工编号 员工姓名        MGR   受庸日期          员工工资  部门编号

   7782 CLARK          7839 09-6月 -81       $2,450.00      10
   7839 KING                17-11月-81       $5,000.00
   7934 MILLER         7782 23-1月 -82       $1,300.00
                                                        *********
      3                                             部门人数
   7566 JONES          7839 02-4月 -81       $2,975.00      20
   7902 FORD           7566 03-12月-81       $3,000.00
   7876 ADAMS          7788 23-5月 -87       $1,100.00
   7369 SMITH          7902 17-12月-80         $800.00
   7788 SCOTT          7566 19-4月 -87       $3,000.00
                                                        *********
      5                                             部门人数
```

图 3-59 执行结果

3. 使用存储过程

SQL Developer 是一款可视化的 Oracle 集成管理工具。本次练习要求读者使用 SQL Developer 创建一个带参数的存储过程，并编译和执行，执行结果如图 3-60 所示。

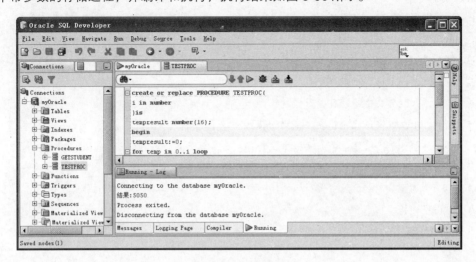

图 3-60　执行存储过程

3.7 课后练习

一、填空题

1. 使用 OEM 时除了需要启动 Oracle 监听和 Oracle 服务之外，还必须启动_____。

2. 查看表结构时所使用的命令是_____。

3. 使用_____命令可以在屏幕上输出一行数据。这种输出方式，有助于在存储的脚本文件中向用户传递相应的信息。

4. 在 SQL Plus 工具中，可以使用 SAVE 命令将缓冲区内容保存到文件，可以使用_____命令读取并运行文件内容，还可以使用 SPOOL 命令复制输出结果到文件。

5. 在 SQL 语句中如果在某个变量前面使用了"_____"符号，那么就表示该变量是一个临时变量。

6. 在 SQL Plus 工具中定义变量可以使用_____或 ACCEPT 命令。

7. 在 SQL Plus 中格式化查询结果时，_____命令可以格式化对列的显示效果。

二、选择题

1. 假设计算机名为 itzcn，下列打开 OEM 的 URL 不正确的是_____。

    A. http://itzcn:1158/em

    B. http://localhost:1158/em

    C. http://127.0.0.1:1158/em

    D. http://itzcn/em

2. 假设用户名为 scott，密码为 tiger，数据库名为 orcl。下面的 4 个选项中连接错误的是_____。

    A. CONNECT scott/tiger ;

    B. CONNECT tiger/scott ;

    C. CONN scott/tiger as sysdba ;

D. CONN scott/tiger@orcl as sysdba ;

3. 使用 DESCRIBE 命令不会显示表的_____信息。

    A. 列名称

    B. 列的空值特性

    C. 表名称

    D. 列的长度

4. 执行语句 SAVE dept.sql APPEND，执行结果表示_____。

    A. 如果 dept.sql 文件不存在，则出现错误

    B. 如果 dept.sql 文件已经存在，则出现错误

    C. 将缓冲区中的内容追加到 dept.sql 文件中。如果该文件不存在，则会创建该文件

    D. 将缓冲区中的内容替换掉 dept.sql 文件的内容。如果该文件不存在，则会创建该文件

5. 在 SQL Plus 工具中要删除变量可以使用_____命令。

    A. UNDEFINE

    B. DELETE

    C. REMOVE

    D. SET

6. 如果希望将文件中的内容检索到缓冲区并且不执行，可以使用_____命令。

    A. SAVE

    B. GET

    C. START

    D. SPOOL

7. 下列不属于 SQL Plus 中格式化结果集命令的是_____。

    A. COLUMN

    B. DATEOR

    C. PAGESIZE

    D. LINESIZE

8. 使用下列的_____命令可以控制列的显示格式。

    A. SHOW

    B. DEFINE

    C. SPOOL

    D. COLUMN

三、简答题

1. 简述使用 OEM 管理 Oracle 的步骤。

2. 简述 SQL Plus 连接和断开数据库连接的方法。

3. 如何使用 SQL Plus 执行命令，以及与文件进行交互。

4. 简述在 SQL Plus 中使用变量的方法。

5. SQL Plus 为格式化结果集提供了哪些方法。

6. 简述 SQL Developer 创建表，以及向表中添加数据的步骤。

7. 简述 SQL Developer 创建、保存、编译和运行存储过程的步骤。

8. 简述 Oracle Net Configuration Assistant 工具和 Oracle Net Manager 工具的作用，以及两者的区别。

第 4 课
Oracle 控制文件和日志文件

在 Oracle 的物理存储结构中控制文件和日志文件占据着很重要的位置，它存储着数据库中的核心信息。其中，控制文件关系到数据库的正常运行，而如果数据库出现问题，则需要使用日志文件进行恢复。

本课将详细介绍 Oracle 中控制文件和日志文件的管理，包括这两种文件的创建、信息查看以及删除等操作，最后简单介绍了归档日志的作用。

本课学习目标：
- ❑ 了解控制文件的作用
- ❑ 掌握创建控制文件的步骤
- ❑ 了解控制文件的备份与恢复
- ❑ 掌握如何移动与删除控制文件
- ❑ 了解日志文件的作用
- ❑ 掌握日志文件组及其成员的创建与管理
- ❑ 了解归档模式与非归档模式的区别
- ❑ 掌握如何设置数据库归档模式和归档目标

4.1 控制文件概述

在 Oracle 数据库的启动过程中需要打开控制文件，因为它保存了 Oracle 系统需要的其他文件的存储目录和与物理数据库相关的状态信息。Oracle 系统利用控制文件打开数据库文件、日志文件等文件从而最终打开数据库。

控制文件是 Oracle 数据库最重要的物理文件，它以一个非常小的二进制文件存在，其中主要保存了如下内容。

- ❑ 数据库名和标识。
- ❑ 数据库创建时的时间戳。
- ❑ 表空间名。
- ❑ 数据文件和日志文件的名称和位置。
- ❑ 当前日志文件序列号。
- ❑ 最近检查点信息。
- ❑ 恢复管理器信息。

控制文件在数据库启动的 MOUNT 阶段被读取，一个控制文件只能与一个数据库相关联，即控制文件与数据库是一对一的关系。由此可以看出控制文件的重要性，所以需要将控制文件放在不同的硬盘上，以防止控制文件的失效造成数据库无法启动，控制文件的大小在 CREATE DATABASE 语句中被初始化。

如图 4-1 所示为数据库启动时与控制文件的关系。

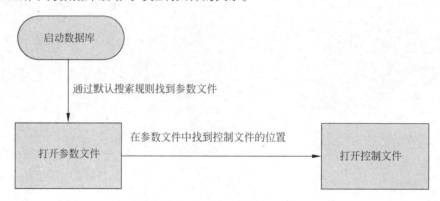

图 4-1　数据库启动与控件文件的关系

图 4-1 说明了数据库启动和控制文件的关系，也说明了数据库启动时读取文件的顺序。在数据库启动时首先会使用默认的规则找到并打开参数文件，在参数文件中保存了控制文件的位置信息（也包含内存配置等信息），通过参数 Oracle 可以找到控制文件的位置，再打开控制文件，然后通过控制文件中记录的各种数据库文件的位置打开数据库，从而启动数据库到可用状态。

当成功启动数据库后，在数据库的运行过程中，数据库服务器可以不断地修改控制文件中的内容，所以在数据库被打开阶段，控制文件必须是可读写的。但是其他任何用户都无法修改控制文件，只有数据库服务器可以修改控制文件中的信息。

由于控制文件关系到数据库的正常运行，所以控制文件的管理非常重要。控制文件的管理策略主要有使用多路复用控制文件和备份控制文件。

1. 使用多路复用控制文件

所谓多路复用控制文件，实际上就是为一个数据库创建多个控制文件，一般将这些控制文件存放在不同的磁盘中进行多路复用。

Oracle 一般会默认创建 3 个包含相同信息的控制文件，目的是为了当其中一个受损时，可以调用其他的控制文件继续工作。

2. 备份控制文件

备份控制文件就是每次对数据库的结构做出修改后，重新备份控制文件。例如对数据库的结构进行如下修改操作之后备份控制文件。

❏ 添加、删除或者重命名数据文件。

❏ 添加、删除表空间或者修改表空间的状态。

❏ 添加、删除日志文件。

4.2 管理控制文件

通过对上一小节的介绍，我们已经知道控制文件对 Oracle 数据库的重要性。因此对控制文件的管理也非常有必要，例如查询控制文件中的信息，进行备份、恢复和移动等。下面详细介绍这些管理操作的具体实现。

4.2.1 创建控制文件

在 Oracle 中可以使用 CREATE CONTROLFILE 语句创建控制文件，其语法如下。

```
CREATE CONTROLFILE
REUSE DATABASE " database_name "
[ RESETLOGS | NORESETLOGS ]
[ ARCHIVELOG | NOARCHIVELOG ]
MAXLOGFILES number
MAXLOGMEMBERS number
MAXDATAFILES number
MAXINSTANCES number
MAXLOGHISTORY number
LOGFILE
    GROUP group_number logfile_name [ SIZE number K | M ]
    [ , … ]
DATAFILE
    datafile_name [ , … ] ;
```

语法说明如下。

❏ **database_name** 数据库名。

❏ **RESETLOGS | NORESETLOGS** 表示是否清空日志。

❏ **ARCHIVELOG | NOARCHIVELOG** 表示日志是否归档。

❏ **MAXLOGFILES** 表示最大的日志文件个数。

❏ **MAXLOGMEMBERS** 表示日志文件组中最大的成员个数。

❏ **MAXDATAFILES** 表示最大的数据文件个数。

❏ **MAXINSTANCES** 表示最大的实例个数。

❏ **MAXLOGHISTORY** 表示最大的历史日志文件个数。

❏ **LOGFILE** 为控制文件指定日志文件组。

❑ **GROUP group_number** 表示日志文件组编号。日志文件一般以组的形式存在。可以有多个日志文件组。

❑ **DATAFILE** 为控制文件指定数据文件。

Oracle 数据库在启动时需要访问控制文件，是因为控制文件中包含了数据库的数据文件与日志文件信息。因此在创建控制文件时需要指定与数据库相关的日志文件与数据文件。

【练习 1】

创建新的控制文件，除了需要了解创建的语法外，还需要做一系列的准备工作。因为在创建控制文件时，有可能会在指定数据文件或日志文件时出现错误或遗漏，所以首先需要对数据库中的数据文件和日志文件有一些了解。

创建一个控制文件的具体步骤如下所示。

（1）首先查询数据库中的数据文件和日志文件的信息，了解文件的路径和名称。可以通过 V$DATAFILE 数据字典查询数据文件的信息，如下所示。

```
SQL> select name from v$datafile;
NAME
---------------------------------------------
E:\ORACLE\ORADATA\MYORACLE\SYSTEM01.DBF
E:\ORACLE\ORADATA\MYORACLE\SYSAUX01.DBF
E:\ORACLE\ORADATA\MYORACLE\UNDOTBS01.DBF
E:\ORACLE\ORADATA\MYORACLE\USERS01.DBF
E:\ORACLE\ORADATA\MYORACLE\EXAMPLE01.DBF
已选择 5 行。
```

可以通过 V$LOGFILE 数据字典查询日志文件的信息，如下所示。

```
SQL> select member from v$logfile;
MEMBER
---------------------------------------------
E:\ORACLE\ORADATA\MYORACLE\REDO03.LOG
E:\ORACLE\ORADATA\MYORACLE\REDO02.LOG
E:\ORACLE\ORADATA\MYORACLE\REDO01.LOG
```

（2）关闭数据库，操作如下所示。

```
SQL> connect as sysdba
请输入用户名： sys
输入口令：
已连接。
SQL> shutdown immediate;
数据库已经关闭。
已经卸载数据库。
ORACLE 例程已经关闭。
```

（3）备份前面查询到的所有数据文件和日志文件。备份的方式有很多种，建议采用操作系统的冷备份方式。

提示

前面内容中已经介绍，在创建新的控制文件时，可能会在指定数据文件或日志文件时出现错误或遗漏。所以应该对数据文件和日志文件加以备份。

（4）使用 STARTUP NOMOUNT 命令启动数据库实例，但不打开数据库，如下所示。

```
SQL> startup nomount;
ORACLE 例程已经启动。
Total System Global Area         535662592 bytes
Fixed Size                         1334380 bytes
Variable Size                    184550292 bytes
Database Buffers                 343932928 bytes
Redo Buffers                       5844992 bytes
数据库装载完毕。
```

（5）创建新的控制文件。在创建时指定前面查询到的所有数据文件和日志文件，如下所示。

```
SQL> create controlfile
  2  reuse database "myoracle"
  3  noresetlogs
  4  noarchivelog
  5  maxlogfiles 50
  6  maxlogmembers 3
  7  maxdatafiles 50
  8  maxinstances 5
  9  maxloghistory 449
 10  logfile
 11  group 1 'E:\ORACLE\ORADATA\MYORACLE\REDO01.LOG' size 50m,
 12  group 2 'E:\ORACLE\ORADATA\MYORACLE\REDO02.LOG' size 50m,
 13  group 3 'E:\ORACLE\ORADATA\MYORACLE\REDO03.LOG' size 50m
 14  datafile
 15  'E:\ORACLE\ORADATA\MYORACLE\SYSTEM01.DBF',
 16  'E:\ORACLE\ORADATA\MYORACLE\SYSAUX01.DBF',
 17  'E:\ORACLE\ORADATA\MYORACLE\UNDOTBS01.DBF',
 18  'E:\ORACLE\ORADATA\MYORACLE\USERS01.DBF',
 19  'E:\ORACLE\ORADATA\MYORACLE\EXAMPLE01.DBF'
 20  ;
控制文件已创建。
```

 提示

上述控制文件创建语句中的 myoracle 是笔者的数据库实例名称。

（6）修改服务器参数文件 SPFILE 中参数 CONTROL_FILES 的值，让新创建的控制文件生效。首先通过 V$CONTROLFILE 数据字典了解控制文件的信息，如下所示。

```
SQL> select name from v$controlfile;
NAME
--------------------------------------------
E:\ORACLE\ORADATA\MYORACLE\CONTROL01.CTL
E:\ORACLE\ORADATA\MYORACLE\CONTROL02.CTL
E:\ORACLE\ORADATA\MYORACLE\CONTROL03.CTL
```

然后修改参数 CONTROL_FILES 的值，让它指向上述几个控制文件，如下所示。

```
SQL> alter system set control_files=
  2  'E:\ORACLE\ORADATA\MYORACLE\CONTROL01.CTL',
```

```
    3  'E:\ORACLE\ORADATA\MYORACLE\CONTROL02.CTL',
    4  'E:\ORACLE\ORADATA\MYORACLE\CONTROL03.CTL'
    5  scope = spfile;
系统已更改。
```

（7）最后使用 ALTER DATABASE OPEN 命令打开数据库，如下所示。

```
SQL> alter database open;
数据库已更改。
```

注意

如果在创建控制文件时使用了 RESETLOGS 选项，则应该使用如下命令打开数据库：ALTER DATABASE OPEN RESETLOGS。

4.2.2 查询控制文件信息

Oracle 提供了 3 个数据字典查看不同的控制文件信息，分别是：V$CONTROLFILE、V$PARAMETER 和 V$CONTROL_RECORD_SECTION，它们分别包含的信息如下所示。

- ❑ **V$CONTROLFILE**　包含所有控制文件的名称和状态（STATUS）信息。
- ❑ **V$PARAMETER**　包含系统的所有初始化参数，其中包括与控制文件相关的参数 CONTROL_FILES。
- ❑ **V$CONTROL_RECORD_SECTION**　包含控制文件中各个记录文档段的信息。

【练习 2】

使用 V$CONTROLFILE 数据字典查看控制文件信息的语句如下所示。

```
SQL> column name format a40;
SQL> select name,status from v$controlfile;
NAME                                               STATUS
-------------------------------------------------- ---------
E:\ORACLE\ORADATA\MYORACLE\CONTROL01.CTL
E:\ORACLE\ORADATA\MYORACLE\CONTROL02.CTL
E:\ORACLE\ORADATA\MYORACLE\CONTROL03.CTL
```

如上述查询结果，通过 V$CONTROLFILE 数据字典可以了解所有控制文件的名称。

提示

虽然在 V$CONTROLFILE 数据字典中包含控制文件的状态信息，但查询时，STATUS 列一般为空。

【练习 3】

使用 V$PARAMETER 数据字典查看控制文件信息的语句如下所示。

```
SQL> column name format a20;
SQL> column value format a40;
SQL> select name,value from v$parameter where name='control_files';
NAME                 VALUE
-------------------- ----------------------------------------------------
control_files        E:\ORACLE\ORADATA\MYORACLE\CONTROL01.CTL
               ,     E:\ORACLE\ORADATA\MYORACLE\CONTROL02.CTL
               ,     E:\ORACLE\ORADATA\MYORACLE\CONTROL03.CTL
```

如上述查询结果，通过 V$PARAMETER 数据字典的 CONTROL_FILES 参数，同样可以了解所有控制文件的名称。

【练习 4】

使用 V$CONTROL_RECORD_SECTION 数据字典查看控制文件信息的语句如下所示。

```
SQL> select type,record_size,records_total,records_used
  2  from v$controlfile_record_section;
TYPE                RECORD_SIZE    RECORDS_TOTAL    RECORDS_USED
----------------    -------------  ----------------  --------------
DATABASE            316            1                1
CKPT PROGRESS       8180           8                0
REDO THREAD         256            5                1
REDO LOG            72             0                3
DATAFILE            520            50               7
FILENAME            524            2300             10
...
```

如上述查询结果，通过 V$CONTROL_RECORD_SECTION 数据字典，可以了解控制文件中记录文档的类型（TYPE）、文档段中每条记录的大小（RECORD_SIZE）、记录段中可以存储的记录条数（RECORDS_TOTAL）以及记录段中已经存储的记录条数（RECORDS_USED）等。

4.2.3 备份控制文件

为了进一步降低因控制文件受损而影响数据库正常运行的可能性，确保数据库的安全，DBA 需要在数据库结构发生改变时，立即备份控制文件。Oracle 允许将控制文件备份为二进制文件或者脚本文件，下面分别介绍这两种方式。

1．备份为二进制文件

备份为二进制文件，实际上就是复制控制文件。需要使用 ALTER DATABASE BACKUP CONTROLFILE 语句，并指定目标文件的位置。

【练习 5】

例如，将 orcl 数据库的控制文件备份为二进制文件，语句如下所示。

```
SQL> ALTER DATABASE BACKUP CONTROLFILE
  2  TO 'E:\myoracle\controlfile\orcl_control_0825.bkp' ;

数据库已更改。
```

上述语句执行后将在 E:\myoracle\controlfile 目录下生成 orcl 数据库的备份文件 orcl_control_0825.bkp。

2．备份为脚本文件

备份为脚本文件，实际上也就是生成创建控制文件的 SQL 脚本。

【练习 6】

例如，将 orcl 数据库的控制文件备份为二进制文件，语句如下所示。

```
SQL> ALTER DATABASE BACKUP CONTROLFILE TO TRACE ;

数据库已更改。
```

生成的脚本文件将自动存放到系统定义的目录中，并由系统自动命名。该目录由 user_dump_dest 参数指定，可以使用 SHOW PARAMETER 语句查询该参数的值，如下所示。

```
SQL> SHOW PARAMETER user_dump_dest ;

NAME                   TYPE     VALUE
---------------        -------- ------------------------------
user_dump_dest         string   E:\app\administrator\diag\rdbms\orcl\orcl\trace
```

系统自动为脚本文件命名的格式为"<sid>_ora_<spid>.trc",其中<sid>表示当前会话的标识号,<spid>表示操作系统进程标识号。例如上述示例生成的脚本文件名称为 orcl_ora_1105.trc。

4.2.4　恢复控制文件

在数据库中如果有一个或者多个控制文件丢失或者出错,就可以根据不同的情况进行处理。

1．部分控制文件损坏的情况

如果数据库正在运行,我们首先应该关闭数据库,再将完整的控制文件复制到已经丢失或者出错的控制文件的位置,但是要更改丢失或者出错控制文件的名字。如果存储丢失控制文件的目录也被破坏,则需要重新创建一个新目录用于存储新的控制文件,并为该控件文件命名。此时需要修改数据库初始化参数中控制文件的位置信息。

2．控制文件全部丢失或者损坏的情况

控制文件全部丢失或者损坏的情况下应该使用备份的控制文件重建控制文件,这也是为什么 Oracle 强调在数据库结构发生变化后要进行控制文件备份的原因。恢复的步骤如下所示。

(1)以 SYSDBA 身份连接到 Oracle,使用 SHUTDOWN IMMEDIATE 命令关闭数据库。

(2)在操作系统中使用完好的控制文件副本覆盖损坏的控制文件。

(3)使用 STARTUP 命令启动并打开数据库。执行 STARTUP 命令时,数据库以正常方式启动数据库实例,加载数据库文件,并且打开数据库。

3．手动重建控制文件

在使用备份的脚本文件重建控制文件时,通过 TRACE 文件重新定义数据库的日志文件、数据文件、数据库名及其他一些参数信息。然后执行该脚本重新建立一个可用的控制文件。

4.2.5　移动控制文件

在特殊情况下需要移动控制文件,例如磁盘出现故障,导致应用中的控制文件所在的物理位置无法访问。移动控制文件,实际上就是改变服务器参数文件 SPFILE 中的参数 CONTROL_FILES 的值,让该参数指向一个新的控制文件路径。当然首先需要有一个完好的控制文件副本。

【练习7】

移动控制文件的具体步骤如下所示。

(1)查询当前的控制文件所在的位置,如下所示。

```
SQL> SELECT NAME,VALUE FROM V$SPPARAMETER
  2  WHERE NAME='control_files';
NAME                      VALUE
-------------------       ----------------------------------------------
control_files             D:\app\Administrator\oradata\orcl\CONTROL01.CTL
control_files             D:\app\Administrator\oradata\orcl\CONTROL02.CTL
control_files             D:\app\Administrator\oradata\orcl\CONTROL03.CTL
```

(2)使用 ALTER SYSTEM 语句,修改服务器参数文件 SPFILE 中的 control_files 参数的值为新路径下的控制文件,如下所示。

```
SQL> ALTER SYSTEM SET control_files=
  2  'E:\oracle\controlfile\CONTROL01.CTL',
  3  'E:\oracle\controlfile\CONTROL02.CTL',
  4  'E:\oracle\controlfile\CONTROL03.CTL' SCOPE=SPFILE;

系统已更改。
```

上面示例将参数 control_files 的值，从原来的 D:\app\Administrator\oradata\orcl\CONTROL01.CTL 等，修改为 E:\oracle\controlfile\CONTROL01.CTL 等。

（3）使用 SHUTDOWN IMMEDIATE 命令关闭数据库，如下所示。

```
SQL> SHUTDOWN IMMEDIATE
数据库已经关闭。
已经卸载数据库。
ORACLE 例程已经关闭。
```

（4）使用 STARTUP 命令启动并打开数据库，控制文件移动成功。

（5）再次查看移动后的控制文件所在的位置。

```
SQL> SELECT NAME,VALUE FROM V$SPPARAMETER
  2  WHERE NAME='control_files';
NAME                     VALUE
---------------------    --------------------------------------------------
control_files            E:\oracle\controlfile\CONTROL01.CTL
control_files            E:\oracle\controlfile\CONTROL02.CTL
control_files            E:\oracle\controlfile\CONTROL03.CTL
```

4.2.6　删除控制文件

删除控制文件的过程与移动控制文件很相似，过程如下所示。

（1）修改参数 control_files 的值，如下所示。

```
SQL> ALTER SYSTEM SET control_files=
  2  'E:\oracle\controlfile\CONTROL02.CTL',
  3  'E:\oracle\controlfile\CONTROL03.CTL'
  4  SCOPE=SPFILE;

系统已更改。
```

上面示例将参数 control_files 所指向的控制文件，由原来的三个减少到了两个，删除了对 E:\oracle\controlfile\CONTROL01.CTL 的引用。

（2）使用 SHUTDOWN IMMEDIATE 命令关闭数据库。

（3）使用 STARTUP 命令启动并打开数据库，从磁盘上物理地删除该控制文件。

（4）查看当前的控制文件信息。

```
SQL>  SELECT NAME,VALUE FROM V$SPPARAMETER
  2   WHERE NAME='control_files';

NAME                     VALUE
---------------------    ------------------------------------
```

```
control_files            E:\oracle\controlfile\CONTROL02.CTL
control_files            E:\oracle\controlfile\CONTROL03.CTL
```

4.3 日志文件概述 ━━━━━━━━━━○

Oracle 中的日志文件（又称为重做日志文件）记录了数据库的所有修改信息，如果没有日志文件，数据库的恢复操作将无法完成。

在数据库运行过程中，用户更改的数据会暂时存放在数据库调整缓冲区中，而为了提高写数据库的速度，数据的变化不会立即写到数据文件中，频繁的读写磁盘文件使得数据库系统效率降低。所以要等待数据库调整缓冲区中的数据达到一定的量或者满足一定条件时，DBWR 进程才会将变化后的数据提交到数据库，也就是 DBWR 将变化的数据保存在数据文件中。在这种情况下，如果在 DBWR 把数据更改写到数据文件之前发生了宕机，那么数据库高速缓冲区中的数据就会全部丢失，如果在数据库重新启动后无法恢复用户更改的数据，将造成数据不完整和丢失，这显然也是不合适的。

日志文件是把用户变化的数据首先保存起来，其中 LGWR 进程负责把用户更改的数据先写到日志文件中（术语为日志写优先）。这样在数据库重新启动时，Oracle 系统会从日志中读取这些变化后的数据，将用户更改的数据提交到数据库中，并写入数据文件。

为了提高磁盘效率，防止日志文件的损坏，Oracle 数据库实例在创建完成后就会自动创建 3 组日志文件。默认每个日志文件组中只有一个成员，但建议在实际应用中应该每个日志文件组至少有两个成员，而且最好将它们放在不同的物理磁盘上，以防止一个成员损坏了，所有的日志信息就不见的情况发生。

Oracle 中的日志文件组是循环使用的，当所有日志文件组的空间都被填满后，系统将转换到第一个日志文件组。而第一个日志文件组中已有的日志信息是否被覆盖，取决于数据库的运行模式。

如图 4-2 所示为 Oracle 数据库的 3 个日志组及日志成员。

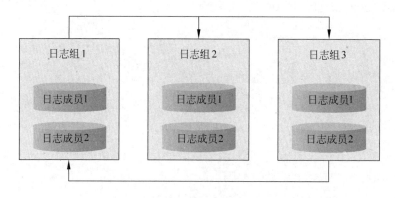

图 4-2 Oracle 日志组及日志成员

4.4 管理日志文件 ━━━━━━━━━━○

Oracle 中的日志文件记录了数据库的所有修改信息，如果没有日志文件，数据库的恢复操作将无法实现。所以日志文件的管理也相当重要。

4.4.1　查看日志组信息

我们通过3个数据字典查看日志组的信息,分别是 V$LOG、V$LOGFILE 和 V$LOG_HISTORY,它们分别包含的信息如下所示。

❑ **V$LOG**　包含控制文件中的日志文件信息。

❑ **V$LOGFILE**　包含日志文件组及其成员信息。

❑ **V$LOG_HISTORY**　包含日志历史信息。

【练习8】

使用 V$LOG 数据字典查询日志文件组的编号、大小、成员数目和当前状态,如下所示。

```
SQL> select group#,bytes,members,status from v$log;
   GROUP#     BYTES       MEMBERS        STATUS
---------- ----------- ------------- --------------
    1       52428800       1           INACTIVE
    2       52428800       1           INACTIVE
    3       52428800       1           CURRENT
```

从结果中可以看出当前共有3个日志组,与每个日志文件对应的日志序列号是全局惟一的,同一个日志组中的日志序列号相同,用户数据库恢复时使用每个日志组的成员数量及日志组的当前状态。日志组3为当前正在使用的日志组。

【练习9】

通过 V$LOG 数据字典查询日志文件组的编号、成员数目、当前状态和上一次写入的时间,语句如下所示。

```
GROUP#   MEMBERS      STATUS       FIRST_TIME
-------- ---------- ------------- -------------------
   1       1         INACTIVE      2013-5-14 2
   2       1         INACTIVE      2013-5-14 2
   3       1         CURRENT       2013-5-16 1
```

【练习10】

通过 V$LOGFILE 数据字典查看日志文件的信息,语句如下所示。

```
SQL> select group#,status,type,member from v$logfile;

GROUP#   STATUS    TYPE     MEMBER
-------- -------   ------   ---------------------------------------------------
   3                ONLINE   E:\APP\ADMINISTRATOR\ORADATA\ORCL\REDO03.LOG
   2                ONLINE   E:\APP\ADMINISTRATOR\ORADATA\ORCL\REDO02.LOG
   1                ONLINE   E:\APP\ADMINISTRATOR\ORADATA\ORCL\REDO01.LOG
```

从结果中可以看到当前有3个日志文件组,且都为联机日志文件。SATAUS 列有4个值,如下所示。

❑ **STALE**　说明该文件内容为不完整的。

❑ **空白**　说明该日志正在使用。

❑ **INVALID**　说明该文件不能被访问。

❑ **DELETED**　说明该文件已经不再使用。

4.4.2　创建日志组

Oracle 建议一个数据库实例一般需要两个以上的日志文件组，如果日志文件组太少，可能会导致系统的事务切换频繁，就会影响系统性能。

创建日志文件组的语法如下所示。

```
ALTER DATABASE database_name
ADD LOGFILE [GROUP group_number]
(file_name [, file_name [, …]])
[SIZE size] [REUSE];
```

上述语法中主要参数的含义如下所示。

❏ **database_name**　数据库实例名称。

❏ **group_number**　日志文件组编号。

❏ **file_name**　日志文件名称。

❏ **size**　日志文件大小，单位为 KB 或 MB。

❏ **REUSE**　如果创建的日志文件已经存在，则使用该关键字可以覆盖已有文件。

【练习 11】

向 Oracle 中添加一个日志文件组，语句如下所示。

```
SQL> alter database add logfile group 4
  2  (
  3  'E:\oraclefile\logfile\redo01.log',
  4  'E:\oraclefile\logfile\redo02.log'
  5  )
  6  size 10m;
数据库已更改。
```

上述语句创建了一个日志文件组 GROUP 4，该组中有两个日志成员，分别是 redo01.log 文件与 redo02.log 文件，它们都在 E:\oraclefile\logfile 目录下，且它们的大小都是 10MB。

注意

日志文件组的编号，应尽量避免出现跳号情况，例如日志文件组的编号为 1、3、5……，这会造成控制文件的空间浪费。

如果在创建日志文件组时，组中的日志成员已经存在，则 Oracle 会提示错误信息。例如系统中已经存在一个日志文件 E:\oraclefile\logfile\redo02.log，此时创建一个日志文件组，并在组中创建该文件，如下所示。

```
SQL> alter database add logfile group 5
  2  (
  3  'E:\oraclefile\logfile\redo02.log',
  4  'E:\oraclefile\logfile\redo03.log'
  5  )
  6  size 10m;
alter database add logfile group 5
*
第 1 行出现错误:
ORA-00301: 添加日志文件 'E:\oraclefile\logfile\redo02.log' 时出错 -
```

无法创建文件
ORA-27038: 所创建的文件已存在
OSD-04010: 指定了 <create> 选项，但文件已经存在

上面在创建一个新的日志文件组 GROUP 5 时，包含了已经存在的日志文件 E:\oraclefile\logfile\redo02.log，所以创建失败。这时可以在创建语句后面使用 REUSE 关键字，如下所示。

```
SQL> alter database add logfile group 5
  2  (
  3  'E:\oraclefile\logfile\redo02.log',
  4  'E:\oraclefile\logfile\redo03.log'
  5  )
  6  size 10m reuse;
数据库已更改。
```

> **注意**
>
> 使用 REUSE 关键字可以替换已经存在的日志文件，但是该文件不能已经属于其他日志文件组，否则无法替换。

【练习 12】

假设当前有 3 个日志组，下面使用不带 GROUP 关键字的 ALTER DATABASE 语句创建日志组，语句如下所示。

```
SQL> alter database add logfile
  2  (
  3  'e:\oraclefile\logfile\redo05.log',
  4  'e:\oraclefile\logfile\redo06.log',
  5  'e:\oraclefile\logfile\redo07.log'
  6  )
  7  size 10m;
```

上述语句执行后将创建一个新的日志组，虽然语句中没有指定编号，Oracle 会自动为这个新日志组生成一个编号，即在原来日志组编号的基础上加 1，所以新建的日志组编号为 4。

通过 V$log 数据字典验证上面的结果，语句如下所示。

```
SQL> select group#,bytes,members,status from v$log;

   GROUP#    BYTES      MEMBERS    STATUS
   --------- ---------- ---------- ---------------
        1    52428800   1          INACTIVE
        2    52428800   1          INACTIVE
        3    52428800   1          CURRENT
        4    10485760   3          UNUSED
```

从执行结果可以看到，多出了编号为 4 的日志组，且该日志组中包含了 3 个日志文件，UNUSED 表示该日志组处于未使用状态。

4.4.3 删除日志组

如果一个日志组不再需要可以将其删除，在删除日志组需要注意以下几点。

❏ 一个数据库至少需要两个日志文件组。

❏ 日志文件组不能处于使用状态。

❏ 如果数据库运行在归档模式下，应该确定该日志文件组已经被归档。

删除日志文件组的语法格式如下所示。

```
ALTER DATABASE [database_name]
DROP LOGFILE GROUP group_number ;
```

【练习 13】

将练习 12 中创建的日志组 GROUP 4 删除可以使用如下语句。

```
SQL> ALTER DATABASE orcl
  2  DROP LOGFILE
  3  GROUP 4;
```

提 示

使用这种方式删除日志组之后，仅仅是从 Oracle 中移除对该日志组的关联信息。而日志组包含的日志文件仍然存在，需要手动删除这些文件。

4.4.4 手动切换组

我们知道，Oracle 的日志文件组是循环使用的，当一组日志文件被写满时，会自动切换到下一组日志文件。当然，数据库管理员也可以手动切换日志文件组。

切换日志组的语句如下所示。

```
ALTER SYSTEM SWITCH LOGFILE ;
```

【练习 14】

假设，现在要手动切换当前数据库的日志文件组。在切换之前，首先应该通过 v$log 数据字典查询当前数据库正在使用哪个日志文件组，如下所示。

```
SQL> SELECT group# , status FROM v$log ;

    GROUP#        STATUS
 --------------  ----------------
        1         CURRENT
        2         INACTIVE
        3         INACTIVE
        4         UNUSED
```

其中，status 表示日志文件组的当前使用状态，其值可为 ACTIVE（活动状态，归档未完成）、CURRENT（正在使用）、INACTIVE（非活动状态）和 UNUSED（从未使用）。

从查询结果可以看出，数据库当前正在使用日志文件组 1。下面通过语句切换日志文件组，如下所示。

```
SQL> ALTER SYSTEM SWITCH LOGFILE ;

系统已更改。
```

再次查询 v$log 数据字典查看切换后当前数据库正在使用的日志文件组，如下所示。

```
SQL> SELECT group# , status FROM v$log ;
    GROUP#        STATUS
-------------- -----------
        1         ACTIVE
        2         CURRENT
        3         INACTIVE
        4         UNUSED
```

从结果可以看到，Oracle 现在使用的是编号为 2 的日志组。

4.4.5　清空日志组

如果日志文件组中的日志文件受损，将导致数据库无法将受损的日志文件进行归档，会最终导致数据库停止运行。此时在不关闭数据库的情况下，可以选择清空日志文件组中的内容。

清空日志文件组语法如下所示。

```
ALTER DATABASE CLEAR LOGFILE GROUP group_number ;
```

另外，清空日志文件组需要注意以下两点。

❑ 被清空的日志文件组不能处于 CURRENT 状态，也就是说不能清空数据库当前正在使用的日志文件组。

❑ 当数据库中只有两个日志文件组时，不能清空日志文件组。

【练习 15】

假设要清空日志文件组 4，语句如下所示。

```
SQL> ALTER DATABASE CLEAR LOGFILE GROUP 4 ;

数据库已更改。
```

如果日志文件组正处于 ACTIVE 状态，则说明该日志文件组尚未归档，此时如果想清空该日志文件组，应该在清空语句中添加 UNARCHIVED 关键字，语句形式如下所示。

```
ALTER DATABASE CLEAR UNARCHIVED LOGFILE GROUP group_number ;
```

4.5　日志组成员

日志组成员（日志文件）是与日志组相对应的一个概念，在一个日志组中至少有一个日志文件，并且同一个日志组的不同日志文件可以分布在不同的磁盘目录下。在同一个日志组中的所有日志文件大小都相同。

本小节将讲解如何添加日志组成员、删除及重新定义日志组参数。

4.5.1　添加成员

日志组成员在创建日志组创建时就指定了，当然也可以向已经存在的日志组中添加日志文件成员。

添加时同样需要使用 ALTER DATABASE 语句，其语法如下所示。

```
ALTER DATABASE [database_name]
ADD LOGFILE MEMBER
```

```
file_name [ , … ] TO GROUP group_number;
```

新添加的日志文件与该组其他成员的大小一致。

【练习16】

例如，向创建的日志文件组4中添加一个新的日志文件成员，如下所示。

```
SQL> ALTER DATABASE orcl
  2   ADD LOGFILE MEMBER
  3   'D:\APP\ADMINISTRATOR\ORADATA\ORCL\REDO04.LOG'
  4   TO GROUP 4;

数据库已更改。
```

使用 V$LOGFILE 数据字典查询日志文件组是否创建成功，以及日志文件组中是否添加了新的日志文件成员，如下所示。

```
SQL> SELECT GROUP#,MEMBER FROM V$LOGFILE
  2   WHERE GROUP#=4;
GROUP#             MEMBER
--------------     -----------------------------------------------
4                  E:\ORACLEFILE\LOGIFLE\REDO05.log
4                  E:\ORACLEFILE\LOGIFLE\REDO 06.log
4                  E:\ORACLEFILE\LOGIFLE\REDO 07.log
4                  D:\APP\ADMINISTRATOR\ORADATA\ORCL\REDO04.LOG
已选择4行。
```

从查询的结果中可以看出，在日志文件组4中目前共有4个成员，包括之前已经定义的3个日志文件成员和本节中添加的一个日志文件成员。

使用这种方式删除日志组之后，仅仅是从 Oracle 中移除对该日志组的关联信息。而日志组包含的日志文件仍然存在，需要手动删除这些文件。

4.5.2　删除成员

如果不需要一个日志成员，可以将其删除。通常我们所做的日志维护就是删除和重建日志成员的过程。对于一个已经损坏的日志，既使没有发现日志切换时无法成功，数据库最终也会挂起。当然如果读者对于日志成员做了很好地分布存储，出现这种情况的可能性很小。但是出现日志文件受损的情况就要及时修复，即删除该文件再重新创建。

删除日志文件成员的语法如下：

```
ALTER DATABASE [database_name]
DROP LOGFILE MEMBER file_name [ , … ]
```

【练习17】

删除 GROUP 4 中的 D:\APP\ADMINISTRATOR\ORADATA\ORCL\REDO05.LOG 日志文件成员，如下所示。

```
SQL> ALTER DATABASE orcl
  2   DROP LOGFILE MEMBER
  3   'D:\APP\ADMINISTRATOR\ORADATA\ORCL\REDO05.LOG';
```

删除日志成员时要注意，并不是所有的日志成员都可以删除。Oracle 对删除操作有如下限制。

❑ 如果要删除的日志成员是日志组中最后一个有效的成员，则不能删除。

❑ 如果日志组正在使用，则在日志切换之前不能删除日志组中成员。

❑ 如果数据库正在运行 ACHIVELOG 模式，并且要删除的日志成员所属的日志组没有被归档，则该组的日志成员不能被删除。

4.5.3　重定义成员

重新定义日志文件成员，是指为日志成员组重新指定一个日志文件成员，语法格式如所示。

```
ALTER DATABASE [database_name]
RENAME FILE
old_file_name TO new_file_name;
```

其中，**old_file_name** 表示日志文件组中原有的日志文件成员；**new_file_name** 表示要替换成的日志文件成员。

【练习 18】

例如 GROUP 4 文件组中包含一个 D:\APP\ADMINISTRATOR\ORADATA\ORCL\REDO04.LOG 文件，现在移除该文件，改为包含 D:\APP\ADMINISTRATOR\ORADATA\ORCL\REDO05.LOG。具体操作如下。

（1）使用 SHUTDOWN 命令关闭数据库。

（2）在 D:\app\Administrator\oradata\orcl 目录下，创建一个日志文件并命名为 REDO05.LOG。

（3）使用 STARTUP MOUNT 重新启动数据库，但不打开。

（4）使用 ALTER DATABASE database_name RENAME FILE 的子句修改日志文件的路径与名称，如下所示。

```
SQL> ALTER DATABASE orcl
  2  RENAME FILE
  3  'D:\APP\ADMINISTRATOR\ORADATA\ORCL\REDO04.LOG'
  4  TO
  5  'D:\APP\ADMINISTRATOR\ORADATA\ORCL\REDO05.LOG';

数据库已更改。
```

上面使用 TO 关键字，将原来的日志成员 D:\APP\ADMINISTRATOR\ORADATA\ORCL\REDO04.LOG，更换为 D:\APP\ADMINISTRATOR\ORADATA\ORCL\REDO05.LOG。

（5）使用 ALTER DATABASE OPEN 命令打开数据库。

（6）检测日志文件成员是否替换成功。使用 V$LOGFILE 数据字典，查询现在 GROUP 4 日志文件组中的日志成员信息，如下所示。

```
SQL> SELECT GROUP#,MEMBER FROM V$LOGFILE
  2  WHERE GROUP#=4;
GROUP#                MEMBER
---------------       ---------------------------------------------
4                     E:\ORACLEFILE\LOGIFLE\REDO05.log
4                     E:\ORACLEFILE\LOGIFLE\REDO 06.log
4                     E:\ORACLEFILE\LOGIFLE\REDO 07.log
4                     D:\APP\ADMINISTRATOR\ORADATA\ORCL\REDO05.LOG
```

从查询结果可以看出，GROUP 4 中的日志成员中不再包含 D:\APP\ADMINISTRATOR\ ORADATA\ORCL\REDO04.LOG 文件，而变为包含 D:\APP\ADMINISTRATOR\ORADATA\ORCL\ REDO05.LOG 文件。

4.6 归档日志

Oracle 数据库有两种日志模式：非归档日志模式（NOARCHIVELOG）和归档日志模式（ARCHIVELOG）。在非归档日志模式下，如果发生日志切换，则日志文件中的原有内容将被新的内容覆盖；在归档日志模式下，如果发生日志切换，则 Oracle 系统会将日志文件通过复制保存到指定的地方，这个过程称为"归档"，复制保存下来的日志文件称为"归档日志"，然后才允许向文件中写入新的日志内容。

4.6.1　设置数据库模式

在安装 Oracle Database 11g 时，默认设置数据库运行于非归档模式，这样可以避免对创建数据库的过程中生成的日志进行归档，从而缩短数据库的创建时间。在数据库成功运行后，数据库管理员可以根据需要修改数据库的运行模式。

如果要修改数据库的运行模式，可以使用如下语句。

```
ALTER DATABASE ARCHIVELOG | NOARCHIVELOG ;
```

其中，ARCHIVELOG 表示归档模式；NOARCHIVELOG 表示非归档模式。

【练习 19】

假设，要使用 SYSDBA 身份修改当前数据库的运行模式，修改前先通过 ARCHIVE LOG LIST 命令查看当前数据库的运行模式，如下所示。

```
SQL> CONNECT sys/admin AS SYSDBA
已连接。
SQL> ARCHIVE LOG LIST ;
数据库日志模式              非存档模式
自动存档                   禁用
存档终点                   USE_DB_RECOVERY_FILE_DEST
最早的联机日志序列           7
当前日志序列               10
```

从查询结果可以看出，数据库当前运行在非归档模式下。通过下面的步骤可以修改数据库的运行模式。

（1）使用 SHUTDOWN 命令关闭数据库。

（2）使用 STARTUP MOUNT 命令启动数据库。

（3）修改数据库的运行模式，如下所示。

```
SQL> ALTER DATABASE ARCHIVELOG ;
```

（4）使用 ALTER DATABASE OPEN 命令打开数据库。

再次使用 ARCHIVE LOG LIST 命令查看当前数据库的运行模式，观察是否修改成功，如下所示。

```
SQL> ARCHIVE LOG LIST ;
数据库日志模式                        存档模式
自动存档                            启用
存档终点                            USE_DB_RECOVERY_FILE_DEST
最早的联机日志序列                     7
下一个存档日志序列                     10
当前日志序列                         10
```

4.6.2　设置归档目标

归档目标就是指存放归档日志文件的目录。一个数据库可以有多个归档目标。在创建数据库时，默认设置了归档目标，可以通过 db_recovery_file_dest 参数查看，如下所示。

```
SQL> SHOW PARAMETER db_recovery_file_dest ;

NAME                           TYPE          VALUE
------------------------------ ------------- ------------------------------------
db_recovery_file_dest          string        E:\app\Administrator\flash_recovery_area
db_recovery_file_dest_size     big integer   2G
```

其中，db_recovery_file_dest 表示归档目录；db_recovery_file_dest_size 表示目录大小。

数据库管理员也可以通过 log_archive_dest_N 参数设置归档目标，其中 N 表示 1 ~ 10 的整数，也就是说可以设置 10 个归档目标。

> **(提 示)**
>
> 为了保证数据的安全性，一般将归档目标设置为不同的目录。Oracle 在进行归档时，会将日志文件组以相同的方式归档到每个归档目标中。

设置归档目标的语法形式如下所示。

```
ALTER SYSTEM SET
log_archive_dest_N = ' { LOCATION | SERVER } = directory ' ;
```

其中，directory 表示磁盘目录；LOCATION 表示归档目标为本地系统的目录；SERVER 表示归档目标为远程数据库的目录。

【练习 20】

设置参数 log_archive_dest_1 的值，如下所示。

```
SQL> ALTER SYSTEM SET
  2  log_archive_dest_1='LOCATION=E:\app\Administrator\oradata\myachive';

系统已更改。
```

同样可以通过 SHOW PARAMETER 命令查看 log_archive_dest_1 的值。

通过参数 log_archive_format 可以设置归档日志名称格式。其语法形式如下所示。

```
ALTER SYSTEM SET log_archive_firmat = ' fix_name%S_%R.%T '
SCOPE = scope_type ;
```

语法说明如下。

❑ **fix_name%S_%R.%T**　其中，fix_name 是自定义的命名前缀；%S 表示日志序列号；%R 表示联机重做日志（RESETLOGS）的 ID 值；%T 表示归档线程编号。

> **注意**
>
> log_archive_format 参数的值必须包含%S、%R 和%T 匹配符。

□ **SCOPE = scope_type** SCOPE 有 3 个参数值: MEMORY、SPFILE 和 BOTH。其中,MEMORY 表示只改变当前实例运行参数; SPFILE 表示只改变服务器参数文件 SPFILE 中的设置; BOTH 则表示两者都改变。

【练习 21】

设置归档日志的名称格式,并指定只改变服务器参数文件 SPFILE 中的设置,如下所示。

```
SQL> ALTER SYSTEM SET log_archive_format = 'MYARCHIVE%S_%R.%T'
  2  SCOPE = SPFILE ;
系统已更改。
```

4.7 实例应用：操作 Oracle 控制文件和日志文件

4.7.1 实例目标

通过对前面内容的学习,读者一定了解了 Oracle 中控制文件和日志文件的概念,以及如何对这些文件进行常规的管理。本节将通过实例演示对控制文件和日志的操作,目的是使读者更加熟练地根据需求对 Oracle 进行调整。

(1)备份 Oracle 控制文件。

(2)创建一个包含 2 个成员的日志组。

(3)向新日志组中添加一个日志成员。

(4)切换 Oracle 正在使用的日志组。

(5)清空第 3 步创建的日志组。

(6)删除第 3 步创建的日志组。

4.7.2 技术分析

由于控制文件和日志文件都是 Oracle 的核心文件,因此在操作之前一定要及时查看当前的运行状态、文件信息和注意备份。另外,一些操作需要 SYSDBA 身份才能进行,因此最好直接使用该身份连接 Oracle。

4.7.3 实现步骤

(1)使用用户 sys 以 SYSDBA 身份连接到 Oracle。

(2)在备份控制文件之前首先查看一下当前包含的控制文件及文件的状态信息,语句如下所示。

```
SQL> SELECT NAME,STATUS FROM V$CONTROLFILE;

NAME                                                    STATUS
------------------------------------------------  --------------
E:\APP\ADMINISTRATOR\ORADATA\ORCL\CONTROL01.CTL
E:\APP\ADMINISTRATOR\ORADATA\ORCL\CONTROL02.CTL
E:\APP\ADMINISTRATOR\ORADATA\ORCL\CONTROL03.CTL
```

（3）在磁盘 D 分区下新建 D:\Oracle\Files 目录，并在该目录创建名为 Oracle_Control_File_Bak.bkp 的控制文件备份，语句如下所示。

```
SQL> ALTER DATABASE BACKUP CONTROLFILE
  2 TO 'D:\Oracle\Files\Oracle_Control_File_Bak.bkp';

Database altered
```

（4）创建新日志组之前首先查看当前日志组信息，语句如下所示。

```
SQL> select group#,bytes,members,status from v$log;
   GROUP#      BYTES       MEMBERS       STATUS
-------------------- --------------- -----------------------
     1        52428800        1         INACTIVE
     2        52428800        1         INACTIVE
     3        52428800        1         CURRENT
```

可以看到当前共有 3 个日志组，编号分别是 1、2 和 3，每个日志组均包含一个成员，并且当前正在使用的是 3 号日志组。

（5）创建编号为 4 的日志组，并指定成员为 redo01.log 和 redo02.log，保存位置为 D:\Oracle\Files，语句如下所示。

```
SQL> alter database add logfile group 4
  2 (
  3 'd:\oracle\files\redo01.log',
  4 'd:\oracle\files\redo02.log'
  5 )
  6 size 10m;

Database altered
```

（6）再次运行第 4 步的语句，此时会发现共有 4 个日志组。

（7）向日志组 4 中增加一个 redo03.log 日志成员，语句如下。

```
SQL> alter database orcl
  2 add logfile member
  3 'd:\oracle\files\redo03.log'
  4 to group 4;

Database altered
```

（8）使用 V$LOGFILE 数据字典查询日志组 4 中的日志成员，语句如下所示。

```
SQL> select group#,member from v$logfile
  2 where group#=4;

  GROUP#        MEMBER
----------- ------------------------------------
     4          D:\ORACLE\FILES\REDO01.LOG
     4          D:\ORACLE\FILES\REDO02.LOG
     4          D:\ORACLE\FILES\REDO03.LOG
```

（9）现在 Oracle 包含了 4 个日志组，使用如下命令进行手动切换正在使用的日志组。

```
SQL> ALTER SYSTEM SWITCH LOGFILE;
```

（10）重复第 4 步的操作查看日志组 4 的状态。如果状态值为 ACTIVE，则说明该日志组正在使用，可使用如下语句清空该日志组。

```
SQL> ALTER DATABASE CLEAR UNARCHIVED LOGFILE GROUP 4;
```

（11）最后删除日志组 4，语句如下。

```
SQL> alter database drop logfile group 4;
```

4.8 拓展训练

操作控制文件

Oracle 数据库启动时需要通过控件文件找到数据文件、日志文件的位置。因此如果控制文件损坏，数据库将无法启动。本次训练要求读者先将 orcl 数据库中的控制文件备份为二进制文件，然后以脚本文件的形式再次备份控制文件，最后查看脚本文件的存放位置，并打开该文件，查看其生成的控制文件脚本。

4.9 课后练习

一、填空题

1. 在 Oracle 数据库启动时的_____阶段，控制文件被读取。

2. 备份控制文件主要有两种方式：_____和备份成脚本文件。

3. 通过数据字典_____可以查看控制文件信息。

4. 通过_____数据字典，可以了解控制文件中每条记录的大小（RECORD_SIZE）。

5. 如果在创建控制文件时使用了 RESETLOGS 选项，则应该执行_____语句打开数据库。

6. 使用 CREATE CONTROLFILE 创建控制文件时，可以通过_____参数设置最大的日志文件数量。

二、选择题

1. 假设要查询控制文件的名称和状态信息，应该使用下列_____数据字典。

    A. V$CONTROLFILE

    B. V$PARAMETER

    C. V$LOG

    D. V$CONTROLFILE_HISTORY

2. 下面对日志文件组及其成员叙述正确的是_____。

    A. 日志文件组中可以没有日志成员

    B. 日志文件组中的日志成员大小一致

    C. 在创建日志文件组时，其日志成员可以是已经存在的日志文件

D. 在创建日志文件组时，如果日志成员已经存在，则使用 REUSE 关键字就一定可以成功替换该文件

3. Oracle 的 LGWR 进程负责把用户更改的数据先写到_____。

    A. 控制文件

    B. 日志文件

    C. 数据文件

    D. 归档文件

4. 日志文件的 SATAUS 列为_____表示该文件内容不完整。

    A. NULL

    B. STALE

    C. DELETED

    D. INVALID

5. 当日志文件组处于下列哪种情况时，无法清空该日志文件组？_____

    A. ACTIVE

    B. INACTIVE

    C. CURRENT

    D. UNUSED

6. 下面哪条语句用于切换日志文件组？_____

    A. ALTER DATABASE SWITCH LOGFILE ;

    B. ALTER SYSTEM SWITCH LOGFILE ;

    C. ALTER SYSTEM ARCHIVELOG ;

    D. ALTER DATABASE ARCHIVELOG ;

7. 假设要删除日志文件组 4 中的 E:\orcl\datafile\redo01.log 成员，正确的语句是_____。

    A. ALTER DATABASE DROP LOGFILE ' E:\orcl\datafile\redo01.log ';

    B. ALTER DATABASE DROP LOGFILE GROUP 4 ' E:\orcl\datafile\redo01.log ';

    C. ALTER DATABASE DROP LOGFILE MEMBER ' E:\orcl\datafile\redo01.log ';

    D. ALTER GROUP 4 DROP LOGFILE ' E:\orcl\datafile\redo01.log ';

三、简答题

1. 简述控制文件在 Oracle 中的重要性。

2. 创建控制文件的步骤是什么，有哪些注意事项。

3. 简述控制文件的备份与恢复过程。

4. 简述日志文件在 Oracle 中的重要性。

5. 日志文件组中的日志成员大小一致吗？为什么？

6. 简述清空和删除日志文件组时应该注意哪些问题。

7. 如何向日志组中添加和删除日志成员。

8. 简述归档模式与非归档模式的区别。

第 5 课
表空间

Oracle 数据库被划分为称为表空间的逻辑区域,形成 Oracle 数据库的逻辑结构,即数据库是由多个表空间构成的。Oracle 数据库的存储管理实际上是对数据库逻辑结构的管理,管理对象主要包括表空间、数据文件、段、区和数据库。在物理结构上,数据信息存储在数据文件中,而在逻辑结构上,数据库中的数据存储在表空间中。

表空间与数据文件存在紧密的对应关系,一个表空间至少包含一个数据文件,而一个数据文件只能属于一个表空间。

在 Oracle 数据库中除了基本表空间以外,还有临时表空间、大文件表空间以及还原表空间等。本课将对表空间进行详细讲解,学习各种类型表空间的创建、修改、切换和管理等操作。

本课学习目标:
- ❑ 理解表空间对逻辑结构和物理结构
- ❑ 熟练掌握创建表空间
- ❑ 掌握如何设置表空间的状态
- ❑ 了解如何重命名表空间
- ❑ 掌握表空间中数据文件的管理
- ❑ 了解临时表空间
- ❑ 了解大文件表空间
- ❑ 理解还原表空间的作用
- ❑ 掌握创建与管理还原表空间

5.1 认识 Oracle 的逻辑结构和物理结构

在第 2 课中简单介绍了 Oracle 中的逻辑结构和物理结构，本节通过这两种结构展示表空间在 Oracle 中的位置及作用。

我们知道 Oracle 数据库系统具有跨平台特性，因此在一个数据库平台上开发的数据库可以不用修改就移植到另一个操作系统平台上。因为 Oracle 不会直接操作底层操作系统的数据文件，而是提供了一个中间层，这个中间层就是 Oracle 的逻辑结构，它与操作系统无关，而中间层到数据文件的映射通过 RDMS 来完成。如图 5-1 所示了 Oracle 的中间层的这种跨平台特性。

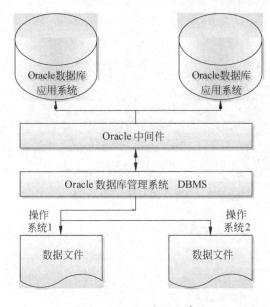

图 5-1   Oracle 跨平台特性

从图 5-1 中可以看到，Oracle 数据库应用系统通过操作中间层实现逻辑操作，而逻辑操作到数据文件操作之间是通过 DBMS 来映射完成的。这样数据文件对 Oracle 数据库应用系统是透明的。

Oracle 为了管理数据文件而引入了逻辑结构，如图 5-2 所示了数据文件管理的逻辑结构和物理结构，其中左边是逻辑结构，右边是物理结构。

1. 逻辑结构

逻辑结构从上到下是包含关系，也是一对多的关系，即一个数据库有一个或者多个表空间；一个表空间有一个或者多个段；一个段有一个或者多个区段组成；一个区段由多个数据库块组成；一个数据库块由多个操作系统数据库块组成。

2. 物理结构

在物理结构中一个表空间由一个或者多个数据文件组成，一个数据文件物理上是由操作系统块组成。

下面首先介绍图 5-2 中逻辑结构的各个组成部分。

（1）表空间（Table Space）

在逻辑上一个数据库由表空间组成，一个表空间只能属于一个数据库，反之不成立；一个表空间包含一个或者多个操作系统文件，这些系统文件称为数据文件。

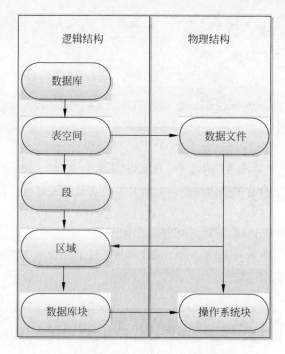

图 5-2　数据文件的逻辑结构和物理结构

（2）段（Segment）

段是表空间内一个逻辑存储空间，一个表空间包含一个或者多个段，一个段不能跨越表空间，即一个段只能在一个表空间中，但是段可以跨越数据文件，即一个段可以分布在同一个表空间的不同数据文件上。

（3）区段（Extent）

区段是段中分配的逻辑存储空间，一个区段由连续的 Oracle 数据库块组成，一个区段只能存在于一个数据文件中。在创建一个段时需要至少包含一个区段，段增长时将分配更多的区段给该段，同时 DBA 可以手动地向段中添中区段。

（4）数据库块（Oracle Block）

数据库块是 Oracle 数据库服务器管理存储空间中的数据文件的最小单位，也是 Oracle 数据库系统输入、输出的最小单位。一个数据库块由一个或者多个操作系统块组成。Oracle 提供了标准的数据库块尺寸，该尺寸通过初始化参数 DB_BLOCK_SIZE 设置，在初始化创建数据库时指定，一般大小为 4KB 或者 8KB。一个数据库块应该是操作系统数据块的整数倍，这样可以避免不必要的I/O。

【练习 1】

假设我们要查看 Oracle 数据库块的大小可用如下语句。

```
SQL> select tablespace_name,block_size,contents
  2  from dba_tablespaces;

TABLESPACE_NAME            BLOCK_SIZE           CONTENTS
-------------------        ------------------   ---------------------------
SYSTEM                     8192                 PERMANENT
SYSAUX                     8192                 PERMANENT
UNDOTBS1                   8192                 UNDO
TEMP                       8192                 TEMPORARY
```

USERS	8192	PERMANENT
EXAMPLE	8192	PERMANENT

```
6 rows selected
```

从运行结果中可以看出，当前 Oracle 数据库中表空间的数据库大小为 8KB（8192 字节）。

物理结构的各个组成部分含义如下。

（1）数据文件（Data File）

数据文件是 Oracle 格式的操作系统文件，例如扩展名为.dbf 的文件。数据文件的大小决定了表空间的大小，当表空间不足时就需要增加新的数据文件或者重新设置当前数据文件的大小，以满足表空间的增长需求。

（2）操作系统块（OS Block）

操作系统块依赖于不同的操作系统平台，它是操作系统操作数据文件的最小单位。一个或者多个操作系统块组成了一个数据库块。

5.2 表空间的简单操作

在创建 Oracle 数据库时系统会自动创建一系列表的空间，使用这些表空间可以对数据进行操作，根据业务需求用户也可以创建自己的表空间。

本节首先介绍表空间的两种类型，以及表空间的四种状态属性，最后讲解创建表空间的方法。

5.2.1 表空间的分类

Oracle 中表空间的数量和大小没有严格限制，例如一个大小为 20GB 的表空间和大小为 10MB 的表空间可以并存，只是用户根据业务需求赋予的表空间功能不同。在这些表空间中有些是所有 Oracle 数据库必备的表空间，它们是 SYSTEM 表空间、临时表空间、还原表空间和默认表空间。

那些必备的表空间称为系统表空间，除此之外还有非系统表空间。

1. 系统表空间

系统表空间是 Oracle 数据库系统创建时需要的表空间，这些表空间在数据库创建时自动创建，是每个数据库必须的表空间，也是满足数据库系统运行的最低要求。例如，系统表空间 SYSTEM 中存储数据字典或者存储还原段。

在用户没有创建非系统表空间时，系统表空间可以存放用户数据或者索引，但是这样做会增加系统表空间的 I/O，影响系统效果。

2. 非系统表空间

非系统表空间是指用户根据业务需求而创建的表空间，可以按照数据多少、使用频率、需求数量等方面进行灵活地设置。这样一个表空间的功能就相对独立，在特定的数据库应用环境下可以很好地提高系统的效率。

通过创建用户自定义的表空间，如还原空间、临时表空间、数据表空间或者索引表空间，使数据库的管理更加灵活、方便。

5.2.2 表空间的状态属性

Oracle 为每个表空间都分配一个状态属性，通过设置表空间的状态属性，可以对表空间的使用进行管理。表空间状态属性有 4 种，分别是在线（ONLINE）、离线（OFFLINE）、只读（READ ONLY）

和读写（READ WRITE），其中只读与读写状态属于在线状态的特殊情况。

1. 在线 (ONLINE)

当表空间的状态为 ONLINE 时，才允许访问该表空间中的数据。如果要将表空间修改为 ONLINE 状态，可以使用如下语法的 ALTER TABLESPACE 语句。

```
ALTER TABLESPACE tablespace_name ONLINE;
```

2. 离线 (OFFLINE)

当表空间的状态为 OFFLINE 时，不允许访问该表空间中的数据。例如向表空间中创建表或者读取表空间中的表的数据等操作都将无法进行。这时可以对表空间进行脱机备份；也可以对应用程序进行升级和维护等。

如果要将表空间修改为 OFFLINE 状态，可以使用如下语法的 ALTER TABLESPACE 语句。

```
ALTER TABLESPACE tablespace_name OFFLINE parameter;
```

其中，parameter 表示将表空间切换为 OFFLINE 状态时可以使用的参数，参数有如下几个选项。

（1）NORMAL

指定表空间以正常方式切换到 OFFLINE 状态。如果以这种方式切换，Oracle 会执行一次检查点，将 SGA 区中与该表空间相关的脏缓存块全部写入数据文件中，最后关闭与该表空间相关联的所有数据文件。默认情况下使用此方式。

（2）TEMPORARY

指定表空间以临时方式切换到 OFFLINE 状态。如果以这种方式切换，Oracle 在执行检查点时不会检查数据文件是否可用，这会使得将该表空间的状态切换为 ONLINE 状态时，可能需要对数据库进行恢复。

（3）IMMEDIATE

指定表空间以立即方式切换到 OFFLINE 状态。如果以这种方式切换，Oracle 不会执行检查点，而是直接将表空间设置为 OFFLINE 状态，这会将该表空间的状态切换为 ONLINE 状态时，必须对数据库进行恢复。

（4）FOR RECOVER

指定表空间以恢复方式切换到 OFFLINE 状态。如果以这种方式切换，数据库管理员可以使用备份的数据文件覆盖原有的数据文件，然后再根据归档重做日志将表空间恢复到某个时间点的状态。所以此方式经常用于对表空间进行基于时间的恢复。

3. 只读 (READ ONLY)

当表空间的状态为 READ ONLY 时，虽然可以访问表空间中的数据，但访问仅仅限于阅读，而不能进行任何更新或删除操作，目的是为了保证表空间的数据安全。

如果要将表空间修改为 READ ONLY 状态，可以使用如下语法的 ALTER TABLESPACE 语句。

```
ALTER TABLESPACE tablespace_name READ ONLY;
```

将表空间的状态修改为 READ ONLY 之前，需要注意如下事项。

❏ 表空间必须处于 ONLINE 状态。

❏ 表空间不能包含任何事务的还原段。

❏ 表空间不能正处于在线数据库备份期间。

4. 读写 (READ WRITE)

当表空间的状态为 READ WRITE 时，可以对表空间进行正常访问，包括对表空间中的数据进行查询、更新和删除等操作。

如果要将表空间修改为 READ WRITE 状态，可以使用如下语法的 ALTER TABLESPACE 语句。

```
ALTER TABLESPACE tablespace_name READ WRITE;
```

修改表空间的状态为 READ WRITE，也需要保证表空间处于 ONLINE 状态。

注意

无法将 Oracle 系统自定义的 system、temp 等表空间的状态设置为 OFFLINE 或 READ ONLY（除了 users 表空间以外）。

【练习2】

假设要将 myspace 表空间的状态设置为 READ ONLY，修改后通过数据字典 dba_tablespaces 查看当前数据库中表空间的状态。语句如下所示。

```
SQL> ALTER TABLESPACE myspace READ ONLY;

表空间已更改。

SQL> SELECT tablespace_name , status FROM dba_tablespaces;

TABLESPACE_NAME          STATUS
---------------          --------------------------
SYSTEM                   ONLINE
SYSAUX                   ONLINE
UNDOTBS1                 ONLINE
TEMP                     ONLINE
USERS                    ONLINE
MYSPACE                  READ ONLY

已选择 6 行。
```

其中，STATUS 列的值可能是 ONLINE、OFFLINE 或者 READ ONLY，分别对应在线且处于读写状态、离线状态、在线且处于只读状态。

5.2.3　创建表空间

Oracle 在创建表空间时将完成两个工作，一方面是在数据字典和控件文件中记录新建的表空间信息。另一方面是在操作系统中创建指定大小的操作系统文件，并作为与表空间对应的数据文件。

创建表空间需要使用 CREATE TABLESPACE 语句，其基本语法如下。

```
CREATE [ TEMPORARY | UNDO ] TABLESPACE tablespace_name
[
    DATAFILE | TEMPFILE 'file_name' SIZE size K | M [ REUSE ]
    [
        AUTOEXTEND OFF | ON
        [ NEXT number K | M MAXSIZE UNLIMITED | number K | M ]
    ]
    [ , …]
]
[ MININUM EXTENT number K | M
```

```
[ BLOCKSIZE number K]
[ ONLINE | OFFLINE ]
[ LOGGING | NOLOGGING ]
[ FORCE LOGGING ]
[ DEFAULT STORAGE storage ]
[ COMPRESS | NOCOMPRESS ]
[ PERMANENT | TEMPORARY ]
[
    EXTENT MANAGEMENT DICTIONARY | LOCAL
    [ AUTOALLOCATE | UNIFORM SIZE number K | M ]
]
[ SEGMENT SPACE MANAGEMENT AUTO | MANUAL ];
```

语法中各个参数的说明如下。

❑ **TEMPORARY | UNDO**　指定表空间的类型。TEMPORARY 表示创建临时表空间；UNDO
表示创建还原表空间；不指定类型，则表示创建的表空间为永久性表空间。

❑ **tablespace_name**　指定新表空间的名称。

❑ **DATAFILE | TEMPFILE 'file_name'**　指定与表空间相关联的数据文件。一般使用
DATAFILE，如果是创建临时表空间，则需要使用 TEMPFILE；file_name 指定文件名与路径。
可以为一个表空间指定多个数据文件。

❑ **SIZE size**　指定数据文件的大小。

❑ **REUSE**　如果指定的数据文件已经存在，则使用 REUSE 关键字可以清除并重新创建该数据
文件。如果文件已存在，但是又没有指定 REUSE 关键字，则创建表空间时会报错。

❑ **AUTOEXTEND OFF | ON**　指定数据文件是否自动扩展。OFF 表示不自动扩展；ON 表示
自动扩展。默认情况下为 OFF。

❑ **NEXT number**　如果指定数据文件为自动扩展，则 NEXT 子句用于指定数据文件每次扩展
的大小。

❑ **MAXSIZE UNLIMITED | number**　如果指定数据文件为自动扩展，则 MAXSIZE 子句用于
指定数据文件的最大大小。如果指定 UNLIMITED，则表示大小无限制，默认为此选项。

❑ **MINIMUM EXTENT number**　指定表空间中的盘区可以分配到的最小的尺寸。

❑ **BLOCKSIZE number**　如果创建的表空间需要另外设置其数据块大小，而不是采用初始化
参数 db_block_size 指定的数据块大小，则可以使用此子句进行设置。此子句仅适用于永久
性表空间。

❑ **ONLINE | OFFLINE**　指定表空间的状态为在线（ONLINE）或离线（OFFLINE）。如果为
ONLINE，则表空间可以使用；如果为 OFFLINE，则表空间不可使用。默认为 ONLINE。

❑ **LOGGING | NOLOGGING**　指定存储在表空间中的数据库对象的任何操作是否产生日志。
LOGGING 表示产生；NOLOGGING 表示不产生。默认为 LOGGING。

❑ **FORCE LOGGING**　此选项用于强制表空间中的数据库对象的任何操作都产生日志，将忽
略 LOGGING 或 NOLOGGING 子句。

❑ **DEFAULT STORAGE storage**　指定保存在表空间中的数据库对象的默认存储参数。当然
数据库对象也可以指定自己的存储参数。

BLOCKSIZE number 所设置的存储参数仅适用于数据字典管理的表空间。Oracle 的管理形式主要分为数据字典管理形式与本地化管理形式。不过，Oracle 11g 已经不再支持数据字典的管理形式。

❑ **COMPRESS | NOCOMPRESS** 指定是否压缩数据段中的数据。COMPRESS 表示压缩；NOCOMPRESS 表示不压缩。数据压缩发生在数据块层次中，以便压缩数据块内的行，消除列中的重复值。默认为 COMPRESS。

对数据段中的数据进行压缩后，在检索数据时，Oracle 会自动对数据进行解压缩。这个过程不会影响数据的检索，但是会影响数据的更新和删除。

❑ **PERMANENT|TEMPORARY** 指定表空间中数据对象的保存形式。PERMANENT 表示持久保存；TEMPORARY 表示临时保存。

❑ **EXTENT MANAGEMENT DICTIONARY | LOCAL** 指定表空间的管理方式。DICTIONARY 表示采用数据字典的形式管理；LOCAL 表示采用本地化管理形式管理。默认为 LOCAL。

❑ **AUTOALLOCATE | UNIFORM SIZE number** 指定表空间中的盘区大小。AUTOALLOCATE 表示盘区大小由 Oracle 自动分配，此时不能指定大小；UNIFORM SIZE number 表示表空间中的所有盘区大小相同，都为指定值。默认为 AUTOALLOCATE。

❑ **SEGMENT SPACE MANAGEMENT AUTO | MANUAL** 指定表空间中段的管理方式。AUTO 表示自动管理方式；MANUAL 表示手动管理方式。默认为 AUTO。

【练习 3】

创建一个名称为 orclspace 的表空间，并设置表空间使用数据文件的初始大小为 20MB，每次自动增长 5MB，最大大小为 100MB，语句如下所示。

```
SQL> CREATE TABLESPACE orclspace
  2  DATAFILE 'D:\oracle\files\orclspace.dbf'
  3  SIZE 20M
  4  AUTOEXTEND ON NEXT 5M
  5  MAXSIZE 100M;

表空间已创建。
```

上述语句在创建 orclspace 表空间时忽略了许多属性的设置，也就是采用了许多默认设置。

如果为数据文件设置了自动扩展属性，则最好同时为该文件设置最大大小限制。否则，数据文件的体积将会无限增大。

【练习 4】

创建 oraclspace 表空间之后，下面通过数据字典 dba_tablespaces 查看该表空间的属性。语句如下所示。

```
SQL>selecttablespace_name,logging,allocation_type,extent_management,segment_space_m
anagement
  2  from dba_tablespaces
  3  where tablespace_name='ORCLSPACE';

TABLESPACE_NAME    LOGGING    ALLOCATION    EXTENT...    SEGMENT_SPACE...
---------------    ---------  ----------    --------     ---------------
```

ORCLSPACE   LOGGING   SYSTEM   LOCAL   AUTO

下面对使用的 dba_tablespaces 数据字典的字段进行简单说明。

❑ **logging 字段** 表示是否为表空间创建日志记录。

❑ **allocation_type 字段** 表示表空间的盘区大小的分配方式。如果字段值为 system，则表示由 Oracle 系统自动分配，即为 AUTOALLOCATE。

❑ **extent_management 字段** 表示表空间盘区的管理方式。

❑ **segment_space_management 字段** 表示表空间中段的管理方式。

5.3 管理表空间

在实际环境中，一个 Oracle 数据库往往存在大量的系统表空间和用户自定义的表空间，而且随着时间的增长有些表空间可能不再需要或者损坏，这就需要数据库管理员对表空间进行管理。本节首先介绍 Oracle 提供的表空间管理方式，然后介绍各种管理操作的实现方法。

5.3.1 表空间的管理方式

根据表空间对区段管理方式的不同，表空间有两种管理方式分别是：数据字典管理的表空间和本地化管理的表空间。

由于使用数据字典管理表空间时，会遇到存在存储效率低、存储参数难以管理，以及磁盘碎片等问题，因此该方式已经被淘汰。Oracle 11g 中默认表空间都采用本地化管理方式，下面也仅介绍本地化管理表空间的方式。

本地化管理的表空间之所以能提高存储效率，其原因主要有以下几个方面。

❑ 采用位图的方式查询空闲的表空间、处理表空间中的数据块，从而避免使用 SQL 语句造成系统性能下降。

❑ 系统通过位图的方式，将相邻的空闲空间作为一个大的空间块，实现自动合并磁盘碎片。

❑ 区的大小可以设置为相同，即使产生了磁盘碎片，由于碎片是均匀统一的，也可以被其他实体重新使用。

如果需要查看表空间的管理方式，可以通过数据字典视图 DBA_TABLESPACES 中的 EXTENT_MANAGEMENT 字段来查询，如下所示。

```
SQL> SELECT TABLESPACE_NAME,EXTENT_MANAGEMENT
  2  FROM DBA_TABLESPACES;

TABLESPACE_NAME                      EXTENT_MANAGEMENT
--------------------                 ------------------------
SYSTEM                               LOCAL
SYSAUX                               LOCAL
UNDOTBS1                             LOCAL
TEMP                                 LOCAL
USERS                                LOCAL
EXAMPLE                              LOCAL
STUDENT                              LOCAL
MYSPACE                              LOCAL
```

TEMTEST	LOCAL
TEMTESTGROUP001	LOCAL
BIGFILESPACE	LOCAL
TABLESPACE_NAME	EXTENT_MANAGEMENT

5.3.2 增加数据文件

向表空间中增加数据文件需要使用 ALTER TABLESPACE 语句, 并指定 ADD DATAFILE 子句, 语法如下所示。

```
ALTER TABLESPACE tablespace_name
ADD DATAFILE
file_name SIZE number K | M
    [
        AUTOEXTEND OFF | ON
        [ NEXT number K | M MAXSIZE UNLIMITED | number K | M ]
    ]
[ , …];
```

【练习 5】

例如, 对练习 3 创建的 orclespace 表空间增加两个新的数据文件, 语句如下所示。

```
SQL> ALTER TABLESPACE orclespace
  2  ADD DATAFILE
  3  'D:\oracle\files\orclspace1.dbf'
  4  SIZE 10M
  5  AUTOEXTEND ON NEXT 5M MAXSIZE 40M ,
  6  'D:\oracle\files\orclspace2.dbf'
  7  SIZE 10M
  8  AUTOEXTEND ON NEXT 5M MAXSIZE 40M ;

表空间已更改。
```

上述语句为 oraclespace 表空间在 D:\oracle\files 目录下增加了名称为 orclspace1.dbf 和 orclspace2.dbf 的两个数据文件。

5.3.3 修改数据文件

修改表空间就是对表空间中数据文件的参数进行修改, 包括修改数据文件的大小、修改数据文件的自动扩展性以及数据文件的状态。

1. 修改表空间中数据文件的大小

如果表空间所对应的数据文件都被写满, 则无法再向该表空间中添加数据。这时, 可以通过修改表空间中数据文件的大小来增加表空间的大小。在修改之前可以通过数据库 dba_free_space 和数据字典 dba_data_files 查看表空间和数据文件的空间和大小信息。

修改数据文件需要使用 ALTER DATABASE 语句, 语法如下所示。

```
ALTER DATABASE DATAFILE file_name RESIZE newsize K | M;
```

语法说明如下所示。

❑ **file_name** 数据文件的名称与路径。

❏ **RESIZE newsize**　修改数据文件的大小为 newsize。

【练习 6】

假设要修改 orclspace 表空间中数据文件的大小，语句如下所示。

```
SQL> ALTER DATABASE
  2  DATAFILE 'D:\oracle\files\orclspace1.dbf'
  3  RESIZE 10M;

数据库已更改。
```

上述语句将数据文件 D:\oracle\files\orclspace1.dbf 的大小修改为 10MB。

2. 修改表空间中数据文件的自动扩展性

将表空间的数据文件设置为自动扩展，目的是为了在表空间被填满后，Oracle 能自动为表空间扩展存储空间，而不需要管理员手动修改。

数据文件的扩展性除了在添加时指定外，也可以使用 ALTER DATABASE 语句修改其自动扩展性，语法如下所示。

```
ALTER DATABASE
DATAFILE file_name
AUTOEXTEND OFF | ON
    [ NEXT number K | M MAXSIZE UNLIMITED | number K | M ]
```

【练习 7】

假设要禁用 orclspace 表空间中 orclspace1.dbf 数据文件的自动扩展，语句如下所示。

```
SQL> ALTER DATABASE
  2  DATAFILE 'D:\oracle\files\orclspace1.dbf'
  3  AUTOEXTEND OFF;
```

3. 修改表空间中数据文件的状态

设置数据文件状态的语法如下所示。

```
ALTER DATABASE
DATAFILE file_name ONLINE | OFFLINE | OFFLINE DROP
```

其中，ONLINE 表示联机状态，此时数据文件可以使用；OFFLINE 表示脱机状态，此时数据文件不可使用，用于数据库运行在归档模式下的情况；OFFLINE DROP 与 OFFLINE 一样用于设置数据文件不可用，但它用于数据库运行在非归档模式下的情况。

 提示
如果将数据文件切换成 OFFLINE DROP 状态，则不能直接将其重新切换回 ONLINE 状态。

【练习 8】

假设要将 orclspace 表空间的 orclspace1.dbf 文件设置为 OFFLINE DROP 状态，如下所示。

```
SQL> ALTER DATABASE
  2  DATAFILE 'D:\oracle\files\orclspace1.dbf'
  3  OFFLINE DROP;

数据库已更改。
```

5.3.4　移动数据文件

　　数据文件是存储于磁盘中的物理文件，它的大小受到磁盘大小的限制。如果数据文件所在的磁盘空间不够，则需要将该文件移动到新的磁盘中保存。

【练习 9】

　　假设要移动 orclspace 表空间中的数据文件 orclspace1.dbf。具体步骤如下所示。

　　（1）修改 orclspace 表空间的状态为 OFFLINE，如下所示。

```
SQL> ALTER TABLESPACE orclspace OFFLINE;
```

　　（2）在操作系统中将磁盘中的 orclspace1.dbf 文件移动到新的目录中，例如移动到 E:\oraclefile 目录中。文件的名称也可以修改，例如修改为 myoraclespace.dbf。

　　（3）使用 ALTER TABLESPACE 语句，将 orclspace 表空间中 orclspace1.dbf 文件的原名称与路径修改为新名称与路径，语句如下所示。

```
SQL> ALTER TABLESPACE orclspace
  2  RENAME DATAFILE 'D:\oracle\files\orclspace1.dbf'
  3  TO
  4  'E:\oraclefile\myoraclespace.dbf';
```

　　（4）修改 orclspace 表空间的状态为 ONLINE，如下所示。

```
SQL> ALTER TABLESPACE orclspace ONLINE;
```

　　检查文件是否移动成功，也就是检查 orclspace 表空间的数据文件中是否包含了新的数据文件。使用数据字典 dba_data_files 查询 orclspace 表空间的数据文件信息，如下所示。

```
SQL> SELECT tablespace_name , file_name
  2  FROM dba_data_files
  3  WHERE tablespace_name = 'MYSPACE';
```

5.3.5　删除表空间

　　当不再需要某个表空间时可以删除该表空间，这要求用户具有 DROP TABLESPACE 系统权限。删除表空间需要使用 DROP TABLESPACE 语句，语法如下所示。

```
DROP TABLESPACE tablespace_name
[ INCLUDING CONTENTS [ AND DATAFILES ] ]
```

　　语法说明如下所示。

- ❑ **INCLUDING CONTENTS**　表示删除表空间的同时，删除表空间中的所有数据库对象。如果表空间中有数据库对象，则必须使用此选项。
- ❑ **AND DATAFILES**　表示删除表空间的同时，删除表空间所对应的数据文件。如果不使用此选项，则删除表空间实际上仅是从数据字典和控制文件中将该表空间的有关信息删除，而不会删除操作系统中与该表空间对应的数据文件。

【练习 10】

　　假设要删除 orclspace 表空间，并同时删除该表空间中的所有数据库对象，以及操作系统中与之相对应的数据文件，语句如下所示。

```
SQL> DROP TABLESPACE orclspace
```

```
2  INCLUDING CONTENTS AND DATAFILES;
```

表空间已删除。

5.3.6　设置默认表空间

在新建用户时 Oracle 会为用户默认分配永久性表空间 users，以及临时表空间 temp。如果所有用户都使用默认的表空间，会增加 users 与 temp 表空间的负载压力和响应速度。

这时就可以修改用户的默认永久表空间和临时表空间。修改之前可以通过数据字典 database_properties 查看当前用户所使用的永久性表空间与临时表空间的名称，如下所示。

```
SQL> SELECT property_name , property_value , description
  2  FROM database_properties
  3  WHERE property_name
  4  IN ('DEFAULT_PERMANENT_TABLESPACE' , 'DEFAULT_TEMP_TABLESPACE');

PROPERTY_NAME               PROPERTY_VALUE  DESCRIPTION
--------------------        -------------   --------------------  ----------
DEFAULT_TEMP_TABLESPACE        TEMP         Name of default temporary tablespace
DEFAULT_PERMANENT_TABLESPACE   USERS        Name of default permanent tablespace
```

其中，default_permanent_tablespace 表示默认永久性表空间；default_temp_tablespace 表示默认临时表空间。它们的值即为对应的表空间名。

Oracle 允许使用非 users 表空间作为默认永久性表空间，使用非 temp 表空间作为默认临时表空间。设置默认表空间需要使用 ALTER DATABASE 语句，语法如下所示。

```
ALTER DATABASE DEFAULT [ TEMPORARY ] TABLESPACE tablespace_name;
```

如果使用 TEMPORARY 关键字，则表示设置默认临时表空间；如果不使用该关键字，则表示设置默认永久性表空间。

【练习 11】

假设要将 myspace 表空间设置为默认永久性表空间，将 mytemp 表空间设置为默认临时表空间，语句如下所示。

```
SQL> ALTER DATABASE DEFAULT TABLESPACE myspace;

数据库已更改。
SQL> ALTER DATABASE DEFAULT TEMPORARY TABLESPACE mytemp;

数据库已更改。
```

使用数据字典 database_properties 检查默认表空间是否设置成功，语句如下所示。

```
SQL> SELECT property_name , property_value , description
  2  FROM database_properties
  3  WHERE property_name
  4  IN ('DEFAULT_PERMANENT_TABLESPACE' , 'DEFAULT_TEMP_TABLESPACE');

PROPERTY_NAME               PROPERTY_VALUE       DESCRIPTION
--------------------        -------------        -------------------
```

```
DEFAULT_TEMP_TABLESPACE        MYTEMP    Name of default temporary tablespace
DEFAULT_PERMANENT_TABLESPACE   MYSPACE   Name of default permanent tablespace
```

> **提示**
>
> 为数据库实例指定一个默认临时表空间组，其形式与指定默认临时表空间类似，只不过是使用临时表空间组名代替临时表空间名。例如为数据库实例指定临时表空间组为 group1，语句为：ALTER DATABASE DEFAULT TEMPORARY TABLESPACE group1;。

5.4 大文件表空间

大文件表空间是在 Oracle 10g 中提出来的，它只能对应惟一一个数据文件或临时文件，而不是像普通表空间由多个文件组成。

虽然大文件表空间只能对应一个数据文件或临时文件，但其对应的文件可达 4GB 个数据块大小。而普通表空间对应的文件最大可达 4MB 个数据块大小。

> **提示**
>
> 如果数据块的大小被设置为 8KB，则大文件表空间对应的文件最大可以为 32TB；如果数据块的大小被设置为 32KB，则大文件表空间对应的文件最大可为 128TB。1TB = 1024GB。

5.4.1 创建大文件表空间

创建大文件表空间有三种方法，无论哪种方法都需要使用 BIGFILE 关键字，下面分别介绍。

1. 方法 1

在创建数据库时定义大文件表空间，并把它作为默认表空间，语句如下所示。

```
SQL> CREATE DATABASE
  2  SET DEFAULT BIGFILE TABLESPACE big_space_name
  3  DATAFILE 'D:\Oracle\Files\mybigspace.dbf'
  4  SIZE 1G;
```

一旦使用这种方法指定默认表空间为大文件表空间类型，以后创建的表空间都为大文件表空间，否则需要手动修改这个默认设置。

2. 方法 2

如果数据库已经创建，则可以使用 CREATE BIGFILE TABLESPACE 语句创建大文件表空间。例如下面的示例语句如下所示。

【练习 12】

例如要创建一个名称为 testbigspace 的大文件表空间可用如下语句。

```
SQL> CREATE BIGFILE TABLESPACE testbigspace
  2  DATAFILE 'D:\Oracle\Files\mybigspace.dbf'
  3  SIZE 1G;
```

创建成功之后可以通过数据字典 dba_data_files 验证表空间的大小信息，语句如下所示。

```
SQL> select tablespace_name,file_name,bytes/(1024*1024*1024) G
  2  from dba_data_files;
```

TABLESPACE_NAME	FILE_NAME	G
USERS	E:\APP\ADMINISTRATOR\ORADATA\ORCL\USERS01.DBF	0.00488281
UNDOTBS1	E:\APP\ADMINISTRATOR\ORADATA\ORCL\UNDOTBS01.DBF	0.29296875
SYSAUX	E:\APP\ADMINISTRATOR\ORADATA\ORCL\SYSAUX01.DBF	0.77709960
SYSTE	E:\APP\ADMINISTRATOR\ORADATA\ORCL\SYSTEM01.DBF	0.68359375
EXAMPLE	E:\APP\ADMINISTRATOR\ORADATA\ORCL\EXAMPLE01.DBF	0.09765625
TESTBIGSPACE	D:\ORACLE\FILES\MYBIGSPACE.DBF	1

从结果可以看到大文件表空间 testbigspace 创建成功,其对应的 MYBIGSPACE.DBF 文件大小为 1GB。

3．方法 3

通过改变默认表空间为大文件表空间，可以使再创建的表空间都为大文件表空间。

【练习 13】

假设要修改数据库的默认表空间类型为大文件表空间 testbigspace，语句如下所示。

```
SQL>alter tablespace set default bigfile testbigspace;
```

5.4.2　修改大文件表空间

在大文件表空间创建之后，可以根据需要对其进行修改，修改有两种方法，下面分别介绍。

第一种方法是在 ALTER TABLESPACE 语句中通过 RESIZE 子句来实现。

【练习 14】

例如要修改大文件表空间 testbigspace 中文件的大小为 4GB，语句如下所示。

```
SQL>alter tablespace testbigspace resize 4G;
```

第二种方法是在 ALTER TABLESPACE 语句中通过 AUTOEXTEND ON 子句设置大文件表空间的文件为自动扩展。

【练习 15】

例如要为大文件表空间 testbigspace 开启自动扩展特性，语句如下所示。

```
SQL>alter tablespace testbigspace autoextend on next 1G;
```

修改之后使用 dba_data_files 数据字典查看该文件的特性，语句如下所示。

```
SQL> select tablespace_name,file_name,bytes/(1024*1024*1024) G,autoextensible
  2  from dba_data_files
  3  where tablespace_name='TESTBIGSPACE';
```

TABLESPACE_NAME	FILE_NAME	G	AUTOEXTENSIBLE
TESTBIGSPACE	D:\ORACLE\FILES\MYBIGSPACE.DBF	1	YES

从结果中可以看到大文件表空间 TESTBIGSPACE 的大小为 1GB，AUTOEXTENSIBLE 列为 YES 说明空间不足时会自动扩展。

【练习 16】

如果不知道当前使用的默认表空间类型可以使用如下语句查看。

```
SQL> select * from database_properties
```

```
  2  where property_name='DEFAULT_TBS_TYPE';

PROPERTY_NAME          PROPERTY_VALUE        DESCRIPTION
-------------          --------------        ------------------
DEFAULT_TBS_TYPE  SMALLFILE               Default tablespace type
```

从结果的 PROPERTY_VALUE 列值可以看到，当前默认表空间类型 SMALLFILE，即标准小文件表空间。

提 示

大文件表空间的删除方法与普通表空间一样。

5.5 临时表空间

在 Oracle 数据库中临时表空间适用于特定的会话活动，例如用户会话中的排序操作。排序的中间结果需要存储在某个区域，这个区域就是临时表空间。临时表空间的排序段是在实例启动后第一个排序操作时创建的。

默认情况下，所有用户都使用 temp 作为临时表空间。但是也允许使用其他表空间作为临时表空间，需要在创建用户时进行指定。

5.5.1 创建临时表空间

临时表空间是使用当前数据库的多个用户共享使用的，临时表空间中的区段在需要时按照创建临时表空间时的参数或者管理方式进行扩展。

使用临时表空间需要注意以下事项。

❑ 临时表空间只能用于存储临时数据，不能存储永久性数据。如果在临时表空间中存储永久性数据，将会出现错误。

❑ 临时表空间中的文件为临时文件，所以数据字典 dba_data_files 不再记录有关临时文件的信息。如果想要查看临时表空间的信息，可以查询 dba_temp_files 数据字典。

❑ 临时表空间的盘区管理方式都是 UNIFORM，所以在创建临时表空间时，不能使用 AUTOALLOCATE 关键字指定盘区的管理方式。

创建临时表空间时需要使用 TEMPORARY 关键字，并且与临时表空间对应的是临时数据文件由 TEMPFILE 关键字指定，也就是说临时表空间中不再使用数据文件，而使用临时数据文件。

【练习 17】

创建一个名称为 tempspace 的临时表空间，并设置临时表空间使用临时数据文件的初始大小为 10MB，每次自动增长 2MB，最大大小为 20MB，语句如下所示。

```
SQL> CREATE TEMPORARY TABLESPACE tempspace
  2  TEMPFILE 'D:\oracle\files\tempspace.dbf'
  3  SIZE 10M
  4  AUTOEXTEND ON NEXT 2M MAXSIZE 20M;

表空间已创建。
```

【练习 18】

通过数据字典 dba_temp_files 查看临时表空间 tempspace 的信息，如下所示。

```
SQL> SELECT TABLESPACE_NAME,FILE_NAME,BYTES
  2  FROM DBA_TEMP_FILES
  3  WHERE TABLESPACE_NAME='TEMPSPACE';

TABLESPACE_NAME        FILE_NAME                         BYTES
--------------         --------------------------        -----------
TEMPSPACE              D:\ORACLE\FILES\TEMPSPACE.DBF     10485760
```

临时表空间中的临时数据文件也是.DBF 格式的数据文件，但是这个数据文件与普通表空间或者索引的数据文件有很大不同，主要体现在如下几个方面。

❏ 临时数据文件总是处于 NOLOGGING 模式，因为临时表空间中的数据都是中间数据，只是临时存放的。它们的变化不需要记录在日志文件中，因为这些变化本身也不需要恢复。

❏ 临时数据文件不能设置为只读（READ ONLY）状态。

❏ 临时数据文件不能重命名。

❏ 临时数据文件不能通过 ALTER DATABASE 语句创建。

❏ 数据库恢复时不需要临时数据文件。

❏ 使用 BACKUP CONTROLFILE 语句时并不产生任何关于临时数据文件的信息。

❏ 使用 CREATE CONTROLFILE 语句不能设置临时数据文件的任何信息。

❏ 在初始化参数文件中，有一个名为 SORT_AREA_SIZE 的参数，这是排序区的容量大小。为了优化临时表空间中排序操作的性能，最好设置 UNIFORM SIZE 为该参数的整数倍。

5.5.2　管理临时表空间

创建临时表空间后，需要对它进行各种管理，主要包含如下几点。

❏ 增加临时数据文件。

❏ 修改临时数据文件的大小。

❏ 修改临时数据文件的状态。

❏ 切换时间表空间。

❏ 删除临时表空间。

【练习 19】

如果需要增加临时数据文件可以使用 ADD TEMPFILE 子句。下面的示例是为临时表空间 tempspace 增加一个临时数据文件。

```
SQL> alter tablespace tempspace
  2  add tempfile 'D:\oracle\files\tempfile01.dbf' size 10m;
表空间已更改。
```

【练习 20】

假设要修改临时表空间 tempspace 中 tempfile01.dbf 文件的大小为 20MB，语句如下所示。

```
SQL> alter database tempspace
  2  'D:\oracle\files\tempfile01.dbf' resize 20m;
数据库已更改。
```

技巧
由于临时文件中只存储临时数据，并且在用户操作结束后，系统将删除临时文件中存储的数据，所以一般情况下，不需要修改临时表空间的大小。

【练习 21】

假设要修改临时表空间 tempspace 中 tempfile01.dbf 文件的状态更改为 ONLINE，语句如下所示。

```
SQL> alter database tempspace
  2 'D:\oracle\files\tempfile01.dbf' online;
数据库已更改。
```

【练习 22】

将当前 Oracle 使用的默认临时表空间切换为 tempspace，语句如下所示。

```
SQL> alter database default temporary tablespace tempspace;
```

【练习 23】

假设要删除 tempspace 临时表空间，语句如下所示。

```
SQL> drop tablespace tempspace;
```

在删除前必须确保当前的临时表空间不在使用状态。因此删除默认的临时表空间之前必须先创建一个临时表空间，并切换至新的临时表空间。

5.5.3 临时表空间组

Oracle 11g 引入临时表空间组来管理临时表空间，一个临时表空间组中可以包含一个或者多个临时表空间。临时表空间组具有如下特点。

❑ 一个临时表空间组必须由至少一个临时表空间组成，并且无明确的最大数量限制。

❑ 如果删除一个临时表空间组的所有成员，该组也自动被删除。

❑ 临时表空间的名字不能与临时表空间组的名字相同。

❑ 在给用户分配一个临时表空间时，可以使用临时表空间组的名字代替实际的临时表空间名；在给数据库分配默认临时表空间时，也可以使用临时表空间组的名字。

使用临时表空间组有如下优点。

❑ 由于 SQL 查询可以并发使用几个临时表空间进行排序操作，因此 SQL 查询很少会出现排序空间超出，避免临时表空间不足所引起的磁盘排序问题。

❑ 可以在数据库级指定多个默认临时表空间。

❑ 一个并行操作的并行服务器将有效地利用多个临时表空间。

❑ 一个用户在不同会话中可以同时使用多个临时表空间。

【练习 24】

创建临时表空间组需要使用 GROUP 关键字。例如，创建一个临时表空间组，如下所示。

```
SQL> create temporary tablespace tempgroup1
  2 tempfile 'D:\Oracle\files\tempgroup1.dbf' size 10m
  3 tablespace group testtempgroup;
表空间已创建。
```

创建临时表空间组后，可以进行以下几个操作。

（1）使用 DBA_TABLESPACE_GROUPS 数据字典查询临时表空间组的信息，如下所示。

```
SQL> select * from dba_tablespace_groups;
GROUP_NAME                TABLESPACE_NAME
```

```
--------------------         ------------------------------------
TESTTEMPGROUP                 TEMPGROUP1
```

（2）向临时表空间组 testtempgroup 中增加一个临时表空间 tempgroup2，如下所示。

```
SQL> create temporary tablespace tempgroup2
  2  tempfile 'D:\Oracle\files\tempgroup2.dbf' size 10m
  3  tablespace group testtempgroup;
表空间已创建。
```

（3）将一个临时表空间组设置为默认的临时表空间，可以使用 DEFAULT 关键字，如下所示。

```
SQL> alter database default temporary tablespace testtempgroup;
数据库已更改。
```

（4）将一个已经存在的临时表空间 ORCLSPACE，移动到一个临时表空间组 testtempgroup 中，如下所示。

```
SQL> alter tablespace orclspace
  2  tablespace group testtempgroup;
表空间已更改。
```

执行移动操作后，使用 DBA_TABLESPACE_GROUPS 数据字典查询移动结果，如下所示。

```
SQL> select * from dba_tablespace_groups;
GROUP_NAME                   TABLESPACE_NAME
-----------                  ---------------------------
TESTTEMPGROUP                TEMPGROUP1
TESTTEMPGROUP                TEMPGROUP 2
TESTTEMPGROUP                ORCLSPACE
```

（5）删除临时表空间组，也就是删除组成临时表空间组的所有临时表空间。

例如，删除表空间组 TESTTEMPGROUP 中的表空间文件 ORCLSPACE，如下所示。

```
SQL> drop tablespace orclspace including contents and datafiles;
表空间已删除。
```

使用 DROP TABLESPACE 语句删除表空间组中的 TEMPGROUP1 和 TEMPGROUP2。然后查看数据字典 DBA_TABLESPACE_GROUPS，如下所示。

```
SQL> select * from dba_tablespace_groups;
未选定行。
```

由于表空间组不存在任何成员，表空间组也随之被 Oracle 系统清理。

5.6 还原表空间

还原表空间在 Oracle 中主要用于存放还原段。例如，如果一个用户要修改某个列的值，将值从 1 修改为 4，在更改的过程中其他用户要查看该数据时，应该是 1，因为数据还没有提交。所以，为了保证这种读取数据的一致性，Oracle 使用了还原段，在还原段中存放更改前的数据。

5.6.1　创建还原表空间

在 Oracle 中可以使用 CREATE UNDO TABLESPACE 语句创建还原表空间。创建之前首先了解 Oracle 对还原表空间的以下几点限制：

- ❑ 还原表空间只能使用本地化管理表空间类型，即 EXTENT MANAGEMENT 子句只能指定 LOCAL（默认值）。
- ❑ 还原表空间的盘区管理方式只能使用 AUTOALLOCATE（默认值），即由 Oracle 系统自动分配盘区大小。
- ❑ 还原表空间段的管理方式只能为手动管理方式，即 SEGMENT SPACE MANAGEMENT 只能指定 MANUAL。如果是创建普通表空间，则此选项默认为 AUTO；而如果是创建还原表空间，则此选项默认为 MANUAL。

【练习 25】

CREATE UNDO TABLESPACE 语句语法跟其他表空间的创建类似。例如，如下语句创建一个名为 undospace 的还原表空间。

```
SQL> CREATE UNDO TABLESPACE undospace
  2  DATAFILE 'D:\oracle\files\undospace.dbf'
  3  SIZE 10M;

表空间已创建。
```

5.6.2　管理还原表空间

还原表空间的管理与其他表空间的管理一样，都涉及到修改其中的数据文件、切换表空间以及删除表空间等操作。

1. 修改还原表空间的数据文件

由于还原表空间主要由 Oracle 系统自动管理，所以对还原表空间的数据文件的修改也主要限于以下几种形式。

- ❑ 为还原表空间添加新的数据文件。
- ❑ 移动还原表空间的数据文件。
- ❑ 设置还原表空间数据文件的状态为 ONINE 或 OFFLINE。

提示

以上几种修改同样通过 ALTER TABLESPACE 语句实现，与普通表空间的修改方式一样。

2. 切换还原表空间

一个数据库中可以有多个还原表空间，但数据库一次只能使用一个还原表空间。默认情况下，数据库使用的是系统自动创建的 undotbs1 还原表空间。如果要将数据库使用的还原表空间切换成其他表空间，需要使用 ALTER SYSTEM 语句修改参数 undo_tablespace 的值。切换还原表空间后，数据库中新事务的还原数据将保存在新的还原表空间中。

【练习 26】

使用 ALTER SYSTEM 语句将数据库所使用的还原表空间切换为 undospace，语句如下所示。

```
SQL> ALTER SYSTEM SET undo_tablespace = 'UNDOSPACE';
系统已更改。
```

使用 SHOW PARAMETER 语句查看 undo_tablespace 参数的值，检查还原表空间是否切换成功，语句如下所示。

```
SQL> SHOW PARAMETER undo_tablespace;

NAME                    TYPE              VALUE
----------              ----------        ------------------------
undo_tablespace         string            UNDOSPACE
```

> **注意**
> 如果切换时指定的表空间不是一个还原表空间，或者该还原表空间正在被其他数据库实例使用，将切换失败。

3. 修改撤销记录的保留时间

在 Oracle 中还原表空间中还原记录的保留时间由 undo_retention 参数决定，默认为 900 秒。900 秒之后，还原记录将从还原表空间中清除，这样可以防止还原表空间的迅速膨胀。

【练习 27】

使用 ALTER SYSTEM 语句修改 undo_retention 参数的值设置为 1200，即还原数据保留 1200 秒，语句如下所示。

```
SQL> ALTER SYSTEM SET undo_retention = 1200;

系统已更改。
```

使用 SHOW PARAMETER 语句查看修改后的 undo_retention 参数值，如下所示。

```
SQL> SHOW PARAMETER undo_retention;

NAME                  TYPE            VALUE
--------------        ------------    --------------------
undo_retention        integer         1200
```

> **注意**
> undo_retention 参数的设置不仅只对当前使用的还原表空间有效，而是应用于数据库中所有的还原表空间。

4. 删除还原表空间

删除还原表空间同样需要使用 DROP TABLESPACE 语句，但删除的前提是该还原表空间此时没有被数据库使用。如果需要删除正在被使用的还原表空间，则应该先进行还原表空间的切换操作。

【练习 28】

将数据库所使用的还原表空间切换为 undotbs1，然后删除还原表空间 undospace，语句如下所示。

```
SQL> ALTER SYSTEM SET undo_tablespace = 'UNDOTBS1';

系统已更改。
SQL> DROP TABLESPACE undospace INCLUDING CONTENTS AND DATAFILES;

表空间已删除。
```

5.6.3 更改还原表空间的方式

Oracle 11g 支持两种管理还原表空间的方式：还原段撤销管理（Rollback Segments Undo，RSU）和自动撤销管理（System Managed Undo，SMU）。其中，还原段撤销管理是 Oracle 的传统管理方式，要求数据库管理员通过创建还原段为撤销操作提供存储空间，这种管理方式不仅麻烦而且效率也低；自动撤销管理是 Oracle 在 Oracle 9i 之后引入的管理方式，使用这种方式将由 Oracle 系统自动管理还原表空间。

一个数据库实例只能采用一种撤销管理方式，该方式由 undo_management 参数决定，可以使用 SHPW PARAMETER 语句查看该参数的信息，如下所示。

```
SQL> SHOW PARAMETER undo_management;

NAME                    TYPE        VALUE
----------------        ------      ----------------
undo_management         string      AUTO
```

如果参数 undo_management 的值为 AUTO，则表示还原表空间的管理方式为自动撤销管理；如果为 MANUAL，则表示为还原段撤销管理。

1. 自动撤销管理

如果选择使用自动撤销管理方式，则应将参数 undo_management 的值设置为 AUTO，并且需要在数据库中创建一个还原表空间。默认情况下，Oracle 系统在安装时会自动创建一个还原表空间 undotbs1。系统当前所使用的还原表空间由参数 undo_tablespace 决定。除此之外，还可以设置还原表空间中撤销数据的保留时间，即用户事务结束后，在还原表空间中保留撤销记录的时间。保留时间由参数 undo_retention 决定，其参数值的单位为秒。

使用 SHOW PARAMETER undo 语句，可以查看当前数据库的还原表空间的设置，如下所示。

```
SQL> SHOW PARAMETER undo;

NAME                    TYPE        VALUE
----------------        ----------  --------------------
undo_management         string      AUTO
undo_retention          integer     900
undo_tablespace         string      UNDOTBS1
```

(提示) 如果一个事务的撤销数据所需的存储空间大于还原表空间中的空闲空间，则系统会使用未到期的撤销空间，这会导致部分撤销数据被提前从还原表空间中清除。

2. 还原段撤销管理

如果选择使用还原段撤销管理方式，则应将参数 undo_management 的值设置为 MANUAL，并且需要设置下列参数。

❑ **rollback_segments** 设置数据库所使用的还原段名称。

❑ **transactions** 设置系统中的事务总数。

❑ **transactions_per_rollback_segment** 指定还原段可以服务的事务个数。

❑ **max_rollback_segments** 设置还原段的最大个数。

5.7 实例应用：使用 OEM 管理表空间一

5.7.1 实例目标

表空间和数据文件是 Oracle 数据库中非常重要的两个概念。表空间是一个逻辑概念，它和段、区段以及数据库块组成了数据库的逻辑结构；而数据文件和操作系统块组成了数据库的物理结构。将数据库分为逻辑结构和物理结构是 Oracle 为满足不同操作系统之间的跨平台和可移植性而设计的。

Oracle 11g 默认采用本地化方式管理表空间，在 5.2.3 小节中介绍了如何使用 CREATE TABLESPACE 语句创建表空间。除此之外，用户也可以使用 Oracle 的 OEM 工具，在图形界面下管理表空间，本次实例主要介绍这种方式。

▌5.7.2　技术分析

表空间的维护是数据库管理员的一项重要任务，包括大文件表空间、临时表空间、默认表空间、还原表空间以及修改表空间等。

表空间创建后，可以把表空间中的数据文件移动到其他磁盘，以减少数据文件所在磁盘的压力。另外，不需要表空间时可以采用不同的方式删除表空间，但是删除时要注意一旦删除不可恢复。

▌5.7.3　实现步骤

（1）在浏览器地址栏中请求 https://whm:1158/em（其中，whm 为笔者的计算机名），登录到 OEM 页面，选择"服务器"选项页面，如图 5-3 所示。

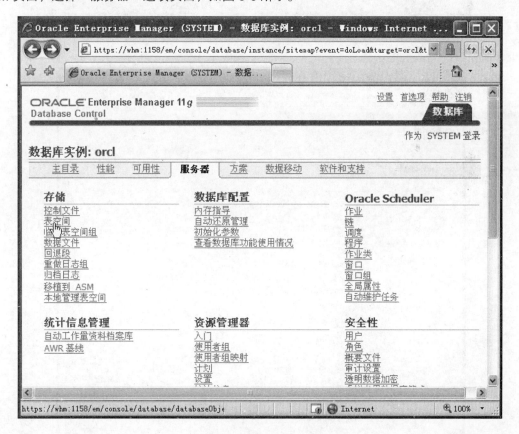

图 5-3　进入 OEM 页面

（2）在"服务器"页面的"存储"一档中，单击【表空间】链接，进入表空间管理页面，在该页面中显示了已经存在的表空间信息，如图 5-4 所示。

（3）单击图 5-4 所示页面中的【创建】按钮，即可进入创建表空间页面。在创建表空间页面中，在"名称"文本框中输入表空间名称，对其他内容可以使用默认值，如图 5-5 所示。

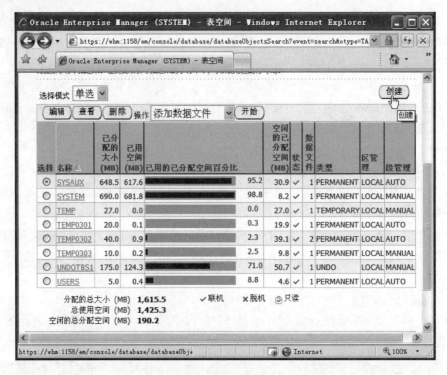

图 5-4　表空间管理页面

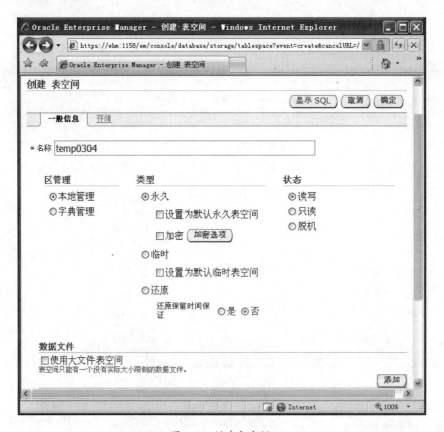

图 5-5　创建表空间

（4）如图 5-5 所示，页面的下半部分可以指定表空间的数据文件，单击【添加】按钮，进入到添加数据文件页面，输入数据文件的名称、路径、文件大小和存储方式等，如图 5-6 所示。

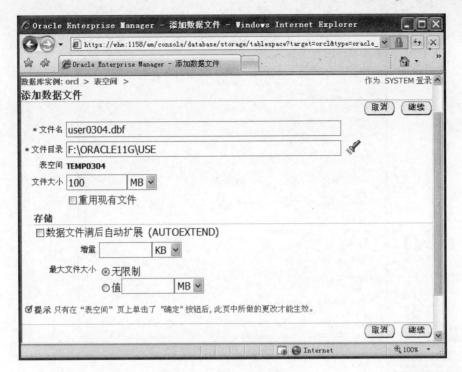

图 5-6　添加数据文件

（5）单击【继续】按钮，将返回到图 5-5 所示的创建表空间页面，在数据文件一栏中将显示添加的数据文件，如图 5-7 所示。

图 5-7　显示创建的数据文件

（6）单击如图 5-7 中的【存储】链接，将进入创建表空间的存储页面。在"存储"选项页面中可以设置表空间的区管理方式、段空间管理方式、是否压缩、以及是否启用事件记录等选项，如图 5-8 所示。

（7）如果需要查看所生成的 SQL 语句，单击【显示 SQL】按钮即可进入显示 SQL 页面，如图 5-9 所示。

图 5-8　表空间的存储选项

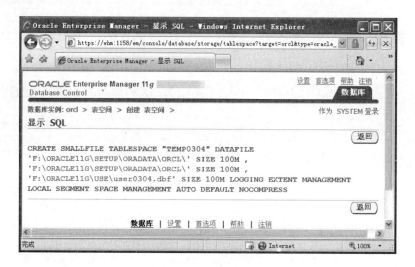

图 5-9　创建表空间的 SQL 语句

（8）单击【返回】按钮，回到图 5-8 所示的页面单击【确定】按钮。这样就使用 OEM 创建了一个表空间 TEMP0304 和数据文件 use0304.dbf。

5.8 拓展训练

操作 Oracle 表空间

本课讨论了表空间的逻辑结构和物理结构之间的关系，然后讲解各种类型表空间的创建及管理操作。本次训练要求读者完成如下表空间的操作。

（1）查看当前 Oracle 数据库都使用了哪些表空间。

（2）创建一个名称为 schoolspace 的表空间，并设置表空间使用数据文件的初始大小为 10MB，每次自动增长 2MB，最大大小为 50MB。

（3）向 schoolspace 表空间中添加一个名为 schooldf2 的数据文件。

（4）设置第 2 步创建的数据文件为自动扩展。

（5）将 schoolspace 设置为默认表空间。

（6）创建一个名为 schooltempspace 的临时表空间。

（7）将 schooltempsapce 设置为默认临时表空间。

（8）创建一个名为 schoolundospace 的还原表空间。

5.9 课后练习

一、填空题

1. Oracle 数据文件的逻辑结构中＿＿＿＿＿＿是表空间内的一个逻辑存储空间。

2. 在创建临时表空间时应该使用＿＿＿＿＿＿关键字为其指定临时文件。

3. 创建撤销表空间需要使用＿＿＿＿＿＿关键字。

4. Oracle 中用户默认的永久性表空间为＿＿＿＿＿＿，默认的临时表空间为 temp。

5. 在空白填写合适语句，使其可以创建一个临时表空间 temp。

```
CREATE _____ TABLESPACE temp
_____ 'F:\oraclefile\temp.dbf'
SIZE 10M
AUTOEXTEND ON
NEXT 2M
MAXSIZE 20M;
```

6. Oracle 11g 管理还原表空间的方式有＿＿＿＿＿＿和自动撤销管理。

二、选择题

1. 下列不属于 Oracle 中数据文件逻辑结构组成部分的是＿＿＿＿＿＿。

　　A. 数据库块

　　B. 操作系统块

　　C. 数据块

　　D. 区段

2. 下面哪些不属于表空间的状态属性？＿＿＿＿＿＿

　　A. ONLINE

　　B. OFFLINE

　　C. OFFLINE DROP

　　D. READ ONLY

3. 将表空间的状态切换为 OFFLINE 时，不可以指定下面哪个参数？＿＿＿＿＿＿

　　A. TEMP

　　B. IMMEDIATE

　　C. NORMAL

　　D. FOR RECOVER

4. 假设要删除表空间 space，并同时删除其对应的数据文件，可以使用下列哪条语句？ _____

    A. DROP TABLESPACE space;

    B. DROP TABLESPACE space AND DATAFILES;

    C. DROP TABLESPACE space INCLUDING DATAFILES;

    D. DROP TABLESPACE space INCLUDING CONTENTS AND DATAFILES;

5. 下列将临时表空间 temp 设置为默认临时表空间的语句正确的是_____。

    A. ALTER DATABASE DEFAULT TEMPORARY TABLESPACE temp;

    B. ALTER DEFAULT TEMPORARY TABLESPACE TO temp;

    C. ALTER DATABASE DEFAULT TABLESPACE temp;

    D. ALTER DEFAULT TABLESPACE TO temp;

6. 假设有一个临时表空间 temp1 存放在临时表空间组 group1 中，现在修改 temp1 表空间所在的组为 group2。下面对修改后的结果叙述正确的是_____。

    A. 由于数据库实例中并不存在 group2 组，所以上述操作将执行失败

    B. 修改后 temp1 表空间将被删除

    C. 修改后数据库实例中将存在两个临时表空间组 group1 和 group2

    D. 修改后数据库实例中将只存在一个临时表空间组 group2

三、简答题

1. 分析表空间在逻辑结构中的位置及其作用。

2. 罗列表空间的状态值，它们分别表示什么意思？

3. 如何查看当前正在使用的表空间，切换表空间和设置默认表空间。

4. 简述创建大文件表空间的几种方法。

5. 创建临时表空间时需要注意哪些问题，创建方法是什么？

6. 在实际应用中，需要临时创建一个表来使用，那么是否可以将该表创建在临时表空间中？

7. Oracle 11g 支持哪些方式的还原表空间，它们之间有什么区别？

第 6 课
管理表

　　表是最常见的模式对象，也是最重要的数据库对象之一。由于表是存储数据的有效手段，因此对表的管理非常重要，另外通过在表中定义约束，可以保证数据的有效性和完整性。本课对表的创建、修改和完整性约束进行介绍，并通过对表的分析查看表中的存储数据统计信息等。

本课学习目标：
- ❏ 熟练掌握表的创建
- ❏ 熟练掌握创建表时，每个数据类型的使用
- ❏ 熟练掌握在创建表时可以指定的参数
- ❏ 掌握使用 OEM 创建表
- ❏ 熟练应用各个表中参数的修改方法
- ❏ 熟练掌握对表中列的操作
- ❏ 掌握表中的几种完整性约束
- ❏ 熟练使用表中添加约束的方法
- ❏ 掌握查询表约束的方法
- ❏ 了解对表的分析实现
- ❏ 了解表分析的作用

6.1 创建表

常见的数据库对象有五种，如表 6-1 所示。

表 6-1　常见的数据库对象

对　　象	描　　述
表	基本的数据存储集合，由行和列组成
视图	从表中抽出的逻辑上相关的数据集合
序列	提供有规律的数值
索引	提高查询效率
同义词	给对象起别名

在 Oracle 数据库中，表是最基本的数据存储结构，是由行和列组合而成的表格。其中行表示表中数据记录信息，列是表的字段信息，而这些字段则是由类型、主键、外键和索引等属性组成。表的创建是 Oracle 数据库最基本，也是不可缺少的操作之一。在创建表的时候，可以为表指定存储空间，还可以对表的存储参数等属性进行设置。

6.1.1　创建表的策略

在一个 Oracle 的数据库操作中，表的创建过程并不难。但是，作为一个合格的数据管理者或者开发者，在创建数据表之前首先必须要确定当前项目需要创建哪些表，表中要包含哪些列，以及这些列所要使用的数据类型等。这就是所谓的表的策略，是需要在创建表之前确定的。一般情况下，创建表所依据的策略主要有以下几个方面。

1. 数据库设计理论

数据库设计理论：在设计表的时候，首先要根据系统需求和数据库分析提取所需要的表，以及每个表所包含的字段。然后根据数据库的特性，对表的结构进行分析设计。表的设计通常要遵循以下几点：

❑ 表的类型，如堆表、临时表或者索引等。

❑ 表中每个字段的数据类型，如 NUMBER、VARCHAR2 和 DATE 等。

❑ 表中字段的数据类型长度大小。

❑ 表中每个字段的完整性约束条件，如 PRIMARY KEY、UNIQUE 以及 NOT NULL 约束等。

2. 数据表存储位置

在 Oracle 数据库中，需要将表放在表空间（TABLESPACE）中进行管理，在定义表和表空间时，需要注意以下三点。

❑ 设计数据表时，应该设计存放数据表的表空间，不要将表随意分散创建到不同的表空间中，这样对以后数据库的管理和维护将增加难度。

❑ 如果将表创建在特定的表空间上，用户必须在表空间中具有相应的系统权限信息。

❑ 在为表指定表空间的时候，最好不要将表指定在 Oracle 的系统表空间 SYSTEM 中，否则会影响数据库性能。

注意

在创建表的时候，如果不指定特意的表空间，oracle 会将表建立在用户的默认表空间中去。

3. 常用的 NOLOGGING 语句

在创建表空间的过程中，为了避免产生过多的重复记录，（重做记录）可以指定 NOLOGGING

自居，从而节省重做日志文件的存储空间，加大数据库的性能，加快数据表的创建。一般来说，NOLOGGING 适合在创建大表的时候使用。

4．预计和规划表的大小

对索引、回退段和日志文件进行大小估计，从而预计所需磁盘的空间大小。通过这个预计，就可以对硬件和其他方面做出规划。

6.1.2　使用 SQL 语句创建表

在 Oracle 中，用户可以根据不同的需求创建不同类型的数据表，常用的表类型有四种，堆表、索引表、簇表和分区表，如表 6-2 所示。

表 6-2　常用的表的类型

类型	说　明
堆表	数据按照堆组织、以无序方式存放在单独的表字段中，成为标准表。默认情况下，所创建的表就是堆表
索引表	数据以"B 树"结构，存放主键约束所对应的索引段中
簇表	簇由共享相同的数据块的一组表组成。在某些情况下，使用簇表可以节省存储空间，提高 SQL 语句的性能
分区表	数据被划分为更小的部分，并且存储到想要的分区段中，每个分区段可以独立管理和操作

注意

如果用户需要在自己的模式下创建一个新表，必须具有 CREATE TABLE 权限；如果需要在其他用户模式中创建表，则必须具有 CREATE ANY TABLE 的系统权限。

使用 SQL 语句创建表，需要使用 CREATE 关键字，语法格式如下所示。

```
CREATE TABLE [schema.]table_name(
column_name data_type [DEFAULT expression] [constraint]
[,column_name data_type [DEFAULT expression] [constraint]]
[,column_name data_type [DEFAULT expression] [constraint]]
[,…]
);
```

中括号包括的内容为可选项。其中各个参数含义如下所示。

❑ **schema**　指定表所属的用户名或者所属的用户模式名称。

❑ **table_name**　所要创建的表的名称。

❑ **column_name**　表中包含的列的名称，列名在一个表中必须具有惟一性。

❑ **data_type**　列的数据类型。

❑ **DEFAULT expression**　列的默认值。

❑ **Constraint**　为列添加的约束，表示该列的值必须满足的规则。

定义表名和列名必须遵循的规则。

❑ 不能以数字开头。

❑ 必须在 1~30 个字符之间。

❑ 必须不能和用户定义的其他对象重名。

❑ 尽量避免使用 Oracle 中的保留关键字。

下面具体讲解 date_type 数据类型，如表 6-3 所示。

表 6-3　Oracle 表中常用的数据类型

数据类型	描述
NVARCHAR2(size)	字符串类型，可以设置字符串的长度，最大长度为 4000 字节
VAECHAR2(size)[BYTE|CHAR]	可变长字符串类型。BYTE 表示使用字节语义来计算字符串的长度，最大长度为 4000 字节；CHAR 表示使用字符语义计算字符串的长度。正常情况下，size 单位默认为 BYTE，最大长度为 4000 字节，最小为 1 字节
CHAR(size)[BYTE|CHAR]	定义字符串类型，其长度为 size，最小为 1 字节，最大为 2000 字节。BYTE 表示使用字节语义计算定长字符串的长度。CHAR 表示使用字符语义计算定长字串的长度
NCHAR(size)	定义字符串
NUMBER(precision,scale) 和 NUMBRIC(precision,scale)	可变长度的数字，precision 是数字可用的最大位数（如果有小数点，是小数点前后位数之和）。支持的最大精度为 38,；如果有小数点，scale 是小数点右边的最大位数。如果 precision 和 scale 都没有指定，可以提供 precision 和 scale 为 38 位的数字
DEC 和 DECIMAL	NUMBER 的子类型。小数点固定的数字，小数点精度为 38 位
DOUBLE PRECISION 和 FLOAT	NUMBER 的子类型。38 位精度的浮点数
REAL	NUMBER 的子类型。18 位精度的浮点数
INT、INTEGER 和 SMALLINT	NUMBER 的子类型。38 位小数精度的浮点数
LONG	变长字符数据，最大长度为 2GB
BINARY_FLOAT	32 位浮点数
BINARY_DOUBLE	64 位浮点数
DATE	日期值，从公元 4712 年 1 月 1 日到公元 9999 年 12 月 31 日
RAW(size)	原始二进制数据类型，最大尺寸为 2000 字节
LOGN RAW	原始二进制数据类型，变长，最大尺寸为 2GB
BLOB	二进制大型对象类型，最大尺寸为 (4GB-1)*BD_BLOCK_SIZE
BFILE	指针类型，指向存储在数据外部的大型二进制文件，必须能够从运行 Oracle 实例的服务器访问二进制文件，最大尺寸为 4GB
REF object_type	对对象类型的引用，与 C++ 程序设计语言中的指针类似
VARRAY	变长数组是一个组合类型，存储有序的元素集合
XML_TYPE	存储 XML 数据类型
NCHAR	变长字符串，最大字节为 2000 字节，默认大小为 1 字节

根据表中要添加的数据长度大小，在创建表的时候选择合适的数据类型以及数据类型精度，能够避免使用最大精度，减少了 Oracle 数据库占用的不必要的资源空间。

【练习 1】

创建一个 student 表，该表包含了学生编号（NUMBER）、学生姓名（VARCHAR）、学生性别（CHAR）、学生出生日期（DATE）、学车成绩（NUMBER）、所在班级编号（NUMBER）列，如下所示。

```
SQL> create table student
  2  (
  3    stuid NUMBER(10),
  4    stuname VARCHAR2(10),
  5    stusex CHAR(2),
  6    stubirth DATE,
  7    score NUMBER(4),
  8    claid NUMBER(4)
  9  );
Table created
```

注意

在创建表的时候，两个列名之间用英文逗号隔开。

在创建成功之后，可以通过 DESCRIBE(简写为 DESC)命令来查看表的描述，也就是表结构。

```
SQL> desc student;
Name            Type            Nullable    Default     Comments
---------       -------         ---------   --------    -------------
STUID           NUMBER(10)      Y
STUNAME         VARCHAR2(10)    Y
STUSEX          CHAR(2)         Y
STUBIRTH        DATE            Y
SCORE           NUMBER(4)       Y
CLAID           NUMBER(4)       Y
```

6.1.3 指定表空间

通常情况下创建的表都是保存在表空间中，也就是我们的数据库中。因此在创建表时需要使用 TABLESPACE 关键字来指定将创建在哪个表空间中。

创建表时指定表空间的语法如下所示。

```
TABLESPACE tablespace_name
```

【练习2】

创建表 student2，并将该表创建在表空间 temp 中，如下所示。

```
SQL> create table STUDENT2(
  2  stuid    NUMBER(10),
  3  stuname  VARCHAR2(10),
  4  stusex   CHAR(2),
  5  stubirth DATE,
  6  score    NUMBER(4),
  7  claid    NUMBER(4)
  8  )tablespace temp;
Table created
```

如果在创建的时候没有指定表空间，那么在默认的情况下，系统将创建的表建立在默认的表空间中。可以通过 USER_USERS 视图的 DEFAULT_TABLESPACE 字段，查看系统默认表空间名称。

【练习3】

查看默认的表空间，如下所示。

```
SQL> select default_tablespace from user_users;
DEFAULT_TABLESPACE
------------------------------
USERS
```

通过 USER_TABLES 视图可以查看表空间的对应关系，如下所示。

```
SQL> select table_name,tablespace_name
  2  from user_tables;
```

如果不知道该表属于哪个表空间，或者某个表空间中存在哪些表，可以使用 WHERE 子句。例如，查看表 student 所在的表空间，如下所示。

```
SQL> select table_name,tablespace_name
  2  from user_tables
  3  where table_name='STUDENT';
TABLE_NAME                    TABLESPACE_NAME
-----------                   ----------------------------
STUDENT                       USERS
```

注意

在 WHERE 子句中，单引号里面的内容必须用大写，否则将无法查找相应的内容。

6.1.4　指定存储参数

在使用 SQL 语句创建表时，可以通过使用参数来对存储空间进行设置，那么就需要使用 STORAGE 关键字来指定存储参数信息。其语法格式如下所示。

```
STORAGE （INITIAL nk|M NEXT nk|M PCTINCREASE n）
```

其中各个参数含义如下。

- ❑ **INITIAL**　用来指定表中数据分配的第一个盘区的大小，以 KB 或者 MB 作为单位，默认值是 5 个 Oracle 数据块的大小。
- ❑ **NEXT**　用来指定表中的数据分配的第二个盘区的大小。该参数只有在字典管理的表空间中起作用，在本地化管理表空间中，该盘区大小将由 Oracle 自动决定。
- ❑ **PCTINCREASE**　用来指定表中的数据分配的第三个以及其后的盘区的大小，同样，在本地化管理表空间中，该参数不起作用。

注意

如果为已知数量的数据建立表，可以将 INITIAL 参数设置为一个可以容纳所有数据的值。这样，就可以将表中所有的数据存储在一个盘区，从而避免或者减少碎片的产生。

【练习 4】

创建表 student3，并通过 storage 子句指定存储参数，如下所示。

```
SQL> create table STUDENT3(
  2  stuid    NUMBER(10),
  3  stuname  VARCHAR2(10),
  4  stusex   CHAR(2),
  5  stubirth DATE,
  6  score    NUMBER(4),
  7  claid    NUMBER(4)
  8  )tablespace users
  9  storage(initial 128k);
Table created
```

6.1.5　指定重做日志

重做日志用来存储对表的一些操作记录信息。LOGGING 子句将对表的所有操作都记录到重做日志中。

重做日志文件的主要目的是如果实例或者介质失败，重做日志文件就可以起作用，或者可以作为一种维护备用数据库的方法来完成故障恢复。如果数据库所在的主机掉电，导致实例失败，Oracle会使用在线重做日志将系统恢复到掉电前的那个时刻。如果包含数据文件的磁盘驱动器出现永久性故障，Oracle 会使用归档重做日志以及在线重做日志，将磁盘驱动器的备份恢复到适当的时间点。

【练习 5】

创建 student4 表，使用 LOGGING 子句将操作记录存储在日志文件中。

```
SQL> create table STUDENT4(
  2  stuid    NUMBER(10),
  3  stuname  VARCHAR2(10),
  4  stusex   CHAR(2),
  5  stubirth DATE,
  6  score    NUMBER(4),
  7  claid    NUMBER(4)
  8  )tablespace users
  9  logging;
Table created
```

在创建表的时候，如果使用 NOLOGGING 子句，则对该表的操作不会保存到日志文件中。使用这种方式可以节省重做日志文件的存储空间。但是在某些情况下无法使用数据库的回复操作，从而无法防止数据信息的丢失。

在创建表的时候，如果没有使用 LOGGING 或者 NOLOGGING 子句，则 Oracle 会默认使用 LOGGING 子句。

6.1.6　指定缓存

在创建表时，如果用户查询的数据已经被查询，那么这些数据将会存放在数据库高建缓存中。当用户再次请求该数据时，存放在缓冲区的数据能够直接传送，不用执行磁盘读取操作，这样就可以加快查询速度，减少服务器的压力。

通常使用 CACHE 关键字对缓存块进行换入、换出调度操作，这样在查询已经查询过的数据时就不用再次查询数据库，加快了查询时间。

【练习 6】

创建 student5 表，并且使用 CACHE 关键字。如下：

```
SQL> create table STUDENT5(
  2  stuid    NUMBER(10),
  3  stuname  VARCHAR2(10),
  4  stusex   CHAR(2),
  5  stubirth DATE,
  6  score    NUMBER(4),
  7  claid    NUMBER(4)
  8  )cache;
Table created
```

提示

在创建表的时候，默认使用 NOCACHE 子句，对于数据量小而且又是经常查询的表，可以指定 CACHE 关键字以便利用系统缓存提高对该表的查询效率。

6.1.7 通过 OEM 创建表

创建 Oracle 数据表不仅仅是使用 SQL 语句才可以创建，还可以使用 OEM 创建数据库表，下面介绍使用 OEM 创建数据库表的过程。

（1）首先打开在 Oracle 服务中的 OracleDBConsoleorcl 服务，然后打开浏览器。在浏览器地址栏输入 https://localhost:1158/em，（其中 localhost 表示服务器名称），此时将会打开 OEM 的登录窗口，如图所 6-1 所示。

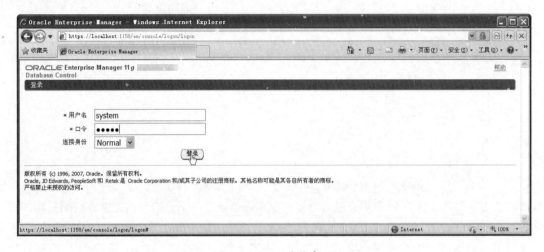

图 6-1　OEM 登录窗口

（2）输入"system"进行登录，登录成功之后，单击【方案】链接，在方案选项页面的【数据库对象】中，可以看到用户可以管理的多种模式对象，如图 6-2 所示。

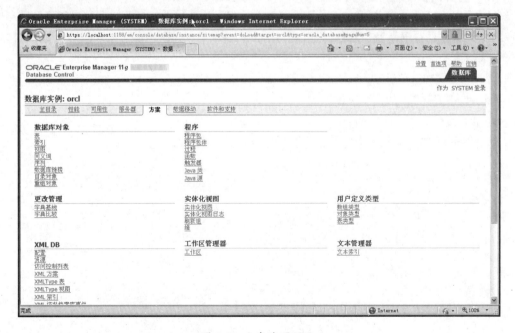

图 6-2　方案选项页面

（3）单击【表】链接，则进入表管理页面，在该页面中可以进行新的数据表的创建，如图 6-3 所示。

（4）单击【创建】按钮，开始创建新的数据表，首先选择创建表的类型，在该页面中，提供的表类型有标准表（即堆表）、临时表和索引表，如图 6-4 所示。

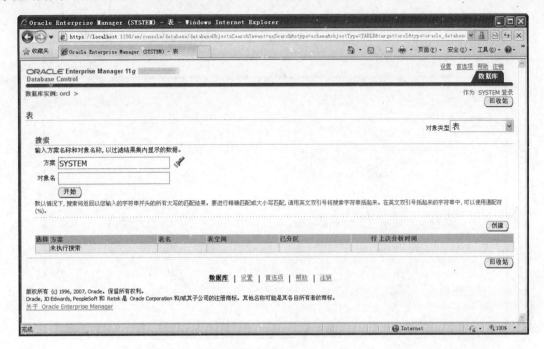

图 6-3　表管理页面

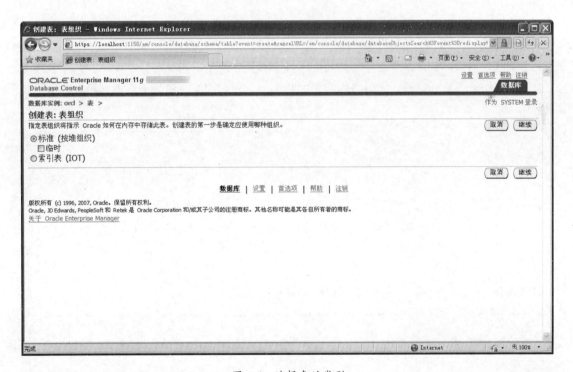

图 6-4　选择表的类型

（5）在这里选择默认的标准表，单击【继续】按钮，进入创建表的信息页面，通过该页面可以选择表的名称。所属的表空间以及表字段的设置，如图 6-5 所示。

（6）可以单击【约束条件】进入表的"约束条件"页面，然后在该页面中为表添加约束条件。也可以单击【存储】链接进入表的"存储"页面，为表设置存储参数。

（7）用户可以单击【显示 SQL】按钮，查看系统生成的 SQL 语句。最后，单击【确定】按钮，系统将根据用户对表的设置创建一个新表。

图 6-5 创建表信息页面

6.1.8 使用子查询创建表

在创建表的时候，如果要创建表所需要的字段和数据信息刚好存储在数据库中的某个表里面，就可以直接使用子查询创建表，同时将所需要的数据插入到创建的表中，子查询创建表的语句如下所示。

```
CREATE TABLE table_name
[(column1, column2…)]
AS subquery;
```

其中中括号内的内容为可选的，可以根据表的列名确定是否要和源表中的列名相同来决定是否使用。其中各个参数的含义如下所示。

❑ **table_name** 要创建的目标表。

❑ **AS** 使用子查询语句的关键字。

❑ **subquery** 子查询，查询出所要创建表的列以及数据信息。

注意

如果制定了要创建的列名，指定的列和子查询中的列要一一对应。

【练习7】

创建表 stu_select，表中的字段与 student 表相同，然后添加班级号为 1 的学生信息，如下所示。

```
SQL> create table stu_select
  2 as
  3 select stuid,stuname from student
  4 where claid=1;
```

```
Table created
SQL> select * from stu_select;
STUID     STUNAME
------    -------
200401    李云
200402    宋佳
```

6.2 修改表

对表数据的修改也是 Oracle 对表操作必不可少的功能之一，有了对表的修改操作，能够更加方便快捷地完成对表的建设。本节主要讲解对表的列进行增加、删除、修改等操作，以及对表的名称、存储参数的修改。

6.2.1 增加和删除列

有的情况下，可能创建一个新的表由于需求或者其他原因不得不修改或者删除表中的列，Oracle 为了能够更加方便开发人员的操作，就指定了增加或者删除列的 SQL 语句。

在一个已经存在的数据表中需要添加一列新的数据，使用关键词 ALTER...AND，关键字语法如下所示。

```
ALTER TABLE table_name ADD list_name date_type
```

各个参数的含义如下所示。

❑ **ALTER**　修改关键字。

❑ **TABLE**　指定要修改的表名为 table_name。

❑ **ADD**　添加列的关键字，向表中添加新的列名为 list_name。

❑ **date_type**　列的数据类型以及大小。

【练习8】

向 student2 表中添加一列 datetime，类型为 date，如下所示。

```
SQL> alter table student2 add datetime date;
Table altered
```

使用 DESC 命令，查看表 student2 的结构属性，如下所示。

```
SQL> desc student2;
Name        Type          Nullable   Default    Comments
-----       ------------  ---------  --------    ------------
STUID       NUMBER(10)       Y
STUNAME     VARCHAR2(10)     Y
STUSEX      CHAR(2)          Y
STUBIRTH    DATE             Y
SCORE       NUMBER(4)        Y
CLAID       NUMBER(4)        Y
DATETIME    DATE             Y
```

注意

如果要添加的列名已经存在，再执行添加命令，就会出现错误。

在已经存在的数据表中删除原有的某列使用 ALTER...DROP 关键字。语法如下所示。

```
ALTER TABLE table_name DROP COLUMN list_name;
```

各个参数的含义如下所示。

- ❑ **ALTER** 修改关键字。
- ❑ **TABLE** 指定要修改的表名为 table_name。
- ❑ **DROP** 删除列的关键字，删除表中列名为 list_name 的列。
- ❑ **COLUMN** 指定列名的关键字。

【练习 9】

删除 student2 表中 stubirth 的列，如下所示。

```
SQL> alter table student2 drop column stubirth;
Table altered
SQL> desc student2;
Name          Type           Nullable   Default   Comments
------        -----------    ---------  -------   -------------
STUID         NUMBER(10)        Y
STUNAME       VARCHAR2(10)      Y
STUSEX        CHAR(2)           Y
SCORE         NUMBER(4)         Y
CLAID         NUMBER(4)         Y
DATETIME      DATE              Y
```

经过查询可以发现，stubirth 列已经删除。

提示

如果要删除单个列，则不能省去 COLUMN 关键字；要删除多个列则可以将多个列名放在一个括号内，列名与列名之间使用英文逗号隔开，但是要省去 COLUMN 关键字。

【练习 10】

删除 student2 表中的 stuid 和 stusex 列，如下所示。

```
SQL> alter table student2 drop (stuid,stusex);
Table altered
SQL> desc student2;
Name          Type           Nullable   Default   Comments
--------      -------------  ---------  --------  -------------
STUNAME       VARCHAR2(10)      Y
SCORE         NUMBER(4)         Y
CLAID         NUMBER(4)         Y
DATETIME      DATE              Y
```

6.2.2 更新列

更新列就是修改列的名称、数据类型、数据精度以及默认值等操作。将表中列的名称写错，或者将数据类型写混淆了时都会用到 ALTER TABLE 语句进行修改。

1. 修改列名称

修改列名称是在更新列操作中经常使用的，修改表中已经存在的列名称语法如下所示。

```
ALTER TABLE table_name
```

```
RENAME COLUMN oldcolumn_name to newcolumn_name;
```

各个参数的含义如下所示。

❑ **RENAME**　修改列的关键词。

❑ **table_name**　表示被修改的列所属的表名称。

❑ **oldcolumn_name**　表示要修改的列的名称。

❑ **newcolumn_name**　表示修改之后的列的名称。

【练习 11】

将数据表 student2 中的 student 列修改为 name，如下所示。

```
SQL> alter table student2
  2 rename column stuname to name;
Table altered
SQL> desc student2;
Name            Type          Nullable      Default       Comments
--------        ------------  -----------   --------       --------------
NAME            VARCHAR2(10)      Y
SCORE           NUMBER(4)         Y
CLAID           NUMBER(4)         Y
DATETIME        DATE              Y
```

2. 修改列数据类型以及数据精度

在数据类型进行修改的时候，要注意如果表中存在数据，那么修改的数据的长度是不可逆的，也就是说只能比修改前的长度大，而不能比修改之前的长度小。如果该表中没有数据，则可以将数据的长度由大值修改为小值，语法格式如下所示。

```
ALTER TABLE table_name
MODIFY column_name new_datatype;
```

其中，new_datatype 表示修改之后的数据类型。

【练习 12】

修改 studet2 中 name 列的数据类型为 char，如下所示。

```
SQL> alter table student2 modify name char(10);
Table altered
SQL> desc student2;
Name            Type          Nullable      Default       Comments
--------        ----------    -----------   --------       -------------
NAME            CHAR(10)          Y
SCORE           NUMBER(4)         Y
CLAID           NUMBER(4)         Y
DATETIME        DATE              Y
```

3. 修改列的默认值

列的默认值就是当对列对象不赋值时所使用的字母或者符号。列的默认值在没有设置的情况下为 null。修改默认值的语法如下。

```
ALTER TABLE table_name
MODIFY(column_name DEFAULT default_value);
```

其中各个参数含义如下所示。

❑ **table_name** 表示被修改数据列所属的表名称。

❑ **column_name** 表示要修改的列名。

❑ **DEFAULT**   默认值的关键字。

❑ **default_value** 表示修改之后列的默认值。

【练习 13】

一个 stu_class 表，含有 sno 和 first 两个字段，其中 first 的默认值是 1101，将其修改为 2002，如下所示。

```
SQL> alter table stu_class
  2 modify(first default 2002);
Table altered
```

注意

如果对某个列的默认值进行更新，更改后的默认值只对后面的 INSERT 操作起作用，而对于先前的数据不起作用。

6.2.3 重命名表

对于已经存在的表，可以通过使用 ALTER TABLE...RENAME 关键字修改表的名称，语法格式如下所示。

```
ALTER TABLE table_name RENAME TO new_table_name;
```

各个参数的含义如下所示。

❑ **table_name** 要修改的表名。

❑ **RENAME TO**   表示修改关键字。

❑ **new_table_name** 表示修改之后的表名称。

【练习 14】

将表 student2 修改为 new_stu 表，如下所示。

```
SQL> alter table student2 rename to new_stu;
Table altered
SQL> select * from student2;
select * from student2
ORA-00942: 表或视图不存在
SQL> desc new_stu;
Name          Type          Nullable    Default    Comments
--------      ---------     ---------   --------   --------------
NAME          CHAR(10)         Y
SCORE         NUMBER(4)        Y
CLAID         NUMBER(4)        Y
DATETIME      DATE             Y
```

上述语句将 student2 表修改为 new_stu 表，使用 select 语句进行查询的时候，此时运行异常，说明表已经不存在。使用 desc 语句查看表结构，发现表名已经修改成功。

6.2.4 改变表的存储空间和存储参数

在创建表的时候，会对表的存储空间和存储参数进行设定。但是，如果有特殊情况，则需要对表的存储空间和存储参数进行修改。修改表的存储空间和存储参数需要使用 ALTER TABLE 关键字。

1. 修改表空间

将一个表从一个表空间移到另外一个表空间中可以使用 ALTER TABLE...MOVE 语句, 具体语法如下所示。

```
ALTER TABLE table_name MOVE TABLESPACE new_tablespace;
```

【练习 15】

查询出以上面一节中创建的 student3 属于哪个表空间, 并且把 student3 存放到 system 表空间, 如下所示:

```
SQL>    select    tablespace_name,table_name     from    user_tables    where
table_name='STUDENT3';
TABLESPACE_NAME                      TABLE_NAME
---------------                      --------------------
USERS                                STUDENT3
SQL> alter table student3 move tablespace system;
Table altered
SQL>selecttablespace_name,table_namefromuser_tableswheretable_name =' STUDENT3';
TABLESPACE_NAME                      TABLE_NAME
---------------                      --------------------
SYSTEM                               STUDENT3
```

查询可以得出, 表 student3 在修改之前存放在表空间 users 中, 然后使用 ALTER TABLE 语句将其移动到 system 表空间。再一次查询时表 student3 所在的表空间已经修改为 system。

2. 修改表中的存储参数

修改好的表不仅可以修改所在的表空间, 还可以对表中的存储参数 PDTFREE 和 PCTUSED 进行修改。

【练习 16】

将移动到表空间 system 的 student3 表进行修改, 如下所示。

```
SQL> alter table student3 pctfree 40 pctused 60;
Table altered
```

6.2.5　删除表定义

在使用 Oracle 存储表数据时, 有的表已经过期, 可以通过 DROP 语句进行删除表操作。但是要注意的是, 当删除表的时候, 表中的数据也会被删除。因此, 在使用的时候要注意表中的数据是否还需要使用。

删除表的语法结构如下所示。

```
DROP TABLE table_name [CASCADE CONSTRAINTS] [PURGE];
```

其中各个参数的含义如下所示。

❏ **table_name**　表示要删除的表的名称, 是不可缺少的参数。

❏ **CASCADE CONSTRAINTS**　是可选择参数。表示删除表的同时也是删除该表的视图、索引、约束和触发器等。

❏ **PURGE**　可选择参数, 表示表删除成功后释放占用的资源。

【练习 17】

删除 student3 表, 如下所示。

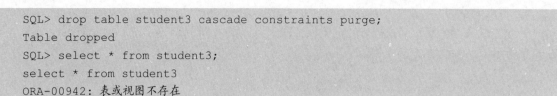

```
SQL> drop table student3 cascade constraints purge;
Table dropped
SQL> select * from student3;
select * from student3
ORA-00942: 表或视图不存在
```

使用 drop 语句进行删除之后，使用查询语句进行查询，出现表或试图不存在的错误，证明该表已经删除。

> 要想删除其他模式中的表，当前登录的用户必须具备 DROP ANY TABLE 权限。

6.2.6　清空表中的数据

对于表中已经过期或者错误的数据可以使用 TRUNCATE 关键字进行删除，也可以使用 DELETE 语句，本节将讲解使用 TRUNCATE 子句，语法如下所示。

```
TRUNCATE TABLE table_name;
```

使用 TRUNCATE 清空表中数据的时候，要注意以下几点。

❑ TRUNCATE 语句删除表中所有的数据。

❑ 释放表的存储空间。

❑ TRUNCATE 语句不能回滚。

【练习 18】

删除 stu_select 表中的数据，并且执行查询，查看结果。

```
SQL> select * from stu_select;
STUID     STUNAME
-------   ----------
200401    李云
200402    宋佳
SQL> truncate table stu;
Table truncated
SQL> select * from stu;
STUID    STUNAME
-------  ----------
```

6.3　表的完整性约束

数据库完整性（Database Integrity）是指数据库中数据的正确性和相容性，用来防止用户向数据库中添加不合语义的数据。数据库完整性是由各种各样的完整性约束来保证的，可以说，数据库完整性设计就是数据库完整性约束的设计。

6.3.1　约束的分类和定义

为约束进行分类时，根据分类的角度不同，所得出的约束类别也不同。根据约束的作用域，可以将约束分为以下两类。

❑ **表级别的约束**　定义在一个表中，可以用于表中的多个列。

❏ **列级别的约束** 对表中的一列进行约束，只能够应用于一个列。

根据约束的用途，可以将约束分为以下 5 类。

❏ **PRIMARY KEY** 主键约束。

❏ **FOREIGN KEY** 外键约束。

❏ **UNIQUE** 惟一性约束。

❏ **NOT NULL** 非空约束。

❏ **CHECK** 检查约束。

下面对这些常用的约束以及其他类型进行总结说明，如表 6-4 所示。

表 6-4 约束的类型及其使用说明

约　　束	约束类型	说　　明
NOT NULL	C	指定一列不允许存储空值。这实际就是一种强制的 CHECK 约束
PRIMAPY KEY	P	指定表的主键。主键由一列或多列组成，惟一标识表中的一行
UNIQUE	U	指定一列或一组只能存储惟一的值
CHECK	C	指定一列或一组列的值必须满足某种条件
FOREIGN KEY	R	指定表的外键，外键引用另外一个表中的一列，在自引用的情况中，则引用本表中的一列

在 Oracle 系统中定义约束时，使用 CONSTRAINT 关键字为约束命名。如果用户没有为约束指定名称，Oracle 将自动为约束建立默认名称。

提示
对约束的定义既可以在 CREATE TABLE 语句中进行，也可以在 ALTER TABLE 语句中进行。

6.3.2 NOT NULL 约束

约束是值非空约束，表示某些列的值是不可缺少的。添加数据时，如果没有为 NOT NULL 约束的列提供数据，那么就会出现错误。在定义非空约束的时候，只能定义在列上，而且，一个表中没有非空约束个数的限制。

NOT NULL 约束具有以下三个特点。

❏ NOT NULL 约束只能在类级别上定义。

❏ 在一个表中可以定义多个 NOT NULL 约束。

❏ 在类定义 NOT NULL 约束后，该列中不能包含 NULL 值。

❏ 如果表中数据已经存在空值 NULL，添加 NOT NULL 约束就会失败。

1. 在创建表时使用 NOT NULL 约束

如果在创建一个表时，为表中的类指定 NOT NULL 约束，这时只需要在列的数据类型后面添加 NOT NULL 关键字即可。

【练习 19】

创建一个 class 表，并且给 claname 列设置非空主键，如下所示。

```
SQL> create table class
  2  (claid number(4),
  3  claname varchar(10) not null);
Table created
```

使用 ALTER TABLE…MODIFY 语句为表添加 NOT NULL 约束时，如果表中该列的数据存在 NULL 值，则向该列添加 NOT NULL 约束将会失败。因为当为列添加 NOT NULL 约束时，Oracle 将检查表中的所有数据行，以保证所有行对应的该列都不能存在 NULL 值。

2. 为已经创建表添加 NOT NULL 约束

在创建表后，可以使用 ALTER TABLE..MODIFY 语句，为已经创建的表添加 NOT NULL 约束。

【练习 20】

为创建的 class 表的 claid 添加 not null 约束，如下所示。

```
SQL> alter table class modify claid not null;
Table altered
SQL> desc class;
Name          Type            Nullable      Default     Comments
-------       -------------   -----------   --------    -------------
CLAID         NUMBER(4)
CLANAME       VARCHAR2(10)
```

查看结构发现，表中的 claid 已经添加了约束。

3. 在添加 NOT NULL 约束时出现的错误

为表中的列定义 NOT NULL 约束之后，再向表中添加数据的时候，如果没有为对应的 NOT NULL 列提供数据，将返回一个错误提示。或者在表中已经存在空值数据的时候，再向表中添加 NOT NULL 约束，也会出现错误提示。

【练习 21】

表 class 中的 claid 列已经添加了 NOT NULL 约束，执行添加操作，添加含有空值的数据查看结果，如下所示。

```
SQL> insert into class values (101,'java班');
1 row inserted
SQL> insert into class values(null,'web班');
insert into class values(null,'web班')
ORA-01400: 无法将 NULL 插入 ("SCOTT"."CLASS"."CLAID")
SQL> insert into class (claname) values('java班');
insert into class (claname) values('java班')
ORA-01400: 无法将 NULL 插入 ("SCOTT"."CLASS"."CLAID")
```

通过结果可以看出，在为已经添加 NOT NULL 约束的列添加信息的时候，必须保证 NOT NULL 约束的字段不含 NULL 值。

【练习 22】

创建 new_class 表和 class 具有相同的列，且没有 NOT NULL 约束，向表中添加包含空值的数据，然后添加 NOT NULL 约束查看结果。

```
SQL> create table new_class(
  2  claid number(4),
  3  claname varchar(10));
Table created
SQL> insert into new_class
  2  values(null,'java班');
1 row inserted
SQL> insert into new_class
  2  values(102,'web班');
1 row inserted
SQL> alter table new_class
```

```
  2  modify claid not null;
alter table new_class
modify claid not null
ORA-02296: 无法启用 (SCOTT.) - 找到空值
```

4. 删除表中的 NOT NULL 约束

在 Oracle 数据库中，可以使用 ALTER TABLE...MODIFY 语句，删除表中的 NOT NULL 约束。

【练习 23】

删除 class 表中 claname 列的 NOT NULL 约束，如下所示。

```
SQL> alter table class modify claname null;
Table altered
SQL> desc class;
Name            Type          Nullable     Default     Comments
--------        ----------    ----------   --------    -------------
CLAID           NUMBER(4)
CLANAME         VARCHAR2(10)     Y
```

在上面练习中，使用 ALTER TABLE...MODIFY 语句进行删除表的非空约束，然后使用 DESC 命令查看表结构，发现 claname 列已经删除了非空约束。

6.3.3　PRIMARY KEY 约束

PRIMARY KEY 约束是指主键约束，主键约束具有以下三个特点。

❑ 在一个表中，只能定义一个 PRIMARY KEY 约束。

❑ 定义为 PRIMARY KEY 的列或者列组合中，不能包含任何重复值，并且不能包含 NULL 值。

❑ Oracle 数据库会自动为具有 PRIMARY KEY 约束建立一个惟一索引，以及一个 NOT NULL 约束。

在定义 PRIMARY KEY 约束时，可以在列级别和表级别上分别进行定义。

❑ 如果主键约束是由一列组成，那么该主键约束被称为列级别上的约束。

❑ 如果主键约束定义在两个或两个以上的列上，则该主键约束被称为表级别约束。

> **注意**
> PRIMARY KEY 约束既可以在类级别上定义，也可以在表级别定义，但是不允许在两个级别上都进行定义。

1. 在创建表时指定主键约束

在创建表时，如果为主键约束指定名称，则必须使用 CONSTRAINT 关键字。这时使用 CONSTRAINT...PRIMAPY KEY 语句，对某列指定主键约束。

【练习 24】

创建一个 class2 表，为其中的 claid 列添加主键，如下所示。

```
SQL> create table class2
  2  (claid number(4),
  3  claname varchar(10) not null,
  4  constraint cla_pk primary key (claid));
Table created
```

在创建表时，如果使用系统自动为主键约束分配名称的方式，则可以省略 CONSTRAINT 关键字，这时只能创建列级别的主键。例如：

```
SQL> create table class3
  2  (claid number(4)  primary key,
  3  claname varchar(10) not null
  4  );
Table created
```

创建出来的列 claid 被设置了主键约束，就不能为空值，也不可以重复。

2. 为已经创建的表添加主键约束

为已经创建的表添加主键约束时，需要使用 ADD CONSTRAINT 语句。

【练习 25】

创建 class4 表，且不为任何列添加约束，然后使用 ADD CONSTRAINT 语句，为 claid 列添加主键约束，如下所示。

```
SQL> create table class4
  2  (claid number(4),
  3  claname varchar(10));
Table created
SQL> alter table class4
  2  add constraint claid_pk primary key (claid);
Table altered
```

3. 添加主键约束出现操作错误

如果表中已经存在主键约束，则向该表中再添加主键约束时，系统将出现错误。

【练习 26】

为已经创建好的 class3 表中的列 claid 添加主键约束，如下所示。

```
SQL> alter table class3
  2  add constraint claid_pk primary key (claid);
alter table class3
add constraint claid_pk primary key (claid)
ORA-02260：表只能具有一个主键
```

4. 删除主键约束

如果需要将表中的主键约束删除，可以使用 ALTER TABLE...DROP 语句。

【练习 27】

将已创建好的主键约束 class4 表中的 claid 列的约束删除，如下所示。

```
SQL> alter table class4 drop constraint claid_pk;
Table altered
```

6.3.4 UNIQUE 约束

Oracle 中的 UNIQUE 约束是用来保证表中的某一列，或者是表中的某几列组合起来不重复的一种惟一性约束。在创建表时或者创建表之后，通过修改表的方式创建 Oracle 的 UNIQUE 约束。该语句表示惟一约束，它具有以下 4 个特点。

❑ 如果为列定义 UNIQUE 约束，那么该列中不能包括重复的值。

❑ 在同一个表中，可以为某一列定义 NUIQUE 约束，也可以为多个列定义 UNIQUE 约束。

❑ Oracle 将会自动为 NUIQUE 约束的列建立一个惟一索引。

❑ 可以在同一个列上建立 NOT NULL 约束和 NUIQUE 约束。

如果为列同时定义 UNIQUE 约束和 NOT NULL 约束，那么这两个约束的共同作用效果在功能上相当于 PRIMARY KEY 约束。

1．创建表时指定 UNIQUE 约束

在创建表时，可以为相对应的列使用 CONSTRAINT UNIQUE 语句添加指定的 UNIQUE 约束。

【练习 28】

创建 class5 表，将其中的 claid 列设定 UNIQUE 约束，如下所示。

```
SQL> create table class5
  2  (claid number(4) constraint claid_uk unique,
  3   claname varchar(10));
Table created
```

 如果为一个列添加了 UNIQUE 约束，却并没有添加 NOT NULL 约束，那么该列的数据可以包含多个 NULL 值。也就是说多个 NULL 值不算重复值。

2．为已经存在的列指定 UNIQUE 约束

【练习 29】

首先创建 class6 表，创建之后为 claid 列添加 UNIQUE 约束，如下所示。

```
SQL> create table class6
  2  (claid number(4),
  3   claname varchar(10));
Table created
SQL> alter table class add unique(claid);
Table altered
```

3．删除 UNIQUE 约束

如果需要将表中的 UNIQUE 约束删除，可以使用 ALTER TABLE...DROP UNIQUE 语句。

【练习 30】

将已经创建好 UNIQUE 约束的 class6 表中的 claid 列的约束删除，如下所示。

```
SQL> alter table class6 drop unique(claid);
Table altered
```

6.3.5　CHECK 约束

CHECK 约束是检查约束，它的作用就是查询用户向该列插入的数据是否满足了约束中指定的条件，如果满足则将数据插入到数据库内，否则就返回异常。

CHECK 约束具有以下几个特点。

- ❑ 在 CHECK 约束的表达式中，必须引用表中的一个或者多个列，表达式的运算结果是一个布尔值，且每列可以添加多个 CHECK 约束。
- ❑ 对于同一列，可以同时定义 CHECK 约束和 NOT NULL 约束。
- ❑ CHECK 约束既可以定义在列级别中，也可以定义在表级别中。

1．创建 CHECK 约束

在创建表时，如果需要为某一列添加检查约束，那么就需要使用 CHECK（约束条件）语句。其中，约束条件必须返回布尔值，这样插入数据时 Oracle 将会自动检查数据是否满足条件。

【练习31】

创建一个 class7 表，并且为 claid 列设置 check 约束，如下所示。

```
SQL> create table class7(
  2  claid number(4) constraint cla_ck check(claid>2004),
  3  claname varchar(10));
 Table created
```

为了检验所添加的约束是否有用，向 class7 表中添加数据，如下所示。

```
SQL> insert into class7 values(2003,'java班');
insert into class7 values(2003,'java班')
ORA-02290: 违反检查约束条件 (SCOTT.CLA_CK)
SQL> insert into class7 values(2006,'java班');
1 row inserted
```

由于添加的条件中，不满足约束条件 claid>2004，所以在添加数据的时候，出现异常。第二句，没有违反约束条件，添加操作成功。

2．为已经存在的列添加 CHECK 约束

为已经创建好表中已经存在的列添加 CHECK 约束，需要使用 ALTER TABLE…ADD CHECK 语句。

```
SQL> create table class8(
  2  claid number(4),
  3  claname varchar(10));
Table created
SQL> alter table class8
  2  add constraint claid_ck check(claid>2004);
Table altered
```

3．删除 CHECK 约束

如果要删除已经创建好表中已经存在的列 CHECK 约束，需要使用 ALTER TABLE…ADD CHECK 语句。

```
SQL> alter table class7
  2  drop constraint cla_ck;
Table altered
```

6.3.6　FOREIGN KEY 约束

FOREIGN KEY 约束是指外键约束，作用是让两个表通过外键建立关系。在使用 FOREIGN KEY 约束时，被引用的列应该具有主键约束，或者具有惟一性约束。

使用 FOREIGN KEY 约束，就应该具有以下四个条件。

❑ 如果为某列定义 FOREIGN KEY 约束，则该列的取值只能为相关表中引用列的值或者 NULL 值。

❑ 可以为一个字段定义 FOREIGN KEY 约束，也可以为多个字段的组合定义 FOREIGN KEY 约束。因此，FOREIGN KEY 约束既可以定义在列级别定义，也可以在表级别定义。

❑ 定义了 FOREIGN KEY 约束的外键列，与被引用的主键列可以存在于同一个表中，这种情况称之为"自引用"。

❑ 对于同一个字段，可以同时定义 FOREIGN KEY 约束和 NOT NULL 约束。

假设有两个表，学生表 student 和班级表 class，student 中包含学号（stuid）、姓名（stuname）和所在班级（claid）列，class 表包含班级编号（claid）和班级名称（claname）列，根据班级所在关系，将学生表 student 中的所在班级（claid）与班级表中的班级编号（claid）列设置为外键约束关系。则学生表 student 中的所在班级（claid）列必须来自班级表 class 中的 claid 列。如果班级表中的班级编号（claid）数据不存在，则无法向学生表 student 添加约束，会出现 FOREIGN KEY 约束错误。所以说 FOREIGN KEY 约束实现了两个表之间的参照完整性。

技巧

如果表中定义了外键约束，那么该表就被称为"子表"，例如"学生表"。如果表中包含引用键，那么该表称为父表，例如"班级表"。

1. 创建表使用外键约束

【练习 32】

创建 stuclas 表和 fkstudent 表，为表 fkstudent 中的 claid 列添加外键约束，指向 stuclas 表中的 claid 列，如下所示。

```sql
SQL> create table stuclas(
  2   claid number(4) not null primary key,
  3  claname varchar(10));
Table created
SQL> create table fkstudent(
  2   stuid number(4) not null,
  3  stuname varchar(10),
  4  claid number(4) references stuclas(claid));
Table created
```

注意

在为一个表创建外键约束之前，要确定父表已经存在，并且父表的引用列必须被定义为 UNIQUE 约束或者 PRIMARY KEY 约束。

其中第 4 行代码表示 fkstudent 表中的 claid 列使用外键约束，并且指向 stuclas 表中的 claid 列。两个表中的 claid 列数据类型相同。

注意

外键列和被引用列的列名可以不同，但是数据类型必须完全相同。

2. 为创建好的表增加外键约束

创建好的表，由于某种关联需要与另一个表相关联添加外键约束，可以使用 ALTER CONSTRAINT FOREIGN KEY REFERENCES 子句。

【练习 33】

假设已经创建好表 stuclas1 和 fkstudent1，但是并没有为其中的任何列添加外键约束，现在为表 fkstudent1 中的 claid 列添加外键约束，指向 stuclas1 表中的 claid 列，外键约束名称为 stu1_fk，如下所示。

```sql
SQL> alter table fkstudent1
  2 add constraint stu1_fk foreign key (claid)
  3 references stuclas(claid);
Table altered
```

3．删除外键约束

对于一些不需要使用的外键约束,删除的时候需要使用 ALTER TABLE…DROP CONSTRAINT
语句。

【练习 34】

删除上面练习中两个表的 stu1_fk 外键约束,如下所示。

```
SQL> alter table fkstudent1
  2  drop constraint stu1_fk;
Table altered
```

4．外键的引用类型

在定义外键约束的时候,还可以使用关键字 ON 指定引用行为类型。当删除父表中的一条数据
记录时,通过引用行为可以确定如何处理外键表中的外键列。引用类型可以分为三种。

❏ 使用 CASCADE 关键字。

❏ 使用 SET NULL 关键字。

❏ 使用 NO CATION 关键字。

如果在定义外键约束的时候使用 CASCADE 关键字,那么父表中被引用列的数据被删除时,子
表中对应的数据也将被删除。

【练习 35】

为 fkstudent1 表指定外键约束的引用类型为 CASCADE,如下所示。

```
SQL> alter table fkstudent1
  2  add constraint stu_fk1
  3  foreign key(claid)
  4  references stuclas on delete cascade;
Table altered
```

向表 stuclas 和表 fkstudent1 中添加多行数据,如下所示。

```
SQL> insert into stuclas values(1,'java班');
1 row inserted
SQL> insert into stuclas values(2,'web班');
1 row inserted
SQL> insert into fkstudent1 values(101,'王静',1);
1 row inserted
SQL> insert into fkstudent1 values(102,'李华',2);
1 row inserted
```

删除表 stuclas 中的数据,将 claid 为 1 的数据删除,如下所示。

```
SQL> delete stuclas where claid=1;
1 row deleted
```

然后查看 fkstudent1 中的数据。发现 claid 为 1 的数据也被删除了,如下所示。

```
SQL> select * from fkstudent1;
STUID   STUNAME    CLAID
------  --------   ----------
102     李华        2
```

如果在定义外键约束的时候使用 SET NULL 关键字，那么当父表被引用列的数据被删除时，子表中对应的数据被设置为 NULL。要使这个关键字有作用，子表中对应的列必须支持 NULL 值。

【练习 36】

假设 fkstudent2 表与 fkstudent1 结构相同，则为 fkstudent2 中的 claid 列指定外键约束的引用类型为 SET NULL，如下所示。

```
SQL> alter table fkstudent2
  2  add constraint stu2_fk
  3  foreign key(claid)
  4  references stuclas on delete set null;
Table altered
```

向表 stuclas 和表 fkstudent1 中添加多行数据，如下所示。

```
SQL> insert into stuclas values(1,'java班');
1 row inserted
SQL> insert into fkstudent2 values(101,'王静',1);
1 row inserted
SQL> insert into fkstudent2 values(102,'李华',2);
1 row inserted
```

删除表 stuclas 中的数据，将 claid 为 1 的数据删除，如下所示。

```
SQL> delete stuclas where claid=1;
1 row deleted
```

然后查看 fkstudent1 中的数据。发现 claid 为 1 的数据中 claid 列的值为空值，如下所示。

```
SQL> select * from fkstudent2;
STUID   STUNAME   CLAID
-----   -------   ----------
101     王静
102     李华          2
```

如果在定义外键约束的时候使用 NO CATION 关键字，那么当父表中被引用列的数据被删除时，将违反外键约束，该操作也将被禁止执行，这也是外键约束的默认引用类型。

注意

在使用默认引用类型的情况下，当删除父表中应用列的数据时，如果子表的外键列存储了该数据，那么删除操作将失败。

6.3.7　禁止和激活约束

在 Oracle 数据库中根据对表的操作与约束规则之间的关系，将约束分为 DISABLE 和 ENABLE 两种约束，也就是说可以通过这两个约束空值表约束是禁用还是激活。

当约束状态处于激活状态时，如果对表的操作与约束规则互相冲突，则操作就会被取消。在默认的情况下，新添加的约束，它的默认状态是激活的。只有在手动配置的情况下约束才可以被禁止。

❏ **禁止约束**　DISABLE 关键字用来设置约束的状态为禁止状态。也就是说约束状态禁止的时候，即使对表的操作与约束规则相冲突，操作也会被执行。

❏ **激活约束**　ENABLE 关键字用来设置约束的状态为激活状态。也就是说约束状态激活的时候，如果对表的操作与约束规则相冲突，操作就会被取消。

在创建表的时候使用 DISABLE 关键字，可以将约束设置为禁止状态。

【练习 37】

创建表 studentable，为 stuid 列设置 CKECK 约束，并将该约束设置为禁止状态，如下所示。

```
SQL> create table studentable (
  2   stuid number(4) not null,
  3   stuname varchar(10),
  4   claid number(4),
  5   constraint stuid_ck check (stuid>2005) disable);
Table created
```

如果表已经创建，可以使用 ALTER TABLE 语句，使用 DISABLE 关键字将激活状态切换到禁止状态。

【练习 38】

将创建好的 studentable1 表中 stuid 列的 CHECK 约束 stuid_ck1 设置为禁止状态。如下所示。

```
SQL> alter table studentable1 disable constraint stuid_ck1;
Table altered
```

在使用 CREATE TABLE 或者 ALTER TABLE 语句定义表约束的时候，可以使用 ENABLE 关键字激活约束。如果需要将一个约束条件修改为激活状态，可以有以下两种方法。

1. 使用 ALTER TABLE…ENABLE 语句

【练习 39】

使用 ALTER TABLE…ENABLE 语句将创建好的 studentable1 表中 stuid 列的 CHECK 约束 stuid_ck1 修改为激活状态，如下所示。

```
SQL> alter table studentable1 enable constraint stuid_ck1;
Table altered
```

2. 使用 ALTER TABLE…MODIFY…ENABLE 语句

【练习 40】

使用 ALTER TABLE…MODIFY…ENABLE 语句将创建好的 studentable1 表中 stuid 列的 CHECK 约束 stuid_ck1 修改为激活状态，如下所示。

```
SQL> alter table studentable1 modify enable constraint stuid_ck1;
Table altered
```

6.3.8 验证约束

激活和禁用两种约束状态是对表进行更新和插入操作时是否验证操作符合约束规则。在 Oracle 中，除了激活和禁用两种约束状态，还有另外两种约束状态，用来决定是否对表中已经存在的数据进行约束规则检查。

通常约束的验证状态有两种，一种是验证约束状态，如果约束处于验证状态，则在定义或者激活约束时，Oracle 将对表中所有已经存在的记录进行验证，检验是否满足约束限制；另外一种是非验证约束，如果约束处于非验证状态，则在定义或者激活约束时，Oracle 将对表中已经存在的记录不执行验证操作。

将禁止、激活、验证和非验证状态相互结合，则可以将约束分为四种状态，如表 6-5 所示。

表 6-5　约束的 4 种状态

状　态	说　明
激活验证状态 （ENABLE VALIDATE）	激活验证状态是默认状态，这种状态下，Oracle 数据库不仅对以后添加和更新数据进行约束检查，也会对表中已经存在的数据进行检查，从而保证表中的所有记录都满足约束限制
激活非验证状态 （ENABLE NOVALIDATE）	这种状态下，Oracle 数据库只对以后添加和更新的数据进行约束检查，而不检查表中已经存在的数据
禁止验证状态 （DISABLE VALIDATE）	这种状态下，Oracle 数据库对表中已经存在的记录执行约束检查，但是不允许对表执行添加和更新操作，因为这些操作无法得到约束检查
禁止非验证状态 （DISABLE NOVALIDATE）	这种状态下，无论是表中已经存在的记录，还是以后添加和更新的数据，Oracle 都不进行约束检查

技巧

在非验证状态下激活约束比在验证状态下激活约束节省时间。所以，在某些情况下，可以选择使用激活非验证状态。例如当需要从外部数据源引入大量数据时。

在通常情况下，可以使用 ALTER TABLE…MODIFY 语句，将约束在不同状态之间进行切换。

【练习 41】

使用 ALTER TABLE…MODIFY 语句将创建好的 studentable1 表中 stuid 列的约束状态修改为禁止非验证状态，如下所示。

```
SQL> alter table studentable1
  2 modify constraint stuid_ck1 disable novalidate;
Table altered
```

6.3.9　延迟约束

在 Oracle 程序下，如果使用了延迟约束，那么当执行增加和修改等操作时，Oracle 将不会像以前一样立即做出回应和处理，而是在规定条件下才会被执行。这样用户就可以自定义何时验证约束，例如将约束检查放在失误结束后进行。

默认情况下，新添加的 Oracle 约束延迟操作是没有开启的，也就是说在执行 INSERT 和 UPDATE 操作语句时，Oracle 程序将会马上做出对应的处理和操作，如果语句违反了约束，则相应的操作无效。要想对约束进行延迟，那么就使用关键字 DEFERRABLE 创建延迟约束。延迟约束还有以下两种初始状态。

❏ **INITIALLY DEFERRED**　约束的初始状态是延迟检查。

❏ **INITIALLY IMMEDIATE**　约束的初始状态是立即检查。

如果约束的延迟已经存在，则可以使用 SET CONSTRAINTS ALL 语句切换至延迟状态。如果设置为 SET CONSTRAINTS ALL DEFERRED，则延迟检查；如果设置为 SET CONSTRAINTS ALL IMMEDIATE，则立即检查。

【练习 42】

将约束的初始状态设置为立即检查。

```
SQL> set constraints all immediate;
Constraints set
```

上述代码中将所有的约束状态改为立即检查。如果要想对单独的索引进行状态的设置，可以使用 ALTER TABLE…MODIFY 语句进行操作。

【练习 43】

将 studentable1 中的 stuid 列的 CHECK 约束 stuid_ck1 设置为延迟检查。

```
SQL> alter table studentable1
  2  modify constraint stuid_ck1 initially deferred;
alter table studentable1 modify constraint stuid_ck1 initially deferred
ORA-02447: 无法延迟不可延迟的约束条件
```

注意

oracle 中是不能修改任何非延迟性约束的延迟状态的。

在上面练习中 stuid_ck1 约束无法修改为延迟约束。延迟约束是在事务被提交时强制执行的约束。添加约束时可以通过 DEFERRED 子句来指定约束为延迟约束。约束一旦创建以后，就不能修改为 DEFERRED 延迟约束。解决办法就是删除该约束，在创建时指定为延迟约束。

```
SQL> alter table studentable1
  2  drop constraint stuid_ck1;
Table altered
SQL> alter table studentable1
  2  add constraint stuid_ck2 check(stuid>2004) deferrable initially deferred;
Table altered
```

注意，在添加约束时可以将其标记为 INITIALLY DEFERRED 或者 INITIALLY IMMEDIATE。

下面通过一个例子具体讲解对表中添加约束的同时，设置不同的延迟状态，使程序有相应的提示。

创建表 teacher，并且为该表添加 teaid、teaname 列。

```
SQL> create table teacher(
  2  teaid number(8) not null,
  3  teaname varchar2(20) not null);
Table created
```

已经创建好表 teacher 且为两列都添加了非空约束。然后为 teacher 表中的 teaid 列添加主键约束，并且设置该约束的延迟状态为立即检查状态。

```
SQL> alter table teacher
  2  add constraint tea_pk primary key(teaid)
  3  deferrable initially immediate;
Table altered
```

此时，teacher 表中的 teaid 列已经成为主键，同时设置该约束为立即检查状态，它的约束条件则是不可重复的。在这里就执行插入操作让数据违反它的约束条件，看是否会抛出异常信息。

```
SQL> insert into teacher values(1,'张衡');
1 row inserted
SQL> insert into teacher values(1,'周云');
insert into teacher values(1,'周云')
ORA-00001: 违反惟一约束条件 (SCOTT.TEA_PK)
```

插入的两条信息中 teaid 都为 1，违反了约束条件，因此在插入的时候就出现异常。将该约束的延迟状态开启，然后再向表中添加信息。

```
SQL> set constraints all deferred;
```

```
Constraints set
SQL> insert into teacher values(1,'周云');
1 row inserted
```

通过上述语句可以发现，程序在进行添加的时候没有出现操作异常。然后，使用 commit 关键字进行提交事务。

```
SQL> commit
 2  /
commit
ORA-02091: 事务处理已回退
ORA-00001: 违反惟一约束条件 (SCOTT.TEA_PK)
```

此时抛出异常，也就是说如果设置了延迟状态开启，那么该约束就会在事务执行完毕后提交的时候才会检查。

6.3.10 查询约束信息

Oracle 数据库提供了一些数据字典视图和动态性能视图，例如 USER_CONSTRAINTS 和 USER_CONS_COLUMNS 等，通过这些视图用户可以查询表和列中的约束信息。

可以通过查询数据字典视图 USER_CONSTRAINTS 获得当前用户模式中所有约束的基本信息。下面关于约束 User_Constraints 视图常用信息字段说明，如表 6-6 所示。

表 6-6　USER_CONSTRAINTS 视图常用信息字段说明

列	类　　型	说　　明
owner	VARCHAR2(30)	约束的所有者
constraint_name	VARCHAR2(30)	约束名
constraint_type	VARCHAR2(1)	约束类型（P、R、C、U、V、O）
table_name	VARCHAR2(30)	约束所属的表
status	VARCHAR2(8)	约束状态（ENABLE、DISABLE）
deferrable	VARCHAR2(14)	约束是否也延迟（DEFERRABLE、NOTDEFERRABLE）
deferred	VARCHAR2(9)	约束是立即执行还是延迟执行（IMMEDIATE、DEFERRED）

 提示

约束类型中 C 代表 CHECK 或 NOT NULL 约束，P 代表主键约束，R 代表外键约束，U 代表惟一约束，V 代表 CHECK OPTION 约束，O 代表 READONLY 只读约束。

【练习 44】

查看表 studentable 中所有的约束信息，如下所示。

```
SQL> select constraint_name,constraint_type,deferred,deferrable,status
  2  from user_constraints
  3  where table_name='STUDENTABLE';
CONSTRAINT_NAME  CONSTRAINT_TYPE  DEFERRED    DEFERRABLE           STATUS
---------------  ---------------  --------    ---------            --------
SYS_C009771              C                    IMMEDIATENOTDEFERRABLE ENABLED
STUID_CK                 C                    IMMEDIATENOTDEFERRABLE DISABLED
```

通过查询数据字典 USER_CONS_COLUMNS，可以了解定义约束的列。下面是 USER_

CONS_COLUMNS 视图中部分列的说明，如表 6-7 所示。

表 6-7　USER_CONS_COLUMNS 视图常用信息字段说明

列	类　　型	说　　明
owner	VARCHAR2(30)	约束的所有者
constraint_name	VARCHAR2(30)	约束名
table_name	VARCHAR2(30)	约束所属的表
column_name	VARCHAR2(4000)	约束所定义的列

【练习 45】

查看表 studentable 中所有的约束信息定义在哪个列上，如下所示。

```
SQL> select constraint_name,column_name
  2  from user_cons_columns
  3  where table_name='STUDENTABLE';
CONSTRAINT_NAME                 COLUMN_NAME
---------------                 ---------------------
STUID_CK                        STUID
SYS_C009771                     STUID
```

6.4 分析表

在 Oracle 数据库中，用户可以通过数据字典或者 OEM 图形界面，查询 Oracle 中表的信息，如果用户的角色是数据库管理员，则可以使用 ANALYZE 语句对表进行统计分析，通过分析可以进行以下操作。

- 验证表的存储情况。
- 查看表的统计信息。
- 查找表中的链接记录和迁移记录。

6.4.1　验证表的存储情况

可以使用 ANALYZE VALIDATE STRUCTURE 语句，验证表的存储结构，对存储结构的完整性进行分析，如果发现表中存在损坏的数据块，则需要用户重新创建该表。

提示

在使用表的过程中，由于软硬件或者使用方法等多个方面的原因，可能会导致表中的某些数据块产生逻辑损坏，Oracle 在访问这些损坏的数据块时，将出现错误，并提示错误信息。

在使用 ANALYZE VALIDATE STRUCTURE 语句验证表的存储结构时，Oracle 会将表中含有损坏数据块的记录的物理地址（即 ROWID），添加到一个名为 INVALID_ROWS 的表中。INVALID_ROWS 表可以通过 Oracle 提供的 UTLVALID.SQL 脚本文件，创建 INVALID_ROWS 表。

【练习 46】

首先进入 Oracle 安装目录下，访问 UTLVALID.SQL 文件，创建 INVALID_ROWS 表，如下所示。

```
SQL> @F:\app\Administrator\product\11.1.0\db_1\RDBMS\ADMIN\utlvalid.sql
Table created
```

然后使用 DESC 命令查看表 INVALID_ROWS 的结构信息。如下：

```
SQL> desc invalid_rows;
Name                 Type           Nullable    Default     Comments
------------------   ------------   -----------  ----------  -----------
OWNER_NAME           VARCHAR2(30)   Y
TABLE_NAME           VARCHAR2(30)   Y
PARTITION_NAME       VARCHAR2(30)   Y
SUBPARTITION_NAME    VARCHAR2(30)   Y
HEAD_ROWID           ROWID          Y
ANALYZE_TIMESTAMP    DATE           Y
```

创建表 INVALID_ROWS 后，使用 ANALYZE VALIDATE STRUCTURE 语句对指定的表进行存储结构分析，如下所示。

```
SQL> analyze table studentable validate structure;
Table analyzed
```

然后，查询表 INVALID_ROWS 中是否存在破损数据块，如下所示。

```
SQL> select * from invalid_rows;
未选定行
```

提示

在 ANALYZE 语句中可以指定关键字 CASCADE，表示在分析一个对象时，对所有与这个对象相关的其他对象，例如索引和视图，进行相同分析。

在对表进行分析时，必须保证没有其他用户对该表进行操作。否则需要使用语句 CASCADE ONLINE，表示以联机方式对表进行存储结构验证。

【练习 47】

使用联机方式对 studentable 表进行存储结构验证，如下所示。

```
SQL> analyze table studentable validate structure cascade online;
Table analyzed
```

6.4.2　查看表的统计信息

使用 ANALYZE 语句，可以收集关于表的物理存储结构和特性的统计信息，这些统计信息被存储到数据字典中，可以通过查询数据字典 USER_TANLES、ALL_TABLE 和 DBA_TABLE，查看表的统计结果。

在使用 ANALYZE 语句进行统计信息时，可以指定如下两个子句：

❑ **COMPUTE STATISICS**　在分析过程中对表进行全部扫描，获取整个表的精确统计信息。

❑ **ESTIMATE STATISICS**　在分析过程中对表进行部分扫描，并获取扫描信息，以部分扫描获取的数据来代表整个表的统计信息。

【练习 48】

通过对表 studentable 进行不同形式的分析，对比不同的统计方法。

如果对表进行全表统计，如下所示。

```
SQL> analyze table studentable compute statistics;
Table analyzed
```

通过对表中 20 条记录进行分析，获得对表 studentable 的近似统计，如下所示。

```
SQL> analyze table studentable estimate statistics sample 20 rows;
Table analyzed
```

通过对表中 20%的记录进行分析，获得对表 studentable 的近似统计，如下所示。

```
SQL> analyze table studentable estimate statistics sample 20 percent;
Table analyzed
```

提示

在使用部分扫描的时候，如果不使用 SAMPLE 关键字，则 Oracle 会默认扫描 1024 条记录，如果扫描的记录比例值大于 50%，则 Oracle 会进行全表统计。

通过获得的统计结果，可以发现包含以下内容。

❑ **NUM_ROWS** 表中记录的总数。
❑ **BLOCKS** 表所占的数据块总数。
❑ **EMPTY_BLOGKS** 表中未使用的数据总数。
❑ **AVG_SPACE** 数据块中平均的空闲空间。

【练习 49】

查看表 studentable 的分析结果，如下所示。

```
SQL> select num_rows,blocks,empty_blocks,avg_space
  2  from user_tables
  3  where table_name='STUDENTABLE';
NUM_ROWS     BLOCKS      EMPTY_BLOCKS     AVG_SPACE
--------     ------      ------------     ----------------
0            0           8                0
```

6.4.3 查找表中的连接记录和迁移记录

在 Oracle 数据库中，表中数据的基本组织单位是记录，这些记录都被存储在数据块中，如果一个数据块的大小足够容纳一条记录，那么 Oracle 将这条完整的记录存储到一个数据块中。但是，如果一个数据块无法容纳一条完整记录，那么 Oracle 会将这条记录分割成多个片段，并将这些片段存储在多个数据块中，这种被存储在多个数据块中的记录被称为"链接记录"。

技巧

对于链接记录，Oracle 会在各个数据块中保存物理地址 ROWID，以便于将记录的各个数据块链接成一条完整的记录。

如果一条记录原来存储在一个数据块中，但是由于进行更新操作，信息记录被扩展，从而导致数据块的存储空间不足。这时 Oracle 会将这条记录移动到另一个数据块中，这种情况下的记录被称为"迁移记录"。产生迁移记录的原因大多是由于记录中存在 LONG 或者 LOB 类型的数据。

技巧

对于迁移记录，Oracle 在原来的数据块中保存一个指向新数据块的指针，如果需要访问原来数据块中的记录，则可以利用这个指针找到记录迁移后的存储数据块。

如果需要查找链接记录和迁移记录，可以通过在 ANALYZE 语句中使用 LIST CHAINED ROWS 子句实现。表中的链接记录和迁移记录的 ROWID 都被保存到 CHAINED_ROWS 表中。可以通过 Oracle 提供的脚本文件 UTLCHAIN.SQL 创建 CHAINED_ROWS 表。

【练习 50】

首先进入 Oracle 安装目录下，访问 UTLCHAIN.SQL 文件，创建 CHAINED_ROWS 表，如下所示

```
SQL> @F:\app\Administrator\product\11.1.0\db_1\RDBMS\ADMIN\utlchain.sql;
Table created
```

然后使用 DESC 命令查看表 CHAINED_ROWS 的结构信息，如下所示。

```
SQL> desc chained_rows;
Name                    Type            Nullable    Default     Comments
---------------         ----------      ---------   ----------  ----------
OWNER_NAME              VARCHAR2(30)    Y
TABLE_NAME              VARCHAR2(30)    Y
CLUSTER_NAME            VARCHAR2(30)    Y
PARTITION_NAME          VARCHAR2(30)    Y
SUBPARTITION_NAME       VARCHAR2(30)    Y
HEAD_ROWID             ROWID           Y
ANALYZE_TIMESTAMP      DATE            Y
```

创建表 CHAINED_ROWS 后，使用 ANALYZE LIST CHAINED ROWS 语句对指定的表进行链接分析，如下所示。

```
SQL> analyze table studentable
  2  list chained rows into chained_rows;
Table analyzed
```

通过 SELECT 语句查看表 CHAINED_ROWS 中的记录信息，如下所示，

```
SQL> select * from chained_rows;
未选定行
```

> **注意**
> 如果表中存在大量的链接记录和迁移记录，则在对记录进行读取或者更新时，Oracle 都必须对两个或者多个数据块进行操作，因此会降低对表的访问性能。

如果表中存在链接记录和迁移记录，则可以通过某种方式将这些记录修复，使表中不再存在链接记录和迁移记录。例如可以将所有的链接记录和迁移记录保存到一个临时表中，然后将链接记录和迁移记录从源表中删除，最后再将临时表中的记录全部保存添加到源表中，并删除临时表，清空 CHAINED_ROWS 表中的内容。

虽然可以将目前的链接记录和迁移记录删除，但是新数据可能会产生新的链接记录和迁移记录，可能是由于数据块空间不足或者 PCTUSED 参数设置不合理造成的。如果要避免链接记录和迁移记录的发生，需要结合表中数据的特点，认真分析 PCTEREE 和 PCTUSED 参数的设置。

> **提示**
> 一般来说，如果对表 PCTEREE 参数设置的比较合理，则不会产生过多的连接记录和迁移记录。

6.4.4 关于 dbms_stats

在 Oracle 中也可以使用 dbms_stats 关键字进行表的分析，下面介绍关于 dbms_stats 的功能，如表 6-8 所示。

表 6-8　dbms_stats 的功能

名　称	功　能
GATHER_INDEX_STATS	分析索引信息
GATHER_TABLE_STATS	分析表信息，当 cascade 为 true 时，分析表、列（索引）信息
GATHER_SCHEMA_STATS	分析方案信息
GATHER_DATABASE_STATS	分析数据库信息
GATHER_SYSTEM_STATS	分析系统信息
EXPORT_COLUMN_STATS	导出列的分析信息
EXPORT_INDEX_STATS	导出索引分析信息
EXPORT_SYSTEM_STATS	导出系统分析信息
EXPORT_TABLE_STATS	导出表分析信息
EXPORT_SCHEMA_STATS	导出方案分析信息
EXPORT_DATABASE_STATS	导出数据库分析信息
IMPORT_COLUMN_STATS	导入列分析信息
IMPORT_INDEX_STATS	导入索引分析信息
IMPORT_SYSTEM_STATS	导入系统分析信息
IMPORT_TABLE_STATS	导入表分析信息
IMPORT_SCHEMA_STATS	导入方案分析信息
IMPORT_DATABASE_STATS	导入数据库分析信息

　　dbms_stats 包问世以后，Oracle 专家可以通过一种简单的方式来为 CBO 收集统计数据。目前，已经不再推荐使用老式的分析表和 dbms_utility 方法来生成 CBO 统计数据。那些古老的方式甚至有可能危及 SQL 的性能，因为它们并非总是能够捕捉到有关表和索引的高质量信息。CBO 使用对象统计，为所有 SQL 语句选择最佳的执行计划。

　　dbms_stats 能良好地估计统计数据（尤其是针对较大的分区表），并能获得更好的统计结果，最终制定速度更快的 SQL 执行计划。

```
DBMS_STATS.GATHER_TABLE_STATS(
ownname VARCHAR2,
tabname VARCHAR2,
partname VARCHAR2,
estimate_percent NUMBER,
block_sample BOOLEAN,
method_opt VARCHAR2,
degree NUMBER,
granularity VARCHAR2,
cascade BOOLEAN,
stattab VARCHAR2,
statid VARCHAR2,
statown VARCHAR2,
no_invalidate BOOLEAN,
force BOOLEAN);
```

　　其中各个参数的含义如下所示。

❑ **ownname**　要分析表的拥有者。

❑ **tabname**　要分析的表名。

❑ **Partname**　分区的名字，只对分区表或分区索引有用。

❑ **estimate_percent**　采样行的百分比，取值范围[0.000001,100]，null 为全部分析，不采样。常量的 DBMS_STATS.AUTO_SAMPLE_SIZE 是默认值，由 oracle 决定最佳取采样值。

❑ **block_sapmple**　是否用块采样代替行采样。

❑ **method_opt**　决定直方图信息是怎样被统计的取值如下所示。

➢ **for all columns**　统计所有列的直方图。

➢ **for all indexed columns**　统计所有索引列的直方图。

➢ **for all hidden columns**　统计隐藏列的直方图。

➢ **for columns<list>SIZE<N>|REPEAT|AUTO|SKEWONLY**　统计指定列的直方图的取值范围[1,254]；REPEAT 上次统计过的 histograms；AUTO 由 oracle 决定 N 的大小；SKEWONLY 选项会耗费大量处理时间，因为它要检查每个索引中每个列的值的分布情况。

假如 dbms_stat 发现一个索引的各个列分布不均匀，就会为那个索引创建直方图，帮助基于代价的 SQL 优化器决定是进行索引访问，还是进行全表扫描访问。

❑ **degree**　决定并行度，默认值为 null。

❑ **granularity**　设置分区表收集统计信息的粒度，分别有以下几种。

➢ **all**　对表达全局，分区，子分区的数据都做分析。

➢ **auto**　Oracle 根据分区的类型，自动决定做哪一种粒度的分析。

➢ **global**　只做全局级别的分析。

➢ **global and partition**　只对全局和分区级别做分析，对子分区不做分析，这是和 all 的一个区别。

➢ **partition**　只做分区级别做分析。

➢ **subpartition**　只做子分区做分析。

❑ **cascace**　是收集索引的信息，默认为 false。

❑ **stattab**　指定要存储统计信息的表，statid 如果多个表的统计信息存储在同一个 stattab 中用于进行区分。statown 存储统计信息表的拥有者。以上三个参数若不指定，统计信息会直接更新到数据字典。

❑ **no_invalidate**　如果设置为 true，当收集完统计信息后，收集对象的游标不会失效；如果设置为 false，游标会立即失效

❑ **force**　即使表锁住了也收集统计信息。

【练习 51】

分析在 scott 用户下所有表的信息，如下所示。

```
SQL> execute dbms_stats.gather_table_stats(ownname => 'scott',tabname =>
'student',estimate_percent => null ,method_opt => 'for all indexed columns',cascade
=> true);
PL/SQL procedure successfully completed
```

使用四个预设的方法之一，这个选项能控制 Oracle 统计的刷新方式。

❑ **gather**　重新分析整个架构（Schema）。

❑ **gather empty**　只分析目前还没有统计的表。

❑ **gather stale**　只重新分析修改量超过 10%的表（这些修改包括插入、更新和删除）。

❑ **gather auto**　重新分析当前没有统计的对象，以及统计数据过期（变脏）的对象。

注意

使用 gather auto 类似于组合使用 gather stale 和 gather empty。

在分析之前，需要建立备份表，用于备份之前最近的一次统计分析数据，dbms_stats 包提供了专用的导入导出功能。

【练习 52】

首先创建一个分析表，该表是用来保存之前的分析值。

```
SQL> begin
  2 dbms_stats.create_stat_table(ownname => 'scott',stattab => 'STAT_TABLE');
  3 end;
  4 /
PL/SQL procedure successfully completed
SQL> begin
  2 dbms_stats.gather_table_stats(ownname=>'scott',tabname=>'T1');
  3 end;
 4 /
PL/SQL procedure successfully completed
```

导出表分析信息到 stat_table 中。

```
SQL> begin
  2dbms_stats.export_table_stats(ownname=>'scott',tabname=>'T1',stattab=>'STAT_TABLE');
  3 end;
  4 /
PL/SQL procedure successfully completed
SQL> select count(*) from scott.STAT_TABLE;
COUNT(*)
--------------
4
```

关于导出需要的内容，主要有以下几种，如表 6-9 所示。

表 6-9　导出表的内容

关 键 词	作　　用
EXPORT_COLUMN_STATS	导出列的分析信息
EXPORT_INDEX_STATS	导出索引分析信息
EXPORT_SYSTEM_STATS	导出系统分析信息
EXPORT_TABLE_STATS	导出表分析信息
EXPORT_SCHEMA_STATS	导出方案分析信息
EXPORT_DATABASE_STATS	导出数据库分析信息
IMPORT_COLUMN_STATS	导入列分析信息
IMPORT_INDEX_STATS	导入索引分析信息
IMPORT_SYSTEM_STATS	导入系统分析信息
IMPORT_TABLE_STATS	导入表分析信息
IMPORT_SCHEMA_STATS	导入方案分析信息
IMPORT_DATABASE_STATS	导入数据库分析信息
GATHER_INDEX_STATS	分析索引信息
GATHER_TABLE_STATS	分析表信息，当 cascade 为 true 时，分析表、列（索引）信息
GATHER_SCHEMA_STATS	分析方案信息
GATHER_DATABASE_STATS	分析数据库信息
GATHER_SYSTEM_STATS	分析系统信息

统计分析信息的删除如下所示。

```
SQL> begin
  2 dbms_stats.delete_table_stats(ownname=>'scott',tabname=>'T1');
  3 end;
  4 /
PL/SQL procedure successfully completed
SQL> select  num_rows,blocks,empty_blocks as  empty,  avg_space,  chain_cnt,
avg_row_len from dba_tables where owner = 'scott' and table_name = 'T1';
  NUM_ROWS    BLOCKS  EMPTY      AVG_SPACE           CHAIN_CNT   AVG_ROW_LEN
--------    ------  -------     ---------          ----------  ----------------
```

导入分析数据

```
SQL> begin
 2 dbms_stats.import_table_stats(ownname=>'scott',tabname=>'T1',stattab=>'STAT_TABLE');
 3 end;
 4 /
PL/SQL procedure successfully completed
```

6.4.5　分析的 dbms_stats 与 analyze 对比

dbms_stats 和 analyze 相比，具有不同的优缺点，所以在 Oracle 中可以使用不同的关键字进行表的分析。

1. DBMS_STATS 相对于 analyze 的优点

❑ dbms_stats 可以并行分析。

❑ dbms_stats 有自动分析的功能(alter table monitor)。

❑ 有时 analyze 分析统计信息不准确，主要是指对分区表的处理。dbms_stats 会完整的去分析表全局统计信息（当指定参数）；而 analyze 是将表分区(局部)的 statistics 汇总计算成表全局 statistics，可能导致误差。

2. DBMS_STATS 相对于 analyze 的缺点

❑ 不能 validate structure。

❑ 不能收集 chained rows，不能收集 cluster table 的信息，这两个仍旧需要使用 analyze 语句。

❑ dbms_stats 默认不对索引进行 analyze，因为默认 cascade 是 false，需要手工指定为 true。

❑ dbms_stats 可以收集表，索引，列，分区的统计，但不收集聚簇统计(需要在各个表上收集替代整个聚簇)。

对于分区表，建议使用 dbms_stats，而不是使用 analyze 语句。analyze 命令只收集最低一级对象(子分区或分区)的统计信息，然后推导出上一级对象的统计信息。但是如果上一级对象的统计信息的 Global Status 值为 YES，则将不会覆盖和更新原有的统计信息。

❑ 可以得到整个分区表的数据和单个分区的数据。

❑ 可以在不同级别上 Compute Statistics: 单个分区，子分区，全表，所有分区。

❑ 可以倒出统计信息。

❑ 可以使用户自动收集统计信息。

在使用 LIST CHAINED ROWS 和 VALIDATE 子句与收集空闲列表块的统计的过程中，还是提倡使用 analyze。

6.5 实例应用：创建一个学生选课系统管理员表

6.5.1 实例目标

通过使用 SQL 创建一个管理员表，并且设置该表的相应机制，然后再对表的一些约束条件进行设置，最后则是插入数据。

创建管理员表 admin，该表中的列以及数据类型，如 6-10 所示。

表 6-10　admin 表中的列以及数据类型

名　称	类　型	是否为空
adminid（管理员 id）	NUMBER(10)	否
adminname（管理员姓名）	VARCHAR2(20)	否
adminpwd（管理员系统密码）	VARCHAR2(10)	否
admindate（工作时间）	NUMBER(3)	是

创建学生表 student，该表中的列以及数据类型，如 6-11 所示。

表 6-11　student 表中的列以及数据类型

名　称	类　型	是否为空
studentid	NUMBER(10)	否
studentname	VARCHAR2(10)	否
adminid	NUMBER(10)	否

在该表中设置要求如下。

（1）使用 SQL 语句创建表，为表中的 adminid 列添加主键约束。

（2）修改 admin 表中的 adminpwd 列，修改为 pasword。

（3）将修改后的列 password 添加默认值为 123456。

（4）将 student 表添加一列信息为 stuaddress（学生籍贯）VARCHAR2(10)的列。

（5）修改 adminname 列的数据类型为 VARCHAR2(10)。

（6）为表中的 admindate 列添加检查约束，检查信息为工作时间大于两年。

（7）为表 student 中的 adminid 列添加外键，指向 admin 表中的 adminid 列。

（8）向表中添加不违反约束的信息，查询结果。

（9）插入违反约束的信息，查看系统执行的结果。

（10）将表的约束设置为立即检查。

（11）向表中添加不违反约束的信息，查询结果。

（12）插入违反约束的信息，查看系统执行的结果。

（13）将表的约束延迟状态开启。

（14）插入违法约束的信息，查看系统执行结果。

（15）事务提交，查看执行结果。

6.5.2 技术分析

根据修改要求可以得知，修改表需要对表的列进行增加、更新操作。对于列的增加操作需要使用 ALTER TABLE table_name ADD list_name date_type 子句进行插入。在对列进行更新操作的时候，是需要修改列的名称还是修改列的数据类型。修改列的数据类型，要注意参数精度大小的改变。

　　查看要求发现表中需要对列的约束信息进行设置添加，使用 ADD CONSTRAINT 添加列的约束信息，并且使用 ALTER TABLE 语句进行约束设置，以及使用 SET CONSTRAINTS 语句进行约束状态的修改。

　　对表延迟约束的状态修改，要注意是否立即检查。

6.5.3　实现步骤

（1）使用 SQL 语句创建表，为 admin 表中的 adminid 列添加主键约束。

```
SQL> create table admin
  2  (adminid number(10) not null primary key,
  3  adminname varchar2(20) not null,
  4  adminpwd varchar2(10) not null,
  5  admindate number(3));
Table created
SQL> create table student
  2  (studentid  number(10) not null,
  3  studentname varchar2(10) not null,
  4  adminid number(10) not null);
Table created
```

注意非空约束，以及添加主键约束条件。

（2）修改 admin 表中的 adminpwd 列名称，修改为 pasword。

```
SQL> alter table admin
  2  rename column adminpwd to password;
Table altered
```

修改名称之后的列的数据类型没有改变。查看表结构可以看出表中非空列以及表中列的名称与是否有默认值。

```
SQL> desc admin;
Name         Type          Nullable    Default    Comments
----------   -----------   ----------  --------   --------------
ADMINID      NUMBER(10)
ADMINNAME    VARCHAR2(20)
PASSWORD     VARCHAR2(10)
ADMINDATE    NUMBER(3)                  Y
```

（3）修改将修改后的列 password 添加默认值为 123456。

```
SQL> alter table admin
  2  modify (password default 123456);
Table altered
SQL> desc admin;
Name         Type          Nullable    Default    Comments
----------   -----------   ----------  --------   --------------
ADMINID      NUMBER(10)
ADMINNAME    VARCHAR2(20)
PASSWORD     VARCHAR2(10)              123456
```

```
ADMINDATE      NUMBER(3)      Y
```

（4）将 student 表添加一列信息为 stuaddress（学生籍贯）VARCHAR2(10)的列。

```
SQL> alter table student
  2  add stuaddress VARCHAR2(10);
Table altered
SQL> desc student;
Name            Type            Nullable   Default   Comments
----------      ------------    ---------  --------  ---------------
STUDENTID       NUMBER(10)
STUDENTNAME     VARCHAR2(10)
ADMINID         NUMBER(10)
STUADDRESS      VARCHAR2(10)               Y
```

查看表结构，操作成功。

（5）修改 adminname 列的数据类型为 VARCHAR2(10)。

```
SQL> alter table admin
  2  modify adminname varchar2(10);
Table altered
```

（6）为表中的 admindate 列添加检查约束，检查信息为工作时间大于 2 年。

```
SQL> alter table admin
  2  add check(admindate>2);
Table altered
```

（7）为表 student 中的 adminid 列添加外键，指向 admin 表中的 adminid 列。

```
SQL> alter table student
  2  add constraint id_pk foreign key(adminid) references admin (adminid);
Table altered
```

（8）向 admin 表中添加不违反约束的信息查询结果。

```
SQL> insert into admin
  2  values(101,'王明','wm123',3);
1 row inserted
SQL> select * from admin;
ADMINID    ADMINNAME     PASSWORD    ADMINDATE
-------    ----------    ---------   --------------------
101        王明           wm123       3
```

（9）插入违反约束的信息，查看系统执行的结果。

```
SQL> insert into admin
  2  values(102,'李涛','lt123',1);
insert into admin
values(102,'李涛','lt123',1)
ORA-02290：违反检查约束条件 (SCOTT.SYS_C009796)
```

（10）将表的约束延迟状态开启。

```
SQL> set constraints all deferred;
Constraints set
```

（11）插入违法约束的信息，查看系统执行结果。

```
SQL> insert into admin
  2  values(102,'韩明','hm',4);
1 row inserted
```

（12）事务提交，查看执行结果。

```
SQL> commit
  2  /
commit
ORA-02091: 事务处理已回退
ORA-00001: 违反唯一约束条件 (SCOTT.SYS_C009795)
```

（13）将表的约束设置为立即检查。

```
SQL> set constraints all immediate;
Constraints set
```

（14）向表中添加不违反约束的信息。查询结果。

```
SQL>  insert into admin
  2  values(103,'张涛','zt123',4);
1 row inserted
```

（15）插入违反约束的信息，查看系统执行的结果。

```
SQL>  insert into admin
  2  values(103,'严伟','yw123',4);
insert into admin
values(103,'严伟','yw123',4)
ORA-00001: 违反唯一约束条件 (SCOTT.SYS_C009795)
```

6.6 拓展训练

1. 创建员工信息表 empjob

创建员工表 emp_job，如表 6-12 所示。

表 6-12　emp_job 表中的列以及数据类型

名　　称	类　　型	是否为空
empid（员工编号）	NUMBER(2)	否
empname（员工姓名）	VARCHAR2(10)	否
empdept（员工部门编号）	VARCHAR（10）	否
empsal（员工工资）	NUMBER(4)	是

（1）将员工信息表 emp_job 重命名为 employee。

（2）将员工信息表中添加一列 empdate（雇用时间）列。数据类型为 date。

（3）将表中的 empid 设置为主键约束。

（4）将 empdept 列的数据类型该为 NUMBER(4)。

（5）将 empsal 列设置检查约束，要求员工工资大于 1000。

（6）为员工信息表中的员工部门编号（empdept）列的添加默认值。

（7）创建 jobs 表，包含 dept（部门编号）NUMBER(4)以及 jobname（部门名称）。

（8）将 employee 中的 emodept 设置为外键，指向表 jobs 中的 dept 列。

（9）设置表 employee 表中的约束状态，进行插入，查看运行结果。

（10）将表中所有数据进行提交，查看表结构。

2．创建商品管理分类表

假设存在商场商品管理系统数据库中的分类表 goods，如表 6-13 所示。

表 6-13　goods 表中的列以及数据类型

名　称	类　型	是否为空
goodid（商品 id）	NUMBER(10)	否
goodname（商品名称）	VARCHAR2(20)	否
goodtype（商品分类）	VARCHAR2（20）	否
goodprice（商品价格）	NUMBER(3)	是

（1）使用 SQL 语句创建表，为表中的 goodid 列添加主键约束。

（2）为表中的 goodprice 列添加检查约束，检查信息为商品价格大于 20。

（3）为表中的商品价格列设置默认值为 500。

（4）将表中的商品分类列的数据类型修改为 VARCHAR2（10）。

（5）将所有的商品价格低于 300 的数据修改为原来的 1.5 倍。

（6）向表中添加不违反约束的信息。查询结果。

（7）将表的约束设置为立即检查。

（8）插入违反约束的信息，查看系统执行的结果。

（9）将表的约束延迟状态开启。

（10）插入违法约束的信息，查看系统执行结果。

（11）进行事务提交，查看执行结果。

6.7 课后练习

一、填空题

1. 表常见的几种类型有_____、簇表、分区表和索引表。

2. 在为表指定表空间的时候，最好不要将表指定在_____中。否则会影响数据库性能。

3. _____是可变长度的数字类型，支持最大精度为 38。

4. 创建表需要使用_____关键字。

5. 使用_____（简写为 DESC）命令查看表结构。

6. 约束分为五种,分别是 NOT NULL、PRIMARY KEY 约束、_____约束、UNIQUE 约束和 FOREIGN KEY 约束。

7. 为表添加外键约束的之前，必须保证_____已经存在，并且引用列被定义为 UNIQUE 约束或者 PRIMARY KEY 约束。

8. 在创建表时，使用_____关键字可以将约束设置为禁止状态，使用 ENABLE 关键字可以将约束设置为激活状态。

9. 使用_____语句，可以收集关于表的物理存储结构和特性的统计信息并且存放到数据字典中。

二、选择题

1. DATE 是_____类型。

A 日期值

B 数字型

C 字符型

D 对象类型

2. 下面哪种数据类型不是 Oracle 中的数据类型?_____

A. NUMBER

B. INT

C. VARCHAR2

D. STRING

3. 下面几个语句中为学生表 STUDENT 添加一列学生性别 STUSEX(CHAR 类型)正确的是_____。

A. ALTER TABLE STUDENT DROP COLUMN STUSEX;

B. ALTER TABLE STUDENT ADD STUSEX CHAR(2);

C. ALTER TABLE STUDENT ADD STUSEX;

D. ALTER TABLE STUDENR STUSEX CHAR(2);

4. 如果为某一列定义了一个 PRIMARY KEY 约束，则_____。

A. 不可以为空也不可以重复

B. 允许出现多个 NULL

C. 是只能定义在列级别

D. 检查约束

5. 为某一列定义了一个 CHECK 约束，希望该约束在某种状态下能够对表中以后添加和更新的数据进行约束检查，而不检查表中已经存在的数据，那么就应该将该约束设置为_____状态。

A. ENABLE VALIDATE

B. ENABLE NOVALIDATE

C. DISABLE VALIDATE

D. DISABLE NOVALIDATE

6. 为某一列定义了一个 CHECK 约束，希望该约束在某种状态下能够对表中已经存在的数据执行约束检查，但是不允许对表执行添加和更新操作，那么就应该将该约束设置为_____状态。

A. ENABLE VALIDATE

B. ENABLE NOVALIDATE

C. DISABLE VALIDATE

D. DISABLE NOVALIDATE

7. 在创建表时，如果使用_____子句，则对该表的操作不会保存到重做日志中。使用这种方式可以重做日志文件的存储空间。

A. LOGGING

B. NOLOGGING

C. CACHE

D. UNIQUE

8. 下面哪个约束表示该列的值不能重复_____。

A. NOT NULL

B. UNIQUE

C. PRIMARY KEY

D. CHECK

9. 定义了 PRIMARY KEY 约束的外键列，与被引用的主键列存在于同一个表中的情况称之为_____。

A. 自引用

B. 交引用

C. 子连接

D. 交连接

三、简答题

1. 说出在表中添加主键约束的好处和作用。

2. 对表中列的操作有哪些? 具体的操作方法是什么?

3. 约束的四种状态以及使用的限制。

4. 延迟约束的种类以及区别。

5. 约束的分类有哪几种?

6. 创建表策略要依据哪几个方面?

7. 简述使用 OEM 创建表的过程

8. 简述在进行表分析的过程中，dbms_stats 与 analyze 的区别。

9. 简述 dbms_stats 的优点与缺点。

第 7 课
使用 SELECT 检索语句

SELECT 语句在 Oracle 中使用最为频繁，主要用于查询数据信息。SELECT 语句可以按照用户要求从数据库中查询出数据，并将查询结果返回，但是在使用 SELECT 语句进行查询的时候，会使用到查询的条件中包含有字符值的情况。表数据中字符值区分大小写，所以在引用的时候要注意大小写区分。

本课将详细介绍数据查询方法，像基本的查询表数据时为表和列指定别名、使用条件查询、对结果集进行格式化显示以及子查询等。

本课学习目标：

- ❑ 掌握基本的查询语句的语法结构
- ❑ 使用 SELECT 语句完成基本数据的查询
- ❑ 熟练掌握条件查询和对结果集的格式化
- ❑ 灵活掌握子查询
- ❑ 使用子查询进行单行、多行、多列数据查询
- ❑ 掌握关联子查询的使用
- ❑ 掌握在 UPDATE 和 DELETE 语句中的子查询
- ❑ 简单掌握多层的嵌套查询

7.1 基本查询

基本的查询就是为了满足在使用数据库的过程中，能够查询出一些简单的基本信息，这些信息的查询并不需要连接其他的数据表，也不需要与其他的数据信息相关联。

本节主要讲解基本查询的基本应用包括基本的语法规范，简单的查询语句。

7.1.1 SELECT 语句的简介和语法

SELECT 语句是操作 Oracle 中最常用的语句，最简单的数据查询是进行单表查询，并且没有任何排序和筛选条件。

SELECT 的语法格式如下所示。

```
SELECT [ALL|DISTINCT] select_list
FROM table_name
[WHERE<search_condition>]
[GROUP BY<group_by_expression>]
[HAVING<search_condition>]
[ORDER BY<order_by_expression> [ASC|DESC]]
```

上述语法格式中，在"[]"之内的子句表示可选项，具体参数说明如下所示。

❑ **SELECT** 知道查询需要返回的列。

❑ **ALL|DISTINCT** 用来标识在查询结果集中对相同行的处理，关键字 ALL 表示返回查询结果集的所有行，其中包括重复行；关键字 DISTINCT 表示如果结果集中有重复行，那么只显示一行，默认值为 ALL。

❑ **select_list** 如果返回多列，各个列名之间用逗号隔开；如果需要返回所有列的数据信息，则可以用"*"表示。

❑ **FROM** 用来指定要查询的表或者视图的名称列表。

❑ **table_name** 要查询的表的名称。

❑ **WHERE** 用来指定搜索的限定条件。

❑ **GROUP BY** 用来知道那个查询结果的分组条件。根据 group_by_expression 中的限定条件对结果集进行分组。

❑ **HAVING** 与 GROUP BY 子句组合使用，用来对分组的结果进一步限定搜索条件。

❑ **ORDER BY** 用来指定结果集的排序方式，根据 order_by_expression 中的限定条件对结果集进行排序。

❑ **ASC|DESC** ASC 表示升序排列；DESC 表示降序排列。

(提 示)

在 SELECT 语句中，FROM、WHERE、GROUP BY 和 ORDER BY 子句必须按照语法中列出的次序依次执行。例如，如果把 GROUP BY 放在 ORDER BY 子句之后，就会出现新语法错误。

7.1.2 查询指定列

查询数据表的时候，既可以查询所有列的数据，也可以查询指定列的数据。如果要查询所有列的数据，就用"*"查询；如果要查询指定列，那么多个列之间要用逗号隔开。

【练习 1】

查询学生表 student 中的所有列的学生信息，如下所示。

```
SQL> select * from student;
STUID    STUNAME        STUSEX    STUBIRTH      SCORE    CLAID
------   --------       ------    ----------    -----    ---------
200401   李云            女        1983-10-17    78       1
200402   宋佳            女        1984-9-7      80       1
200403   张天中          男        1983-2-21     86       2
200404   赵均            男        1985-11-13    72       2
200405   周腾            男        1984-12-18    52       2
200406   马瑞            女        1984-1-1      59       3
200407   张华            女        1983-12-6     89       4
200408   安宁            男        1984-9-8      78       3
200409   李兵            男        1984-6-28     52       3
200410   魏征            男        1984-4-2      62       4
200411   刘楠            女        1984-5-5      65       4
200412   李娜            女        1983-9-10     76       3
12 rows selected
```

【练习 2】

查询 student 表中学生编号（stuid）列、学生姓名（stuname）列和学生成绩（score）列的信息，如下所示。

```
SQL> select stuid,stuname,score from student;
STUID        STUNAME        SCORE
---------    ------------   ---------
200401          李云           78
200402          宋佳           80
200403          张天中         86
200404          赵均           72
200405          周腾           52
200406          马瑞           59
200407          张华           89
200408          安宁           78
200409          李兵           52
200410          魏征           62
200411          刘楠           65
200412          李娜           76
12 rows selected
```

7.1.3 指定别名

在 SELECT 语句中还可以为查询结果中的列添加别名，使返回的结果更加清晰。为目标列名指定别名的语法格式如下所示。

```
column_name [AS] alias_name
```

参数说明如下所示。

❏ **column_name**　表示表中的列名。

❏ **alias_name**　表示为原来的列名指定的别名。

提示

在为列名指定别名的时候，为了方便有时候可以省略 AS 关键字。另外，在为多个列名指定别名的时候，多个列名之间要使用逗号隔开。

【练习3】

为查询到的学生信息表 student 中的列分别添加一个中文别名，如下所示。

```
SQL> select
  2  stuid as 学号,
  3  stuname as 姓名,
  4  stusex as 性别,
  5  stubirth 出生日期,
  6  score 成绩,
  7  claid 班级编号
  8  from student;
学号        姓名        性别    出生日期        成绩      班级编号
--------- --------- ------ ------------ ------- ----------
200401     李云        女      1983-10-17     78        1
200402     宋佳        女      1984-9-7       80        1
200403     张天中       男      1983-2-21      86        2
200404     赵均        男      1985-11-13     72        2
200405     周腾        男      1984-12-18     52        2
200406     马瑞        女      1984-1-1       59        3
200407     张华        女      1983-12-6      89        4
200408     安宁        男      1984-9-8       78        3
200409     李兵        男      1984-6-28      52        3
200410     魏征        男      1984-4-2       62        4
200411     刘楠        女      1984-5-5       65        4
200412     李娜        女      1983-9-10      76        3
12 rows selected
```

7.1.4　使用算术运算符

在使用 SELECT 语句进行查询的时候，不仅可以对数据进行查询，而且还可以执行一些算数运算（如+、-、*、/）。

【练习4】

在 student 中满足 claid=2 数据的算术表达式的结果。

```
SQL> select (100-50+7*2)-30+4/2 from student where claid=2;
(100-50+7*2)-30+4/2
-------------------------
36
36
36
```

结果显示了三次，是因为在 student 中有三条满足 claid=2 的数据。上面的表达式中先执行了括号里面的数据，最后执行出来的结果是 36。

在使用 SELECT 语句时，还可以执行与列关联的运算。

【练习5】

下面以 scgrade 表为例，计算出不同的成绩等级中最高成绩和最低成绩的差值，如下所示。

```
SQL> select grade,hiscore-loscore 成绩之差 from scgrade;
GRADE               成绩之差
```

不及格	59
及格	9
良好	9
优秀	20

7.1.5　分页查询

在使用一些数据量比较大的数据时，在进行查询的时候需要进行分页显示，使查询出来的数据信息，按每页多少条的记录规律显示，那么就用到了分页查询。

分页查询的一般格式为：

```
SELECT * FROM
(SELECT A.*, ROWNUM RN FROM
(SELECT * FROM table_name) A
WHERE ROWNUM<=number_hi)
WHERE RN >= number_lo
```

其中最内层的查询 SELECT * FROM table_name 表示不进行分页的原始查询语句，返回的结果是数据表中的所有数据。ROWNUM<=number_hi 和 RN>=number_lo 控制分页查询的范围（表示每页从 number_lo 开始到 number_hi 之间的数据）。

上面给出的这个分页查询语句，在大多数情况拥有较高的效率。分页的目的就是控制输出结果集大小，将结果尽快返回。在上面的分页查询语句中，这种考虑主要体现在 WHERE ROWNUM <=number_hi 上。

选择第 number_lo 条到第 number_hi 条记录存在两种方法，一种是上面例子中展示的在查询的第二层通过 ROWNUM <= number_hi 来控制最大值，在查询的最外层控制最小值。而另一种方式是去掉查询第二层的 WHERE ROWNUM <= number_hi 语句，在查询的最外层控制分页的最小值和最大值，具体格式如下所示。

```
SELECT * FROM
(SELECT A.*, ROWNUM RN FROM
(SELECT * FROM table_name) A)
WHERE RN BETWEEN number_lo AND number_hi
```

对比两种写法，绝大多数的情况下，第一个查询的效率比第二个高得多。这是由于 CBO 优化模式下，Oracle 可以将外层的查询条件推到内层查询中，以提高内层查询的执行效率。

对于第一个查询语句，第二层的查询条件 WHERE ROWNUM <= number_hi 就可以被 Oracle 推入到内层查询中，这样 Oracle 查询的结果一旦超过了 ROWNUM 限制条件，就终止查询将结果返回了。而第二个查询语句，由于查询条件 BETWEEN number_lo AND number_hi 是存在于查询的第三层，而 Oracle 无法将第三层的查询条件推到最内层（即使推到最内层也没有意义，因为最内层查询不知道 RN 代表什么）。因此，对于第二个查询语句，Oracle 最内层返回给中间层的是所有满足条件的数据，而中间层返回给最外层的也是所有数据。数据的过滤在最外层完成，显然这个效率要比第一个查询低得多。

下面对于这两种方法的具体实现进行对比。

【练习6】

采用分页查询，查询出 student 表中从第 5 条到第 9 条的数据。

```
SQL> select * from (select A.*,rownum rn from(select * from student)A where
rownum<=9)where rn>=5;
STUID       STUNAME      STUSEX       STUBIRTH      SCORE     CLAID      RN
----------  --------     --------     ---------     ------    --------   ------
200405      周腾         男           1984-12-18    52        2          5
200406      马瑞         女           1984-1-1      59        3          6
200407      张华         女           1983-12-6     89        4          7
200408      安宁         男           1984-9-8      78        3          8
200409      李兵         男           1984-6-28     52        3          9
```

另一种使用 BETWEEN AND 的语句。

```
select*from(selectA.*,rownumrnfrom(select*fromstudent)A)wherernbetween 5and9;
```

执行结果就会发现，两种查询语句的效果一样。

7.2 条件查询

在一个数据表中通常会存放比较多的数据信息，在执行操作的时候，用户如果没有指定任何限定条件，就会查询出表中所有的行，但是在实际的应用环境中，用户只需要查询表中的部分数据而不是全部的数据。例如，在查询班级号为 1 的所有同学，或者查询没有几个的同学信息等。因此在执行查询操作的时候，通过使用 WHERE 子句查询，以限制查询结果，从而返回符合条件的结果集，语法格式如下所示。

```
SELECT <*|column1,column2,...>
FROM table_name
WHERE search_expression;
```

其中各个参数的含义如下所示。

❑ **WHERE**　用于指定条件子句，可以使用多种条件，例如比较运算符、逻辑运算符和列表运算符等。如果子句返回的结果值为 true，则会检索相应行的数据，如果返回的结果值为 false，则不会检索该行数据。

❑ **search_expression**　表示为用户选取所需查询数据行的条件，即查询返回的行所需要满足的条件。

本节将主要讲解条件查询的几个具体条件的使用，包括比较条件、范围条件、逻辑条件、字符匹配符、列表运算符和以下其他的未知条件。

提示

在使用 WHERE 的条件查询时，子句中要使用数字值时，既可以直接引用数字值，也可以用单引号引住数字值；子句中要使用字符值时，必须用单引号引住字符值。

7.2.1　比较条件

WHERE 子句的比较运算符及含义如表 7-1 所示。

表 7-1 比较运算符及含义

比较运算符	含义	比较运算符	含义
=	等于	<>、!=	不等于
<	小于	>	大于
<=	小于等于	>=	大于等于

使用上述几种比较运算符可以对查询语句进行限定，其具体语法如下。

```
WHERE expression1 comparison_operator expression2
```

语法说明如下所示。

❏ **expression**　表示要比较的表达式。

❏ **comparison_operator**　表示比较运算符。

下面用几个简单的例子，介绍比较运算符的具体用法。

【练习 7】

使用简单的比较运算符，查询学生成绩系统中，学生成绩大于 70 分的学生信息。

```
SQL> select * from student where score>70;

STUID    STUNAME      STUSEX       STUBIRTH      SCORE    CLAID
------   --------     -------      ----------    ------   ----------
200401   李云         女           1983-10-17    78          1
200402   宋佳         女           1984-9-7      80          1
200403   张天中       男           1983-2-21     86          2
200404   赵均         男           1985-11-13    72          2
200407   张华         女           1983-12-6     89          4
200408   安宁         男           1984-9-8      78          3
200412   李娜         女           1983-9-10     76          3

7 rows selected
```

【练习 8】

查询学生成绩系统中，女生的学生信息，如下所示。

```
SQL> select * from student where claid=2;

STUID    STUNAME     STUSEX       STUBIRTH        SCORE       CLAID
------   --------    ---------    ------------    --------    ----------
200401   李云        女           1983-10-17      78             1
200402   宋佳        女           1984-9-7        80             1
200406   马瑞        女           1984-1-1        59             3
200407   张华        女           1983-12-6       89             4
200411   刘楠        女           1984-5-5        65             4
200412   李娜        女           1983-9-10       76             3
```

【练习 9】

查询学生成绩系统中，claid 不等于 3 的学生信息。如下所示。

```
SQL> select * from student where claid <> 3;

STUID    STUNAME     STUSEX       STUBIRTH        SCORE       CLAID
------   --------    ---------    ------------    --------    ----------
200401   李云        女           1983-10-17      78             1
200402   宋佳        女           1984-9-7        80             1
```

```
200403    张天中       男              1983-2-21              86               2
200404    赵均         男              1985-11-13             72               2
200405    周腾         男              1984-12-18             52               2
200407    张华         女              1983-12-6              89               4
200410    魏征         男              1984-4-2               62               4
200411    刘楠         女              1984-5-5               65               4
8 rows selected
SQL> select * from student where claid != 3;
STUID     STUNAME     STUSEX          STUBIRTH               SCORE            CLAID
------    --------    -------         ----------             ---------        ----------
200401    李云         女              1983-10-17             78               1
200402    宋佳         女              1984-9-7               80               1
200403    张天中       男              1983-2-21              86               2
200404    赵均         男              1985-11-13             72               2
200405    周腾         男              1984-12-18             52               2
200407    张华         女              1983-12-6              89               4
200410    魏征         男              1984-4-2               62               4
200411    刘楠         女              1984-5-5               65               4
8 rows selected
```

7.2.2 范围条件

在 WHERE 子句中，还可以使用范围条件查询指定范围内的数据。范围条件主要有两个 BETWEEN…AND…与 NOT BETWEEN…AND…，具体的语法格式如下所示。

```
WHERE expression [NOT] BETWEEN value1 AND value2
```

参数说明如下所示。

❑ **value1** 表示范围的下限。

❑ **value2** 表示范围的上限。

 注意

WHERE 子句中的 value2 的值必须大于 value1 的值，否则将无法返回要查询的信息。

【练习 10】

查询学生成绩系统中，学生成绩在 70 分和 80 分之间的学生信息。如下所示。

```
SQL> select * from student where score between 70 and 80;
STUID     STUNAME     STUSEX          STUBIRTH               SCORE           CLAID
-----     --------    ----------      ------------           --------        ----------
200401    李云         女              1983-10-17             78               1
200402    宋佳         女              1984-9-7               80               1
200404    赵均         男              1985-11-13             72               2
200408    安宁         男              1984-9-8               78               3
200412    李娜         女              1983-9-10              76               3
```

【练习 11】

查询学生成绩系统中，学生成绩不在 70 分和 80 分之间的同学信息，如下所示。

```
SQL> select * from student where score not between 70 and 80;
STUID     STUNAME     STUSEX          STUBIRTH         SCORE            CLAID
```

```
-----      --------         --------         ------------      --------      ---------
200403     张天中            男               1983-2-21         86            2
200405     周腾              男               1984-12-18        52            2
200406     马瑞              女               1984-1-1          59            3
200407     张华              女               1983-12-6         89            4
200409     李兵              男               1984-6-28         52            3
200410     魏征              男               1984-4-2          62            4
200411     刘楠              女               1984-5-5          65            4
7 rows selected
```

7.2.3 逻辑条件

当执行查询操作的时候，许多情况需要制定多个查询条件。当使用多个查询条件的时候，就要用到逻辑运算符 AND、OR 和 NOT。使用这三个逻辑运算符可以连接多个查询条件，当条件成立时返回结果集。下面具体介绍这些逻辑运算符以及需要遵守的规则。

- ❏ **AND** 用于合并简单条件和包括 not 的条件，并且只有当运算符两边的所有条件都为 true 时，才会返回该行数据的结果。否则返回 false，无法进行查询。
- ❏ **OR** 表示只要该运算符两边的条件中有一个条件为 true，就会返回 true，就能返回该行的数据结果；否则就返回 false，无法进行查询。
- ❏ **NOT** 表示否认一个表达式，将一个表达式的结果取反。如果条件是 false，则返回 true；如果条件是 true，则返回 false。

逻辑条件的语法格式如下所示。

```
WHERE NOT expression|expression1 [AND|OR] expression2;
```

逻辑操作符 AND、OR、NOT 的优先级低于任何一种比较操作符，在三个操作符中，NOT 优先级最高，AND 其次，OR 最低。如果要改变优先级，则需要使用括号。

在下面几个例子中，分别使用了不同的逻辑运算符，讲解具体的用法。

【练习 12】
查询 student 中女学生并且所在班级是 3 的学生信息，如下所示。

```
SQL> select * from student where stusex='女' and claid=3;
STUID      STUNAME          STUSEX           STUBIRTH          SCORE         CLAID
------     --------         ---------        ---------         --------      ---------
200406     马瑞              女               1984-1-1          59            3
200412     李娜              女               1983-9-10         76            3
```

从上面的结果中看出，查询出来的数据既满足 stusex='女'又满足 claid=3。

【练习 13】
查询成绩高于 80 分的或者所在班级是 2 的学生信息，如下所示。

```
SQL> select * from student where score>80 or claid=2;
STUID      STUNAME          STUSEX           STUBIRTH          SCORE         CLAID
------     --------         --------         ----------        ------        ---------
200403     张天中            男               1983-2-21         86            2
200404     赵均              男               1985-11-13        72            2
200405     周腾              男               1984-12-18        52            2
200407     张华              女               1983-12-6         89            4
```

从上面的例子中可以看出，有两个学生的成绩是高于 80 分，而另外两个查询出来的信息表示
claid 为 2 的学生信息。

【练习 14】

使用 NOT 逻辑操作符查询出 student 表中班级信息 claid 不为 3 且是女生的学生信息。

```
SQL> select * from student where claid not in 3 and stusex='女';
STUID    STUNAME    STUSEX    STUBIRTH       SCORE       CLAID
------   --------   --------  ----------     ------      ---------
200401   李云       女        1983-10-17     78          1
200402   宋佳       女        1984-9-7       80          1
200407   张华       女        1983-12-6      89          4
200411   刘楠       女        1984-5-5       65          4
```

从上面的例子可以看出，claid not in 3 返回的是 claid 不等于 3 的情况。

7.2.4　字符匹配符

在进行 SELECT 查询的时候，如果不能完全确定某些信息的查询条件，但这些信息又具有某些
特征，Oracle 提供了字符匹配符来解决这个问题。

在 WHERE 子句中，使用字符匹配符 LIKE 或 NOT LIKE 可以把表达式与字符串进行比较，从
而实现对字符串的模糊查询。字符匹配符的语法格式如下所示。

```
WHERE expression [NOT] LIKE 'string'
```

其中，string 表示进行比较的字符串。

WHERE 子句可以实现对字符串的模糊匹配。进行模糊匹配时，可以在 string 字符串中使用通
配符。使用通配符时必须将字符串和通配符都用单引号括起来。

以下是几种常用的通配符。

❑ **%（百分号）**　用于表示 0 个或者多个字符。

❑ **_（下划线）**　用于表示单个字符。

注意

在 Oracle 中字符串是严格区分大小的，例如'%a'和'%A'表示不同的两个字符串，应该严格注意。

【练习 15】

查询学生成绩系统中学生表 student 中张姓同学的信息，如下所示。

```
SQL> select * from student where stuname like '张%';
STUID    STUNAME    STUSEX    STUBIRTH       SCORE       CLAID
-----    ---------  -------   ----------     --------    ---------
200403   张天中     男        1983-2-21      86          2
200407   张华       女        1983-12-6      89          4
```

【练习 16】

查询出在学生成绩系统中学生表 student 中学生编号 stuid 第 5 个数字为 1 的学生信息，如下
所示。

```
SQL> select * from student where stuid like '____1%';
STUID    STUNAME    STUSEX    STUBIRTH       SCORE       CLAID
-----    ---------  -------   ---------      ------      ---------
200410   魏征       男        1984-4-2       62          4
```

200411	刘楠	女	1984-5-5	65	4
200412	李娜	女	1983-9-10	76	3

其中单引号里面为 4 个下划线，因为已经确定了第几个数字是确定值，因此，前面的未知字符的数量也可以确定，就是有几个字符，就会有几个下划线。这里不确定第五个数字之后是什么数值，因此，就在'＿＿＿1'后添加%。

7.2.5 列表运算符

列表运算符包括关键字 IN 和 NOT IN，主要用于查询属性值是否属于指定集合的元组。当列或者表达式结果匹配与列表中的任意一个值时，条件子句返回 TRUE，就会执行 SELECT 查询语句。具体的语法格式如下所示。

```
WHERE expression [NOT] IN value_list
```

其中 value_list 表示列值，当有多个列值时，用括号将各个列值括起来，且各个列值之间用逗号隔开。

> **注意**
>
> 在 IN 或者 NOT IN 之后的 value_list 不允许为空值，也就是 value_list 不为 null。

【练习 17】

查询学生成绩管理系统学生表 student 中，学生姓名 stuname 为李兵和李娜的学生信息。

```
SQL> select * from student where stuname in ('李兵','李娜');
STUID    STUNAME     STUSEX      STUBIRTH     SCORE      CLAID
-----    --------    ---------   ----------   --------   ---------
200409   李兵        男          1984-6-28    52         3
200412   李娜        女          1983-9-10    76         3
```

【练习 18】

查询学生成绩管理系统学生成绩等级表 scgrade 中，等级不是及格的等级信息。

```
SQL> select * from scgrade where grade not in '及格';
GRADE    LOSCORE     HISCORE
------   ---------   --------
不及格     0           59
良好      70          79
优秀      80          100
```

7.2.6 未知值条件

在使用 SELECT 查询时，有一些条件是未知的。在 Oracle 中根据 WHERE 子句中运用 IS NULL 关键字可以查询到数据表中为 NULL 的字段；反之，使用 IS NOT NULL 可以查询不为 NULL 的值，语法格式如下所示。

```
WHERE column IS NULL|IS NOT NULL
```

> **注意**
>
> 注意，在这里的 IS NULL 不能用=NULL 代替。

【练习 19】

查询学生成绩管理系统学生表 student 中，stubirth 为空值的数据。

```
SQL> select * from student where stubirth is null;
STUID    STUNAME       STUSEX       STUBIRTH           SCORE       CLAID
-----    --------      --------     -----------        --------    ---------
200401   李云          女                              78          1
200406   马瑞          女                              59          3
```

【练习20】

查询学生成绩管理系统学生表 student 中，stubirth 不为空值的数据。

```
SQL> select * from student where stubirth is not null;
STUID    STUNAME       STUSEX       STUBIRTH           SCORE       CLAID
-----    --------      --------     -----------        --------    ---------
200402   宋佳          女           1984-9-7           80          1
200403   张天中        男           1983-2-21          86          2
200404   赵均          男           1985-11-13         72          2
200405   周腾          男           1984-12-18         52          2
200407   张华          女           1983-12-6          89          4
200408   安宁          男           1984-9-8           78          3
200409   李兵          男           1984-6-28          52          3
200410   魏征          男           1984-4-2           62          4
200411   刘楠          女           1984-5-5           65          4
200412   李娜          女           1983-9-10          76          3
10 rows selected
```

7.3 格式化结果集

在进行查询操作时，默认的情况下会按照行数据插入的先后顺序来显示行数据。但是在实际的情况中，经常需要对返回的结果集进行格式化，使得显示的结果达到更直观的效果。

本节主要讲述几种对结果集格式化的方法，例如使用 ORDER BY 对结果集排序、使用 GROUP BY 对结果集分组等。

7.3.1 排序查询

对结果集进行排序，使得返回的结果集按照需求升序或者降序排列，语法格式如下所示。

```
SELECT <column1,column2,column3…> FROM table_name
WHERE expression
ORDER BY column1[,column2,column3…][ASC|DESC]
```

其中各个参数含义如下所示。

❏ **ORDER BY column**   表示按列名 column 进行排序。

❏ **ASC**   指定升序排列。

❏ **DESC**   指定降序排列。

 注意

在默认的情况下，当使用 ORDER BY 执行排序操作的时候，数据以升序方式排列。

【练习21】

查询学生成绩管理系统中，学生的学号 stuid，姓名 stuname，性别 stusex，并且按照学号 stuid
进行升序排列。

```
SQL> select stuid,stuname,stusex from student order by stuid asc;
STUID    STUNAME    STUSEX
------   ------     ------
200401   李云       女
200402   宋佳       女
200403   张天中     男
200404   赵均       男
200405   周腾       男
200406   马瑞       女
200407   张华       女
200408   安宁       男
200409   李兵       男
200410   魏征       男
200411   刘楠       女
200412   李娜       女
12 rows selected
```

【练习22】

查询学生成绩管理系统中，学生的学号 stuid，姓名 stuname，性别 stusex，并且按照学号 stuid
进行降序排列。

```
SQL> select stuid,stuname,stusex from student order by stuid desc;
STUID    STUNAME    STUSEX
-----    -------    ----------
200412   李娜       女
200411   刘楠       女
200410   魏征       男
200409   李兵       男
200408   安宁       男
200407   张华       女
200406   马瑞       女
200405   周腾       男
200404   赵均       男
200403   张天中     男
200402   宋佳       女
200401   李云       女
12 rows selected
```

经过对比可以发现两种排序结果产生完全不同的结果。使用排序可以使结果集显示的更加清晰。

7.3.2 分组查询

有时候要把一个表中的行分为多个组，然后获取每个行组的信息。Oracle 提供了关键字 GROUP
BY。GROUP BY 用于对查询结果进行分组统计，具体语法如下所示。

```
SELECT <column1,column2,column3,…> FROM table_name
```

```
GROUP BY column1[,column2,column3…]
```

GROUP BY 子句通常与统计函数一起使用，常见的统计函数如表 7-2 所示。

表 7-2　常用统计函数

函 数 名	功　　能
COUNT	求组中项目数，返回整数
SUM	求和，返回表达式中所有值的和
AVG	求平均值，返回表达式中所有值的平均值
MAX	求最大值，返回表达式中所有值的最大值
MIN	求最小值，返回表达式中所有值的最小值

使用 GROUP BY 有单列分组和多列分组的情况。下面我们主要从应用方面介绍单列和多列的差别。

单列分组是指在 GROUP BY 子句中使用单个列生成分组统计结果。当进行单列分组时，会基于列的每个不同值生成一个数据统计结果。

多列分组是指在 GROUP BY 子句中使用两个或两个以上的列生成分组统计结果。当进行多列分组时，会基于多个列的不同值生成数据统计结果。

【练习 23】

查询学生成绩管理系统中，每个班级的平均成绩和最高成绩。

```
SQL> select claid,avg(score),max(score)from student
  2  group by claid;

CLAID   AVG(SCORE)  MAX(SCORE)
-----   ----------  ----------------------
1       79          80
2       70          86
4       72          89
3       66.25       78
```

执行结果根据 claid 的不同进行分组，结果集返回每个 claid 中学生的平均成绩和这个班级中的最高成绩。

【练习 24】

查询学生管理系统中，每个班级有多少个学生。

```
SQL> select claid,count(*) from student group by claid;
CLAID   COUNT(*)
----    ---------------
1       2
2       3
4       3
3       4
```

执行结果会根据 claid 的不同进行不同数据的分组，显示每个 claid 中有多少名学生。

7.3.3　筛选查询

HAVING 子句与 WHERE 子句非常类似，都可以对数据表中的数据按条件进行过滤。不同的是 WHERE 子句针对于数据表中的数据进行限定过滤，而 HAVING 子句是针对 WHERE 子句和 GROUP BY 子句的查询结果进行限定过滤。

HAVING 子句必须跟在 WHERE 子句后边。

【练习 25】

查询出学生成绩管理系统 student 表中平均成绩高于 70 分的班级 claid，平均成绩以及最高成绩。

```
SQL> select claid,avg(score),max(score) from student
  2  group by claid having avg(score)>70;
CLAID    AVG(SCORE)      MAX(SCORE)
-----    -----------     -------------------
1        79              80
4        72              89
```

查询结果与只是进行分组的 group 语句进行相比，筛选了平均成绩小于 70 分的班级信息。

一般情况下，WHERE，GROUP BY 和 HAVING 子句可以在同一个查询语句中。在这种情况下，WHERE 子句首先对返回行进行过滤，然后 GROUP BY 子句进行分组，最后 HAVING 子句对结果行组进行过滤。

【练习 26】

使用 WHERE、GROUP BY HAVING 子句组合，如下所示。

```
SQL> select claid,avg(score),max(score) from student
  2  where score>70
  3  group by claid having avg(score)>80;
CLAID    AVG(SCORE)      MAX(SCORE)
-----    ----------      ----------
4        89              89
```

根据上面例子返回的结果集可以看出首先使用 WHERE 子句对 student 表进行过滤，只保留成绩大于 70 分的行，然后用 GROUP BY 对结果根据 claid 进行分组，最后使用 HAVING 子句对行组进行过滤，只留下平均成绩大于 80 的行。

提示

虽然 WHERE 和 HAVING 子句都是进行筛选限定的，但是 HAVING 子句的搜索条件是与组有关，而不是与单个的行有关。

7.3.4 检索惟一值

在执行查询时，查询出来的结果可能包含有重复的信息。例如有相同的班级，有相同的课程等，因此为了显示数据的时候简单明了，Oracle 提供了 DISTINCT 关键字，进行过滤。

【练习 27】

以 student 表为例，查询出表中的 claid 有几种。

```
SQL> select claid from student;
CLAID
---------
1
1
2
2
2
```

```
3
4
3
3
4
4
3
12 rows selected
SQL> select distinct claid from student;
CLAID
--------
1
2
4
3
```

在上面例子中可以发现，第一种查询显得繁琐，而第二种查询显得简单清晰，能看出在 student 中有几种 claid。

> **提示**
>
> DISTINCT 关键字用于去掉重复记录，与之相对应的 ALL 关键字将保留全部数据，默认情况下使用 ALL 关键字。

7.4 子查询

在使用 SELECT 进行查询的时候，可能会需要实现一些非常复杂的业务逻辑，这个时候仅仅使用前面讲的查询方法是不能解决的。而且在实现一些特殊的查询的时候，需要从多个表中查询数据，这样使用前面的查询方法显然会不够用的。本小节，就主要讲解子查询以满足一些复杂的查询需要。

子查询是指插入在其他 SQL 语句中的 SELECT 语句，也称为嵌套查询。使用子查询主要是将结果作为外部主查询的条件来使用的复杂查询。根据子查询返回的结果不同可以分为单行子查询、多行子查询和多列子查询。

在一个顶级的查询中，Oracle 数据库没有限制在 FROM 子句中的嵌套层数，但是在一个 WHERE 子句中可以嵌套 255 层子查询。

本节主要从单行子查询和多行子查询的具体使用，以及在运用子查询常遇到的错误来讲解子查询的使用。子查询注意的问题如下所示。

- ❏ 要将子查询放入圆括号内。
- ❏ 子查询可出现在 WHERE 子句、FROM 子句、SELECT 列表(此处只能是一个单行子查询)、HAVING 子句中。
- ❏ 子查询不能出现在主查询的 GROUP BY 语句中。
- ❏ 子查询和主查询使用表可以不同，只要子查询返回的结果能够被主查询使用即可。
- ❏ 单行子查询只能使用单行操作符，多行子查询只能使用多行操作符。
- ❏ 在多行子查询中 ALL 和 ANY 操作符不能单独使用，而只能与单行比较符（=、<、>、<=、>=、<>）结合使用。

❑ 要注意子查询中的空值问题。

❑ 在 WHERE 子句和 SET 子句中进行子查询的时候，不能带有 GROUP BY 子句。

注意

如果子查询返回了一个空值，则主查询将不会查到任何结果

7.4.1 在 WHERE 子句中的单行子查询

单行子查询是不向外部的 SQL 语句返回结果，或者只返回一行。单行子查询的一种特殊情况是精确包含一行，这种查询称为标量子查询。

可以将子查询放入另一个查询的 WHERE 语句中，也就是将查询返回的结果作为外部 WHERE 查询的条件，语法格式如下所示。

```
SELECT select_list
FROM table_name
WHERE search_condition
(SELECT select_list FROM table_name)
```

【练习 28】

查询学生成绩管理系统 student 表中学生姓名 stuname 为宋佳的 stuname、stusex、stubirth 列的具体信息。

```
SQL> select stuname,stusex,stubirth from student
  2  where stuid=
  3  (select stuid from student
  4  where stuname='宋佳') ;
STUNAME     STUSEX      STUBIRTH
-------     --------    -----------
宋佳        女          1984-9-7
```

分解上述查询，并分析以子查询到底是怎样的操作。

WHERE 子句中的查询如下：

```
SQL> select stuid from student where stuname='宋佳';
STUID
-----------
200402
```

上述 WHERE 子句中括号里面的查询子句返回 stuname 为宋佳的行的 stuid 的值。该行的 stuid 为 200402，它又被传递给外部查询的 WHERE 子句。然后再执行外部 WHERE 子句。因此外部查询就可以等价为查询 stuid 为 200402 的行的 stuname、stusex、stubirth 列的信息。

```
SQL> select stuname,stusex,stubirth from student where stuid=200402;
STUNAME     STUSEX      STUBIRTH
-------     --------    ----------------
宋佳        女          1984-9-7
```

上述例子使用的是比较运算符"="，在单行子查询中，也可以使用其他的比较运算符，例如>、<、>=、<=、<>和!=。

【练习 29】

查询学生选课管理系统学生表 student 中，成绩小于班级平均成绩的同学的学号 stuid、姓名

stuname 列的具体信息。

```
SQL> select stuid,stuname from student
  2  where score <(select avg(score)from student);
STUID      STUNAME
------     ----------------
200405     周腾
200406     马瑞
200409     李兵
200410     魏征
200411     刘楠
```

仿照上一例子进行分析得出：执行 WHERE 子句中的子查询，查询出学生表中的平均成绩为 70.75；然后将查询出的结果返回到外部查询中进行查询，这时可以查看成绩高于平均成绩的同学的信息。

 注意

查询语句先执行 WHERE 子句中括号里面的查询子句并且只执行一次。

7.4.2 在 HAVING 子句中的单行子查询

HAVING 子句的作用是对行组进行过滤，在外部查询的 HAVING 子句中也可以使用子查询，这样就可以基于子查询返回的结果对行组进行过滤。

【练习 30】

查询学生成绩管理系统学生表中，班级平均成绩小于班级最大平均值班级的 claid 和平均成绩。

```
SQL> select claid,avg(score) from student
  2  group by claid
  3  having avg(score)<
  4  (select max(avg(score))from student
  5  group by claid);
CLAID      AVG(SCORE)
------     ------------------
2          70
4          72
3          66.25
```

分析上述例子，这个例子首先使用 AVG()函数计算每个部门的平均工资，AVG()所返回的结果作为参数传递给 MAX()函数，MAX()函数返回平均工资中的最大值。

分解上面的 SQL 语句，以便理解该语句如何执行。

下面是子查询单独运行时的查询结果。

```
SQL> select max(avg(score)) from student
  2  group by claid;
MAX(AVG(SCORE))
------------------------
79
```

此查询返回最大的平均值为 79，将查询出的最大平均值返回到外部查询中的 HAVING 子句中，因此该查询就等价于，查询平均成绩低于班级平均成绩最大值的信息。

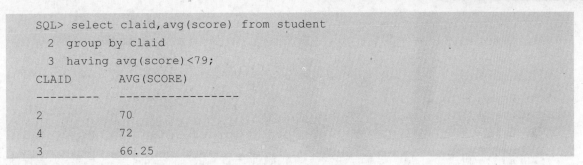

```
SQL> select claid,avg(score) from student
  2  group by claid
  3  having avg(score)<79;
CLAID      AVG(SCORE)
---------  ----------------
2          70
4          72
3          66.25
```

7.4.3 在 FROM 子句中的单行子查询

当在 FROM 子句中使用子查询时,该子句会被作为视图看待,因此也称为内嵌视图。当在 FROM 中使用子查询的时候,必须给子查询指定列名。

【练习31】

查询学生成绩管理系统学生表 student 中高于班级平均成绩的学生信息。

```
SQL> select s.stuid,s.stuname,s.stusex,s.stubirth,s.score,s.claid from student s,
  2  (select claid,avg(score) avgsc from student group by claid)newstu
  3  where s.claid=newstu.claid and s.score > newstu.avgsc;
STUID   STUNAME     STUSEX   STUBIRTH     SCORE    CLAID
------  ----------  ------   ----------   ------   ---------
200402  宋佳        女       1984-9-7     80       1
200404  赵均        男       1985-11-13   72       2
200403  张天中      男       1983-2-21    86       2
200407  张华        女       1983-12-6    89       4
200412  李娜        女       1983-9-10    76       3
200408  安宁        男       1984-9-8     78       3
6 rows selected
```

在这个例子中,子查询按照班级号分组,从 student 表中查询班级的 claid 和平均成绩,并指定子查询的视图名称为 newstu。首先查看子查询执行的结果。

```
SQL> select claid,avg(score) avgsc from student group by claid;
CLAID   AVGSC
-----   ----------
1       79
2       70
4       72
3       66.25
```

将子查询返回的结果集作为一个名为 newstu 的视图,然后再执行外部查询。外部查询等价于直接从视图 newstu 中查询数据。

7.4.4 单行子查询经常遇到的错误

在使用单行子查询的时候,经常会由于子查询的限定条件不规范,而引起错误。例如单行子查询最多返回一行和子查询不包含 GROUP BY 子句等错误。

如果子查询中因为 WHERE 条件限定不规范而返回多行,就会出现单行子查询返回多行的错误。

【练习32】

查询学生成绩管理系统学生表 student 中,班级号 claid 为 3 的学生的信息。

```
SQL> select stuid,stuname,score from student
  2 where stuid=
  3 (select stuid from student where claid=3);
select stuid,stuname,score from student
where stuid=
(select stuid from student where claid=3)
ORA-01427：单行子查询返回多个行
```

student 表中班级号 claid 为 3 的学生数据有 4 条，而子查询试图将这 4 条全部传递给外部查询中的等于操作符。由于等于操作符只能处理一行数据，因此这个查询是无效的，就会出现 ORA-01427 单行子查询返回多个行的错误。

子查询中不能包含 ORDER BY 子句，相反任何排序都必须在外部查询中完成。

【练习 33】

查询出学生成绩系统中学生表 student 中的平均成绩。

```
SQL> select avg(score) from student order by avg(score);
AVG(SCORE)
------------------
70.75
```

将上面查询返回的学生平均成绩作为子查询，用于查询成绩大于平均成绩的同学信息，如下所示。

```
SQL> select stuid,stuname,stusex score from student
  2 where score>
  3 (select avg(score) from student order by avg(score));
select stuid,stuname,stusex score from student
where score>
(select avg(score) from student order by avg(score))
ORA-00907：缺失右括号
```

上面的查询结果就会因为子句中带有 ORDER BY 排序而出现错误。

7.4.5 多行子查询中使用 IN 操作符

多行子查询是指返回多行数据的子查询语句。当在 WHERE 子句中使用多行子查询时，可以使用多行比较符 IN。

当多行子查询中使用 IN 操作符时，会处理匹配子查询中的任意一个值的行。

【练习 34】

查询出学生成绩管理系统学生表 student 中，与学生李娜和宋佳同一个班级的学生学号 stuid、姓名 stuname 和成绩 score。

```
SQL> select stuid,stuname,score,claid from student where claid in
  2 (select claid from student where stuname='李娜' or stuname='宋佳');
STUID    STUNAME    SCORE    CLAID
------   --------   ------   ----------
200402   宋佳         80       1
200401   李云         78       1
200412   李娜         76       3
200409   李兵         52       3
```

```
200406      马瑞          59          3
```

在上述例子中，子查询查找学生李娜和宋佳的班级号 claid，返回结果有两个。

```
SQL> select claid from student where stuname='李娜' or stuname='宋佳';
CLAID
---------

1

3
```

将子查询查询出的结果集返回到外部查询中。外部查询就等价于直接查询班级编号 claid 为 1 和 3 的学生信息，如下所示。

```
SQL> select stuid,stuname,score,claid from student where claid in (1,3);
STUID    STUNAME     SCORE    CLAID
------   ----------  ------   --------
200401   李云          78       1
200402   宋佳          80       1
200406   马瑞          59       3
200408   安宁          78       3
200409   李兵          52       3
200412   李娜          76       3
6 rows selected、
```

7.4.6　多行子查询中使用 ANY 操作符

当多行子查询中使用 ANY 操作符时，ANY 操作符必须与单行操作符结合使用，会处理匹配只要符合子查询结果的任意一个值的行。

【练习 35】

查询大于班级号为 3 的任意一个同学成绩的同学信息。

```
SQL> select stuname,score,claid from student where score>any
  2 (select score from student where claid=3);
STUNAME    SCORE    CLAID
--------   -----    ---------
张华          89       4
张天中        86       2
宋佳          80       1
李云          78       1
安宁          78       3
李娜          76       3
赵均          72       2
刘楠          65       4
魏征          62       4
马瑞          59       3
10 rows selected
```

在上面查询中，子查询查询班级号为 3 的同学成绩。

```
SQL> select score from student where claid=3;
SCORE
```

```
-----------
59
78
52
76
```

从上面子查询中可以得知，最小成绩为 52，最大成绩为 78，ANY 操作符只要符合一个条件就可以，所以外部查询的 WHERE 条件其实就是成绩大于 52。

```
SQL> select stuname,score,claid from student where score>52;
STUNAME      SCORE    CLAID
-------      ------    ----------
李云         78       1
宋佳         80       1
张天中       86       2
赵均         72       2
马瑞         59       3
张华         89       4
安宁         78       3
魏征         62       4
刘楠         65       4
李娜         76       3
10 rows selected
```

7.4.7　多行子查询中使用 ALL 操作符

当多行子查询使用 ALL 操作符时，ALL 操作符必须与单行操作符结合使用，会处理匹配所有子查询结果的行。

【练习 36】

查询大于班级号为 3 的所有同学成绩同学信息。

```
SQL> select stuname,score,claid from student where score>all
  2 (select score from student where claid=3);
STUNAME      SCORE    CLAID
--------     ------    ----------
宋佳         80       1
张天中       86       2
张华         89       4
```

从上面子查询中可以得知，最小成绩为 52，最大成绩为 78，ALL 操作符需要符合全部条件，所以外部查询的 WHERE 条件其实就是成绩大于 78。

```
SQL> select stuname,score,claid from student where score>78;
STUNAME      SCORE    CLAID
----------   -----    --------
宋佳         80       1
张天中       86       2
张华         89       4
```

7.4.8 多列子查询

单行子查询是指子查询值返回单列单行数据，多行子查询返回单列多行数据，两者都是针对单列的数据而言。而多列子查询则是值返回多列数据的子查询语句。当多列子查询返回单行数据的时候，在 WHERE 语句中可以使用单行操作符；当多列子查询返回多行数据时，在 WHERE 子句中必须使用多行比较符（IN、ANY、ALL）。

【练习 37】

查询每个班级中成绩最高的同学信息。

```
SQL> select claid,stuname,score from student
  2  where (claid,score) in
  3  (select claid,max(score)from student
  4  group by claid);
CLAID   STUNAME     SCORE
-----   ----------  ----------
1       宋佳         80
2       张天中       86
4       张华         89
3       安宁         78
```

在上面的例子中，子查询使用 GROUP BY 根据班级号进行分组，查询每个班级的最高成绩。

```
SQL> select claid,max(score)from student
  2  group by claid;
CLAID   MAX(SCORE)
-----   -------------
1       80
2       86
4       89
3       78
```

上面的子查询查询到 4 行数据，包含了每个班级的 claid 和最高成绩，这些值在外部查询的 WHERE 子句中与每个部门的 claid 和 score 列进行比较，当班级编号和成绩同时匹配时才会显示结果。

7.4.9 关联子查询以及使用 EXISTS

关联子查询会引用外部的 SQL 语句中的一列或者多列。这种子查询之所以被称为关联子查询，是因为它们通过相同的列与外部的 SQL 语句关联。当问题的答案需要依赖于外部查询中包含的每一行的值时，通常就需要关联子查询。

关联子查询对于外部子查询中的每一行都会运行一次，这与非关联子查询是不同的，非关联子查询只在运行外部查询之前运行一次。另外，关联子查询可以解决空值问题。

【练习 38】

查询成绩高于本班级平均工资的学生信息。

```
SQL> select stuid,stuname,claid,score from student
  2  outer where score>
  3  (select avg(score)from student inner
```

```
  4  where inner.claid=outer.claid);
STUID    STUNAME      CLAID        SCORE
------   ----------   -------      ----------
200402    宋佳         1            80
200403    张天中       2            86
200404    赵均         2            72
200407    张华         4            89
200408    安宁         3            78
200412    李娜         3            76
6 rows selected
```

在上面的查询中，外部查询从 student 表中查询学生信息，并将其传递给内部查询。内部查询依次读取外部查询传递来的每一行数据，并以内部查询中 claid 等于外部查询中的 claid 为条件查询学生的平均成绩。

 提示

这个子查询使用了两个别名：outer 用来标记外部查询、inner 用来标记内部查询，子查询包含一行，此行包含班级的平均成绩。

EXISTS 操作符用于检查子查询返回行的存在性。虽然 EXISTS 也可以在非关联子查询中使用，但是 EXISTS 通常用于关联子查询。NOT EXISTS 执行操作在逻辑上刚好与 EXISTS 相反。

【练习 39】
查询授课老师为欧阳老师的所有同学信息。

```
SQL> select stuname,score,claid from student
  2  where exists
  3  (select claid from class
  4  where class.claid=student.claid
  5  and class.clateacher='欧阳老师');
STUNAME     SCORE    CLAID
-------     ------   ----------
张天中       86       2
赵均         72       2
周腾         52       2
```

由于 EXISTS 只是检查子查询返回的行的存在性，因此子查询不必返回一列，可以只返回一个常量值，这样可以提高查询的性能。

```
SQL> select stuname,score,claid from student
  2  where exists
  3  (select 1 from class
  4  where class.claid=student.claid
  5  and class.clateacher='欧阳老师');
STUNAME      SCORE    CLAID
----------   -----    --------
张天中        86       2
赵均          72       2
周腾          52       2
```

只要子查询返回一行或者多行，EXSITS 就返回 true；如果子查询未返回行，则 EXSITS 就返回 false。

7.5　其他情况的子查询

前面小节主要讲解在 SELECT 语句中使用的子查询。本节将主要介绍在 UPDATE 和 DELETE 语句中使用子查询。

7.5.1　UPDATE 中使用子查询

当在 UPDATE 语句中使用子查询时，既可以在 WHERE 子句中引用子查询（返回未知条件值），也可以在 SET 子句中使用子查询（修改列数据的值）。

【练习 40】

在 WHERE 子句中使用子查询，将与宋佳同一班级学生的成绩更新为原来成绩再加六分。

```
SQL> update student set score=score+6
  2  where claid=
  3  (select claid from student
  4  where stuname='宋佳');
2 rows updated
```

查询结果可以看出宋佳所在的班级为 1，而 claid 为 1 的学生成绩均比原来成绩增加六分。

【练习 41】

在 SET 子句中使用子查询，将学号为 200406 的同学的成绩更新为与宋佳的成绩一致。

```
SQL> update student set score=
  2  (select score from student where stuname='宋佳')
  3  where stuid=200406;
1 row updated
```

> **提示**
>
> 在 SET 语句中需要更新多个列的数据时，可以在多个列名之间用逗号隔开，注意 SET 子句中的子查询要中返回的数据类型要与 SET 中的保持一致。

7.5.2　DELETE 中使用子查询

在 DELETE 语句中使用子查询时，可以在 WHERE 子句中引用子查询返回的未知条件值。用返回的结果集限定条件删除满足条件的数据。

【练习 42】

删除数据 student 表中 PHP 班的学生数据。

```
SQL> delete from student
  2  where claid=
  3  (select claid from class where claname='PHP 班');
4 rows deleted
```

在使用 DELETE 子句时，使用子查询需要注意 WHERE 子句的限定使用。

7.5.3　多层嵌套子查询

在子查询的内部还可以使用嵌套子查询，嵌套层次最多为 255。然而，在实际应用中，应该注意尽量不要使用过多的嵌套。因为可能造成嵌套过多，使层次不明显，如果使用表连接，查询性能会更高。

【练习 43】

运用多层嵌套查询，查询指定条件下班级的平均成绩和班级编号。

```
SQL> select claid,avg(score) from student
  2  group by claid
  3  having avg(score)>
  4  (select max(avg(score)) from student
  5  where claid in (select claid from class
  6  where claid>2)
  7  group by claid) ;
CLAID        AVG(SCORE)
---------    --------------------
1                79
```

可以看到，这个例子非常复杂。它包含了 3 个查询：一个是嵌套查询、一个是子查询、另外一个是外部查询，整个查询就是按照这种顺序执行的。现在把查询分解，检查每一个部分返回的结果。嵌套查询如下所示。

```
SQL> select claid from class
  2  where claid>2;
CLAID
----------
3
4
```

下面的子查询根据前面的嵌套查询所返回的班级编号，计算浙西二版机平均成绩的最大值，并返回该值。

```
SQL> select max(avg(score)) from student
  2  where claid in (3,4)
  3  group by claid;
MAX(AVG(SCORE))
-----------------------------
72
```

取得的结果将返回给下面的外部查询，外部查询返回平均成绩大于 72 的班级编号和平均成绩。其结果如下所示。

```
SQL> select claid,avg(score) from student
  2  group by claid
  3  having avg(score) > 72;
CLAID        AVG(SCORE)
-----------  --------------------
1                79
```

7.6 实例应用：查询学生选课系统的选课信息

7.6.1 实例目标

本课主要通过不同的实例练习介绍了在 Oracle 中使用 SELECT 语句查询数据表中数据信息的方法。但是表与表之间的关系是复杂的，因此需要高级查询才能查询出所需要的内容信息。

本节通过对学生选课系统数据库中的学生选课信息进行查询，演示高级查询的应用。该库包含了如下表及列。

- ❑ **Course 表**（课程信息表） 包含 Cno（课程编号）、Cname（课程名称）和 Credit（课程的学分）列。
- ❑ **Scores 表**（学生成绩表） 包含 Sno（学号编号）、Cno（课程编号）和 SScore（考试成绩）列。
- ❑ **Student 表**（学生信息表） 包含 Sno（学号编号）、Sname（学生姓名）、SSex（学生性别）、Sbirth（出生日期）和 SAdrs（籍贯）列。
- ❑ **Chooice**（学生选课表） 包含 Sno（学生编号）、First（学生的必修课）和 Second(学生的选修课)列。

查询要求如下所示。

（1）查询学生信息表 Student 中所有的信息，并且将列名重新制定一个新的别名。

（2）运用分组查询，查询出每个课程的平均成绩和最高成绩。

（3）运用子查询，查询出成绩大于所有必修课的平均成绩的同学的基本信息。

（4）使用分页查询，查询出成绩表中的前 5 条数据。

（5）将学生成绩表 Scores 和学生信息表 Student 表、课程信息表 Course 连接查询，查询出每个学生所选课程的成绩以及名称。

7.6.2 技术分析

根据查询要求可以得知查询需要使用指定别名的查询、分页查询、条件查询以及对结果集的格式化，还有关于子查询的具体使用。

对于分页查询，一定要注意其中 rownum 的范围使用以及查询的效率。

使用分组查询查询每个课程的平均分时，要注意分组条件。

利用嵌套查询查询学生所选课程以及成绩时要将所需要的表都进行连接。一些复杂的多层嵌套查询要使用括号限定每个子查询的范围。

7.6.3 实现步骤

（1）查询学生信息表 Student 中男同学的具体信息。要求按照出生日期进行升序排列。

```
SQL> select * from student where
  2 ssex='男' order by sbirth desc;
SNO        SNAME   SSEX   SBIRTH        SADRS
-------    -----   -----  ----------    ---------
20110003   魏晨    男     1993-9-30     北京
20100092   李兵    男     1993-8-12     上海
20110012   张鹏    男     1992-6-14     南京
20110064   宋帅    男     1992-3-19     天津
```

（2）查询学生信息表 Student 中所有的信息，并且将列名重新制定一个新的别名。

```
SQL> select sno 编号,sname 姓名,ssex 性别,sbirth 出生日期,
  2 sadrs 籍贯 from student;
编号        姓名     性别    出生日期      籍贯
-------    ------   ----    ---------     --------
20100092   李兵    男      1993-8-12     上海
20100094   刘瑞    女      1992-9-15     北京
20100099   张宁    女      1992-12-13    天津
20110001   张伟    女      1993-5-9      武汉
20110002   周会    女      1993-9-25     深圳
```

```
20110003    魏晨      男      1993-9-30     北京
20110012    张鹏      男      1992-6-14     南京
20110064    宋帅      男      1992-3-19     天津
8 rows selected
```

（3）运用分组查询查询出每个课程的平均成绩和最高成绩。

```
SQL> select cno,max(sscore),avg(sscore) from scores
  2  group by cno;
CNO      MAX(SSCORE) AVG(SSCORE)
-----    ----------- -----------
1098 .   92          89
1103     60          60
1094     90          82.5
1101     46          46
1104     79          73
1102     87          82.6
6 rows selected
```

（4）运用子查询查询出成绩大于所有必修课平均成绩同学的基本信息。

```
SQL> select s.sname, sc.sscore,sc.cno from student s,scores sc
  2  where s.sno=sc.sno and sc.sscore>
  3  (select avg(sc.sscore) from scores sc,chooice c where sc.cno=c.first);
SNAME    SSCORE      CNO
------   ----------  -------
李兵      80          1102
刘瑞      90          1094
刘瑞      92          1098
张宁      86          1098
张宁      83          1102
周会      86          1102
张鹏      87          1102
```

（5）使用分页查询查询出成绩表中的前 5 条数据。

```
SQL>select * from (select A.*,rownum rn from(select * from student)A where
rownum<=5)where rn>=1;
SNO          SNAME     SSEX     SBIRTH        SADRS        RN
---------    ------    -----    ----------    ----------   ------
20100092     李兵      男       1993-8-12     上海         1
20100094     刘瑞      女       1992-9-15     北京         2
20100099     张宁      女       1992-12-13    天津         3
20110001     张伟      女       1993-5-9      武汉         4
20110002     周会      女       1993-9-25     深圳         5
```

（6）将学生成绩表 Scores 和学生信息表 Student 表、课程信息表 Course 连接查询，查询出每个学生所选课程的成绩以及名称。

```
SQL> select s.sname,sc.sscore,sc.cno,c.cname
  2  from student s,scores sc,course c
  3  where s.sno=sc.sno and sc.cno=c.cno;
SNAME    SSCORE      CNO       CNAME
```

| ----- | ------ | ------ | -------------------- |
李兵	75	1094	java 编程基础
李兵	80	1102	JSP 课程设计
刘瑞	90	1094	java 编程基础
刘瑞	92	1098	C#编程基础
张宁	86	1098	C#编程基础
张宁	83	1102	JSP 课程设计
张伟	46	1101	oracle 数据库
张伟	79	1104	三大框架
周会	86	1102	JSP 课程设计
周会	71	1104	三大框架
魏晨	77	1102	JSP 课程设计
魏晨	60	1103	PHP 课程
张鹏	69	1104	三大框架
张鹏	87	1102	JSP 课程设计

14 rows selected

7.7 拓展训练

查询商品管理系统的数据信息

假设存在商场商品管理系统数据库中包含了如下几个表。

❑ **货架信息表 helf** 包含货架编号 Sno、货架名称 Sname、货架分类性质 Stype。

❑ **商品信息表 Product** 包含商品编号 Pno、商品名称 Pname、商品分类性质 Ptype、商品价格 Pprice、商品进货日期 Ptime、商品过期时间 Pdate。

❑ **分类信息表 Part** 包含商品编号 Pno、货架编号 Sno。

根据具体功能创建需要的表，查询需要的表数据，具体要求如下所示。

（1）查询商品信息表，并且为列名增加别名。

（2）查询商品价格信息，并且按商品价格降序排列。

（3）查询出每件商品的保质期。

（4）将货架信息表和商品信息表连接，查询出每个商品所属的货架信息。

（5）删除商品信息表中已经过期的商品信息。

7.8 课后练习

一、填空题

1. 在 SELECT 查询语句中，使用_____关键字可以消除重复行。

2. 使用 GROUP BY 进行排序的时候，使用 ASC 关键字升序，使用_____关键字降序。

3. 在 WHERE 子句中，使用字符匹配查询时，通配符_____可以表示任意多个字符。

4. HACING 通常都与_____子句一起使用，用来显示分组查询的结果。

5. 在进行多行查询的时候，_____操作符表示匹配任意一个值即可。

6. 在关联子查询中_____操作符用于检查子查询返回行的存在性。

7. 在为列名指定别名的时候，为了方便，有时候可以省略_____关键字。

二、选择题

1. WHERE 子句是用来指定_____。

    A. 查询结果的分组条件

    B. 结果集的排序方式

    C. 组或聚合的搜索条件

    D. 限定返回行的搜索条件

2. 多行查询包含的操作符有_____。

    A. ANY ALL IN

    B. ANY DISTINCT

    C. ASC DESC

    D. HAVING

3. GROUP BY 分组查询中可以使用的函数是_____。

    A. COUNT

    B. SUM

    C. MAX

    D. 上述都可以

4. 当利用 IN 关键字进行子查询时，能在 SELECT 子句中指定_____列名。

    A. 1 个

    B. 2 个

    C. 3 个

    D. 任意多个

5. 运用 ORCER BY 子句排序查询时，存在_____时，会将其值作为最大值进行排序。

    A. 数字值

    B. NULL 值

    C. 字符值

    D. 日期值

6. 使用_____关键字可以将返回的结果集数据按照指定的条件进行分组。

    A. GROUP BY

    B. HAVING

    C. ORDER BY

    D. DISTINCT

三、简答题

1. 简述 HAVING 子句的作用以及意义。

2. DISTINCT 子句的作用是什么？

3. SELECT 语句的基本用法。

4. 根据子查询返回的结果不同可以分为哪几种查询？

5. 多行子查询使用的三种不同的操作符有哪些不同之处？

第 8 课
高级查询

上一课主要讲述关于子查询的具体使用，但是在实际的查询中，这些简单的基本查询和子查询是不能满足数据库的操作的，有时用户所需要查询的数据并不是在一个表中，这就需要用到高级查询进行多表连接。

在查询数据时，通过多表之间的外键关系，可以查询多个表中不同实体的信息。在查询数据时，需要对多个表进行操作，同时也指定了多表之间的关系，那么这种查询就成为高级查询或连接查询。

本课将详细介绍处理复杂数据查询的高级查询，例如内连接、外连接等。

本课学习目标：
- ❏ 了解多表连接
- ❏ 熟练掌握内连接
- ❏ 熟练掌握左外连接和右外连接
- ❏ 灵活掌握自连接
- ❏ 简单了解联合查询
- ❏ 灵活掌握子查询

8.1 多表查询

在查询时需要涉及到两个以上表的查询称为多表查询。多表查询在实际应用中应该注意查询之前首先要先清晰地理解表之间的关联，这是多表查询的基础。

通过连接可以建立多表查询，多表查询的数据可以来自多个表，但是表之间必须有适当的连接条件。为了从多张表中查询，必须识别连接多张表的公共列。一般是在 WHERE 子句中用比较运算符指明连接的条件。

本节将讲解多表查询时的简单应用，像如何指定连接，在连接时定义别名以及连接多个表等。

8.1.1 笛卡尔积

笛卡尔积就是把表中的所有记录做乘积操作，生成大量的结果，而通常返回的结果集中，达到查询要求的数据有限。笛卡尔积出现的原因多种多样，但是通常是因为连接条件缺失或者连接条件不足造成的。

【练习1】
查询出学生成绩管理系统中每个学生所在的班级以及班级名称。

```
SQL> select s.stuname,c.claid from student s,class c;
```

查询结果可以发现有 48 行记录，而 student 表中只有 12 行记录，class 表中有 4 行记录，所以查询的结果是这两个表中的数据相乘，就是每一个学生都与班级表中的数据进行匹配。这样的数据不符合要求，于是就要使用 WHERE 子句进行限定。

```
SQL> select s.stuname,c.claid from student s,class c
  2  where s.claid=c.claid;
STUNAME      CLAID
-------      -----
李云           1
宋佳           1
张天中          2
赵均           2
周腾           2
马瑞           3
张华           4
安宁           3
李兵           3
魏征           4
刘楠           4
李娜           3
12 rows selected
```

查询结果返回 12 行数据，消除了笛卡尔积。

> **注意**
> 在进行多表连接的时候，一定要注意使用 WHERE 子句消除笛卡尔积。

8.1.2 基本连接

最简单的连接方式是通过在 SELECT 语句中的 FROM 子句中用逗号将不同的表隔开。如果仅仅通过 SELECT 子句和 FROM 子句建立连接，那么查询的结果将是一个通过笛卡尔积所生成的表。所谓笛卡尔积所生成的表，就是该表是由一个基表的每一行与另一个基表的每一行连接在一起所生成的，即该表的行数是两个基表的行数的乘积。但是，这样的查询结果并不是真正所需要的查询结果。

【练习 2】

使用多表查询，查询出每个学生所在的班级名称以及授课老师的信息。

```
SQL> select s.stuname,s.score,s.claid,c.claname,c.clateacher
  2  from student s,class c
  3  where s.claid=c.claid;
STUNAME    SCORE    CLAID    CLANAME    CLATEACHER
-------    -----    -----    -------    ----------
李云        78       1        JAVA 班    陈明老师
宋佳        80       1        JAVA 班    陈明老师
张天中      86       2        .NET 班    欧阳老师
赵均        72       2        .NET 班    欧阳老师
周腾        52       2        .NET 班    欧阳老师
马瑞        59       3        PHP 班     东方老师
张华        89       4        安卓班      杜宇老师
安宁        78       3        PHP 班     东方老师
李兵        52       3        PHP 班     东方老师
魏征        62       4        安卓班      杜宇老师
刘楠        65       4        安卓班      杜宇老师
李娜        76       3        PHP 班     东方老师
12 rows selected
```

提示

两个表中有相同的字段，为了避免产生冲突，于是采用表名.列名的形式来具体列出要查询的信息。

8.1.3 连接多个表

多个表的查询与两个表之间的连接查询相似，将所限定的条件在 WHERE 之后，并且 WHERE 之后添加 AND 子句将表达式连接在一起。

在创建多表查询时应该遵循下述基本原则。

❏ 在列名中多个列之间使用逗号分隔。

❏ 如果列名为多表共有时应该使用"表名.字段列"形式进行限制。

❏ FROM 子句应该当包括所有的表名，多个表名之间同样使用逗号分隔，必要的情况下，可以为表定义个别名。

❏ WHERE 子句应该定义一个同等连接。如果需要对列值进行限定，也可以使用条件表达式将条件表达式放在 WHERE 后面，使用 AND 与同等连接表达式结合在一起。

【练习 3】

使用多表查询，查询出每个学生所在的班级名称，授课老师以及学生成绩等级的信息。

```
SQL> select s.stuname,s.claid,c.claname,c.clateacher,s.score,sc.grade
  2  from student s,class c,scgrade sc
  3  where s.claid=c.claid and s.score between sc.loscore and sc.hiscore;
```

STUNAME	CLAID	CLANAME	CLATEACHER	SCORE	GRADE
李云	1	JAVA 班	陈明老师	78	良好
宋佳	1	JAVA 班	陈明老师	80	优秀
张天中	2	.NET 班	欧阳老师	86	优秀
赵均	2	.NET 班	欧阳老师	72	良好
周腾	2	.NET 班	欧阳老师	52	不及格
马瑞	3	PHP 班	东方老师	59	不及格
张华	4	安卓班	杜宇老师	89	优秀
安宁	3	PHP 班	东方老师	78	良好
李兵	3	PHP 班	东方老师	52	不及格
魏征	4	安卓班	杜宇老师	62	及格
刘楠	4	安卓班	杜宇老师	65	及格
李娜	3	PHP 班	东方老师	76	良好

```
12 rows selected
```

上面查询使用三个表的连接，以及 WHERE 子句中的多个限定。也可以使用 ORDER BY 对上面的例子进行排序。

```
SQL> select s.stuname,s.claid,c.claname,c.clateacher,s.score,sc.grade
  2  from student s,class c,scgrade sc
  3  where s.claid=c.claid and s.score between sc.loscore and sc.hiscore
  4  order by score desc;
```

执行后可以从查询结果看出，该查询结果与上面练习中的内容是相同的，惟一不同的是该查询结果根据"score"对查询的结果进行了降序排序。

8.2 内连接

内连接是将两个表中满足连接条件的记录使用比较运算符组合在一起。它所使用的比较运算符主要有=、>、<、>=、<=、!=、<>等。根据所使用的比较方式不同，内连接又可以分为等值连接、不等值连接和自然连接三种。

内连接的语法格式如下所示。

```
SELECT column_list
FROM table_name1 [INNER] JOIN table_name2
ON table_name1.column1=table_name2.column2
```

其中各个参数的含义如下所示。

❑ **INNER JOIN** 表示内连接。

❑ **ON** 用于指定连接条件。

8.2.1 等值内连接

所谓等值连接就是在连接条件中使用等于号"="运算符比较被连接列的列值，其查询结果中列出被连接表中的所有列，包括其中的重复列。换句话说，基表之间的连接是通过相等的列值连接起来的查询就是等值连接查询。

【练习4】

查询学生表 student 中的所有信息，但是要求同时列出每个学生对应的班级信息。

```
SQL> select c.*,s.*
  2 from student s
  3 inner join class c
  4 on s.claid=c.claid;
```

CLAID	CLANAME	CLATEACHER	STUID	STUNAME	STUSEX	STUBIRTH	SCORE	CLAID
1	JAVA 班	陈明老师	200401	李云	女		78	1
1	JAVA 班	陈明老师	200402	宋佳	女	1984-9-7	80	1
2	.NET 班	欧阳老师	200403	张天中	男	1983-2-21	86	2
2	.NET 班	欧阳老师	200404	赵均	男	1985-11-13	72	2
2	.NET 班	欧阳老师	200405	周腾	男	1984-12-18	52	2
3	PHP 班	东方老师	200406	马瑞	女		59	3
4	安卓班	杜宇老师	200407	张华	女	1983-12-6	89	4
3	PHP 班	东方老师	200408	安宁	男	1984-9-8	78	3
3	PHP 班	东方老师	200409	李兵	男	1984-6-28	52	3
4	安卓班	杜宇老师	200410	魏征	男	1984-4-2	62	4
4	安卓班	杜宇老师	200411	刘楠	女	1984-5-5	65	4
3	PHP 班	东方老师	200412	李娜	女	1983-9-10	76	3

上述查询为 student 和 class 表建立内连接，使 student 表中的 claid 字段对应 class 表中的 claid 字段，然后输出 student 表中所有的字段信息和 class 表中所有的字段信息。

8.2.2 非等值内连接

非等值连接查询的是在连接条件中使用除了等于运算符以外的其他比较运算符来比较被连接列的值。在非等值连接查询中，可以使用的比较运算符有：>、>=、<、<=、!=，还可以使用 BETWEEN AND 之类的关键字。

【练习5】

查询成绩大于 75 分的同学信息，如下所示。

```
SQL> select s.stuid,s.stuname,s.stusex,s.score,c.claid
  2 from student s,class c
  3 where s.claid=c.claid and s.score>75;
```

STUID	STUNAME	STUSEX	SCORE	CLAID
200401	李云	女	78	1

```
200402      宋佳          女            80        1
200403      张天中        男            86        2
200407      张华          女            89        4
200408      安宁          男            78        3
200412      李娜          女            76        3
6 rows selected
```

8.2.3 自然连接

自然连接是在连接条件中使用等于"="运算符比较被连接列的列值，但它使用选择列表指出查询结果集合中所包括的列，并删除连接表中的重复列。简单地说，在等值连接中去掉重复的属性列，即为自然连接。

自然连接为具有相同名称的列自动进行记录匹配。自然连接不必指定在任何同等连接条件。SQL 实现方式判断出具有相同名称列然后形成匹配。然而自然连接虽然可以指定查询结果包括的列，但是不能指定被匹配的列。

【练习 6】

查询 student 表中同学的信息，并且显示出每个同学所在的班级名称。

```
SQL> select c.claname,s.*
  2  from student s
  3  inner join class c
  4  on s.claid=c.claid;
CLANAME   STUID   STUNAME   STUSEX   STUBIRTH    SCORE   CLAID
-------   -----   -------   ------   --------    -----   -----
JAVA 班   200401  李云       女                    78      1
JAVA 班   200402  宋佳       女        1984-9-7    80      1
.NET 班   200403  张天中     男        1983-2-21   86      2
.NET 班   200404  赵均       男        1985-11-13  72      2
.NET 班   200405  周腾       男        1984-12-18  52      2
PHP 班    200406  马瑞       女                    59      3
安卓班    200407  张华       女        1983-12-6   89      4
PHP 班    200408  安宁       男        1984-9-8    78      3
PHP 班    200409  李兵       男        1984-6-28   52      3
安卓班    200410  魏征       男        1984-4-2    62      4
安卓班    200411  刘楠       女        1984-5-5    65      4
PHP 班    200412  李娜       女        1983-9-10   76      3
12 rows selected
```

上述查询为 student 表和 class 表建立内连接，使 student 表中的 claid 字段对应 class 表中的 claid 字段，然后输出 class 表中的 claname 字段信息和 student 表中的全部信息。

8.3 外连接

外连接是内连接的扩展，用来查询表中所匹配的数据，同时也返回不匹配的数据。如果数据表中的一些行在其他表中不存在匹配行，使用内连接查询时通常会忽略原表中的这些行，而使用外连接则会返回 FROM 子句总提到的至少一个行或试图的所有行，只要这些行符合指定的查询条件。

参与外连接的数据表有从主之分。根据查询语句中指定的关键字及表的主从位置关系可以将外连接分为左外连接、右外连接和完全连接。

在 Oracle 外连接查询中，有它特有的操作符 "+"。在查询时，可以使用该操作符进行外连接查询。

8.3.1 左外连接

在左外连接查询中，左表就是主表，右表就是从表。左外连接返回关键字 JOIN 左边表中的所有行，但是这些行必须符合查询条件。如果左表的某数据行没有在右表中找到相应的匹配的数据行，则结果集中右表对应未知填入 NULL。

```
SELECT table1.column,table2.column FROM table1
LEFT OUTER JOIN table2
ON table1.column1=table.column2;
```

其中，各个参数的含义如下所示。

❏ **OUTER JOIN** 表示外连接。

❏ **LEFT** 表示左外连接。

❏ **ON** 表示查询条件。

【练习 7】

使用左外连接查询 student 表和 class 表中的内容，查询 student 中学生的学号、姓名、班级编号以及班级名称。

```
SQL> select s.stuid,s.stuname,s.claid,c.claname from
  2  student s left outer join class c
  3  on s.claid=c.claid;
STUID    STUNAME    CLAID    CLANAME
-----    -------    -----    -------
200422   陈辰
200433   李梦
200444   林静
200401   李云        1        JAVA 班
200402   宋佳        1        JAVA 班
200403   张天中      2        .NET 班
200404   赵均        2        .NET 班
200405   周腾        2        .NET 班
200406   马瑞        3        PHP 班
200407   张华        4        安卓班
200408   安宁        3        PHP 班
200409   李兵        3        PHP 班
200410   魏征        4        安卓班
200411   刘楠        4        安卓班
200412   李娜        3        PHP 班
15 rows selected
```

从上述查询中可以看出，表 student 作为左外连接的主表，class 作为左外连接的从表。student 表中有 3 条数据没有 claid，与 class 表没有匹配项。因此显示结果集中右表对应的数据位 NULL 值。

也可以使用 Oracle 外连接查询中特有的操作符 "+" 进行外连接查询。

```
SQL> select s.stuid,s.stuname,s.claid,c.claname from
  2  student s,class c
  3  where s.claid=c.claid(+);
```

查询结果与上面练习中的左外连接的查询结果相同。

8.3.2 右外连接

在右外连接查询中，右表就是主表，左表就是从表。右外连接返回关键字 JOIN 右边表中的所有行，但是这些行必须符合查询条件。如果右表的某数据行没有在左表中找到相应匹配的数据行，则结果集中左表对应未知填入 NULL，语法如下所示。

```
SELECT table1.column,table2.column FROM table1
RIGHT OUTER JOIN table2
ON table1.column1=table.column2;
```

其中，各个参数的含义如下所示。

❑ **OUTER JOIN** 表示外连接。

❑ **RIGHT** 表示右外连接。

❑ **ON** 表示查询条件。

【练习 8】

使用右外连接查询 student 表和 class 表中的内容，查询 student 中学生的学号、姓名、班级编号以及班级名称。

```
SQL> select s.stuid,s.stuname,s.claid,c.claname from
  2  student s right outer join class c
  3  on s.claid=c.claid;
STUID     STUNAME   CLAID   CLANAME
-----     -------   -----   -------
200402    宋佳      1       JAVA 班
200401    李云      1       JAVA 班
200405    周腾      2       .NET 班
200403    张天中    2       .NET 班
200404    赵均      2       .NET 班
200408    安宁      3       PHP 班
200406    马瑞      3       PHP 班
200409    李兵      3       PHP 班
200412    李娜      3       PHP 班
200407    张华      4       安卓班
200411    刘楠      4       安卓班
200410    魏征      4       安卓班
                            3D 班
                            WEB 班

14 rows selected
```

从上述查询中可以看出，表 student 作为右外连接的主表，class 作为右外连接的从表。会将 class 表中的所有内容和与之对应的 student 表中的所有内容显示出来，如果在 student 表中有与 class 表不匹配的数据，那就显示为空。也可以使用 Oracle 外连接查询中特有的操作符 "+" 进行外连接查询。如下：

```
SQL> select s.stuid,s.stuname,s.claid,c.claname from
  2   student s,class c
  3  where s.claid(+)=c.claid;
```

8.3.3　完全连接

完全连接查询将返回主表和从表中所有行的数据。当一个表中某一行在另一个表中没有与之匹配的数据行时，则另一个表与之对应的列设为空值。如果两表之间有匹配行，则整个结果集包含基表的数据值。完全连接的语法如下所示。

```
SELECT table1.column,table2.column FROM table1
FULL OUTER JOIN table2
ON table1.column1=table.column2;
```

其中，各个参数的含义如下所示。

❑ **OUTER JOIN**　表示外连接。

❑ **FULL**　表示完全连接。

❑ **ON**　表示查询条件。

【练习 9】

使用完全连接查询 student 表和 class 表中的内容，查询 student 表中学生的学号、姓名、班级编号以及班级名称。

```
SQL> SELECT s.stuid,s.stuname,s.claid,c.claname from
  2   student s full outer join class c
  3  on  s.claid=c.claid;
STUID     STUNAME     CLAID     CLANAME
-----     -------     -----     -------
200422    陈辰
200433    李梦
200444    林静
200401    李云        1         JAVA 班
200402    宋佳        1         JAVA 班
200403    张天中      2         .NET 班
200404    赵均        2         .NET 班
200405    周腾        2         .NET 班
200406    马瑞        3         PHP 班
200407    张华        4         安卓班
200408    安宁        3         PHP 班
200409    李兵        3         PHP 班
200410    魏征        4         安卓班
200411    刘楠        4         安卓班
200412    李娜        3         PHP 班
                                WEB 班
                                3D 班

17 rows selected
```

从上述查询中可以看出，使用完全连接查询这两个表，会将这两个表中任意一条记录与另外一条表中的记录进行匹配。如果匹配就在一行输出，不匹配就在另一个表的位置补空。

8.4 交叉连接

交叉连接和普通的连接查询非常相似，惟一不同的是使用交叉连接查询时在 FROM 子句中表名之间使用 CROSS JOIN 关键字，语句中不需要使用 ON 关键字，使用 WHERE 子句即可。

如果交叉连接不带 WHERE 子句，它返回被连接的两个表所有数据行的笛卡尔积，返回到结果集合中的数据行数等于第一个表中符合查询条件的数据行数乘以第二个表中符合查询条件的数据行数。

【练习 10】

使用交叉连接查询 student 表和 class 表中的内容，查询 student 表中学生的学号、姓名、班级编号以及班级名称。如下：

```
SQL> select s.stuid,s.stuname,s.claid,c.claname from
  2  student s cross join class c
  3  where s.claid=c.claid;
STUID    STUNAME    CLAID    CLANAME
------   -------    -----    -------
200401   李云         1       JAVA 班
200402   宋佳         1       JAVA 班
200403   张天中       2       .NET 班
200404   赵均         2       .NET 班
200405   周腾         2       .NET 班
200406   马瑞         3       PHP 班
200407   张华         4       安卓班
200408   安宁         3       PHP 班
200409   李兵         3       PHP 班
200410   魏征         4       安卓班
200411   刘楠         4       安卓班
200412   李娜         3       PHP 班
12 rows selected
```

8.5 使用 UNION 操作符

UNION 运算符可以将两个或两个以上 SELECT 语句的查询结果集合并成一个结果集显示即联合查询。

根据连接查询的结果集处理方式可以使用不同的关键字获得结果集的并集和交集。

8.5.1 使用 UNION ALL 获取并集

UNION ALL 用来获取两个结果的并集，包括重复的行。

使用 UNION ALL 操作符,查询 student 表中成绩大于 80 分和所在班级编号为 2 的同学的具体信息。

```
SQL> select claid,stuname,score from student where score>80
  2  union all
  3  select claid,stuname,score from student where claid=2;
CLAID    STUNAME    SCORE
-----    -------    -----
         林静        97
2        张天中      86
4        张华        89
2        张天中      86
2        赵均        72
2        周腾        52
6 rows selected
```

将上述查询语句进行分解,第一次查询出成绩大于 80 分的同学的信息,共有三行。

```
SQL> select claid,stuname,score from student where score>80;
CLAID    STUNAME    SCORE
-----    -------    -----
         林静        97
2        张天中      86
4        张华        89
```

第二次查询出所属班级编号为 2 的同学的信息,共有 3 行。

```
SQL> select claid,stuname,score from student where claid=2;
CLAID    STUNAME    SCORE
-----    -------    -----
2        张天中      86
2        赵均        72
2        周腾        52
```

因此使用 UNION ALL 操作符进行获取两个结果集的并集时,将两个结果集中的结果都显示出来,包括重复行。

8.5.2 使用 UNION 获取交集

UNION 用来获取两个结果的交集,并且自动去掉重复的行。

【练习 12】
使用 UNION 操作符,查询 student 表中成绩大于 80 分和所在班级编号为 2 的同学的具体信息。

```
SQL> select claid,stuname,score from student where score>80
  2  union
  3  select claid,stuname,score from student where claid=2;
CLAID    STUNAME    SCORE
```

```
 -----      -------     ------
2          张天中         86
2          赵均          72
2          周腾          52
4          张华          89
           林静          97
5 rows selected
```

将上述查询分解可以得出，在两个查询中包含有成绩大于 80 分且所在班级编号为 2 的同学信息，于是在进行连接的时候，去掉重复行。与 UNION ALL 操作符查询出来的数据相比，少了一条重复记录。

8.6 差查询

MINUS 操作符用于获取两个结果集的差集。当使用该操作符时，只会显示在第一个结果集中存在、在第二个结果集中不存在的数据，并且会以第一列进行排序。

【练习 13】

使用 UNION ALL 操作符，查询 student 表中成绩大于 80 分但是所在班级编号不为 2 的同学的具体信息。

```
SQL> select claid,stuname,score from student where score>80
  2  minus
  3  select claid,stuname,score from student where claid=2;
CLAID   STUNAME    SCORE
-----   -------    -----
4       张华        89
        林静        97
```

将上述查询语句进行分解，第一次查询出成绩大于 80 分的同学的信息，共有三行。第二次查询出所选班级编号为 2 的同学的信息，共有 3 行。但是第一次查询出来的结果集中有两条数据不在第二个查询结果集中。因此最终结果集显示出的两条数据为两个结果集的差集。

注意

使用差查询返回数据结果集，要注意两个查询语句所要查询的列相同。

8.7 交查询

INTERSECT 操作符用于获取两个结果集的交集。当使用该操作符时，只会显示同时存在与两个结果集中的数据，并且会以第一列进行排序。

【练习 14】

使用 UNION ALL 操作符，查询 student 表中成绩大于 80 分并且所在班级编号为 2 的同学的具体信息。

```
SQL> select claid,stuname,score from student where score>80
  2  intersect
  3  select claid,stuname,score from student where claid=2;
CLAID     STUNAME     SCORE
-----     -------     -----
2         张天中        86
```

将上述查询语句进行分解，第一次查询出成绩大于 80 分的同学的信息，共有三行。第二次查询出所选班级编号为 2 的同学的信息，共有 3 行。但是第一次查询出来的数据中有两条数据只有一条在第二个查询中也存在。因此结果显示出的两条数据为两个结果集的并集。

8.8 实例应用：查询学生选课系统中的学生信息

8.8.1 实例目标

本课主要通过不同的实例练习介绍了在 Oracle 中使用 SELECT 语句查询数据表中数据信息的方法。

本节通过对学生选课系统中学生选课情况的查询，演示基本的查询、条件查询、对结果集的格式化显示以及子查询的使用。该数据库中主要包含如下表以及列。

❑ **Course 表（课程信息表）** 包含 Cno（课程编号）、Cname（课程名称）和 Credit（课程的学分）列。

❑ **Scores 表（学生成绩表）** 包含 Sno（学号编号）、Cno（课程编号）、和 SScore（考试成绩）列。

❑ **Student 表（学生信息表）** 包含 Sno（学号编号）、Sname（学生姓名）、SSex（学生性别）、Sbirth（出生日期）和 SAdrs（籍贯）列。

❑ **Chooice（学生选课表）** 包含 Sno（学生编号）和 First（学生的必修课）和 Second(学生的选修课)列。

查询要求如下所示。

（1）查询学生表 student 中的所有信息，但要求同时列出每一个学生对应的选课信息。

（2）查询学生表 student 中的所有信息，并且同时列出每一个同学对应的课程成绩以及所选课程的具体信息。

（3）使用左外连接查询 student 表和 chooice 表中的内容，并将表 student 作为左外连接的主表，chooice 作为左外连接的从表。

（4）使用等值内连接查询出每个学生所选课程的成绩。

（5）使用 UNION 操作符查询出学生表 student 中女生信息和成绩大于 80 分的学生信息。

（6）使用交查询查询出学生表 student 中既是女生且籍贯又是天津的学生信息。

（7）使用差查询查询出 student 表中是女生但是所在籍贯不是天津的同学的具体信息。

（8）使用交叉连接查询 student 表和 chooice 表中的内容，查询 student 中学生的学号、姓名以及所选的课程。

8.8.2 技术分析

根据查询要求可以看到，需要使用多表查询、内连接和外连接、交查询、使用 UNION 操作符和差连接。

在进行多表之间的连接查询时，要注意使用 WHERE 子句消除笛卡尔积。另外，在多表连接的时候，为了保证查询清晰，可以将表定义个别名，使用别名.列名查询需要的数据信息。

8.8.3 实现步骤

（1）查询学生表 student 中的所有信息，但要求同时列出每一个学生对应的选课信息。

```
SQL> select s.sno,s.sname,c.first,c.second from student s,chooice c
  2  where s.sno=c.sno;
SNO        SNAME     FIRST   SECOND
--------   -----     -----   ------
20100092   李兵       1094    1102
20100094   刘瑞       1094    1098
20100099   张宁       1098    1102
20110001   张伟       1101    1104
20110002   周会       1102    1104
20110003   魏晨       1102    1103
20110012   张鹏       1104    1102
7 rows selected
```

（2）查询学生表 student 中的所有信息，并且同时列出每一个同学对应的必修课程成绩以及所选课程的具体信息。

```
SQL> select a.* ,sc.sscore from
  2  (select s.sno,s.sname,c.first,cou.cname from
  3  student s,chooice c,course cou where
  4  s.sno=c.sno and c.first=cou.cno) a,
  5  scores sc where
  6  a.first=sc.cno and a.sno=sc.sno;
SNO        SNAME     FIRST   CNAME          SSCORE
--------   -----     -----   -----------    ------
20100092   李兵       1094    java编程基础     75
20100094   刘瑞       1094    java编程基础     90
20100099   张宁       1098    C#编程基础       86
20110001   张伟       1101    oracle数据库     46
20110002   周会       1102    JSP课程设计      86
20110003   魏晨       1102    JSP课程设计      77
20110012   张鹏       1104    三大框架         69
7 rows selected
```

（3）使用左外连接查询 student 表和 chooice 表中的内容，并将表 student 作为左外连接的主表，chooice 作为左外连接的从表。

```
SQL> select s.sno,s.sname,c.first,c.second from student s
  2  left outer join chooice c
```

```
   3  on s.sno=c.sno;
SNO         SNAME      FIRST     SECOND
--------    -----      -----     ------
20100092    李兵       1094      1102
20100094    刘瑞       1094      1098
20100099    张宁       1098      1102
20110001    张伟       1101      1104
20110002    周会       1102      1104
20110003    魏晨       1102      1103
20110012    张鹏       1104      1102
20110064 宋帅
8 rows selected
```

（4）使用等值内连接查询出每个学生所选课程的具体信息。

```
SQL> select s.sno,s.sname,c.first from student s
   2  inner join chooice c
   3  on s.sno=c.sno;
SNO         SNAME      FIRST
--------    -----      -----
20100092    李兵       1094
20100094    刘瑞       1094
20100099    张宁       1098
20110001    张伟       1101
20110002    周会       1102
20110003    魏晨       1102
20110012    张鹏       1104
7 rows selected
```

（5）使用 UNION 操作符查询出学生表 student 中的女生信息和籍贯是天津的学生信息。（去掉重复行）

```
SQL> select sno,sname,ssex,sadrs from student where ssex='女'
  2  union
   3  select sno,sname,ssex,sadrs from student where sadrs='天津';
SNO        SNAME    SSEX    SADRS
--------   -----    ----    -----
20100094   刘瑞      女      北京
20100099   张宁      女      天津
20110001   张伟      女      武汉
20110002   周会      女      深圳
20110064   宋帅      男      天津
```

（6）使用交查询查询出学生表 student 中既是女生且籍贯又是天津的学生信息。

```
SQL> select sno,sname,ssex,sadrs from student where ssex='女'
  2  intersect
   3  select sno,sname,ssex,sadrs from student where sadrs='天津';
SNO        SNAME    SSEX    SADRS
---        -----    ----    -----
```

```
        20100099  张宁      女          天津
```

（7）使用差查询查询出 student 表中是女生但是所在籍贯不是天津的同学的具体信息。

```
SQL> select sno,sname,ssex,sadrs from student where ssex='女'
  2  minus
  3  select sno,sname,ssex,sadrs from student where sadrs='天津';
SNO        SNAME   SSEX   SADRS
--------   -----   ----   -----
20100094   刘瑞     女      北京
20110001   张伟     女      武汉
20110002   周会     女      深圳
```

（8）使用交叉连接查询 student 表和 chooice 表中的内容，查询 student 中学生的学号、姓名以及所选的课程。

```
SQL> select s.sno,s.sname,c.first,c.second from
  2  student s cross join chooice c
  3  where s.sno=c.sno;
SNO        SNAME   FIRST   SECOND
--------   -----   -----   ------
20100092   李兵     1094    1102
20100094   刘瑞     1094    1098
20100099   张宁     1098    1102
20110001   张伟     1101    1104
20110002   周会     1102    1104
20110003   魏晨     1102    1103
20110012   张鹏     1104    1102
7 rows selected
```

8.9 拓展训练

查询商品管理系统的数据信息

假设商场商品管理系统数据库中包含了以下几个表。

❑ **货架信息表 helf**　包含货架编号 Sno、货架名称 Sname、货架分类性质 Stype。

❑ **商品信息表 Product**　包含商品编号 Pno、商品名称 Pname、商品分类性质 Ptype、商品价格 Pprice、商品进货日期 Ptime、商品过期时间 Pdate。

❑ **分类信息表 Part**　包含商品编号 Pno、货架编号 Sno。

根据具体功能创建需要的表查询需要的表数据，具体要求如下。

（1）查询商品信息表 Product 中的所有信息，但要求同时列出每一个商品对应的货架编号。

（2）查询商品信息表 Product 中的所有信息，并且同时列出每一个商品对应的保质日期，以及所选货架的具体分类信息。

（3）使用左外连接查询商品信息表 Produc 和分类信息表 Part 中的内容，并将表 Produc 作为左外连接的主表，Part 作为左外连接的从表。

（4）使用等值内连接查询出每个货架所包含的商品以及商品的具体信息。

（5）使用 UNION 操作符查询出商品信息表 Product 中在超过两种类型商品货架上的和保质日期大于 1 年的商品信息。

（6）查询出商品信息表 Product 中在超过两种类型商品的货架上且保质日期大于 1 年的商品信息。

（7）使用差查询查询出商品信息表 Product 中在超过两种类型商品的货架上但是保质日期小于 1 年的商品信息。

（8）使用交叉连接查询商品信息表 Product 和分类信息表 Part 中的内容，查询商品信息表 Product 中商品编号 Pno、商品名称 Pname、商品分类性质 Ptype 以及所在的货架。

（9）查询出商品信息表 Product 中在价格大于 30 且商品过期时间在 2014 年以前的商品信息。

8.10 课后练习

一、填空题

1. 在 SQL 语句中表与表之间连接查询的时候，如果没有 WHERE 子句进行限定查询条件，就会产生_____。

2. 内连接中使用_____将两个表连接起来进行查询。

3. 根据查询语句中指定的关键字及表的主从位置关系可以将外连接分为左外连接、右外连接和_____。

4. 使用_____关键字进行交叉连接。

5. _____运算符可以将两个或两个以上 SELECT 语句的查询结果集合并成一个结果集显示，即联合查询。

6. 在联合查询中添加_____关键字可以返回所有的行，而不管查询结果中是否含有重复的值。

二、选择题

1. 使用简单连接查询两个表，其中一个表有十条记录，另外一个表有八条记录，如果未使用 WHERE 子句进行条件限定，那么将会返回_____条记录。

    A. 18

    B. 8

    C. 80

    D. 10

2. 使用差查询进行查询的时候，下面说法正确的是_____。

    A. 只会显示在第一个结果集中存在、在第二个结果集中不存在的数据，并且会以第一列进行排序

    B. 显示两个结果集中都存在的数据，并且以第一列进行排序

    C. 显示两个结果集中都不存在的数据，并且以第一列进行排序

    D. 只会显示在第二个结果集中存在、第一个结果集中不存在数据，并且显示重复行的数据

3. 下面关于完全连接说法正确的是_____。

    A. 完全外连接查询返回左表和右表中所有行的数据

    B. 在完全连接查询中，当一个基表中某行在另一个基表中没有匹配行时，则另一个基表与之相对应的列值设为 NULL 值

C. 在完全连接查询中，当一个基表中某行在另一个基表中没有匹配行时，则另一个基表与之相对应的列值设为 0

D. 在完全连接查询中，当一个基表中某行在另一个基表中没有匹配行时，将不返回这些行

4. 下列选项中，不属于内连接的是_____。

    A. 等值内连接

    B. 非等值内连接

    C. 交叉查询

    D. 自然连接

5. 下面关于自连接说法错误的一项是_____。

    A. 自连接是指一个表与自身相连接的查询，连接操作是通过给基表定义别名的方式来实现

    B. 自连接可以将自身表的一个镜像当作另一个表来对待，从而能够得到一些特殊的数据

    C. 在自连接中可以使用内连接和外连接

    D. 在自连接中不能使用内连接和外连接

三、简答题

1. 简述内连接和外连接。

2. 简述左外连接和右外连接的主从表位置。

3. 进行多表连接进行查询的时候，要注意什么，消除两个表之间的笛卡尔积。

4. 简述使用 UNION 操作符的两种不同的情况以及区别。

5. 使用高级查询的好处是什么？

6. 交查询和差查询的相同点和不同点是什么？

第9课
使用 DML 语句修改
数据表数据

DML（Data Manipulation Language）数据操纵语言命令使用户能够查询数据库以及操作已有数据库中的数据。DML 语句包含了 CALL、DELETE、EXPLAIN PLAN、INSERT、LOCK TABLE 等语句。

本课将详细介绍 DML 语句中 INSERT、UPDATE、DELETE、MERGE 语句的基本语法和用法。

本课学习目标：

- ❑ 掌握 INSERT、UPDATE、DELETE、MERGE 的简单语法
- ❑ 使用 INSERT 语句完成基本的单行，多行数据插入
- ❑ 使用 UPDATE 语句更新表中带条件的数据
- ❑ 使用 DELETE 语句删除满足 WHERE 条件的行数据
- ❑ 使用 MERGE 语句进行基本的数据更新插入
- ❑ 掌握 MERGE 语句中省略 INSERT、UPDATE 的用法
- ❑ 了解 MERGE 带有 DELETE 子句的用法

9.1 使用 INSERT 语句插入表数据

在 SQL 语言中使用 INSERT 语句在数据表中插入数据。所谓插入表数据是指向数据库已经创建成功的表中插入（添加）新数据（记录）。这些数据可以是从其他来源得来，需要被转存或引入表中；也可能是新数据要被添加到新创建的表中或已存在的表中。

本节将详细讲解 INSERT 语句的语法以及 INSERT 的具体应用。例如，使用 INSERT 语句进行单行和多行的数据插入。

9.1.1 INSERT 语句简介和语法

INSERT 语句是用来向数据表内添加数据信息。该语句有两种不同的用法：一种是直接进行插入（可以插入一条或者多条数据），另外一种是将查询出来的信息添加到另一个表或者列中。

INSERT 语句的语法一般有两种。

```
INSERT INTO table_name [column1,column2,…] VALUES (value1,value2,…);
INSERT INTO table_name [column1,column2,…] SELECT (column1,column2,…) FROM table_name2;
```

各个参数的含义如下。

❑ **INSERT INTO** 指明要插入的表以及表中的字段。

❑ **VALUES** 指明要插入相应字段的值。

❑ **SELECT** 查询所需要的数据。

第一条 INSERT 语句用于向 table_name 表中插入单条记录，第二条 INSERT 语句用于把从 table_name2 表中查询出来的数据插入到 table_name 中。如果查询出来的数据为多条，那么就实现了多条数据的插入。

注意

在使用 INSERT 语句时，无论是插入单条记录还是插入多条记录，都要注意，提供插入的数据要与表中列的字段相对应。

9.1.2 单行记录的插入

使用 INSERT 语句向数据表中添加数据最常用的是一次添加一整行数据和添加表中部分字段的数据。

【练习 1】

在 STUDENT 表中插入一整行记录。

```
SQL> insert into student values(1,'200401','李云','ly123456','女','17-10月-83',1);
1 row inserted
```

在这里需要注意，VALUES 子句中的插入数据和数据类型必须与数据表中的字段顺序和字段类型相对应，并且字符串类型的数据要放在单引号中。因为对 student 表中所有字段都插入了数据，所以在 EMP 表名称后面省略了字段的列表。如果只对 EMP 表中的部分字段插入数据，则需要在表名称后边添加相应的字段，VALUES 子句中的数据也要保持一致。

【练习 2】

对 EMP 表中部分字段插入数据，如下所示。

```
SQL> insert into student(stuid,stunumber,stuname,stupassword,claid)
```

```
 2  values(6,200406,'张伟','zw123456',3);
1 row inserted
```

若 INTO 子句中没有明确指定任何属性列，则新插入的数据值必须和数据库表中的每一列都一一对应（声明为自动增长的列除外）。

9.1.3 多行记录的插入

使用 INSERT 语句也可以向数据表中添加从其他表或者视图中查询得到的数据信息，如果查询出多行数据信息，则向数据表中添加多行记录。

使用 INSERT...SELECT 语句将一个数据表中的数据插入到另一个新数据表中的时候要注意以下几点。

- ❑ 必须要保证插入行数据的表已经存在。
- ❑ 对于插入新数据的表，各个需要插入数据的列的类型必须和源数据表中各列数据类型保持一致。
- ❑ 必须明确是否存在默认值，是否允许为 NULL 值。如果不允许为空，则必须在插入的时候，为这些列提供列值。

【练习 3】

新建一个 NEW_EMP 表，使之与 EMP 表有相同的表结构，并将 EMP 表中的数据插入到 NEW_EMP 中。可以使用以下语句创建，如下所示。

```
SQL> create table new_student
  2  (
  3    stuid NUMBER(4) not null,
  4    stunumber NUMBER(10) not null,
  5    stuname VARCHAR2(10) not null,
  6    stupassword VARCHAR2(10) default '123456' not null,
  7    stusex CHAR(2),
  8    stubirthday DATE,
  9    claid NUMBER(4) not null
 10  );
Table created
```

然后执行下面语句，将会把 EMP 表中所有的数据插入到新表 NEW_EMP 中。

```
SQL> insert into new_student select * from student;
6 rows inserted
```

因为这里 SELECT 语句中查询的是 EMP 表中的所有数据，而 NEW_EMP 与 EMP 表结构是一样的，所以，就会将查询出来的信息全部插入到 NEW_EMP 中。

此时查看两个表的时候会发现，EMP 与 NEW_EMP 的记录完全相同。

```
SQL> select * from student;
STUID  STUNUMBER  STUNAME  STUPASSWORD  STUSEX  STUBIRTHDAY  CLAID
-----  ---------  -------  -----------  ------  -----------  -----
1      200401     李云     ly123456     女      1983-10-17   1
2      200402     宋佳     sj123456     女      1984-9-7     1
3      200403     张天中   ztz123456    男      1983-2-21    1
```

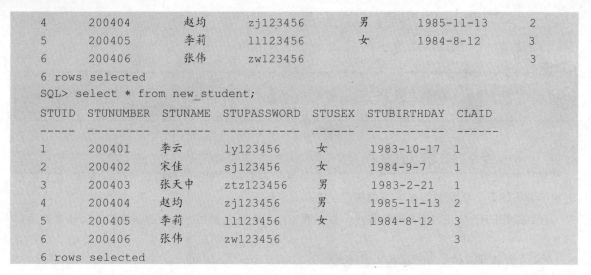

```
4        200404       赵均       zj123456        男          1985-11-13       2
5        200405       李莉       ll123456        女          1984-8-12        3
6        200406       张伟       zw123456                                    3
6 rows selected
SQL> select * from new_student;
STUID  STUNUMBER  STUNAME  STUPASSWORD  STUSEX  STUBIRTHDAY  CLAID
-----  ---------  -------  -----------  ------  -----------  ------
1        200401       李云       ly123456        女          1983-10-17       1
2        200402       宋佳       sj123456        女          1984-9-7         1
3        200403       张天中     ztz123456       男          1983-2-21        1
4        200404       赵均       zj123456        男          1985-11-13       2
5        200405       李莉       ll123456        女          1984-8-12        3
6        200406       张伟       zw123456                                    3
6 rows selected
```

【练习 4】
如果不需要全部插入，仅仅是需要插入某列的数据或者是某几行数据，上面语句可以改写为：

```
SQL> insert into new_student(stuid,stunumber,stuname,stupassword,claid)
  2  select stuid,stunumber,stuname,stupassword,claid from student;
6 rows inserted
```

【练习 5】
而在 SELECT 子查询语句中也可以使用 WHERE 条件限定查询。在上面例子中，如果不需要插入那么多数据，仅仅是需要插入几行 COMM 不为空的数据，那么上面的 INSERT 语句将改写为。

```
SQL> insert into new_student (stuid,stunumber,stuname,stupassword,claid)
  2  select stuid,stunumber,stuname,stupassword,claid from student where
  stuid=1 or stuid=2;
2 rows inserted
```

执行 SELECT 语句进行查询看到表 NEW_EMP 的数据如下所示。

```
SQL> select * from new_student;
STUID  STUNUMBER  STUNAME  STUPASSWORD  STUSEX  STUBIRTHDAY  CLAID
-----  ---------  -------  -----------  ------  -----------  -----
1        200401       李云       ly123456                                    1
2        200402       宋佳       sj123456                                    1
```

注意

在进行使用 SELECT 的子查询进行插入的时候，一定要控制需要插入的列与查询出来的列保持完全一致，包括数据的类型和大小。

9.2 使用 UPDATE 语句更新表数据

在使用数据库存储信息的过程中，总是会遇到表中数据信息需要调整修改的情况，这个时候，为了保持数据的及时性和准确性，就需要修改数据表中的信息。如果把原来的数据进行删除，然后把需要的新数据插入到相应数据表是非常麻烦的一件事。因此在 Oracle 的 DML 语句中，使用 UPDATE 语句对数据表中符合更新条件的记录进行更新。

例如，在超市的购物管理系统中，某件或者某个系列的商品因为某种原因降价打折促销，这就要求数据库管理人员根据实际情况对某些产品的价格进行相应调整。本节将详细讲解如何更新数据表中的数据。

9.2.1　UPDATE 语句简介和语法

UPDATE 语句修改数据库表或视图中已经存在的数据。UPDATE 语句总有相关目标，而且通常有条件。如果没有指定条件，就更新目标表中的所有行。

UPDATE 语句的语法如下所示。

```
UPDATE table_name SET column1=value1[,column2=value2]…WHERE expression;
```

其中各项参数的含义如下所示。

- **table_name**　指定要更新的表。
- **SET**　指定要更新的字段以及相应的值。
- **expression**　表示更新条件。
- **WHERE**　指定更新条件，如果没有指定更新条件则会对表中所有的记录进行更新。

注意

使用 UPDATE 更新表数据的时候，WHERE 限定句要谨慎使用，如果不使用 WHERE 语句限定，则表示修改整个表中的数据。

9.2.2　基于表数据进行更新

当使用 UPDATE 语句更新 SQL 数据时，应该注意以下事项和规则。

- 用 WHERE 子句指定需要更新的行，用 SET 子句指定新值。
- UPDATE 无法更新标识列。
- 如果行的更新违反了约束或规则，比如违反了列 NULL 设置，或者新值是不兼容的数据类型，则将取消该语句，并返回错误提示，不会更新任何记录。
- 每次只能修改一个表中的数据。
- 可以同时把一列或多列、一个变量或多个变量放在一个表达式中。

【练习 6】

更新 student 表，将 stuid 为 5 的学生姓名修改为李瑞。

```
SQL> update student set stuname='李瑞' where stuid=5;
1 row updated
```

更新成功。使用 SELECT 语句进行查询，发现 student 表中 stuname 为李莉的数据改变了，结果对比如下。UPDATE 修改之前的结果如下所示。

```
SQL> select * from student where stuid=5;
STUID   STUNUMBER   STUNAME   STUPASSWORD   STUSEX   STUBIRTHDAY   CLAID
-----   ---------   -------   -----------   ------   -----------   -----
5       200405      李莉      11123456      女       1984-8-12     3
```

UPDATE 修改之后结果如下所示。

```
SQL> select * from student where stuid=5;
STUID   STUNUMBER   STUNAME   STUPASSWORD   STUSEX   STUBIRTHDAY   CLAID
-----   ---------   -------   -----------   ------   -----------   -----
```

| 5 | 200405 | 李瑞 | ll123456 | 女 | 1984-8-12 | 3 |

【练习 7】

如果在上面练习中要求修改名字和密码，则上面语句可以修改为：

```
SQL> update student set stuname='李瑞',stupassword='lr123456' where stuid=5;
1 row updated
```

结果会发现，stuid 为 5 的学生数据中 stuname 和 stupassword 都改变了。

【练习 8】

如果要把 new_student 表中所有的 claid 改为 2，可以使用下面的语句。

```
SQL> update new_student set claid=2;
6 rows updated
```

使用 SELECT 语句查询会发现整个表中 claid 的数据都发生了改变。修改之前 claid 为 1。

```
SQL> select * from new_student;
STUID  STUNUMBER  STUNAME  STUPASSWORD  STUSEX  STUBIRTHDAY  CLAID
-----  ---------  -------  -----------  ------  -----------  -----
1      200401     李云      ly123456                          1
2      200402     宋佳      sj123456                          1
```

修改之后 claid 为 2。

```
SQL> select * from new_student;
STUID  STUNUMBER  STUNAME  STUPASSWORD  STUSEX  STUBIRTHDAY  CLAID
-----  ---------  -------  -----------  ------  -----------  -----
1      200401     李云      ly123456                          2
2      200402     宋佳      sj123456                          2
```

提示

在实际应用中，可能会遇到需要修改多列的数据，UPDATE 可以对多个列进行修改，多个 SET 语句之间使用逗号分开。

9.3 使用 DELETE 语句删除表数据

在使用数据库的过程中，数据表中会有一些已经过期或者是错误的数据，为了保持数据的准确性，在 Oracle 中使用 DELETE 语句进行删除，使用 DELETE 语句进行删除的时候，要注意 DELETE 的用法。

在使用 DELETE 语句进行删除表数据的时候，如果该表中的某个字段有外键关系，需要先删除外键表的数据，然后再删除该表中的数据，否则将会出现删除异常。

本节将详细讲解 DELETE 的用法，以及 DELETE 的应用。例如：删除满足某种限定条件的数据，以及删除整个表中的数据。

9.3.1 DELETE 语句简介和语法

在 SQL 语言中，DELETE 语句最为简单，用来删除表中数据，而不删除原有的表，但是在使用该语句的时候一定要谨慎。以免误删数据。DELETE 语句的语法格式如下所示。

```
DELETE FROM table_name [WHERE expression];
```

其中各个参数的含义如下所示。

- ❑ **DELETE**　删除语句关键字。
- ❑ **FROM**　指定要删除数据的表。
- ❑ **table_name**　需要删除数据的表名称。
- ❑ **WHERE**　指定要删除数据的条件，如果没有 WHERE 子句，则删除表中所有的记录。
- ❑ **exception**　限定条件。

注意

使用 DELETE 语句删除表数据的时候，并不能释放被占用的数据块空间，它只是把那些被删除的数据块标记为 Unused，将来还可以使用回退(Rollback)操作将数据返回。

■9.3.2　使用 DELETE 语句

在 DELETE 中 WHERE 是可选的，可以根据 WHERE 子句中的限定条件不同，删除不同的数据。

【练习 9】

通过对 DELETE 语句中 WHERE 的限定，可以删除满足 WHERE 语句的一行或者是多行的数据。例如：删除 student 表中 stuid 是 6 的学生数据。如下：

```
SQL> delete student where stuid=6;
1 row deleted
```

【练习 10】

如果 DELETE 语句中没有 WHERE 子句，则会把整个表中的数据删除。例如删除 new_student 表中的所有数据信息。

```
SQL> delete new_student;
2 rows deleted
```

提示

DELETE 语句只能删除表中某一行的数据，不能删除表中某一列的数据。

9.4　使用 MERGE 语句修改表数据

在 Oracle 9i R2 版中引入的 MERGE 语句通常被称作"更新插入"，因为使用 MERGE 可以在同一个步骤中更新（UPDATEE）并插入（INSERT）数据行，对于抽取、转换和载入类型的应用软件可以节省大量宝贵的时间，比如把数据从一个表复制到另一个表，插入新数据或者替换掉旧的数据。在早期的版本中，就需要先查找出是否存在旧的数据，如果存在，则使用 UPDATE 替换，否则就使用 INSERT 语句进行插入，期间的步骤一定会很繁琐的。现在 Oracle 专门提供的 MERGE 语句使这个工作变得简单。

本节主要从 MERGE 的几个不同情况下不同的用法进行详细的 MERGE 用法介绍，例如，使用省略 INSERT 和 UPDATE 的用法，带有条件的 INSERT 和 UPDATE 用法和带有 DELETE 子句的用法。

9.4.1 MERGE 语句简介和语法

MERGE 语句的语法如下所示。

```
MERGE INTO table1
USING table2
ON expression
WHEN MATCHED EHTN UPDATE…
WHEN NOT MATCHED THEN INSERT…;
```

其中需要注意的如下所示。

❑ UPDATE 或 INSERT 子句是可选的。

❑ UPDATE 和 INSERT 子句可以加 WHERE 子句。

❑ 在 ON 条件中使用常量过滤谓词来 insert 所有的行到目标表中，不需要连接源表和目标表。

❑ UPDATE 子句后面可以跟 DELETE 子句来删除一些不需要的行。

下面的课节中将具体讲解 MERGE 的几种不同情况的使用。

9.4.2 可省略 INSERT 子句或 UPDATE 子句

【练习 11】

省略 INSERT 子句，即 MERGE 语句中只有 MATCHED 语句，表示只更新旧数据而不添加新数据。

查看 new_student 表中的数据与 student 表中数据的差别。

```
SQL> select * from student;
STUID  STUNUMBER  STUNAME  STUPASSWORD  STUSEX  STUBIRTHDAY  CLAID
-----  ---------  -------  -----------  ------  -----------  -----
1      200401     李云     ly123456     女      1983-10-17   1
2      200402     宋佳     sj123456     女      1984-9-7     1
3      200403     张天中   ztz123456    男      1983-2-21    1
4      200404     赵均     zj123456     男      1985-11-13   2
5      200405     李瑞     lr123456     女      1984-8-12    3
SQL> select * from new_student;
STUID  STUNUMBER  STUNAME  STUPASSWORD  STUSEX  STUBIRTHDAY  CLAID
-----  ---------  -------  -----------  ------  -----------  -----
1      200401     李云2    ly123456     女      1983-10-17   1
2      200402     宋佳2    sj123456     女      1984-9-7     1
```

使用 MERGE 语句修改 new_student 表的 stuname 字段值和 student 表一致。

```
SQL> merge into new_student ns
  2  using student s
  3  on (ns.stuid=s.stuid)
  4  when matched then
  5  update set ns.stuname=s.stuname ;
2 rows merged
SQL> select * from new_student;
STUID  STUNUMBER  STUNAME  STUPASSWORD  STUSEX  STUBIRTHDAY  CLAID
-----  ---------  -------  -----------  ------  -----------  -----
1      200401     李云     ly123456     女      1983-10-17   1
2      200402     宋佳     sj123456     女      1984-9-7     1
```

在上面的例子中 MERGE 语句影响到表 new_student 中字段 stuid 为 1 和 2 的行，它们的 stuname 字段被更新为表 student 中的值。

【练习 12】

省略 UPDATE 子句，即 MERGE 语句中只有 NOT MATCHED 语句，表示只插入新数据而不更新旧数据。

进行查询语句，查看两个表中数据的不同，以便做出比较。

```
SQL> select * from student;
STUID   STUNUMBER   STUNAME   STUPASSWORD   STUSEX   STUBIRTHDAY   CLAID
-----   ---------   -------   -----------   ------   -----------   -----
1       200401      李云       ly123456      女        1983-10-17    1
2       200402      宋佳       sj123456      女        1984-9-7      1
3       200403      张天中      ztz123456     男        1983-2-21     1
4       200404      赵均       zj123456      男        1985-11-13    2
5       200405      李瑞       lr123456      女        1984-8-12     3
SQL> select * from new_student;
STUID   STUNUMBER   STUNAME   STUPASSWORD   STUSEX   STUBIRTHDAY   CLAID
-----   ---------   -------   -----------   ------   -----------   -----
1       200401      李云2      ly123456      女        1983-10-17    1
2       200402      宋佳2      sj123456      女        1984-9-7      1
```

使用 MERGE 语句修改 new_student 表，使用 SELECT 语句查询会发现，表 new_student 中，添加了三条原来在 student 中存在而 new_student 中不存在的数据，但是两个表中数据不一样的字段（stuname）并没有发生改变。

```
SQL> merge into new_student ns
  2  using student s
  3  on (ns.stuid=s.stuid)
  4  when not matched then
  5  insert values(s.stuid,s.stunumber,s.stuname,s.stupassword,s.stusex,s.stubirthday,
     s.claid);
3 rows merged
SQL> select * from new_student;
STUID   STUNUMBER   STUNAME   STUPASSWORD   STUSEX   STUBIRTHDAY   CLAID
-----   ---------   -------   -----------   ------   -----------   -----
1       200401      李云2      ly123456      女        1983-10-17    1
2       200402      宋佳2      sj123456      女        1984-9-7      1
5       200405      李瑞       lr123456      女        1984-8-12     3
4       200404      赵均       zj123456      男        1985-11-13    2
3       200403      张天中      ztz123456     男        1983-2-21     1
```

提示

在 MERGE 语句中，当然也可以同时使用 INSERT 和 UPDATE 语句，进行添加和更新操作。

9.4.3　带条件的 UPDATE 和 INSERT 子句

在 INSERT 和 UPDATE 语句中，可以添加 WHERE 语句，进行条件限定，跳过 update 或 insert 操作对某些行的处理。

【练习 13】

先对比表 student 与 new_student 中数据的不同。

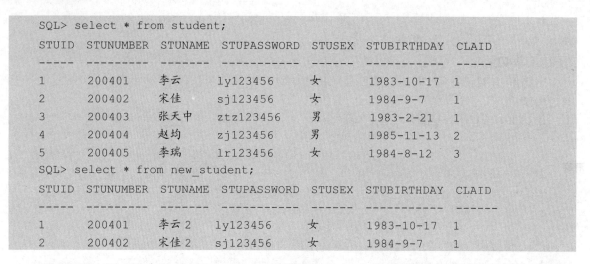

```
SQL> select * from student;
STUID  STUNUMBER  STUNAME  STUPASSWORD  STUSEX  STUBIRTHDAY  CLAID
-----  ---------  -------  -----------  ------  -----------  -----
1      200401     李云     ly123456     女      1983-10-17   1
2      200402     宋佳     sj123456     女      1984-9-7     1
3      200403     张天中   ztz123456    男      1983-2-21    1
4      200404     赵均     zj123456     男      1985-11-13   2
5      200405     李瑞     lr123456     女      1984-8-12    3
SQL> select * from new_student;
STUID  STUNUMBER  STUNAME  STUPASSWORD  STUSEX  STUBIRTHDAY  CLAID
-----  ---------  -------  -----------  ------  -----------  ------
1      200401     李云2    ly123456     女      1983-10-17   1
2      200402     宋佳2    sj123456     女      1984-9-7     1
```

不难发现，两个表中 stuid 为 1 和 2 的数据 stuname 列的值不同，其他都相同。而且在 new_student 中没有 stuid 为 3,4,5 的数据，使用 MERGE 语句进行更新插入。

```
SQL> merge into new_student ns
  2  using student s
  3  on (ns.stuid=s.stuid)
  4  when matched then
  5  update set ns.stuname=s.stuname
  6  where ns.stunumber=200401
  7  when not matched then
  8  insert values(s.stuid,s.stunumber,s.stuname,s.stupassword,s.stusex,
     s.stubirthday,s.claid)
  9  where s.stusex='男';
3 rows merged
SQL> select * from new_student;
STUID  STUNUMBER  STUNAME  STUPASSWORD  STUSEX  STUBIRTHDAY  CLAID
-----  ---------  -------  -----------  ------  -----------  -----
1      200401     李云     ly123456     女      1983-10-17   1
2      200402     宋佳2    sj123456     女      1984-9-7     1
4      200404     赵均     zj123456     男      1985-11-13   2
3      200403     张天中   ztz123456    男      1983-2-21    1
```

与 MERFE 操作之前的 new_student 表对比发现，在 new_student 中 stunumber 为 200401 的数据 stuname 更新为 student 中的数据，而 stunumber 为 200402 的数据则没有更新；另外，插入了两条 stusex 为男的数据信息，student 中 stusex 为女的数据信息则没有插入。

 注意

在 INSERT 和 UPDATE 语句中，添加了 WHERE 语句，所以并没有更新插入所有满足 ON 条件的行到表中。

9.4.4　无条件的 INSERTS

能够不用连接源表和目标表就把源表的数据插入到目标表中，对于想插入所有行到目标表时是非常有用的。从 Oracle 10g 开始支持在 ON 条件中使用常量过滤谓词，举个常量过滤谓词例子 ON(1=0)。

【练习 14】

下面例子从源表 student 插入行到表 new_student，不检查这些行是否在表 new_student 中存在。

```
SQL> merge into new_student ns
  2  using student s
  3  on (1=0)
  4  when not matched then
  5  insert values(s.stuid,s.stunumber,s.stuname,s.stupassword,s.stusex,
     s.stubirthday,s.claid);
5 rows merged
SQL> select * from new_student;
STUID  STUNUMBER  STUNAME  STUPASSWORD  STUSEX  STUBIRTHDAY  CLAID
-----  ---------  -------  -----------  ------  -----------  -----
1      200401     李云2     ly123456     女       1983-10-17   1
2      200402     宋佳2     sj123456     女       1984-9-7     1
1      200401     李云      ly123456     女       1983-10-17   1
2      200402     宋佳      sj123456     女       1984-9-7     1
3      200403     张天中    ztz123456    男       1983-2-21    1
4      200404     赵均      zj123456     男       1985-11-13   2
5      200405     李瑞      lr123456     女       1984-8-12    3
7 rows selected
```

经过对比可以发现，执行了含有常量过滤谓词的 MERGE 语句后，所有在 student 表中的数据都插入到了 new_student 中，尽管在 new_student 中已经存在了 stuid=1 和 stuid=2 的数据。

ON(1=0)返回 false，等同于 new_student 与 student 没有匹配的数据。就把 student 的新信息插入到 new_student。常量谓词不仅仅是 ON（1=0）还可以是其他例如（2=5），（1=3）等，表示逻辑关系的词。

9.4.5　新增加的 DELETE 语句

MERGE 提供了在执行数据操作时清除行的选项：在 WHEN MATCHED THEN UPDATE 子句中包含 DELETE 子句。

【练习 15】

下面这个例子详细的介绍了在 MERGE 中添加 WHERE 子句的用法，更新插入 new_student 表中的数据，并且删除其中满足 DELETE 语句的数据。

```
SQL> select * from new_student;
STUID  STUNUMBER  STUNAME  STUPASSWORD  STUSEX  STUBIRTHDAY  CLAID
-----  ---------  -------  -----------  ------  -----------  -----
1      200401     李云2     ly123456     女       1983-10-17   1
2      200402     宋佳2     sj123456     女       1984-9-7     1
SQL> merge into new_student ns
  2  using student s
  3  on(ns.stuid=s.stuid)
  4  when matched then
  5  update set ns.stuname=s.stuname
  6  delete where ns.stuid=2
  7  when not matched then
  8  insert values(s.stuid,s.stunumber,s.stuname,s.stupassword,s.stusex,
```

```
          s.stubirthday,s.claid);
5 rows merged
SQL> select * from new_student;
STUID  STUNUMBER  STUNAME  STUPASSWORD  STUSEX  STUBIRTHDAY  CLAID
-----  ---------  -------  -----------  ------  -----------  -----
1      200401     李云      ly123456     女      1983-10-17   1
5      200405     李瑞      lr123456     女      1984-8-12    3
4      200404     赵均      zj123456     男      1985-11-13   2
3      200403     张天中     ztz123456    男      1983-2-21    1
```

从上面的例子中可以看出，删除掉的 stuid=2 的数据，既满足 ON 中条件，又满足 DELETE 中 WHERE 的限定条件。

注 意

DELETE 子句必须有一个 WHERE 条件来删除匹配 WHERE 条件的行，而且必须同时满足 ON 后的条件和 DELETE WHERE 后的条件才有效，匹配 DELETE WHERE 条件但不匹配 ON 条件的行不会被删除。

9.5 实例应用：修改学生选课系统中的数据信息

9.5.1 实例目标

每个数据库在建立使用的过程中都离不开对数据信息的修改，包括插入新的数据、修改有误差的数据、删除原有不符合条件的数据以及对一些数据进行统计之后，新建的数据表内容的统计等。

表数据的修改其实不仅仅是牵扯到单个表中数据的修改，一般情况是关联着表中的各个字段的约束关系，比如在删除某行数据的时候，这行数据中的某一列可能与其他表中的某个字段数据存在某种关联。

本节通过对学生选课系统数据增、删、改的实现，演示多个表有关联关系的时候如何进行数据的修改。该数据库包含了以下的表和列。

❏ **Course 表**（课程信息表） 包含 Cno（课程编号）、Cname（课程名称）和 Credit（课程的学分）列。

❏ **Scores 表**（学生成绩表） 包含 Sno（学号编号）、Cno（课程编号）和 SScore（考试成绩）列。

❏ **Student 表**（学生信息表） 包含 Sno（学号编号）、Sname（学生姓名）、SSex（学生性别）、Sbirth（出生日期）和 SAdrs（籍贯）列。

❏ **Chooice**（学生选课表） 包含 Sno（学生编号）、First（学生的必修课）和 Second(学生的选修课)列。

❏ **Last_Student**（已经毕业的学生表） 与表 Student 具有一样的表结构。

修改要求如下所示。

（1）向表中插入所需要的信息，要求表 Course 中 Cno 和 Cname 列不能重复，且每个字段不能为空；Chooice 表中 Sno 和 First 列不允许为空值，保证每位学生的 First 列信息不能为空，而 Second 列如果没有选择则课程编号默认为 1101。

（2）使用 UPDATE 语句将一些默认的选课数据，根据需要修改课程信息。

（3）使用 DELETE 语句将一些已经结束的课程（课程编号在 1101 之前）进行删除。同时将选择了这些课程的学生信息进行删除。

（4）用 MERGE 语句将一些已经毕业的学生（学号编号在 201101 以前）的学生信息更新插入到新表 Last_Student 中。

9.5.2　技术分析

根据修改要求可以得知，学生系统的管理完善需要进行数据的增加、修改和删除。

对于插入数据的时候，需要注意一些可以或者不可以为空的字段，可以采用 INSERT 语句中 VALUES 后边的参数进行不完全插入。另外，关于一些已经具体的课程信息，可以从其他表中查询之后进行添加。在进行插入的时候，要注意插入的数据，必须被表中列的数据类型兼容。

在进行删除数据的时候，要记得与其他表中的数据进行关联。比如，如果这门课程已经结束，那么在学生信息表中就不能存在关于这项课程的数据信息。

对于一些复杂的更新插入语句（例如，对于毕业学生的信息总结），可以使用 MERGE 的带有 INSERT 和 UPDATE 的语句（包含 WHERE 子句）进行更新插入。

9.5.3　实现步骤

（1）创建好所需要的表之后根据表的结构以及数据类型进行插入数据（注意表 Course 中 Cno 和 Cname 列不能重复，且每个字段不能为空；Chooice 表中 Sno 和 First 列不允许为空值。）

```
SQL> insert into course values(1094,'java 编程基础',100);
1 row inserted
SQL> insert into course values(1098,'C#编程基础',100);
1 row inserted
SQL> insert into course values(1101,'oracle 数据库',80);
1 row inserted
SQL> insert into course values(1102,'JSP 课程设计',100);
1 row inserted
SQL> insert into course values(1103,'PHP 课程',80);
1 row inserted
SQL> insert into course values(1104,'三大框架',100);
1 row inserted
SQL> select * from course;
CNO     CNAME           CREDIT
---     -----           ------
1094    java 编程基础     100
1098    C#编程基础        100
1101    oracle 数据库     80
1102    JSP 课程设计      100
1103    PHP 课程          80
1104    三大框架          100
6 rows selected
SQL> insert into chooice values (20110012,1104,default);
1 row inserted
SQL> insert into chooice values (20110002,1102,1104);
1 row inserted
SQL> insert into chooice values (20110003,1102,1103);
1 row inserted
SQL> select * from chooice;
SNO         FIRST       SECOND
```

```
--------    ----      ----
20100092    1094      1101
20100094    1094      1098
20100099    1098      1101
20110001    1101      1104
20110002    1102      1104
20110003    1102      1103
20110012    1104      1101
7 rows selected
```

（2）使用 UPDATE 语句将一些默认的选课数据（Second 的数据为 1101）。

```
SQL> update chooice set second=1102 where second=1101;
 3 rows updated
```

（3）使用 DELETE 语句将一些已经结束的课程（课程编号在 1101 之前）进行删除。

```
SQL> delete from course where cno<1101;
2 rows deleted
SQL> select * from course;
CNO     CNAME           CREDIT
---     -----------     ------
1101    oracle 数据库    80
1102    JSP 课程设计      100
1103    PHP 课程          80
1104    三大框架          100
```

（4）用 MERGE 语句将一些已经毕业的学生（学号编号在 201101 以前）的学生信息更新插入到新表 Last_Student 中。

```
SQL> merge into last_student ls
  2  using student s
  3  on(ls.sno=s.sno)
  4  when not matched then
  5  insert values(s.sno,s.sname,s.ssex,s.sbirth,s.sadrs)
  6  where s.sno<20110001;
3 rows merged
SQL> select * from last_student;
SNO         SNAME     SSEX    SBIRTH        SADRS
--------    -----     ----    ------        -----
20100099    张宁      女      1992-12-13    天津
20100094    刘瑞      女      1992-9-15     北京
20100092    李兵      男      1993-8-12     上海
```

9.6 拓展训练

修改商品管理系统的数据信息
假设存在商场商品管理系统数据库中包含了如下几个表。

❑ **货架信息表 helf**　包含货架编号 Sno、货架名称 Sname、货架分类性质 Stype。

❑ **商品信息表 Product**　包含商品编号 Pno、商品名称 Pname、商品分类性质 Ptype、商品价格 Pprice、商品进货日期 Ptime、商品过期时间 Pdate。

❑ **分类信息表 Part**　包含商品编号 Pno、货架编号 Sno。

❑ **过期的商品表 Out_Product**　与商品表具有一样的表结构。

根据具体功能创建需要的表进行修改表数据，具体要求如下。

（1）使用 INSERT 单行记录插入语句往这几个表中插入基础数据。

（2）使用 INSERT 多行记录插入语句向过期商品表中进行插入。

（3）使用 UPDATE 修改商品信息表，修改离过期还有两个月的商品价格下降 20%。

（4）使用 DELETE 语句，删除所有货架 2 上的商品。

（5）使用 MERGE 语句将商品表中的过期产品，更新插入到表 Out_Product 中。并且将货架 2 上的过期商品信息进行删除。

（6）将原来数据表中商品分类性质为"生活用品"的表数据，修改为"家居用品"。并且将所有关联的数据都进行修改。

9.7　课后练习

一、填空题

1. 在 SQL 语句中，用于向表中插入数据的语句是_____。

2. 如果需要向表中插入一批在其他表中已经存在的数据，可以在 INSERT 语句中使用_____语句。

3. 使用 UPDATE 语句进行数据修改时用 WHERE 子句指定需要更新的行，用_____子句指定新值。

4. DELETE 语句只能删除表中某一行的数据，不能删除表中_____的数据。

5. 在使用 MERGE 语句进行更新插入数据的时候，在 ON 条件中使用_____将所有的行插入到目标表中，不需要连接源表和目标表。

6. 在使用 DELETE 语句进行删除表中满足 WHERE 子句的数据的时候，如果该表中的某个字段有外键关系，需要先删除_____的数据，然后再删除该表中的数据，否则将会出现删除异常。

二、选择题

1. 要建立一个语句向 Types 表中插入数据，这个表只有两列，T_ID 和 T_Name 列。如果要插入一行数据，这一行的 T_ID 值是 100，T_Name 值是 RFUIT。应该使用的 SQL 语句是_____。

A. INSERT INTO Type Values(100,'FRUIT');

B. SELECT * FROM Type WHERE T_ID=100 AND T_NAME='RUIT';

C. UPDATE SET T_ID=100 FROM Types WHERE T_Name='FRUIT';

D. DELET * FROM Types WHERE T_ID=100 AND T_Name='FRUIT';

2. 用_____语句修改表的一行或多行数据。

A. SELECT

B. SET

C. UPDATE

D. WHERE

3. 要建立一个语句向 Types 表中插入数据，这个表只有两列，T_ID 和 T_Name 列。如果要插入一行数据，这一行的 T_ID 值是 100，T_Name 值是 RFUIT，应该使用的 SQL 语句是_____。

    A. INSERT INTO Type Values(100,'FRUIT');

    B. SELECT * FROM Type WHERE T_ID=100 AND T_NAME='FRUIT';

    C. UPDATE SET T_ID=100 FROM Types WHERE T_Name='FRUIT';

    D. DELET * FROM Types WHERE T_ID=100 AND T_Name='FRUIT';

4. 下面关于 INSERT 语句，表达正确的是_____。

    A. 在向表中添加数据的时候，若遗漏字段列表中的某一个字段，那么该列将使用默认值填充。如果不存在默认值，则该列将设置为 NULL。如果该列声明了 NOT NULL 属性，在插入时，就会出错

    B. 进行插入的时候，如果数据表中的类型与源数据不同，则会自动更改为与数据内容相匹配的类型

    C. 使用 INSERT 语句的时候，如果没有指明要插入的列，那么就根据 VALUES 中的数据进行分配

    D. 使用 INSERT...SELECT 子句，将源表中的数据插入到新的数据表中的时候，仅仅需要考虑源表中是否有空值，不需要考虑新表中的列属性

5. 下面几个关键词中哪一个是 MERGE 语句中必须使用的_____。

    A. UPDATE

    B. ON

    C. DELETE

    D. INSERT

6. 关于 DELETE 语句的叙述，正确的是_____。

    A. 使用 DELETE 语句中删除数据时，必须有 WHERE 子句。如果不适用 WHERE 子句，则删除时候，Oracle 无法执行

    B. 使用 DELETE 删除表数据的时候，可以直接删除表中的某一列数据

    C. 如果在 DELETE 语句中使用了 WHERE 子句，则可以删除表或者视图中满足 WHERE 条件的数据；但是若没有使用 WHERE 子句，则会删除表或者视图中的所有数据行，包括表结构

    D. 如果在 DELETE 语句中使用了 WHERE 子句，则可以删除表或者视图中满足 WHERE 条件的数据；但是若没有使用 WHERE 子句，则会删除表或者视图中的所有数据行，但是不包括表结构

三、简答题

1. 简述在进行 UPDATE 更新操作的时候，应该注意哪些问题？

2. INSERT 有几种不同的操作，简述其用法。

3. 在进行 DELETE 操作时，带有 WHERE 条件和不带 WHERE 条件的区别。

4. 在使用 MERGE 语句时，新增加的 DELETE 语句中，满足哪些条件才可以进行 DELETE 操作？

5. 在 MERGE 语句中，什么情况下只存在 INSERT 语句，什么情况下只存在 UPDATE 语句？

6. 简述使用 MERGE 语句进行更新插入的优点。

7. 使用 DML 语句，可以对数据库进行什么样的内容操作？

第 10 课
PL/SQL 编程基础

PL/SQL 是一种高级数据库程序设计语言，该语言专门用于在各种环境下对 Oracle 数据库进行访问。由于该语言集成于数据库服务器中，所以 PL/SQL 代码可以对数据进行快速高效的处理。除此之外，可以在 Oracle 数据库的某些客户端工具中使用 PL/SQL 语言，这也是该语言的一个特点。

本课将详细介绍 PL/SQL 语言中的常量、变量的声明和使用，流程控制语句的应用，复合变量的用法以及游标和游标变量的使用。

本课学习目标：

❑ 了解 PL/SQL 的基本概念
❑ 掌握 PL/SQL 程序结构
❑ 熟练掌握 PL/SQL 的语法应用
❑ 了解 PL/SQL 代码的规范
❑ 了解 PL/SQL 中注释的使用
❑ 掌握常量、变量以及复合变量的用法
❑ 熟练掌握控制语句的应用
❑ 掌握游标的使用方法
❑ 了解游标的几种常见属性
❑ 掌握异常处理机制
❑ 了解常见的 Oracle 异常以及自定义异常

10.1　PL/SQL 概述

PL/SQL 是 Procedure Language/Structured Query Language 的缩写，是 Oracle 对标准 SQL 规范的扩展，全面支持 SQL 的数据操作，事务控制等。PL/SQL 完全支持 SQL 数据类型，减少了在应用程序和数据库之间转换数据的操作，本节主要讲解 PL/SQL 的语言特点和代码编写规则。

10.1.1　PL/SQL 语言特点

PL/SQL 是一种块结构语言，即构成一个 PL/SQL 的基本单位是程序块。程序块由过程、函数和匿名块组成。可以声明常量和变量，并且在 SQL 语句和程序语句表达式中使用，在运行 PL/SQL 程序时，不是逐条执行，而是作为一组 SQL 语句整体发送到 Oracle 执行。

PL/SQL 能够在 Oracle 环境中运行。和其他语言不同的是，不需要编译成可执行文件去执行。SQL*Plus 是 PL/SQL 语言运行的基本工具，当程序以 DECLARE 或 BEGIN 开头系统会自动识别出是 PL/SQL 语句，而不是直接的 SQL 命令。PL/SQL 在 SQL*Plus 中运行时，当遇到斜杠"/"时，才会提交数据库执行，而不像 SQL 命令，遇到分号";"就执行。

10.1.2　PL/SQL 代码编写规则

为了编写正确、高效的 LP/SQL 块，PL/SQL 应用开发人员必须遵循特定的 PL/SQL 代码规范，否则会导致编译错误或者运行错误。在编写 PL/SQL 代码时需要注意以下原则。

1. 标示符的规范

标识符命名规则是指当在使用标识符定义变量、常量时，标积符名称必须以字符开始，并且长度不能超过 30 个字符。为了提高程序的可读性，oracle 建议用户按照以下规则定义各种标识符。

❑ 当定义变量时，建议使用 v_ 作为前缀，例如 v_sal,v_job 等。

❑ 当定义常量时，建议使用 c_ 作为前缀，例如 c_rate。

❑ 当定义游标时，建议使用_cursor 作为后缀，例如 emp_cursor。

❑ 当定义异常时，建议使用 e_ 作为前缀，例如 e_integrity_error。

❑ 当定义 PL/SQL 表类型时，建议使用_table_type 作为后缀，例如 sales_table_type。

❑ 当定义 PL/SQL 表变量时，建议使用_table 作为后缀，例如 sales_table。

❑ 当定义 PL/SQL 记录类型时，建议使用_record_type 作为后缀，例如 emp_record_type。

❑ 当定义 PL/SQL 记录变量时，建议使用_record 作为后缀，例如 emp_record。

2. 大小写规则

当在 PL/SQL 块中编写 SOL 语句和 PL/SQL 语句时，语句既可以使用大写格式，也可以使用小写格式。但是为了提高程序的可读性和性能，Oracle 建议用户按照以下大小写规则编写代码。

❑ SQL 关键字采用大写格式，例如 SELECT、UPDATE、SET、WHERE 等。

❑ .PL/SQL 关键字采用大写格式，例如 DECLARE、BEGIN、END 等。

❑ 数据类型采用大写格式，例如 INT、VARCHAR2、DATE 等。

❑ 标识符和参数采用小写格式，例如 v_sal、c_rate 等。

❑ 数据库对象和列采用小写格式，例如 emp、sal、ename 等。

10.2 PL/SQL 编程结构

编写 PL/SQL 程序，首先要了解 PL/SQL 的基本程序块、常量变量的使用以及 PL/SQL 中注释的用法等。PL/SQL 程序结构主要包括 DECLARE 部分、BEGIN END 部分和 EXCEPTION 部分。下面主要详细介绍 PL/SQL 程序结构和基本的语句使用。

10.2.1 PL/SQL 程序块

块是 PL/SQL 的基本程序单元，那么编写 PL/SQL 语言也就相当于编写 PL/SQL 块。要完成相应简单的应用功能，可能只需要编写一个 PL/SQL 块；而如果要实现复杂的应用功能，可能就需要几个 PL/SQL 块的嵌套。PL/SQL 块又分为无名块和命名块两种。无名块是指未命名的程序块，命名块是指过程、函数、包和触发器等。

PL/SQL 程序由三个块组成，即定义部分（DECLARE）、执行部分（BEGIN END）、异常处理部分（EXCEPTION）。

其中，每个部分的作用如下所示。

❑ 定义部分用于声明常量、变量、游标、异常、复合数据类型等；一般在程序中使用到的变量都要在这里声明。

❑ 执行部分用于实现应用模块功能，包含了要执行的 PL/SQL 语句和 SQL 语句，并且还可以嵌套其他的 PL/SQL 块。

❑ 异常处理部分用于处理 PL/SQL 块执行过程中可能出现的运行错误。

PL/SQL 程序块语法格式如下所示。

```
[DECLARE
...  --定义部分]
BEGIN
...  --执行部分
[EXCEPTION
...  --异常处理部分]
END;
```

其中，定义部分以 DECLARE 开始，该部分可选的；执行部分以 BEGIN 开始，该部分是必须的；异常处理部分以 EXCEPTION 开始，该部分是可选的；而 END 则是 PL/SQL 块的结束标记，该部分也是必须的。

 注意

DECLARE、BEGIN、EXCEPTION 后边都没有分号";"而 END 后边必须带上分号";"。

在 PL/SQL 程序中，语句都是以分号";"结束的，因此分号不会被 Oracle 解析器作为执行 PL/SQL 程序块的符号，那么就需要使用正斜杠"/"作为 PL/SQL 程序的结束。

【练习1】

举例说明 PL/SQL 块各个部分的作用，如下所示。

```
SQL> set serveroutput on
SQL> DECLARE
  2     v_num NUMBER;   --定义变量
  3  BEGIN
```

```
 4      v_num:=1+2;          --为变量赋值
 5      DBMS_OUTPUT.PUT_LINE('1+2='||v_num);      --输出变量
 6  EXCEPTION   --异常处理
 7      WHEN OTHERS THEN
 8      DBMS_OUTPUT.PUT_LINE('出现异常');
 9  END;
10  /
1+2=3
PL/SQL procedure successfully completed
```

其中，DBMS_OUTPUT 是 Oracle 所提供的系统包，PUT_LINE 是该包所包含的过程，用于输出字符串信息。当使用 DBMS_OUTPUT 包输出数据或者消息时，必须要将 SQL Plus 的环境变量 serveroutput 设置为 on。

▋10.2.2 数据类型

对于 PL/SQL 程序来说，它的常量和变量的数据类型，除了可以使用和 SQL 中相同的数据类型外，Oracle 还为它们定做了自己的一些常用的数据类型，下表中就列出了 PL/SQL 程序特定的数据类型，如表 10-1 所示。

表 10-1 PL/SQL 程序块的数据类型

类型	说明
BOOLEAN	布尔类型，它的取值是 TRUE、FALSE 或 NULL
BINARY_INTEGER	带符号数字类型，取值范围是 -2^{31}~2^{31}
NATURAL	BINARY_INTEGER 的子类型，表示非负整数
NATURALN	BINARY_INTEGER 的子类型，表示不为 NULL 的非负整数
POSITIVE	BINARY_INTEGER 的子类型，表示正整数
POSITIVEN	BINARY_INTEGER 的子类型，表示不为 NULL 的正整数
SIGNTYPE	BINARY_INTEGER 的子类型，取值为-1、0 或 1
SIMPLE_INTEGER	BINARY_INTEGER 的子类型，取值范围与 BINARY_INTEGER 相同，但是不可以为 NULL
PLS_INTEGER	带符号整数类型。取值范围为 -2^{31}~2^{31}
STRING	与 VARCHAR2 相同
RECORD	一组其他类型组合
REF CURSOR	指向一个行集的指针

▋10.2.3 变量和常量

在 PL/SQL 中的变量和常量就像其他编程语言中的变量和常量一样会被经常用到。常量是声明一个不可改变的值，变量是可以在程序块中根据所需要的情况存储不同的值。

常量通常都是在 PL/SQL 块中的声明部分声明的。PL/SQL 与其他编程语言相似，也要遵循先声明再使用的原则，常量在赋值完毕后不可以进行修改，常量的值在定义时赋予。PL/SQL 声明常量的语法格式如下所示。

```
variable_name[CONSTANT] databyte [DEFAULT | := value]
```

各个参数的含义如下所示。

❑ **variable_name** 表示常量名称。

❑ **CONSTANT** 表示固定不变的值，即常量。

- **databyte** 是数据类型，例如 CHAR、NUMBER。
- **DEFAULT** 默认值。

变量与常量类似，都是要先定义声明才能使用。在声明时不需要使用关键字，而且也可以不为新声明的变量赋值，PL/SQL 声明变量的语法格式如下所示。

```
variable_name databyte NOT NULL [DEFAULT | := value]
```

 注意

其中 NOT NULL 表示非空值，必须要指定默认值。

注意变量命名要遵循的规则，如下所示。

- 变量名以字母开头，不区分大小写。
- 变量名由字母、数字以及$、#或_和特殊字符组成。
- 变量长度不应该超过 30 个字符。
- 变量名中不能包含有空格。
- 尽可能的避免出现 Oracle 的关键字。

【练习 2】

声明几个变量和几个基本类型的变量，如下所示。

```
stuid CONSTANT INTEGER DEFAULT 101;
claid CONSTANT NUMBER(4) := 1022;
stuname VARCHAR2(6) DEFAULT 'name';
stusex CHAR(2) NOT NULL := '男';
time DATE;
isfinished BOOLEAN DEFAULT TRUE;
```

10.2.4 复合变量

普通的变量只能保存单个数值，在 PL/SQL 中还有复合变量，可以将不同数据类型的多个值存储在一个单元中。由于复合数据类型可以由用户自己根据需要定义其结构，所以复合数据类型也称之为自定义数据类型。常见的复合变量有%TYPE 变量和%ROWTYPE 变量两种。

1. %TYPE 变量

在 PL/SQL 中，使用%TYPE 声明的变量类型与数据表中字段的数据类型相同，当数据表中字段的数据类型修改之后，PL/SQL 程序中相应变量类型也自动随之改变。

例如，student 表中有一个 stuname 的字段，其数据类型为 VARCHAR(10)，声明变量 v_name 用来存放 stuname 字段的数据，如下所示。

```
v_name student.stuname%TYPE;
```

变量 v_name 的数据类型始终与 stuname 的数据类型保持一致，当 stuname 的数据类型改变时，v_name 的数据类型也自动发生改变。

【练习 3】

定义一个%TYPE 类型的复合变量 v_id，用于存储 student 表中的 stuid 列的值，当查询出学生姓名为林静的学生编号时，把它赋值给变量 v_id，然后输出变量的值，如下所示。

```
SQL> DECLARE
  2  v_id student.stuid%TYPE;--定义%TYPE 类型的变量 v_id
  3  BEGIN
```

```
     4    SELECT stuid INTO v_id FROM student
     5    WHERE stuname='林静';--查询学生姓名为林静的同学的学生号
     6    DBMS_OUTPUT.PUT_LINE('林静的学生编号为: '||v_id);
     7  END;
     8  /
林静的学生编号为: 200444
PL/SQL procedure successfully completed
```

上述语句中第 2 行定义了一个%TYPE 类型的变量 v_id；第 4 行和第 5 行查询学生姓名为林静的学生编号，并且赋值给 v_id；第 6 行输出变量 v_id 的值。

2. %ROWTYPE 变量

使用%TYPE 可以使一个变量与字段的数据类型保持一致，而%ROWTYPE 是存储一行数据。

例如，要定义 student 表中的一行记录，其数据类型和每一列保持一致，可以使用%ROWTYPE，如下所示。

```
stu_record student%ROWTYPE;
```

【练习 4】

使用%ROWTYPE 类型变量 stu_record 存储 student 表中的一行记录，并且查询出学生编号为200401 的学生具体信息，如下所示。

```
SQL> DECLARE
  2   stu_record student%ROWTYPE;--定义%TYPE 类型的变量 v_id
  3  BEGIN
  4    SELECT * INTO stu_record FROM student
  5    WHERE stuid=200401;--查询学生姓名为林静的同学的学生号
  6    DBMS_OUTPUT.PUT_LINE('学生编号为: '||stu_record.stuid);
  7    DBMS_OUTPUT.PUT_LINE('学生姓名为: '||stu_record.stuname);
  8    DBMS_OUTPUT.PUT_LINE('学生性别为: '||stu_record.stusex);
  9    DBMS_OUTPUT.PUT_LINE('学生成绩为: '||stu_record.score);
 10    DBMS_OUTPUT.PUT_LINE('学生班级为: '||stu_record.claid);
 11  END;
 12  /
学生编号为: 200401
学生姓名为: 李云
学生性别为: 女
学生成绩为: 78
学生班级为: 1
PL/SQL procedure successfully completed
```

上述语句中第 2 行定义了一个%ROWTYPE 类型的变量 stu_record；第 4 行和第 5 行查询学号为 200401 的学生具体信息，并且赋值给 stu_record；第 6 行到第 10 行输出变量 stu_record 的值。

10.2.5 运算符和表达式

在 PL/SQL 程序中，为了满足各项处理要求，PL/SQL 程序块允许在表达式中使用关系运算符与逻辑运算符。Oracle 中常见的运算符如表 10-2 所示。

表 10-2 PL/SQL 运算符

关系运算符		一般运算符		逻辑运算符	
=	等于	+	加号	IS NULL	是空值
<>、!=、~=、^=	不等于	-	减号	BETWEEN	介于两者之间
<	小于	*	乘号	IN	在一列值中间
>	大于	/	除号	AND	逻辑与
<=	小于或等于	:=	赋值号	OR	逻辑或
		=>	关系号	NOT	取反
		..	范围运算符		
		||	字符连接符		

10.2.6 PL/SQL 的注释

程序注释用于解释单行代码和多行代码，而不被程序执行，从而提高 PL/SQL 程序的可读性。当编译 PL/SQL 代码时，PL/SQL 编译器会忽略注释。注释分为单行注释和多行注释两种。

PL/SQL 正使用 "--" 添加单行注释，并且单行注释主要应用于说明单行代码的作用，它的有效范围是从注释符号开始到该行结束。

【练习 5】

在一个查询语句中使用单行注释，如下所示。

```
SQL> select score from student        --查询学生成绩
  2  where stuid=101;                  --限定查询条件
```

多行注释是指分布到多行上的注释文本，并且其主要作用是说明一段代码的作用。在 PL/SQL 中使用 "/*...*/" 添加多行注释。它的范围是从注释符号开始到注释符号结束。

【练习 6】

```
SQL> set serveroutput on
SQL> DECLARE
  2      avg_score student.score%TYPE;
  3  BEGIN
  4  /*
  5  以下代码是查询出班级编号为 1 的学生的平均成绩
  6  */
  7      SELECT avg(sal) INTO avg_score FROM student
  8      WHERE claid=1;
  9      DBMS_OUTPUT.put_line(avg_score);
 10  END;
 11  /
```

10.3 编写程序结构

PL/SQL 程序可以嵌入 SQL 语句，而且还支持条件分支语句（IF、CASE）、循环语句（LOOP）和顺序控制机语句（GOTO、NULL）等。

10.3.1 条件分支语句

条件分支语句用于依据特定的情况选择要执行的操作。Oracle 设计了两种条件控制语句对

PL/SQL 程序进行逻辑控制，分别为 IF 语句和 CASE 语句。IF 条件语句又分为三种语句，如下所示。

❑ **IF-THEN**　是简单分支语句，用来执行简单的只有一种可能性的操作。

❑ **IF-THEN-ELSE**　简单分支中的二重条件分支，根据条件中可能出现的两种可能性进行选择。

❑ **IF-THEN-ELSIF**　多重条件分支，执行复杂的条件分支操作。

IF 条件控制语句的语法结构如下所示。

```
IF condition1 THEN
    statements1
ELSIF condition2 THEN
    statements2
ELSE
    statements3
END IF;
```

其中各个参数的含义如下所示。

❑ **IF**　表示关键字，用于执行判断操作。

❑ **condition1，condition2**　表示判断的布尔表达式，其值为真或假。

❑ **statements1，statements2 和 statements3**　表示执行的 PL/SQL 程序代码，如果 condition1 为真，则执行 statements1；如果 condition1 为假而 condition2 为真，则执行 statements2；如果 condition1 和 condition2 都为假，则执行 statements3。

> IF 语句是基本的选择结构语句。每一个 IF 语句都有 THEN，以 IF 开头的语句不能跟语句结束符分号 "；"，每一个 IF 语句有且只有一个 ELSE 语句相对应。

【练习7】

定义两个常量，赋值为两个不同的值，比较两个数值的大小，如下所示。

```
SQL> set serveroutput on
SQL> DECLARE
  2  c_num1 NUMBER DEFAULT 10;
  3  c_num2 NUMBER DEFAULT 5;
  4  BEGIN
  5  IF c_num1> c_num2 THEN
  6  DBMS_OUTPUT.PUT_LINE('c_num1 比 c_num2 数值大');
  7  ELSE
  8  DBMS_OUTPUT.PUT_LINE('c_num1 比 c_num2 数值小');
  9  END IF;
 10  END;
 11  /
c_num1 比 c_num2 数值大
PL/SQL procedure successfully completed
```

在上述条件句中，赋值的两个值不同，因此在比较的时候，只能有大于和小于两种情况，因此使用简单条件分支中的二重条件分支即可。

【练习8】

定义一个变量，赋值，然后与 100 进行比较判断大小，如下所示。

```
PL/SQL procedure successfully completed
SQL>  set serveroutput on
SQL> DECLARE
  2  v_num NUMBER := 100;
  3  BEGIN
  4  IF v_num>100 THEN
  5  DBMS_OUTPUT.PUT_LINE('v_num 比 100 大');
  6  ELSIF v_num=100 THEN
  7  DBMS_OUTPUT.PUT_LINE('v_num 等于 100');
  8  ELSE
  9  DBMS_OUTPUT.PUT_LINE('v_num 比 100 小');
 10  END IF;
 11  END;
 12  /
v_num 等于 100
PL/SQL procedure successfully completed
```

在上述语句中，比较情况可能有大于、等于和小于三种，因此在比较的时候，要使用多重条件分支。

上面执行多重条件分支操作时使用 IF 完成的，也可以使用 CASE 语句来完成，CASE 语句和 IF 语句不同的是，CASE 语句可以根据表达式的不同结果执行更多的选择，执行效果及效率也更好。CASE 语句的语法格式如下。

```
CASE
WHEN condition1 THEN statements1
WHEN condition2 THEN statements2
…
WHEN condition-1 THEN statementsN-1
[ELSE statementsN]
END CASE;
```

【练习 9】

使用 CASE 语句，根据成绩的等级不同，判断不同的成绩是什么等级。

```
SQL> DECLARE
  2  grade CHAR(1) := 'A';
  3  appraisal VARCHAR2(10);
  4  BEGIN
  5  appraisal :=  --输出结果赋给变量 appraisal
  6  CASE grade   --CASE 语句块开始，根据 grade 的值返回不同的结果
  7  WHEN 'A' THEN '优秀'
  8  WHEN 'B' THEN '良好'
  9  WHEN 'C' THEN '及格'
 10  ELSE '不及格'
 11  END;
 12  DBMS_OUTPUT.PUT_LINE('成绩等级: '||grade||' 是 '|| appraisal);
 13  END;
 14  /
成绩等级: A 是 优秀
PL/SQL procedure successfully completed
```

在上面例子中，在 DECLARE 中定义了两个变量 grade 和 appraisal，并且给 grade 赋值为"A"。在 BEGIN 中用 CASE 表达式判断 grade 的值并且返回不同的结果，把 CASE 表达式输出的结果赋值给变量 appraisal。

▌10.3.2 循环语句 ────────────────────────────────────○

在程序中循环语句是必不可少的。为了要重复执行一条或者一组语句，可以使用循环控制结构。循环语句可以分为 LOOP 循环语句、WHILE 循环语句和 FOR 循环语句。

1. 基本 LOOP 循环

在循环语句中最简单的循环语句就是 LOOP 基本循环语句，这种循环语句以 LOOP 开始，以 EDN LOOP 结束，语法格式如下。

```
LOOP
statements
EXIT [WHEN condition]
END LOOP;
```

其中各个参数的含义如下所示。

❏ **statements**　要执行的循环体语句块，在循环开始执行时，statements 至少要执行一次。

❏ **EXIT**　退出关键字，当条件满足 WHEN 条件，退出循环语句。

❏ **WHEN**　退出循环的条件。

【练习 10】

使用 LOOP 对一个变量进行累加操作，如下所示。

```
SQL> DECLARE
  2      v_num NUMBER(2) :=0;
  3  BEGIN
  4      LOOP
  5          v_num := v_num + 1;
  6          DBMS_OUTPUT.PUT_LINE('v_num 的当前值为:'||v_num);
  7          EXIT WHEN v_num =10;
  8      END LOOP;
  9  DBMS_OUTPUT.PUT_LINE('v_num 的最终结果值为:'||v_num);
 10  END;
 11  /
v_num 的当前值为:1
v_num 的当前值为:2
v_num 的当前值为:3
v_num 的当前值为:4
v_num 的当前值为:5
v_num 的当前值为:6
v_num 的当前值为:7
v_num 的当前值为:8
v_num 的当前值为:9
v_num 的当前值为:10
v_num 的最终结果值为:10
PL/SQL procedure successfully completed
```

在上述代码中定义了一个变量 v_num，赋值为 1，通过 LOOP 循环语句进行累加，当 v_num

的值大于 10 的时候退出循环。停止累加,并输出结果。

 编写基本循环一定要包含 EXIT 语句,否则会陷入死循环。

2. WHILE 循环

WHILE 循环语句与 LOOP 语句的作用是相同的。惟一不同的是,LOOP 循环至少要执行一次循环体内的语句,而 WHILE 语句需要先执行判断是否满足条件,然后再执行循环操作。WHILE 循环语句以 WHILE...LOOP 开始,以 END LOOP 结束。WHILE 循环语句的语法格式如下所示。

```
WHILE condition
LOOP
statements
END LOOP;
```

其中,如果 condition 返回的值是 true,那么程序会执行 statements;而当 condition 返回的 FLASE 或者 NULL 时,会跳出循环,并且执行 END LOOP 语句。

【练习 11】

使用 WHILE 循环语句对数值进行累加计算。

```
SQL> DECLARE
  2  v_num NUMBER:=0;
  3  BEGIN
  4    WHILE v_num<=20
  5      LOOP
  6        v_num := v_num+5;
  7        DBMS_OUTPUT.PUT_LINE('结果是: '||v_num);
  8      END LOOP;
  9        DBMS_OUTPUT.PUT_LINE('结果是: '||v_num);
 10  END;
 11  /
结果是: 5
结果是: 10
结果是: 15
结果是: 20
结果是: 25
结果是: 25
PL/SQL procedure successfully completed
```

从上述的程序块中可以看出,当 v_num 满足 v_num<20 的时候,程序继续执行,当 v_num 不满足 v_num<20 的时候,程序结束跳出循环。

3. FOR 循环语句

FOR 循环对于 LOOP 循环而言增加了循环次数的限制操作。在使用 FOR 循环时,通常设置相应循环控制变量。FOR 循环语句的语法格式如下所示。

```
FOR loop_variable IN [REVERSE] lower_bound...upper_bound LOOP
statements
END LOOP;
```

其中各个参数的含义如下所示。

- ❑ **loop_variable** 指定循环变量。
- ❑ **REVERSE** 指定在每一次的循环中循环变量都会递减。循环变量先给初始化为其终止值，然后在每次循环中递减 1，直到达到其起始值。
- ❑ **lower_bound** 指定循环的起始值。在没有使用 REVERSE 的情况下，循环变量初始化为这个起始值。
- ❑ **upper_bound** 指定循环的终止值。如果使用 REVERSE，循环变量初始化为这个终止值。

【练习 12】

使用 FOR 循环语句进行行数值递减，如下所示。

```
SQL> DECLARE
  2   v_num NUMBER;
  3   BEGIN
  4     FOR v_num in REVERSE 2..6 LOOP    --从6开始循环，每次减1，减到1
  5        DBMS_OUTPUT.PUT_LINE('v_num 的当前值为：'||v_num);
  6     END LOOP;
  7  END;
  8  /
v_num 的当前值为：6
v_num 的当前值为：5
v_num 的当前值为：4
v_num 的当前值为：3
v_num 的当前值为：2
PL/SQL procedure successfully completed
```

上述循环执行五次，首先在 DECLARE 中定义变量 v_num，然后在 BEGIN 中执行 FOR 循环，由于使用了 REVERSE 选项，所有从最大值 6 开始取值并赋值给变量 v_num，并输出变量 v_num 的值，直到最小值为 2。

```
SQL> DECLARE
  2   v_num NUMBER;
  3   BEGIN
  4     FOR v_num  in 2..6 LOOP    --从6开始循环，每次减1，减到1
  5        DBMS_OUTPUT.PUT_LINE('v_num 的当前值为：'||v_num);
  6     END LOOP;
  7  END;
  8  /
v_num 的当前值为：2
v_num 的当前值为：3
v_num 的当前值为：4
v_num 的当前值为：5
v_num 的当前值为：6
PL/SQL procedure successfully completed
```

对比上述循环语句，发现没有使用 REVERSE，就从最小值赋值。

10.3.3 GOTO 和 NULL 语句

PL/SQL 中的 GOTO 语句将无条件跳转到指定标号的位置，而 NULL 语句说明"不做任何处理"

的意思,相当于一个占位符,可以使某些语句变得有意义,提高程序的可读性,但是一般情况下不使用。

GOTO 结构又称为跳转结构,使用 GOTO 可以使程序转到设定的标签,执行某个代码区域,实现逻辑分支结构。在 PL/SQL 中使用 "<<>>" 来创建标签。

【练习 13】

使用 GOTO 语句,使循环跳出,如下所示。

```
SQL> DECLARE
  2    v_counter NUMBER := 1;
  3  BEGIN
  4    LOOP
  5      DBMS_OUTPUT.PUT_LINE('v_counter 的值为:'||v_counter);
  6    v_counter := v_counter + 1;
  7    IF v_counter > 5 THEN
  8      GOTO l_ENDofLOOP;
  9    END IF;
 10    END LOOP;
 11  <<l_ENDofLOOP>>
 12      DBMS_OUTPUT.PUT_LINE('v_counter 的跳转之后的值为:'||v_counter);
 13  END ;
 14  /
v_counter 的值为:1
v_counter 的值为:2
v_counter 的值为:3
v_counter 的值为:4
v_counter 的值为:5
v_counter 的跳转之后的值为:6
PL/SQL procedure successfully completed
```

在上述语句中,当程序执行到第 8 行时,程序发生了跳转,从而执行了第 11 行后的代码。从结构上讲,GOTO 破坏了执行流程,使代码的维护变得困难,因此,在使用的过程中,应该尽量避免 GOTO 语句的使用。

PL/SQL 还有一种特殊的结构,即 NULL 结构,又称之为空操作或者空值结构,NULL 结构表示什么操作也不做,起到占位符的作用。

【练习 14】

使用 NULL 结果,查看在程序中使用 NULL 结构之后,程序所做的操作,如下所示。

```
SQL> DECLARE
  2  v_num NUMBER(2):=2;
  3  BEGIN
  4  IF v_num >1 THEN
  5  GOTO print1;
  6  END IF;
  7  <<print1>>
  8  NULL;  -- 不需要处理任何数据。
  9  END;
 10  /
PL/SQL procedure successfully completed
```

从上述结构可以看出，当满足条件之后，该程序没有做任何操作。另外，在 PL/SQL 中含有 NULL 的条件表达式其运算结果总是 NULL。对 NULL 施加逻辑运算符 NOT，其结果也总是 NULL。如果在选择结构中条件表达式的值是 NULL，则相对应的 THEN 语句不会执行。在 CASE 结构中，不能出现 WHEN NULL 这样的结构，而应该使用 IS NULL 子句。

10.4 游标

游标是 SQL 的一个内存工作区，由系统或用户以变量的形式定义。游标的作用就是用于临时存储从数据库中提取的数据块。在某些情况下，需要把数据从存放在磁盘的表中调到计算机内存中进行处理，最后将处理结果显示出来或最终写回数据库。这样数据处理的速度才会提高，否则频繁的磁盘数据交换会降低效率。

10.4.1 创建游标

游标有两种类型，显示游标和隐式游标。其中隐式游标用于处理 SELECT INTO 和 DML 语句，而显示游标则专门用于处理 SELECT 语句返回多行数据，游标的基本操作有：声明游标、打开游标、查询游标和关闭游标。

1. 声明游标

声明游标也是创建游标所必不可少的步骤。声明游标主要是定义一个游标的名称来对应一条 SELECT 语句，然后利用游标对应查询返回的记录进行单行操作。声明游标的语法格式如下所示。

```
CURSOR cursor_name IS SELECT statement;
```

其中各个参数的含义如下所示。

❑ **CURSOR**　定义游标关键字。

❑ **cursor_name**　定义的游标名称。

❑ **SELECT**　建立游标所使用的查询语句。

【练习 15】

声明一个游标 c_student，用来查询学生表 student 的所有信息，如下所示。

```
DECLARE
CURSOR c_student IS SELECT * FROM student;    --声明游标
BEGIN
...    --执行语句部分
END;
/
```

注意

游标的声明和使用都是在 PL/SQL 语句块中进行的，而且声明游标必须在 DECLARE 子句中使用。

2. 打开游标

声明游标之后，Oracle 程序还不能立即使用该游标，只有在打开该游标之后，Oracle 才会运行游标所对应的查询操作，通常情况下使用 OPEN 关键字打开游标，打开游标的语法格式如下。

```
OPEN cursor_name;
```

其中，cursor_name 是所要打开的游标名称。

【练习 16】

打开创建的 c_student 游标，如下所示。

```
DECLARE
CURSOR c_student IS SELECT * FROM student;--声明游标
BEGIN
OPEN c_student;--打开游标
...--执行语句部分
END;
/
```

3. 查询游标

在打开游标之后，游标所对应的 SELECT 语句查询的结果将会存储在游标临时结果集中。为了处理结果集中的数据，就需要从结果集中获取单行数据并将其保存在定义的变量中，这时就需要使用 FETCH 语句进行操作，该语句的语法格式如下所示。

```
FETCH cursor_name INTO variable1,variable2,…;
```

其中 variable1，variable2 表示存放游标中相应字段的数据。此外，注意变量的个数、顺序以及类型要与游标中的相应字段保持一致。

【练习 17】

使用 FETCH 语句提取游标中的数据，首先定义一个%ROWTYPE 类型的变量 student_record，通过 LOOP 循环把提取的数据放到变量 student_record 中，如下所示。

```
DECLARE
  CURSOR c_student IS SELECT * FROM student;--声明游标
  student_record student%ROWTYPE;
BEGIN
OPEN c_student;
  LOOP
    FETCH s_student INTO student_record;
...--其他执行语句部分
EXIT WHEN c_student%NOTFOUND
END LOOP;
END;
```

4. 关闭游标

游标使用完毕之后，必须使用 CLOSE 语句关闭释放资源，语法如下所示。

```
CLOSE cursor_name;
```

 在使用游标的过程中，最后才可以关闭游标，且在每次使用游标之后，一定要关闭游标释放资源。

10.4.2 游标 FOR 循环

游标 FOR 循环是在 PL/SQL 块中使用游标最简单的方式，简化了对游标的处理。当使用游标 FOR 循环时，Oracle 会隐含地打开游标提取游标数据并关闭游标。使用游标 FOR 循环的语法如下。

```
FOR record_name IN cursor_name
```

```
LOOP
statement1;
statement2;
END LOOP;
```

其中各个参数的含义如下所示。

❏ **record_name** *表示记录查询数据的变量名称。*

❏ **cursor_name** *表示已经定义的游标名。*

当使用游标循环的时候，在执行循环体内容之前，Oracle 会隐含的打开游标 FOR 循环，并且每循环一次提取一次数据，在提取了所有的数据之后，会自动退出循环并隐含的关闭游标。

【练习 18】

使用 FOR 循环，查询 student 表中所有的学生信息。

```
SQL> DECLARE
  2    CURSOR c_student IS SELECT * FROM student;--声明游标
  3    BEGIN
  4    FOR student_record IN  c_student
  5    LOOP
  6    DBMS_OUTPUT.PUT_LINE('第'||c_student%ROWCOUNT||'个同学'||student_record.
       stuname);
  7  END LOOP;
  8  END;
  9  /
第 1 个同学陈辰
第 2 个同学李梦
第 3 个同学林静
第 4 个同学李云
第 5 个同学宋佳
第 6 个同学张天中
第 7 个同学赵均
第 8 个同学周腾
第 9 个同学马瑞
第 10 个同学张华
第 11 个同学安宁
第 12 个同学李兵
第 13 个同学魏征
第 14 个同学刘楠
第 15 个同学李娜
PL/SQL procedure successfully completed
```

另外，在使用 FOR 循环时，也可以直接使用子查询。

【练习 19】

使用子查询，查询出 student 中的学生姓名以及班级编号，如下所示。

```
SQL> DECLARE
  2    BEGIN
  3  FOR student_record IN (SELECT stuname,stuid FROM student)--直接使用子查询
  4    LOOP
  5    DBMS_OUTPUT.PUT_LINE('姓名: '||student_record.stuname||' 编号: '||student_
       record.stuid);
```

```
  6  END LOOP;
  7  END;
  8  /
姓名: 陈辰   编号: 200422
姓名: 李梦   编号: 200433
姓名: 林静   编号: 200444
姓名: 李云   编号: 200401
姓名: 宋佳   编号: 200402
姓名: 张天中   编号: 200403
姓名: 赵均   编号: 200404
姓名: 周腾   编号: 200405
姓名: 马瑞   编号: 200406
姓名: 张华   编号: 200407
姓名: 安宁   编号: 200408
姓名: 李兵   编号: 200409
姓名: 魏征   编号: 200410
姓名: 刘楠   编号: 200411
姓名: 李娜   编号: 200412
PL/SQL procedure successfully completed
```

10.4.3 游标变量

游标变量指向多行查询结果集的当前行。游标与游标变量是不同的，就像常量和变量的关系一样，游标是由用户定义的显示游标和隐式游标，都与固定的查询语句相关联，所有游标是静态的，而游标变量是动态的，因为它不与特定的查询绑定在一起。游标变量有点像指向记录集的一个指针，游标变量也可以使用游标的属性。

1. 声明游标变量

在使用游标变量之前，首先需要声明游标变量。定义 REF CURSOR（游标变量）类型的语法格式如下。

```
TYPE cursor_variable_type IS REF CURSOR[RETURN return_type];
```

其中，return_type 是一个用来记录返回内容的变量。如果该变量有返回值，那么就为强类型，否则就为弱类型。

游标的变量声明首先需要声明一个 REF CURSOR（游标变量）类型，用来存储查询结果集。当 REF CURSOR（游标变量）类型定义好之后就可以声明游标变量了。

注意

当声明的游标变量是弱类型时，系统不会对返回的记录集合进行类型检查，一旦类型不匹配就会产生异常。建议定义强类型的游标变量。

【练习 20】

声明一个游标变量类型，用来表示从 student 表中查询的记录集，如下所示。

```
DECLARE
  TYPE student_type IS REF CURSOR RETURN student%ROWTYPE;
  rec_student_type;
BEGIN
  NULL;
END
```

2. 操作游标变量

在 PL/SQL 中操作游标变量有三种语句：OPEN...FOR、FETCH 和 CLOSE。

游标变量的操作也需要打开、操作和关闭等步骤。使用 OPEN...FOR 语句与一个查询语句相关联，并打开游标变量，但是不能使用 OPEN...FOR 语句打开已经打开的游标变量。操作游标变量则使用 FETCH 语句从记录集合中提取数据，当所有的操作完成后，使用 CLOSE 关闭游标变量。其中，OPEN 语句的格式如下所示。

```
OPEN cursor_variable FOR SELECT;
```

注意

如果使用 OPEN...FOR 语句打开不同的查询语句，当前的游标变量所包含的查询语句将会丢失。

【练习21】

按顺序显示班级编号为 3 的所有同学的学生姓名，如下所示。

```
SQL> DECLARE
  2    TYPE student_type IS REF CURSOR RETURN student%ROWTYPE;
  3    c_student student_type;          --定义游标变量
  4    rec_student student%ROWTYPE;
  5    BEGIN
  6      IF NOT c_student%ISOPEN THEN      --如果游标没有打开，就打开游标变量
  7        OPEN c_student FOR SELECT * FROM student WHERE claid=3;--查询数据存放到游标中
  8      END IF;
  9      LOOP
 10        FETCH c_student INTO rec_student;     --提取数据
 11        EXIT WHEN c_student%NOTFOUND;
 12        DBMS_OUTPUT.PUT_LINE('学生姓名: '||rec_student.STUNAME);
 13      END LOOP;
 14        CLOSE c_student;      --关闭游标变量
 15    END;
 16  /
学生姓名: 马瑞
学生姓名: 安宁
学生姓名: 李兵
学生姓名: 李娜
PL/SQL procedure successfully completed
```

在上面例子中，第 2 行定义了一个游标变量类型 student_type，返回类型和 student 表结构相同；第 3 行定义了一个 student_type 类型的游标变量 c_student；第 7 行使用 OPEN...FOR 语句从 student 表中查询到了班级编号为 3 的学生信息；然后使用 LOOP 语句循环提取数据，最后关闭游标变量。

10.4.4 游标属性

游标作为一个临时表，可以通过一些属性来获取游标状态，而游标常用的状态有四种：%ISOPEN、%FOUND、%NOTFOUND、%ROWCOUNT。下面针对这几种属性所获取的游标状态进行详细讲解。

1. 使用%ISOPEN 属性

%ISOPEN 属性主要用来判断游标是否打开，在使用游标的过程中如果不能确定游标是否已经打开，可以使用该属性，语法格式如下所示。

```
DECLARE
```

```
  CURSOR c_student IS SELECT * FROM student;
BEGIN
  .../*对游标c_student的操作*/
  IF c_student%ISOPEN THEN --如果游标已经打开，就关闭游标
    CLOSE c_student;
    END IF;
END;
```

2. 使用%FOUND 属性

%FOUND 属性是用来判断游标是否找到记录，如果找到记录就有 FETCH 语句提取游标数据，否则关闭游标，语法格式如下所示。

```
DECLARE
 CURSOR c_student IS SELECT * FROM student;
 rec_student student%ROWTYPE;--声明存储学生表信息
BEGIN
  OPEN c_student;--打开游标
  WHILE c_student%FOUND LOOP--如果找到记录，开始循环提取数据
    FETCH c_student INTO rec_student;
  .../*对游标c_student的操作*/
    END LOOP;
    CLOSE c_student; --关闭游标
END;
```

3. 使用%NOTFOUND 属性

%NOTFOUND 属性与%FOUND 属性恰好相反，如果提取到数据，则返回 flase；如果没有提取到数据，则返回 true，语法格式如下所示。

```
DECLARE
 CURSOR c_student IS SELECT * FROM student;
 rec_student student%ROWTYPE;--声明存储学生表信息
BEGIN
  OPEN c_student;--打开游标
  LOOP
    FETCH c_student INTO rec_student;
      .../*对游标c_student的操作*/
  EXIT WHEN c_student%NOTFOUND;--如果没有找到记录，退出 LOOP
    END LOOP;
    CLOSE c_student; --关闭游标
END;
```

4. 使用%ROWCOUNT 属性

%ROWCOUNT 属性用于返回到当前为止提取到的实际记录行数，语法格式如下所示。

```
DECLARE
 CURSOR c_student IS SELECT * FROM student;
 rec_student student%ROWTYPE;--声明存储学生表信息
BEGIN
  OPEN c_student;--打开游标
```

```
    LOOP
        FETCH c_student INTO rec_student;
        .../*对游标c_student的操作*/
    EXIT WHEN c_student%NOTFOUND;--如果没有找到记录,退出LOOP
      END LOOP;
      DBMS_OUTPUT.PUT_LINE('记录数: '||c_student%ROWCOUNT);
      CLOSE c_student; --关闭游标
END;
```

10.5 异常处理

在操作 PL/SQL 时,可能会遇到一些程序出现的错误信息,这种情况称之为异常。在 PL/SQL 程序块中,导致出现异常的原因有很多,例如程序业务逻辑错误,关键字拼写错误或者在设计程序时故意设定的自定义异常。

10.5.1 异常处理

异常情况处理(EXCEPTION)是用来处理正常执行过程中未预料的事件,程序块的异常处理预定义的错误和自定义错误,由于 PL/SQL 程序块一旦产生异常而没有指出如何处理时,程序就会自动终止整个程序运行。Oracle 有预定义(Predefined)错误、非预定义(Predefined)错误和用户定义(User_define)错误。

Oracle 预定义的异常情况大约有 24 个,对这种异常情况的处理,不需要在程序中定义,由 Oracle 自动将其引发;非预定义(Predefined)错误即其他标准的 Oracle 错误,对这种异常情况的处理,需要用户在程序中定义,然后由 Oracle 自动将其引发;用户定义(User_define)错误是程序执行过程中,出现编程人员认为的非正常情况,对这种异常情况的处理,需要用户在程序中定义,然后显式地在程序中将其引发。

在运行 PL/SQL 程序时,如果出现程序异常,而且没有对该异常做出处理,那么整个程序将会终于运行。为了能够让程序正常运行,那就需要对可能引起异常的部分进行异常处理。在处理异常时一般使用 EXCEPTION 语句块进行操作,语句语法如下所示。

```
EXCEPTION
    WHEN exception1 THEN
statements1;
WHEN exception2 THEN
statements2;
[...]
WHEN OTHERS THEN
statementsN;
```

其中,exception1 是用来定义可能出现的异常名称;WHEN OTHERS 表示程序出现的其他情况和 IF 语句中的 ELSE 关键字的作用相同,即当上述条件都不成立的情况下所执行的语句块。

10.5.2 预定义异常

在运行 PL/SQL 程序时,Oracle 会定义已经预料的运行经常出现的错误异常,那么这些错误异常就称之为预定义异常。在表 10-3 中列出了常见的预定义错误,如下所示。

表 10-3 Oracle 中的预定义错误

错误号	异常错误信息名称	说明
ORA-0001	Dup_val_on_index	试图破坏一个惟一性限制
ORA-0051	Timeout-on-resource	在等待资源时发生超时
ORA-0061	Transaction-backed-out	由于发生死锁事务被撤消
ORA-1001	Invalid-CURSOR	试图使用一个无效的游标
ORA-1012	Not-logged-on	没有连接到 ORACLE
ORA-1017	Login-denied	无效的用户名/口令
ORA-1403	No_data_found	SELECT INTO 没有找到数据
ORA-1422	Too_many_rows	SELECT INTO 返回多行
ORA-1476	Zero-divide	试图被零除
ORA-1722	Invalid-NUMBER	转换一个数字失败
ORA-6500	Storage-error	内存不够引发的内部错误
ORA-6501	Program-error	内部错误
ORA-6502	Value-error	转换或截断错误
ORA-6504	Rowtype-mismatch	缩主游标变量与 PL/SQL 变量有不兼容行类型
ORA-6511	CURSOR-already-OPEN	试图打开一个已存在的游标
ORA-6530	Access-INTO-null	试图为 null 对象的属性赋值
ORA-6531	Collection-is-null	试图将 Exists 以外的集合（collection）方法应用于一个 null pl/sql 表上或 varray 上
ORA-6532	Subscript-outside-limit	对嵌套或 varray 索引得引用超出声明范围以外
ORA-6533	Subscript-beyond-count	对嵌套或 varray 索引得引用大于集合中元素的个数

【练习 22】

更新指定学生的成绩信息，如成绩小于 70，则增加 10，对可能出现的异常信息，不做任何处理，如下所示。

```
DECLARE
  v_stuid student.stuid%TYPE :=1024;
  v_score student.score%TYPE;
BEGIN
  SELECT score INTO v_score FROM student WHERE stuid=v_stuid;
  IF v_score<=70 THEN
      UPDATE student SET score=score+10 WHERE stuid=v_stuid;
      DBMS_OUTPUT.PUT_LINE('学号为'||v_stuid||'员工成绩已更新!');
  ELSE
DBMS_OUTPUT.PUT_LINE('学号为'||v_stuid||'学生成绩已经超过规定值!');
  END IF;
END;
ORA-01403: 未找到任何数据
ORA-06512: 在 line 6
```

从上述语句可以看出，在代码执行出现错误的时候，Oracle 抛出了 ORA-01403 异常，出现没有找到匹配数据的错误提示信息，并且程序发生异常后就终止运行。

【练习 23】

下面对于产生的异常信息进行处理，查看结果，如下所示。

```
SQL> DECLARE
  2    v_stuid student.stuid%TYPE :=1024;
```

```
 3     v_score student.score%TYPE;
 4  BEGIN
 5    SELECT score INTO v_score FROM student WHERE stuid=v_stuid;
 6    IF v_score<=70 THEN
 7        UPDATE student SET score=score+10 WHERE stuid=v_stuid;
 8        DBMS_OUTPUT.PUT_LINE('学号为'||v_stuid||'员工成绩已更新!');
 9    ELSE
10  DBMS_OUTPUT.PUT_LINE('学号为'||v_stuid||'学生成绩已经超过规定值!');
11    END IF;
12  EXCEPTION
13    WHEN NO_DATA_FOUND THEN
14        DBMS_OUTPUT.PUT_LINE('数据库中没有编码为'||v_stuid||'的员工');
15    WHEN TOO_MANY_ROWS THEN
16        DBMS_OUTPUT.PUT_LINE('程序运行错误!请使用游标');
17    WHEN OTHERS THEN
18        DBMS_OUTPUT.PUT_LINE('发生其它错误!');
19  END;
20  /
数据库中没有编码为 1024 的员工
PL/SQL procedure successfully completed
```

通过上述程序，使用异常处理信息，将产生的异常更加准确的表现出来，方便使用人员更加准确快速地查找出异常的信息。

10.5.3 非预定义异常

在 Oracle 程序中，除了预定义的异常外，还有一些程序无法预料的代码逻辑异常。例如，在操作数据时遇到主外键的约束，所产生的异常，这些异常也需要进行处理，那么就需要使用 PRAGMA EEXCEPTION_INIT 语句设置异常名称，该语句语法格式如下所示。

```
EXCEPTION_INIT(<exception_name>,<oracle_error_number>);
```

其中，exception_name 是异常名称，但是该名称必须在使用前通过 EXCEPTION 类型进行定义；oracle_error_number 表示错误编号，这里的错误编号就是例如错误代码中的 ORA-01403，那么错误编号就是-01403。

【练习 24】

假设 class 表中的 claid 列与 student 表中的 claid 列有外键关系，那么在删除 class 中的信息时就会出现程序异常，定义这个异常信息，查看删除结果，如下所示。

```
SQL> DECLARE
 2    v_claid class.claid%TYPE :=4;
 3    e_claid EXCEPTION;
 4    PRAGMA EXCEPTION_INIT(e_claid, -02292);
 5  BEGIN
 6    DELETE FROM class WHERE claid=v_claid;
 7  EXCEPTION
 8    WHEN e_claid THEN
 9        DBMS_OUTPUT.PUT_LINE('违反数据外键约束!');
10    WHEN OTHERS THEN
11        DBMS_OUTPUT.PUT_LINE('发生其它错误!');
```

```
12  END;
13  /
违反数据外键约束!
PL/SQL procedure successfully completed
SQL> select * from class;
CLAID    CLANAME    CLATEACHER
-----    -------    ----------
1        JAVA 班     陈明老师
2        .NET 班     欧阳老师
3        PHP 班      东方老师
4        安卓班      杜宇老师
5        3D 班       叶开老师
6        WEB 班      东艺老师
6 rows selected
```

从上述语句可以看出，在删除的时候产生了异常信息，没有处理删除语句，而是处理 EXCEPTION 中的语句，打印定义的异常信息。

10.5.4 用户定义异常

Oracle 系统没有为每一个出现的异常定义，因此就要用到自定义异常。在使用自定义异常时使用 PRAGMA 关键字，将异常名称和异常编号联系起来。自定义异常的语法格式如下。

```
PRAGMA EXCEPTION_INTO(exception_name,<oracle_error_number>);
```

具体的异常处理有以下几个步骤。

（1）PRAGM 在 PL/SQL 块的定义部分定义异常情况。

（2）将其定义好的异常情况，与标准的 ORACLE 错误联系起来，使用 EXCEPTION_INIT 语句。

（3）在 PL/SQL 块的异常情况处理部分对异常情况做出相应的处理。

【练习 25】

```
SQL> DECLARE
  2      v_stuid student.stuid%TYPE :=200420;
  3      no_result  EXCEPTION;
  4      PRAGMA EXCEPTION_INIT(no_result, -2291);
  5  BEGIN
  6    UPDATE student SET score=score+10 WHERE stuid=v_stuid;
  7    IF SQL%NOTFOUND THEN
  8       RAISE no_result;
  9    END IF;
 10  EXCEPTION
 11    WHEN no_result THEN
 12       DBMS_OUTPUT.PUT_LINE('你的数据更新语句失败了!');
 13    WHEN OTHERS THEN
 14       DBMS_OUTPUT.PUT_LINE('发生其它错误!');
 15  END;
 16  /
你的数据更新语句失败了!
PL/SQL procedure successfully completed
```

10.6 实例应用：学生选课系统信息的查询

10.6.1 实例目标

现有学生选课系统中的 student 表(学生信息表)包含 Sno（学号编号）、Sname（学生姓名）、SSex（学生性别）、Sbirth（出生日期）和 SAdrs（籍贯）列。根据本节的 PL/SQL 编程基础进行查询。

查询要求如下所示。

（1）使用基本的查询语句查询 student 表中学生的基本信息。

（2）使用 PL/SQL 语句进行查询表中的数据信息，将对应的学生进行分类显示，如果没有班级信息，则进行提示。

（3）对于出现的错误异常进行提示。

10.6.2 技术分析

根据查询要求发现，使用 PL/SQL 语句进行数据库操作的时候，要牵扯到常量与变量的使用，因此在定义的时候要注意常量与变量的使用规则。

进行查询表信息的过程中需要使用到游标，那就需要对游标变量的声明使用。在进行异常信息显示的时候要注意产生的错误示范是 Oracle 中的系统错误，注意预定义异常和自定义异常的使用。

10.6.3 实现步骤

（1）使用基本的查询语句查询 student 表中学生的基本信息。

```
SQL> select * from student;
    STUID   STUNAME   STUSEX   STUBIRTH      SCORE   CLAID
---------- -------  ------   --------      ------  -----
    200422   陈辰      女                     69
    200433   李梦      男       1984-8-12     75
    200444   林静      男       1983-6-25     97
    200401   李云      女                     78      1
    200402   宋佳      女       1984-9-7      80      1
    200403   张天中    男       1983-2-21     86      2
    200404   赵均      男       1985-11-13    72      2
    200405   周腾      男       1984-12-18    52      2
    200406   马瑞      女                     59      3
    200407   张华      女       1983-12-6     89      4
    200408   安宁      男       1984-9-8      78      3
    200409   李兵      男       1984-6-28     52      3
    200410   魏征      男       1984-4-2      62      4
    200411   刘楠      女       1984-5-5      65      4
    200412   李娜      女       1983-9-10     76      3
15 rows selected
```

（2）使用 PL/SQL 语句进行查询表中的数据信息，将对应的学生进行分类显示，如果没有班级信息，则进行提示。

```
SQL> DECLARE
  2    TYPE student_type IS REF CURSOR RETURN student%ROWTYPE;
  3    c_student student_type;--定义游标变量
  4    rec_student student%ROWTYPE;--声明存储学生表信息
  5    BEGIN
  6     IF NOT c_student%ISOPEN THEN--如果游标没有打开，就打开游标变量
  7      OPEN c_student FOR SELECT * FROM student;--查询表中的数据存入游标中
  8      END IF;
  9      LOOP
 10       FETCH c_student INTC rec_student;--提取数据
 11       EXIT WHEN c_student%NOTFOUND;
 12        IF rec_student.claid=1 THEN
 13        DBMS_OUTPUT.PUT_LINE('1班学生姓名: '||rec_student.stuname);
 14        ELSIF rec_student.claid=2 THEN
 15        DBMS_OUTPUT.PUT_LINE('2班学生姓名: '||rec_student.stuname);
 16        ELSIF rec_student.claid=3 THEN
 17        DBMS_OUTPUT.PUT_LINE('3班学生姓名: '||rec_student.stuname);
 18        ELSIF rec_student.claid=4 THEN
 19        DBMS_OUTPUT.PUT_LINE('4班学生姓名: '||rec_student.stuname);
 20        ELSE
 21          DBMS_OUTPUT.PUT_LINE(rec_student.stuname||'同学没有所属班级:');
 22          END IF;
 23       END LOOP;
 24      CLOSE c_student;
 25      END;
 26  /
陈辰同学没有所属班级:
李梦同学没有所属班级:
林静同学没有所属班级:
1班学生姓名: 李云
1班学生姓名: 宋佳
2班学生姓名: 张天中
2班学生姓名: 赵均
2班学生姓名: 周腾
3班学生姓名: 马瑞
4班学生姓名: 张华
3班学生姓名: 安宁
3班学生姓名: 李兵
4班学生姓名: 魏征
4班学生姓名: 刘楠
3班学生姓名: 李娜
PL/SQL procedure successfully completed
```

（3）对于出现的错误异常进行提示。

```
SQL> DECLARE
  2      v_stuid student.stuid%TYPE :=101;
```

```
 3      v_student student%ROWTYPE;
 4      no_result  EXCEPTION;
 5      PRAGMA EXCEPTION_INIT(no_result, -2291);
 6  BEGIN
 7    SELECT *  INTO v_student FROM student WHERE stuid=v_stuid;
 8    IF SQL%NOTFOUND THEN
 9      RAISE no_result;
10    END IF;
11  EXCEPTION
12    WHEN no_result THEN
13      DBMS_OUTPUT.PUT_LINE('没有要查找的数据');
14    WHEN OTHERS THEN
15      DBMS_OUTPUT.PUT_LINE('发生其它错误!');
16  END;
17  /
发生其它错误!
PL/SQL procedure successfully completed
```

10.7 拓展训练

查询商品信息表的数据信息

商品管理系统中商品信息表 Product 包含商品编号 Pno、商品名称 Pname、商品分类性质 Ptype、商品价格 Pprice、商品进货日期 Ptime、商品过期时间 Pdate，进行如下操作。

（1）使用基本的查询语句查询 product 表中学生基本信息。

（2）使用 PL/SQL 语句进行查询表中的数据信息，将对应的商品进行分类显示，如果没有货架信息，则进行提示。

（3）对于出现的错误异常进行提示。

（4）修改价格低于 50 的商品价格为原来的两倍，如果商品已经没有，就显示异常提示信息。

10.8 课后练习

一、填空题

1. 在 PL/SQL 编程中，注释的种类分为_____和多行注释。

2. IF 条件语句分为三种：IF-THEN、IF-THEN-ELSE 和_____。

3. 常见的复合变量有%TYPE 和_____。

4. 循环语句可以分为 LOOP 循环语句、_____循环语句和 FOR 循环语句三种。

5. 对于游标的操作，主要有声明游标、打开游标、_____和关闭游标。

6. 打开游标要使用_____关键字。

二、选择题

1. 以下代码中属于单行注释的是_____。

A. SELECT * FROM STUDENT   --查询 STUDENT 表中的数据

B. SELECT * FROM STUDENT   //查询 STUDENT 表中的数据

C. SELECT * FROM STUDENT   /*查询 STUDENT 表中的数据

D. SELECT * FROM STUDENT   /*查询 STUDENT 表中的数据*/

2. 使用游标变量时，_____属性可以判断是否查询到记录信息。

A. %ISOPEN

B. %FOUND

C. %NOTFOUND

D. %ROWCOUNT

3. 使用游标变量时，_____属性可以判断游标是否打开。

A. %ISOPEN

B. %FOUND

C. %NOTFOUND

D. %ROWCOUNT

4. 使用游标变量时，_____属性可以返回提取到的实际行数。

A. %ISOPEN

B. %FOUND

C. %NOTFOUND

D. %ROWCOUNT

5. 以下哪个部分不属于 PL/SQL 程序中部分_____。

A. 定义部分（DECLARE）

B. 执行部分（BEGIN END）

C. 异常处理部分(EXCEPTION)

D. 关闭部分（END）

三、简答题

1. 简单说出 PL/SQL 的编写规范。

2. 对于变量命名的规则有哪些？

3. 基本的复合变量有哪些，具体的作用是什么？

4. 常量的特点是什么？

5. 对于异常的处理机制有哪三种？

6. PL/SQL 中经常使用到的三种循环结构是哪些，其区别是什么？

7. 简述条件分支语句对于 PL/SQL 编程的作用。

第 11 课
PL/SQL 实用编程

上一课已经介绍了 PL/SQL 程序的基本编程基础。但是在实际应用中，会使用到一些实用的编程程序块，例如函数的应用，使用函数可以直接获取所需要的数据，也可以自定义一个函数在程序块中的使用。

本课主要介绍 Oracle 中常用的程序块，包括简单函数的应用、自定义函数、数据库事务、程序包以及 PL/SQL 集合的使用。

本课学习目标：

❑ 掌握基本的函数使用

❑ 了解自定义函数的创建和使用

❑ 用 COMMIT、ROLLBACK、SAVEPOINT 语句控制事务

❑ 理解并发事务

❑ 掌握程序包的基本操作和使用

❑ 掌握 PL/SQL 集合的用法

11.1 简单函数

在 Oracle 数据库中，提供了多种函数，如字符串函数、数字函数、日期函数和转换函数等，使用这些函数，可以有效地增强 SQL 语句的操作数据库功能。

11.1.1 字符函数

字符函数是比较常用的函数之一。字符函数的输入参数为字符类型，它的返回值是字符或者数字类型。该函数既可以直接在 SQL 语句中引用，也可以在 PL/SQL 语句块中使用。Oracle 中常用的几个字符函数如表 11-1 所示。

表 11-1 常用的字符函数及说明

字 符 函 数	说 明
ASCII(string)	用于返回 string 字符的 ASCII 码值
CHR(integer)	用于返回 integer 字符的 ASCII 码值
CONCAT(string1,string2)	用于拼接 string1 和 string2 字符串
INITCAP(string)	将 string 字符串中每个单词的首字母都转换成大写，并且返回得到的字符串
INSTR(string1,string2[,start][,occurrence])	该函数在 string1 中查找字符串 string2，然后返回 string2 所在的位置，可以提供一个可选的 start 位置来指定该函数从这个位置开始查找。同样，也可以指定一个可选的 occurrence 参数，说明应该返回 find_string 第几次出现的位置
NVL(string,value)	如果 string 为空，就返回 value，否则就返回 string
NVL2(string,value1,value2)	如果 string 为空，就返回 value1，否则就返回 value2
LOWER(string)	将 string 的全部字母转化为小写
UPPER(string)	将 string 的全部字母转化为大写
RPAD(string,width[,pad_string])	使用指定的字符串在字符串 string 的右边填充
PEPLACE(string,char1[,char2])	用于替换字符串，string 表示被操作的字符串，char1 表示要查找的字母，char2 表示要替换的字符串。如果没有设置 char2，那么默认则替换为空
LENGTH(string)	返回字符串 string 的长度

【练习 1】

使用 ASCII(string)函数和 CHR(integer)函数，分别查询字母"a"与"A"的 ASCII 码值，数值 100 和 69 的 ASCII 码值，并且使用 LENGTH(string)函数，查询字符串"hello"中含有的字符个数，如下所示：

```
SQL> select ascii('a')"a",ascii('A')"A",chr(100)"100",chr(69)"69",length
('hello')from dual;
a        A      100      69      LENGTH('HELLO')
------   -----  ------   -----   ---------------
97       65 d   d        E       5
```

【练习 2】

使用 CONCAT(string1,string2)函数把"world"字符串追加到"hello"后边，实现字符串的拼接，并且使用 INITCAP(string)函数将"hello world"中每个单词的首字母转换为大写，返回字符串，如下所示。

```
SQL> select concat ('hello','world'),initcap('hello world') from dual;
```

```
CONCAT('HELLO','WORLD')          INITCAP('HELLOWORLD')
----------------------          --------------- ------
helloworld                      Hello World
```

【练习 3】

使用 INSTR(string1,string2[,start][,occurrence])函数，在字符串"hello world"中查找字符串"o"从出现的位置和从第二个字符开始第二次出现的位置。

```
SQL> select instr('hello world','o'),instr('hello world','o',2,2)from dual;
INSTR('HELLOWORLD','O')          INSTR('HELLOWORLD','O',2,2)
----------------------          ---------------------------
5                               8
```

注意

在 Oracle 中空格也是一个字符串。

【练习 4】

使用 LOWER(string)函数，查询班级表 class，将表中的课程名称 claname 列数据中的字母转化为小写，然后使用 RPAD(string,width[,pad_string])函数，将 class 表中的 claname 中的列设置为 10 个字符，并且在右边的空位上补齐"#"，如下所示。

```
SQL> select claid,lower(claname),clateacher,rpad(claname,10,'#')from class;
CLAID    LOWER(CLANAME)    CLATEACHER    RPAD(CLANAME,10,'#')
-----    --------------    ----------    --------------------
1        java 班           陈明老师       JAVA 班####
2        .net 班           欧阳老师       .NET 班####
3        php 班            东方老师       PHP 班#####
4        安卓班            杜宇老师       安卓班####
5        3d 班             叶开老师       3D 班######
6        web 班            东艺老师       WEB 班#####
6 rows selected
```

UPPER(string)函数的使用方法与 LOWER(string)函数使用方法类似，但是 UPPER(string)函数是将字符串中小写字母转化为大写。

【练习 5】

使用 PEPLACE(string,char1[,char2])函数，将"ABCDEFGFEDCBA"中的"CD"替换为"34"，如果没有指定要替换的参数，就替换为默认空值。

```
SQL> select replace('ABCDEFGFEDCBA','CD','34') FROM DUAL;
REPLACE('ABCDEFGFEDCBA','CD','
------------------------------
AB34EFGFEDCBA
SQL> select replace('ABCDEFGFEDCBA','CD') FROM DUAL;
REPLACE('ABCDEFGFEDCBA','CD')
------------------------------
ABEFGFEDCBA
```

从上述查询中可以看出，在没有为 char2 赋值的时候，系统会默认将要替换的字符串替换为空值。

11.1.2 数字函数

使用 SQL 语句查询的返回值是数字型或者为整数型时，可以使用数字函数。数字函数不仅可以在 SQL 语句中使用，也可以在 PL/SQL 程序块中使用，如表 11-2 所示。

表 11-2　常见的数字函数

数值函数	说明
ABS(value)	获取 value 数值的绝对值
CEIL(value)	返回大于或者等于 value 的最大整数值
FLOOR(value)	返回小于或者等于 value 的最小整数值
SIN(value)	获取 value 的正弦值
COS(value)	获取 value 的余弦值
ASIN(value)	获取 value 的反正弦值
ACOS(value)	获取 value 的反余弦值
SINH(value)	获取 value 的双曲正弦值
COSH(value)	获取 value 的双曲余弦值
LN(value)	返回 value 的自然对数
LOG(value)	返回 value 以 10 为底的对数
POWER(value1,value2)	返回 value1 的 value2 次幂
ROUND(value)	返回 value 的 precision 精度，四舍五入
MOD(value1,value2)	取余
SORT(value)	返回 value 的平方根，如果 value 为负数，那么该函数就没有意义
SIGN(value)	用于判断数值的正负负值返回-1，正值返回 1
SQRT(value)	用于返回 value 的平方根，其中 value 必须大于 0

> **注意**
>
> 注意，在 SIN(value)、COS(value)、ASIN(value)、ACOS(value)、SINH(value)、COSH(value)几个关于三角函数的数值函数中，value 的值是数值（以弧度表示的角度值），而并不是直接的角度值。

【练习 6】

使用函数 ABS(value)，查询-25 的绝对值，并且分别使用 CEIL(value)函数，FLOOR(value)函数返回 25.1 的相对应的结果，如下所示。

```
SQL> select abs(-25),ceil(25.1),floor(25.1) from dual;
ABS(-25)   CEIL(25.1)   FLOOR(25.1)
--------   ----------   -----------
25         26           25
```

【练习 7】

分别使用 CEIL(value)函数和 FLOOR(value)函数进行对比，查看两个函数的不同用法，如下所示。

```
SQL> select ceil(25.1),floor(25.7) from dual;
CEIL(25.1)   FLOOR(25.7)
----------   -----------
26           25
```

【练习 8】

使用 SIN(value)、COS(value)、ASIN(value)、ACOS(value)、SINH(value)、COSH(value)几个关于三角函数的数值函数，分别求出 0.5 的各个三角函数值，如下所示。

```
SQL> select sin(0.5),cos(0.5),asin(0.5),acos(0.5),sinh(0.5),cosh(0.5) from dual;
```

```
SIN(0.5)      COS(0.5)      ASIN(0.5)     ACOS(0.5)     SINH(0.5)     COSH(0.5)
--------      --------      ---------     ---------     ---------     ---------
0.47942553    0.87758256    0.52359877    1.04719755    0.52109530    1.12762596
```

【练习 9】

分别使用 MOD(value1,value2)、POWER(value1,value2)、SQRT(value)、ROUND(value)函数，返回相应的结果集，如下所示。

```
SQL> select mod(10,2),power(2,3),sqrt(4),round(12.345,2)from dual;
MOD(10,2)     POWER(2,3)    SQRT(4)    ROUND(12.345,2)
---------     ----------    -------    ---------------
0             8             2          12.35
```

11.1.3 日期函数

时间和日期函数主要是用于处理数据库中的时间类型数据，Oracle 默认是 7 位数字格式来存放日期数据的，包括世纪、年、月、日、小时、分钟、秒，默认日期显示格式为"DD-MON-YY"。常用的日期函数如表 11-3 所示。

表 11-3 常用的日期函数

日期函数	说　明
SYSDATE()	返回当前的系统时间
MONTHS_BETWEEN(date1,date2)	返回 date1 与 date2 之间的月份数量
ADD_MONTHS(date,count)	用于计算在 date 上加 count 月之后的结果
NEXT_DAY(date,day)	返回第二个参数 day 指出的星期几第一次出现的日期
LAST_DAY(date)	返回日期 date 所在月份的最后一天
ROUND(date,[unit])	返回距 date 最近的日、月或者年的时间，unit 是用来指明要获取的单元
TRUNC(date,[unit])	返回截止时间，date 用于指定要做截取处理的日期值，unit 用于指明要截断的单元
TO_DATE(date,[format])	用于将字符串 value 转换为 format 参数

【练习 10】

使用 SYSDATE()函数查询系统当前的时间，如下所示。

```
SQL> select sysdate from dual;
SYSDATE
--------------
20-5 月 -13
```

【练习 11】

使用 MONTHS_BETWEEN(date1,date2)计算出 1999 年 1 月 31 日和 1998 年 12 月 31 日之间的月份数量差，同时使用 TO_DATE(date,[format])函数将结果格式化，如下所示。

```
SQL> select months_between(to_date('01-31-1999','MM-DD-YYYY'),
  2  to_date('12-31-1998','MM-DD-YYYY')) "时间差",
  3  to_date('2004-05-07 13:23:44','yyyy-mm-dd hh24:mi:ss')
  4  from dual;
时间差     TO_DATE('2004-05-0713:23:44','
-----     ------------------------------
1         2004-5-7 13:23:44
```

注意

如果 date1 早于 date2，则返回值是负数。

【练习 12】

使用 TRUNC(date,[unit])函数，将时间进行截取处理，如下所示。

```
SQL> select Days, A,
  2  TRUNC(A*24) Hours,
  3  TRUNC(A*24*60 - 60*TRUNC(A*24)) Minutes,
  4  TRUNC(A*24*60*60 - 60*TRUNC(A*24*60)) Seconds,
  5  TRUNC(A*24*60*60*100 - 100*TRUNC(A*24*60*60)) mSeconds
  6  from
  7  (select trunc(sysdate) Days,sysdate - trunc(sysdate) A from dual);
DAYS          A            HOURS   MINUTES   SECONDS   MSECONDS
----          ---          -----   -------   -------   --------
2013-5-20     0.62179398   14      55        23        0
```

11.1.4 转换函数

转换函数就是将一个数值由一种类型转换为另一种类型。在编写应用程序的时候，为了防止出现编译错误，如果数据类型不同的时候，就要使用转换函数进行类型转换。常用的转换函数如表 11-4 所示。

表 11-4 常用的转换函数以及说明

转 换 函 数	说　　明
TO_CHAR(value[,format])	将 value 转换为字符串
TO_NUMBER(value[,format])	将 value 转换为数字
CAST(value AS type)	将 value 转换为 type 指定的兼容数据类型
ASCIISTR(string)	将 string 类型转换为数据库字符集的 ASCII 字符串
BIN_TO_NUM(value)	将二进制数字 value 转换为 number 类型

【练习 13】

分别使用 TO_CHAR(value[,format])与 TO_NUMBER(value[,format])函数，进行数据类型的转换，如下所示。

```
SQL>  select '12.5'+11, to_char(123456789.58,'99,999.99'),to_number('25')*2
from dual;
'12.5'+11      TO_CHAR(123456789.58,'99,999.9      TO_NUMBER('25')*2
---------      -----------------------------      ----------------
23.5           ##########                         50
```

注意

在 Oracle 中是可以自动转换字符型数据到数值型。并且，当要处理的数值中包含的数字格式多于格式中指定的数字个数，那么当进行格式转换的时候就会返回由 "#" 号组成的字符串。

【练习 14】

使用 CAST(value AS type)函数，将数字进行规定类型的转换，如下所示。

```
SQL> select
  2  cast(123 as varchar2(10))||'abc' as"转化为字符",
```

```
3  cast('123' as number(10))+123as"转化为数字"
4  from dual;
转化为字符            转化为数字
--------            ---------
123abc              246
```

11.1.5 聚合函数

在 Oracle 中，查询数据的时候，不仅仅是查询简单的表中数据，还可以查询一些经过计算的数据，因此在 Oracle 中有聚合函数，可以进行统计计算，包括求平均值、求和、求最大值以及获取总数量等。常用的聚合函数如表 11-5 所示。

表 11-5 常用的聚合函数

聚合函数	说明
AVG(value)	返回平均值
COUNT(value)	返回统计条数
MAX(value)	返回记录中的最大值
MIN(value)	返回记录中的最小值
SUM(value)	返回 value 中所有值的和
VARIANCE(value)	返回 value 的方差
STDDEV(value)	返回 value 的标准差

【练习 15】

使用 AVG(value)与 COUNT(value)函数，分别查询表 student 中的成绩列信息的平局值以及表中的所有数据的总条数，如下所示。

```
SQL> select avg(score),count(*),count(claid) from student;
AVG(SCORE)   COUNT(*)    COUNT(CLAID)
----------   -------     ------------
72.6666666   15          12
```

> **注意**，如果表中存在空值的列，那么使用 COUNT()函数的时候，可能会造成数据的不一致性，因此要根据需要选择使用 COUNT(*)还是 COUNT(column)。

【练习 16】

分别使用 MAX(value)、MIN(value)和 SUM(value)函数，查询学生表 student 中的最高成绩、最低成绩以及成绩的总和，如下所示。

```
SQL> select max(score),min(score),sum(score) from student;
MAX(SCORE)   MIN(SCORE)    SUM(SCORE)
----------   ----------    ----------
97           52            1090
```

【练习 17】

使用 VARIANCE(value)和 STDDEV(value)函数，分别计算出学生表 student 中的 score 列的方差和标准差，如下所示。

```
SQL> select variance(score),stddev(score)from student;
VARIANCE(SCORE)        STDDEV(SCORE)
```

```
--------------           --------------
170.80952380952          13.0694117621
```

11.2 自定义函数

函数用于返回特定的数据。如果在应用程序中经常需要通过执行 SQL 语句来返回特定数据，那么可以基于这些操作建立特定的函数。函数和存储过程的结构很相似，它们都可以接受输入值并向应用程序返回值。区别在于，过程用来完成一项任务，可能不返回值，也可能返回多个值，过程的调用是一条 PL/SQL 语句；函数包含 RETURN 子句，用来进行数据操作，并返回一个单独的函数值，函数的调用只能在一个表达式中。

11.2.1 函数的基本操作

函数和过程一样，首先要创建函数，然后在需要的时候通过 PL/SQL 语句调用函数，同时可以对函数进行修改和删除。

1. 创建函数

创建函数的语法格式如下所示。

```
CREATE [OR REPLACE] FUNCTION function_name
[
    (parameter1 [IN | OUT | IN OUT] data_type)
    (parameter 2 [IN | OUT | IN OUT] data_type
…
]
RETURN data_type
{ IS | AS }
    [declaration_section;]
BEGIN
    function_body;
END[function_name];
```

其中各个参数的含义如下所示。

❑ **RETURN data_type** 表示返回类型，返回类型是必需的，因为调用函数是作为表达式的一部分。

❑ **function_body** 是一个含有声明部分、执行部分和异常处理部分的 PL/SQL 代码块，是构成函数的代码块。

注意

> 在创建函数时，可以使用 OR REPLACE 关键字，当数据库中已经存在该名称的函数时，使用该函数可以直接替换原来的函数。

【练习 18】

创建一个简单的函数 get_claname，该函数要具有可以根据学生所在班级编号获取班级名称的功能，如下所示。

```
SQL> CREATE  FUNCTION get_claname(c_id NUMBER)
```

```
 2   RETURN VARCHAR2 AS
 3    cla_name class.claname%TYPE;  --定义变量
 4    BEGIN
 5      SELECT claname INTO cla_name FROM class
 6      WHERE claid=c_id;
 7      RETURN cla_name;  --返回变量值
 8    END;
 9  /
Function created
```

2．调用函数

因为该函数具有返回值，所以它类似于一个表达式，当需要调用函数的时候，可以直接使用 SELECT 语句。

【练习 19】

调用上面练习中创建的 get_claname 函数，获得班级编号为 3 的班级名称，如下所示。

```
SQL> SELECT get_claname(3)FROM dual;
GET_CLANAME(3)
---------------
PHP 班
```

当然函数也可以在 PL/SQL 程序块中调用，因此上面的练习可以修改为：

```
SQL> DECLARE
 2      str VARCHAR2(10);
 3    BEGIN
 4      str :=get_claname('3');  --调用函数 get_name()并给参数传值
 5      DBMS_OUTPUT.PUT_LINE('班级编号为 3 的班级名为:'||str);
 6    END;
 7  /
班级编号为 3 的班级名为:PHP 班
PL/SQL procedure successfully completed
```

3．删除函数

删除函数的语法如下所示。

```
DROP FUNCTION function_name;
```

【练习 20】

使用删除语句将创建的 get_claname()函数删除，如下所示。

```
SQL> DROP FUNCTION get_claname;
Function dropped
```

11.2.2 带参函数

当建立函数时，通过使用输入参数，可以将应用程序的数据传递到函数中，最终通过执行函数可以将结果返回到应用程序中。当定义参数时，如果不指定参数模式，则默认为是输入参数，所以 IN 关键字既可以指定，也可以不指定。

1. 建立带有 IN 参数的函数

【练习 21】

创建一个带有 IN 参数的函数 get_score，该函数具有可以根据学生姓名获取学生成绩的功能，如下所示。

```
SQL>  CREATE FUNCTION get_score(name IN VARCHAR2)
  2    RETURN NUMBER
  3     AS
  4    v_score student.score%TYPE;  --定义变量
  5   BEGIN
  6    SELECT score INTO v_score FROM student
  7      WHERE stuname=name;  --查询数据并赋值给变量
  8    RETURN v_score;  --返回变量值
  9   EXCEPTION
 10    WHEN NO_DATA_FOUND THEN
 11     raise_application_error(-20003,'该学生不存在');
 12   END;
 13  /
Function created
```

【练习 22】

调用该函数，获得学生姓名为张华同学的成绩，如下所示。

```
SQL>  DECLARE
  2      score NUMBER;
  3    BEGIN
  4     score :=get_score('张华');  --调用函数并赋值给变量
  5     DBMS_OUTPUT.PUT_LINE('该学生成绩为: '||score);
  6    END;
  7  /
该学生成绩为: 89
PL/SQL procedure successfully completed
```

2. 建立带有 OUT 参数的函数

一般情况下，函数只需要返回单个数据。如果希望使用函数同时返回多个数据，例如同时返回学生的姓名和成绩，那么就需要使用输出参数。为了在函数中使用输出参数，必须要指定 **OUT** 参数模式。

【练习 23】

创建一个带有 OUT 参数的函数 get_birth_claname，该函数要具有返回学生出生日期和所在班级名称的功能，如下所示。

```
SQL> CREATE OR REPLACE FUNCTION get_birth_claname
  2      (name VARCHAR2,birth OUT VARCHAR2)
  3      RETURN VARCHAR2
  4      AS
  5      classname class.claname%TYPE;  --定义变量
  6    BEGIN
  7     SELECT a.stubirth,b.claname INTO birth,classname
  8       FROM student a,class b
```

```
 9        WHERE a.claid=b.claid AND upper(a.stuname)=upper(name);
10      RETURN classname;  --返回变量
11    EXCEPTION
12     WHEN NO_DATA_FOUND THEN
13       raise_application_error(-20000,'该学生不存在');
14    END;
15  /
Function created
```

在建立了函数 get_birth_claname()之后，就可以在应用程序中调用该函数。注意，因为该函数带有 OUT 参数，所以不能在 SQL 语句中调用该函数，而必须要定义变量接收 OUT 参数和函数的返回值。

【练习 24】

在 SQL Plus 中调用函数 get_birth_claname ()，如下所示。

```
SQL> DECLARE
 2      stubirth VARCHAR2(20) ;
 3      claname VARCHAR2(20);
 4    BEGIN
 5      stubirth:=stubirth;
 6      claname:= get_birth_claname('张华',stubirth);
 7      DBMS_OUTPUT.PUT_LINE(claname);
 8      DBMS_OUTPUT.PUT_LINE(stubirth);
 9    END;
10  /
安卓班
06-12月-83
PL/SQL procedure successfully completed
```

3. 建立带有 IN OUT 参数的函数

建立函数时，不仅可以指定 IN 和 OUT 参数，也可以指定 IN OUT 参数。IN OUT 参数也被称为输入输出参数。使用这种参数时，在调用函数之前需要通过变量给该参数传递数据，在调用结束之后 Oracle 会将函数的部分结果通过该变量传递给应用程序。

【练习 25】

定义一个计算两个数值相除结果的函数 RESULT()，说明在函数中使用 IN OUT 参数的方法，如下所示。

```
SQL>  CREATE OR REPLACE FUNCTION result
 2      (num1 NUMBER,num2 IN OUT NUMBER)
 3     RETURN NUMBER
 4      AS
 5     v_result NUMBER(6);
 6      v_remainder NUMBER;
 7    BEGIN
 8     v_result:=num1/num2;
 9      v_remainder:=MOD(num1,num2);
10     num2:=v_remainder;
11     RETURN v_result;
12    EXCEPTION
```

```
  13       WHEN ZERO_DIVIDE THEN
  14         raise_application_error(-20000,'不能除 0');
  15     END;
  16   /
Function created
```

注意，因为该函数带有 **IN OUT** 参数，所以不能在 SQL 语句中调用该函数，而必须使用变量为 IN OUT 参数传递数值并接收数据，另外还需要定义变量接收函数返回值。

【练习 26】

调用上面练习中的函数，如下所示。

```
SQL> set serveroutput on;
SQL>  DECLARE
  2      result1 NUMBER;
  3      result2 NUMBER;
  4    BEGIN
  5     result2:=3;
  6     result1:=result(20,result2);
  7     DBMS_OUTPUT.PUT_LINE(result1);
  8     DBMS_OUTPUT.PUT_LINE(result2);
  9    END;
 10   /
7
2
PL/SQL procedure successfully completed
```

上面例子中，在 DECLARE 块中定义两个 NUMBER 类型的变量，分别命名为 result1 和 result2。在 BEGIN 块中初始化变量 result2 为 3，然后调用 RESULT()函数并传递参数值，第 6 行等价于 "result1=20/3,result2=mod(20,3)"。

11.3 数据库事务

事务（Transaction）是由一系列相关的 SQL 语句组成的最小逻辑工作单元。Oracle 系统以事务为单位来处理数据，用以保证数据的一致性。对于事务中的每一个操作要么全部完成，要么全部不执行。

数据库事务的一个例子是将钱从一个银行账号中转到另外一个银行账号中。此时通常包含两步操作：一条 UPDATE 语句负责从一个银行账号的总额中减去一定的钱数，另外一条 UPDATE 语句负责向另外一个银行账号中增加相应的钱数。减少和增加这两个操作必须永久性地记录到数据库中，否则钱就会丢失。如果钱的转账有问题，则必须同时取消减少和增加这两个操作。这个简单的例子只使用了两个 UPDATE 语句，然而更实际的事务通常都可以包含多个 INSERT、UPDATE 和 DELETE 语句。

11.3.1 事务的提交和回滚

要永久性地记录事务中 SQL 语句的结果，需要执行 COMMIT 语句，从而提交（Commit）事务。要取消 SQL 语句的结果，需要执行 ROLLBACK 语句，从而回滚（Rollback）事务，将所有行重新设置为原始状态。

【练习 27】

向 class 表中添加数据，进行提交，查看表中的数据。

```
SQL> insert into  class values
  2 (7,'3DMAX班','林海老师');
1 row inserted
SQL> commit;
Commit complete
```

【练习 28】

更新班级编号为 3 的班级名称，使用查询语句进行对比，然后执行一条 ROLLBACK 语句，取消对表所进行的修改，如下所示。

```
SQL> update class set claname='MAYA班'
  2 where claid=3;
1 row updated
SQL> select * from class where claid=3;
CLAID    CLANAME    CLATEACHER
-----    -------    ----------
3        MAYA班      东方老师
SQL> rollback;
Rollback complete
```

使用 SELECT 语句进行查询，查看上面两个练习所执行的 INSERT 和 UPDATE 语句所执行完之后的结果，如下所示。

```
SQL> select * from class;
CLAID    CLANAME    CLATEACHER
-----    -------    ----------
1        JAVA班      陈明老师
2        .NET班      欧阳老师
3        PHP班       东方老师
4        安卓班       杜宇老师
5        3D班        叶开老师
6        WEB班       东艺老师
7        3DMAX班     林海老师
7 rows selected
```

从上面查询结果可知，班级编号为 7 的记录被 COMMIT 语句永久性地保存到数据库中；而对班级编号为 3 的记录所做的修改被 ROLLBACK 语句取消。

11.3.2 事务的开始与结束

事务是用来分割 SQL 语句的逻辑工作单元。事务既有起点，也有终点。当下列事件之一发生时，事务就开始了，如下所示。

❑ 连接到数据库中，并执行一条 DML 语句(INSERT、UPDATE 或 DELETE)。

❑ 前一个事物结束后，又输入另外一条 DML 语句。

当下列事件之一发生时，事务就结束了，如下所示。

❑ 执行 COMMIT 或 ROLLBACK 语句。

❑ 执行一条 DDL 语句，例如 CREATE TABLE 语句。在这种情况下，会自动执行 COMMIT 语句。

❑ 断开与数据库的连接。在退出 SQL Plus 时，通常会输入 EXIT 命令，此时会自动执行 COMMIT 语句。如果 SQL Plus 被意外终止了，例如运行 SQL Plus 的计算机崩溃了，那么就会自动执行 ROLLBACK 语句。

❑ 执行了一条 DML 语句，该语句却失败了。在这种情况下，会为这个无效的 DML 语句执行 ROLLBACK 语句。

注意

事务可以是一组 SQL 命令，也可以是一条 SQL 语句，这些 SQL 语句只能是 DML 语句。而其他 SQL 语句，例如 DDL 语句和 DCL 语句等，一旦执行就立即提交给数据库，不能回滚。

10.3.3 设置保存点

保存点是设置在事务中的标记，把一个较长的事务划分为若干个短事务。通过设置保存点，在事务需要回滚操作时，可以只回滚到某个保存点。

设置保存点的语法如下所示。

```
SAVEPOINT savepoint_name;
```

【练习 29】

查询表 student 中所在班级为 4 的学生的信息，如下所示。

```
SQL> select stuid,stuname,score,claid from student where claid=4;
STUID      STUNAME     SCORE     CLAID
-----      -------     -----     -----
200407     张华        89        4
200410     魏征        62        4
200411     刘楠        65        4
```

从上面查询中可以看出，所在班级为 4 的同学中成绩最高的为 89，学生编号为 200407；成绩最低的为 62，学生编号为 200410。

【练习 30】

将成绩最低的同学成绩增加 10%，如下所示。

```
SQL>  update student set score=score*1.1
  2   where stuid=200410;
1 row updated
```

下面这条语句设置一个保存点，并将其命名为 save_one。

```
SQL> savepoint save_one;
Savepoint created
```

【练习 31】

使用 UPDATE 语句将成绩为 89 同学的成绩降低 10%，如下所示。

```
SQL>  update student set score=score*0.9
```

```
2    where stuid=200407;
1 row updated
```

下面这个查询得到更新后的两个同学的成绩：

```
SQL> select stuname,score from student
  2    where stuid in(200407,200410);
STUNAME    SCORE
-------    -----
张华          80
魏征          68
```

从上面练习中可以看出，学生的最高成绩降低了 10%，而最低成绩增加了 10%。下面这条语句将这个事务回滚到刚才设置的保存点 save_one 处。

```
SQL> rollback to savepoint save_one;
Rollback complete
```

这样可以取消对最高成绩所做的改变，但保留对最低成绩所做的改变。下面这个查询显示了这一点如下所示。

```
SQL> select stuname,score from student
  2    where stuid in(200407,200410);
STUNAME    SCORE
-------    -----
张华          89
魏征          68
```

▌11.3.4 事务的 ACID 特性

在前面的小节中将事务定义为逻辑工作单元，即一组相关的 SQL 语句，它们要么作为一个单位被提交，要么作为一个单位被回滚。数据库理论对事务采用了更严格的定义，说明事务有 4 个基本的特性，称为 ACID 特性（ACID 来自于下面列出的每个特性的首字母）。

- ❑ 原子性（**Atomic**） 事务是原子的，就是说一个事物中包含的所有 SQL 语句都是一个不可分割的工作单元。
- ❑ 一致性（**Consist**） 事务必须确保数据库的状态保持一致，就是说事务开始时，数据库的状态是一致的；在事务结束时，数据库的状态也必须是一致的。
- ❑ 隔离性（**Isolated**） 多个事务可以独立运行，而不会彼此产生影响。
- ❑ 持久性（**Durable**） 一旦事务被提交之后，数据库的变化就会被永远保留下来，即使运行数据库软件的机器后来崩溃也是如此。

(提示)
Oracle 数据库软件确保每个事务都具有 ACID 特性，并且具有非常丰富的恢复特性，可以在系统崩溃后恢复数据库。

▌11.3.5 并发事务

数据库软件支持多个用户同时与数据库进行交互，每个用户都可以同时运行自己的事务，这种事务就称为并发事务（concurrent transaction）。

如果用户同时运行多个事务，而这些事务都对同一个表产生影响，那么这些事务的影响都是独

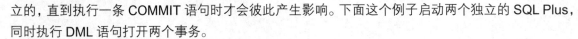

立的，直到执行一条 COMMIT 语句时才会彼此产生影响。下面这个例子启动两个独立的 SQL Plus，同时执行 DML 语句打开两个事务。

【练习 32】

首先启动 SQL Plus，作为 SCOTT 用户连接到数据库，查询 CLASS 表中的数据并且添加一条数据如下所示。

```
SQL> select * from class;
CLAID   CLANAME      CLATEACHER
-----   -------      ----------
1       JAVA 班      陈明老师
2       .NET 班      欧阳老师
3       PHP 班       东方老师
4       安卓班       杜宇老师
5       3D 班        叶开老师
6       WEB 班       东艺老师
7       3DMAX 班     林海老师
7 rows selected
SQL> insert into class values
  2 (9,'动漫班','张宏老师');
1 row inserted
```

使用下面的语句查询刚才插入的数据，如下所示。

```
SQL> select * from class
  2   where claid=9;
CLAID   CLANAME     CLATEACHER
-----   -------     ----------
9       动漫班      张宏老师
```

现在打开另一个 SQL Plus，保持第一个 SQL Plus 不被关闭。使用相同的用户 SCOTT 连接到数据库，查询刚才插入的数据如下所示。

```
SQL> select * from class
  2   where claid=9;
CLAID   CLANAME     CLATEACHER
-----   -------     ----------
未选定行
```

到这里可以发现，由于第一个 SQL Plus 没有提交事务，所以在第二个 SQL Plus 中就看不到第一个 SQL Plus 添加的数据。下面在第一个 SQL Plus 中使用 COMMIT 语句提交事务如下所示。

```
SQL> commit;
Commit complete
```

下面再次在第二个 SQL Plus 中查询插入的数据如下所示。

```
SQL> select * from class
  2   where claid=9;
CLAID   CLANAME     CLATEACHER
-----   -------     ----------
9       动漫班      张宏老师
```

注意

在打开第二个 SQL Plus 后，首先要执行一条 DML 语句（INSERT、UPDATE、DELETE）打开事务，然后再查询数据。

11.3.6　事务锁

要支持并发事务，Oracle 数据库软件必须确保表中的数据一直有效。可以通过锁（lock）来实现。当一个事务对一个表中的某一行进行 DML 操作时，就拥有了该行上的锁，另一个事务不能再获得该行上的锁，直到第一个事务结束。下面这个例子启动两个独立的 SQL Plus，开始两个事务，并同时对 CLASS 表中班级编号为 9 的数据行进行更新。

【练习 33】

首先启动 SQL Plus，作为 SCOTT 用户连接到数据库，查询 CLASS 表数据并且更新班级编号为 9 的记录。

```
SQL> select * from class;
CLAID    CLANAME    CLATEACHER
-----    -------    ----------
1        JAVA 班     陈明老师
2        .NET 班     欧阳老师
3        PHP 班      东方老师
4        安卓班       杜宇老师
5        3D 班       叶开老师
6        WEB 班      东艺老师
7        3DMAX 班    林海老师
9        动漫班       张宏老师
8 rows selected
SQL> update class set clateacher='汪洋老师'
  2  where claid=9;
1 row updated
```

上面的例子执行了一条 UPDATE 语句修改班级编号为 9 的记录，但是并没有执行 COMMIT 语句，此时对该行就已经"加锁"了。

现在打开另一个 SQL Plus，保持第一个 SQL Plus 不被关闭。使用相同的用户 SCOTT 连接到数据库，同样在班级编号为 9 的行上执行 UPDATE 语句。

```
SQL> update class set clateacher='王旭老师'
  2  where claid=9;
```

执行 UPDATE 语句后会看到光标在不停的闪烁并不执行。这是因为要更新的数据行早已被第一个事务加锁了，因此第二个事务就不能获得该行的锁。第二个 UPDATE 语句必须一直等，直到第一个事务结束并释放该行上的锁。

下面在第一个 SQL Plus 中使用 COMMIT 语句提交事务。

```
SQL> commit;
Commit complete
```

第一个事务执行了 COMMIT 语句并结束，从而释放了该行上的锁。此时第二个事务获得该行上的锁，并执行 UPDATE 语句。

```
SQL> update class set clateacher='王旭老师'
  2  where claid=9;
1 row updated
```

▌11.3.7 事务的隔离性级别

事务隔离性级别（transaction isolation level）是一个事务对数据库的修改，与并行的另外一个事务的隔离程度。在详细了解各种事务隔离性级别之前，首先需要理解在当前事务试图访问表中的相同行时可能会出现哪些问题。

下面将给出几个例子，其中两个并发事务 T1 和 T2 正在访问相同的行，这几个例子可以展示出事务处理中可能存在的三种问题如下所示。

1．幻像读取（phantom read）

事务 T1 读取一条指定的 WHERE 子句所返回的结果集。然后事务 T2 新插入一行记录，这行记录恰好可以满足 T1 所使用查询中 WHERE 子句的条件。然后 T1 又使用相同的查询再次对表进行检索，但是此时却看到了事务 T2 刚才插入的新行。这个新行就称为"幻像"，因为对于 T1 来说这一行就像是变魔术似地突然出现了一样。

2．不可重复读取（nonrepeatabl read）

事务 T1 读取一行记录，紧接着事务 T2 修改了 T1 刚才读取的那一行记录的内容。然后 T1 又再次读取这一行记录，发现它与刚才读取的结果不同了。这种现象称为"不可重复"读，因为 T1 原来读取的那一行记录已经发生了变化。

3．脏读（dirty read）

事务 T1 更新了一行记录的内容，但是并没有提交所做的修改。事务 T2 读取更新后的行。然后 T1 执行回滚操作，取消了刚才所做的修改。现在 T2 所读取的行就无效了（也称为"脏"数据），因为在 T2 读取这行记录时，T1 所做的修改并没有提交。

为了处理这些可能出现的问题，数据库实现了不同级别的事务隔离性，以防止并发事务会相互影响。SQL 标准定义了以下几种事务隔离级别，按照隔离性级别从低到高依次为：

❑ **READ UNCOMMITTED**　幻像读、不可重复读和脏读都允许。

❑ **READ COMMITTED**　允许幻像读和不可重复读，但是不允许脏读。

❑ **REPEATABLE READ**　允许幻像读，但是不允许不可重复读和脏读。

❑ **SERIALIZABLE**　幻像读、不可重复读和脏读都不允许。

Oracle 数据库支持 READ COMMITTED 和 SERIALIZABLE 两种事务隔离性级别，不支持 READ UNCOMMITTED 和 REPEATABLE READ 这两种隔离性级别。隔离性级别需要使用 SET TRANSACTION 命令来设定，其语法如下所示。

```
SET TRANSACTION ISOLATION LEVEL
{READ COMMITTED
| READ UNCOMMITTED
| REPEATABLE READ
| SERIALIZABLE };
```

例如下面这个语句将事务隔离性级别设置为 SERIALIZABLE。

```
SET TRANSACTION ISOLATION LEVEL SERIALIZABLE;
```

11.4 程序包

包是由逻辑上相关的类型、变量及子程序等集成在一起的命名 PL/SQL 程序块。包的使用可以有效地隐藏信息，实现集成化的模块程序设计，有利于 PL/SQL 程序的维护。

11.4.1 程序包的基本操作

包通常由包头（包规范）和包体两部分组成。包头和包体分别存储在不同的数据字典中。包头对于一个包来说是必不可少的，而包体有时则不一定是必需的。包中所包含的子程序及游标等必须在包头中声明，而它们的实现代码包含在包体中。如果包头编译不成功，则包体编译必定不成功。只有包头和包体编译都成功才能使用包。

1. 创建程序包

创建包头的语句是 CREATE PACKAGE，语法格式如下所示。

```
CREATE [OR REPLACE] PACKAGE package_name
{ IS | AS}
package_specification
END package_name;
```

其中各个参数的含义如下所示。

❑ **package_name** 指定包名。

❑ **package_specification** 列出了包可以使用的公共过程、函数、类型和对象。

【练习 34】

创建的包为 STUDENT_PKG，该包实现对 STUDENT 表的查询，如下所示。

```
SQL> CREATE OR REPLACE PACKAGE STUDENT_PKG
  2  IS
  3    TYPE student_table_type IS TABLE OF student%ROWTYPE
  4    INDEX BY BINARY_INTEGER;
  5    PROCEDURE read_student_table (p_student_table OUT student_table_type);
  6  END STUDENT_PKG;
  7  /
Package created
```

2. 创建包体

创建包体使用 CREATE PACKAGE BODY 语句。包体中也可以声明私有的变量、游标、类型和子程序等程序元素，语法格式如下所示。

```
CREATE [OR REPLACE] PACKAGE package_name
{ IS | AS}
```

```
package_body;
END package_name;
```

【练习35】

在包主体中声明程序元素，如下所示。

```
SQL> CREATE OR REPLACE PACKAGE BODY STUDENT_PKG
  2  IS
  3    PROCEDURE read_student_table (p_student_table OUT student_table_type)
  4  IS
  5  I BINARY_INTEGER := 0;
  6  BEGIN
  7    FOR student_record IN ( SELECT * FROM student ) LOOP
  8      P_student_table(i) := student_record;
  9      I := I + 1;
 10    END LOOP;
 11  END read_student_table;
 12  END STUDENT_PKG;
 13  /
Package body created
```

3. 调用包中的子程序

包外部的存储过程、触发器及其他 PL/SQL 程序块，可以在包名后添加点号来调用包内的类型、子程序等。

【练习36】

调用 STUDENT_PKG. 包中的过程，如下所示。

```
SQL> DECLARE
  2    e_table STUDENT_PKG.student_table_type;
  3  BEGIN
  4    STUDENT_PKG.read_student_table(e_table);
  5    FOR I IN e_table.FIRST ..e_table.LAST LOOP
  6      DBMS_OUTPUT.PUT_LINE(e_table(i).stuid||' '||e_table(i).stuname);
  7    END LOOP;
  8  END;
  9  /
200422  陈辰
200433  李梦
200444  林静
200401  李云
200402  宋佳
200403  张天中
200404  赵均
200405  周腾
200406  马瑞
200407  张华
200408  安宁
200409  李兵
200410  魏征
200411  刘楠
```

200412　李娜
PL/SQL procedure successfully completed

11.4.2　系统预定义包

系统预定义包指 Oracle 系统事先创建好的包，它扩展了 PL/SQL 功能。所有的系统预定义包都以 DBMS 或 UTL_开头，可以在 PL/SQL、Java 或其他程序设计环境中调用。表 11-6 列举了一些常见的 Oracle 系统预定义包。

表 11-6　常见的 Oracle 系统预定义包

包　名　称	说　　明
DBMS_ALERT	用于当数据改变时，使用触发器向应用发出警告
DBMS_DDL	用于访问 PL/SQL 中不允许直接访问的 DDL 语句
DBMS_Describe	用于描述存储过程与函数 API
DBMS_Job	用于作业管理
DBMS_Lob	用于管理 BLOB、CLOB、NCLOB 与 BFILE 对象
DBMS_OUTPUT	用于 PL/SQL 程序终端输出
DBMS_PIPE	用于数据库会话使用管道通信
DBMS_SQL	用于在 PL/SQL 程序内部执行动态 SQL
UTL_FILE	用于 PL/SQL 程序处理服务器上的文本文件
UTL_HTTP	用于在 PL/SQL 程序中检索 HTML 页
UTL_SMTP	用于支持电子邮件特性
UTL_TCP	用于支持 TCP/IP 通信特性

11.4.3　子程序重载

重载（overload）是指两个或多个子程序有相同的名称，但拥有不同的参数变量、参数顺序或参数数据类型。定义包时，使用重载特性，可以使用户在调用同名组件时使用不同的参数传递数据，从而方便用户使用。例如，当取得学生成绩时，可能希望既可以输入学生编号，也可以输入学生姓名，此时就需要使用包的重载特征。

1．建立包规范

使用重载特性时，同名的过程和函数必须具有不同的输入参数，但是同名函数返回值的数据类型必须完全相同。

【练习 37】

建立使用学生编号和学生姓名取得学生成绩、删除学生的包规范，说明定义重载过程和重载函数的方法，如下所示。

```
SQL>  CREATE OR REPLACE PACKAGE overload IS
  2    FUNCTION get_score(id NUMBER) RETURN NUMBER;
  3    FUNCTION get_score(name VARCHAR2) RETURN NUMBER;
  4    PROCEDURE del_student(id NUMBER);
  5    PROCEDURE del_student(name VARCHAR2);
  6    END;
  7  /
Package created
```

2．建立包体

当建立包体时，必须给不同的重载过程和重载函数提供不同的实现代码。

313

【练习 38】

建立包体 OVERLOAD 为例，说明实现重载过程和重载函数的方法，如下所示。

```
SQL>  CREATE OR REPLACE PACKAGE BODY overload IS
  2      FUNCTION get_score(id NUMBER) RETURN NUMBER  --建立函数 get_sal()
  3      IS
  4      v_score student.score%TYPE;
  5      BEGIN
  6        SELECT score INTO v_score FROM student WHERE stuid=id;
  7          RETURN v_score;  --返回变量 v_sal 的值
  8      EXCEPTION
  9        WHEN NO_DATA_FOUND THEN
 10          raise_application_error(-20020,'该学生不存在');
 11      END;
 12      FUNCTION get_score(name VARCHAR2) RETURN NUMBER  --建立重载函数 get_sal()
 13      IS
 14      v_score student.score%TYPE;
 15      BEGIN
 16        SELECT score INTO v_score FROM student
 17          WHERE upper(stuname)=upper(name);
 18        RETURN v_score; --返回变量 v_sal 的值
 19      EXCEPTION
 20       WHEN NO_DATA_FOUND THEN
 21          raise_application_error(-20020,'该学生不存在');
 22      END;
 23      PROCEDURE del_student(id NUMBER) IS  --建立过程 del_employee()
 24      BEGIN
 25        DELETE FROM student WHERE stuid=id;  --根据雇员号删除记录
 26        IF SQL%NOTFOUND THEN
 27          raise_application_error(-20020,'该学生不存在');
 28        END IF;
 29      END;
 30      PROCEDURE del_student(name VARCHAR2) IS  --建立重载过程 del_employee()
 31      BEGIN
 32        DELETE FROM student WHERE upper(stuname)=upper(name);  --根据雇员名删除记录
 33       IF SQL%NOTFOUND THEN
 34        raise_application_error(-20020,'该学生不存在');
 35        END IF;
 36      END;
 37    END;
 38  /
Package body created
```

在上面例子中，第 2 行到 22 行创建了两个重载函数，名称都是 GET_SCORE()，但是参数不同，一个参数是学生编号，另一个参数是学生姓名，分别用于根据学生编号和学生姓名查询学生成绩。第 23 行到 36 行创建了两个重载过程，名称都是 DEL_STUDENT()，分别用于根据学生编号和学生姓名删除学生信息。

3．调用重载函数和重载过程

建立了包规范和包体之后，就可以调用包的公用组件了。在调用重载过程和重载函数时，

PL/SQL 执行器会自动根据输入参数值的数据类型确定要调用的过程和函数。

【练习 39】

调用上述包中的重载函数和重载过程，查询学号为 200412 和姓名为李兵同学的成绩，然后进行删除，如下所示。

```
SQL>  DECLARE
  2      v_score1 NUMBER;
  3      v_score2 NUMBER;
  4      BEGIN
  5      v_score1:=overload.get_score(200412);
  6      v_score2:=overload.get_score('李兵');
  7      DBMS_OUTPUT.PUT_LINE('学号为 200412 的学生成绩为:'||v_score1);
  8      DBMS_OUTPUT.PUT_LINE('姓名为李兵的学生成绩为: '||v_score2);
  9      overload.del_student(200412);
 10      overload.del_student('李兵');
 11      END;
 12  /
学号为 200412 的学生成绩为:76
姓名为李兵的学生成绩为: 52
PL/SQL procedure successfully completed
SQL> select score from student where stuid=200412;
SCORE
-----
未选定行
SQL> select score from student where stuname='李兵';
SCORE
-----
未选定行
```

在上面代码中，第 5 行调用函数 GET_SCORE()，并传递参数值为学生编号，等价于查询学生编号为 200412 的同学的成绩。第 6 行调用函数 GET_SCORE()，并传递参数值为学生姓名，等价于查询学生姓名为李兵的同学的成绩。第 8 行和第 9 行调用过程 DEL_STUDENT()，分别删除学生编号为 200412 和学生姓名为李兵的同学信息，根据上面的查询中没有选定行，说明确实已经删除。

11.5　PL/SQL 集合

为了处理单行单列的数据，开发人员可以使用标量变量；为了处理单行多列的数据，开发人员可以使用 PL/SQL 记录；而为了处理单列多行的数据，开发人员可以使用 PL/SQL 集合。例如，为了存放单个雇员的姓名，开发人员可以使用标量变量；而为了存放多个雇员的姓名，开发人员应该使用 PL/SQL 集合变量。

PL/SQL 集合类型是类似于高级语言数组的一种复合数据类型，集合类型包括索引表（PL/SQL 表）、嵌套表（Nested Table）和变长数组（VARRAY）等三种类型。当使用这些集合类型时，必须要注意三者之间的区别，以便选择最合适的数据类型。

11.5.1　索引表

索引表也称为 PL/SQL 表，用于处理 PL/SQL 数组的数据类型。但是索引表与高级语言的数组是有区别的：高级语言数组的元素个数是有限制的，并且下标不能为负值；而索引表的元素个数没有限制，并且下标可以为负值。定义索引表的语法如下所示。

```
TYPE type_name IS TABLE OF element_type
[NOT NULL]INDEX BY key_type;
identifier type_name;
```

- ❑ **type_name**　用于指定用户自定义数据类型的名称（IS TABLE..INDEX 表示索引表）。
- ❑ **element_type**　用于指定索引表元素的数据类型。
- ❑ **NOT NULL**　表示不允许引用 NULL 元素。
- ❑ **key_type**　用于指定索引表元素下标的数据类型（BINARY_INTEGER、PLS_INTEGER 或 VARCHAR2）。
- ❑ **identifier**　用于定义索引表变量。

 索引表只能作为 PL/SQL 复合数据类型使用，而不能作为表列的数据类型使用。

1. 在索引表中使用 BINARY_INTEGER 和 PLS_INTEGER

【练习 40】

定义一个索引表类型，其中指定索引表元素下标的数据类型为 BINARY_INTEGER，然后定义一个索引表类型的变量用于存储 STUDENT 表中 STUNAME 的列值，示例如下所示。

```
SQL> DECLARE
  2      TYPE stuname_table_type IS TABLE OF student.stuname%TYPE
  3        INDEX BY BINARY_INTEGER;--指定索引表元素下标的数据类型为 BINARY_INTEGER
  4      stuname_table stuname_table_type;
  5    BEGIN
  6     SELECT stuname INTO stuname_table(1) FROM student
  7       WHERE stuid=200402;
  8     DBMS_OUTPUT.PUT_LINE('学生编号为 200402 的学生为'||stuname_table(1));
  9     SELECT stuname INTO stuname_table(2) FROM student
 10       WHERE stuid=200404;
 11     DBMS_OUTPUT.PUT_LINE('学生编号为 200404 的学生为'||stuname_table(2));
 12    END;
 13  /
学生编号为 200402 的学生为宋佳
学生编号为 200404 的学生为赵均
PL/SQL procedure successfully completed
```

2. 在索引表中使用 VARCHAR2

当定义索引表时，不仅允许使用 BINARY_INTEGER 和 PLS_INTEGER 作为元素下标的数据类型，而且也允许使用 VARCHAR2 作为元素的数据类型。通过使用 VARCHAR2 下标，可以在元素下标和元素值之间建立关联。

【练习 41】

通过对元素下标的定义，得出不同下标所对应的不同数据，如下所示。

```
SQL> DECLARE
  2      TYPE student_table_type IS TABLE OF NUMBER
```

```
3          INDEX BY VARCHAR2(10);   --指定索引表元素下标的数据类型为 VARCHAR2
4        student_table student_table_type;
5      BEGIN
6        student_table('李明')  :=1;
7        student_table('郑兴')  :=2;
8        student_table('魏斌')  :=3;
9        student_table('张鹏')  :=4;
10       DBMS_OUTPUT.PUT_LINE('第一个元素: '||student_table.first);
11       DBMS_OUTPUT.PUT_LINE('最后一个元素: '||student_table.last);
12       DBMS_OUTPUT.PUT_LINE('李明下一个元素: '||student_table.next('李明'));
13     END;
14  /
第一个元素: 李明
最后一个元素: 郑兴
李明下一个元素: 魏斌
PL/SQL procedure successfully completed
```

如上所示，在执行了以上 PL/SQL 块后，会返回第一个元素的下标和最后一个元素的下标以及指定下标的下一个元素的下标。因为元素下标的数据类型为字符串（数值为汉字），所以确定元素以汉语拼音格式进行排序。

11.5.2 嵌套表

嵌套表也是一种用于处理 PL/SQL 数组的数据类型。同样嵌套表和高级语言的数组也是有区别的：高级语言数组的元素下标从 0 或 1 开始，并且元素个数是有限制的；而嵌套表的元素下标从 1 开始，并且元素个数没有限制；另外，高级语言的数组元素值是有顺序的，而嵌套表元素的数组元素值可以是无序的。索引表类型不能作为表列的数据类型使用，但嵌套表类型可以作为表列的数据类型使用。定义嵌套表的语法如下所示。

```
TYPE type_name IS TABLE OF element_type;
idetifer type_name;
```

❑ **type_name** 用于指定嵌套表的类型名。
❑ **element_type** 用于指定嵌套表元素的数据类型。
❑ **identifer** 用于定义嵌套表变量。

当使用嵌套表元素之前，必须首先使用其构造方法初始化嵌套表。

1. 在 PL/SQL 块中使用嵌套表

当在 PL/SQL 块中使用嵌套表变量时，必须首先使用构造方法初始化嵌套表变量，然后才能在 PL/SQL 块内引用嵌套表元素。

【练习 42】

先对嵌套表变量进行初始化，然后查询学生表 student 中学生编号为 200407 的学生姓名，如下所示。

```
SQL>  DECLARE
  2      TYPE stuname_table_type IS TABLE OF student.stuname%TYPE;
  3      stuname_table stuname_table_type;
  4    BEGIN
```

```
    5          stuname_table:=stuname_table_type
    6            ('李明','郑兴','魏斌','张鹏');  --使用构造方法初始化嵌套表变量
    7          SELECT stuname INTO stuname_table(2) FROM student
    8            WHERE stuid=200407;
    9          DBMS_OUTPUT.PUT_LINE('编号为 200407 学生姓名: '||stuname_table(2));
   10      END;
   11    /
学生姓名: 张华
PL/SQL procedure successfully completed
```

如上所示，当执行了以上 PL/SQL 块之后，会根据学生编号返回学生姓名。其中，stuname_table_type 为嵌套表类型；而 stuname_table_type()是其构造方法。

2. 在表列中使用嵌套表

嵌套表类型不仅可以在 PL/SQL 块中直接引用，也可以作为表列的数据类型使用。但如果在表列中使用嵌套表类型，首先必须使用 CREATE TYPE 命令建立嵌套表类型。另外，当使用嵌套表类型作为表列的数据类型时，必须要为嵌套表列指定专门的存储表。

【练习 43】

创建一个学生嵌套表类型，用来存放学生在学校的表现情况，将这个学生嵌套类型嵌套在学生表 stu_table 的 stu_type 列中，如下所示。

```
SQL> CREATE TYPE student_type IS TABLE OF VARCHAR2(20);
  2  /
Type created
SQL>  CREATE TABLE stu_table(
  2        stu_id NUMBER(4),
  3        stu_name VARCHAR2(10),
  4        stu_score NUMBER(6,2),
  5        stu_type student_type)
  6        NESTED TABLE stu_type STORE AS student_table;
Table created
```

如上所示，在使用 CREATE TYPE 命令建立了嵌套表类型 student_type 之后，就可以在建立表 stu_table 时使用该嵌套表类型。

3. 在 PL/SQL 块中为嵌套表列插入数据

当定义嵌套表类型时，Oracle 自动为该类型生成相应的构造方法。当为嵌套表列插入数据时，需要使用嵌套表的构造方法。

【练习 44】

向表 stu_table 添加数据，就需要使用嵌套表的构造方法，如下所示。

```
SQL>  BEGIN
  2      INSERT INTO stu_table VALUES
  3          (1,'李华',80,student_type('JAVA班','表现优异'));
  4    END;
  5  /
PL/SQL procedure successfully completed
```

4. 在 PL/SQL 块中检索嵌套表列的数据

当在 PL/SQL 块中检索嵌套表列的数据时，需要定义嵌套表类型的变量接收其数据。

【练习 45】

查询 stu_table 中的数据，得到了在嵌套表中的数据，如下所示。

```
SQL>  DECLARE
  2      student_table student_type;    --定义 student_type 类型的变量
                                         student_table
  3    BEGIN
  4     SELECT stu_type INTO student_table
  5        FROM stu_table WHERE stu_id=1;  --查询数据赋值给 stu_table_table
  6      FOR i IN 1..student_table.COUNT LOOP  --循环取 student_table 的值
  7        DBMS_OUTPUT.PUT_LINE('学生在校情况: '||student_table(i));
  8      END LOOP;
  9    END;
 10  /
学生在校情况: JAVA班
学生在校情况: 表现优异
PL/SQL procedure successfully completed
```

5. 在 PL/SQL 块中更新嵌套表列的数据

当在 PL/SQL 块中更新嵌套表列的数据时，首先需要定义嵌套表变量，并使用构造方法初始化该变量，然后才可在以执行部分使用 UPDATE 语句更新其数据。

【练习 46】

修改表 stu_table 中的 stu_id 为 1 的数据，需要先定义嵌套表变量，如下所示。

```
SQL>  DECLARE
  2      student_table student_type:=student_type(  --使用构造方法初始化变量
  3        'WEB班','表现一般','C#班','表现优异');
  4    BEGIN
  5     UPDATE stu_table SET stu_type=student_table
  6        WHERE stu_id=1;
  7    END;
  8  /
PL/SQL procedure successfully completed
```

▌11.5.3　变长数组

变长数组（VARRAY）也是一种用于处理 PL/SQL 数组的数据类型，它也可以作为表列的数据类型使用。该数据类型与高级语言数组非常相似，其元素下标从 1 开始，并且元素的最大个数是有限制的。定义 VARRAY 的语法如下所示。

```
TYPE type_name IS VARRAY(size_limit) OF element_type [NOT NULL];
identifier type_name;
```

❏ **type_name**　用于指定 VARRAY 类型名。

❏ **size_limit**　用于指定 VARRAY 元素的最大个数。

❏ **element_type**　用于指定元素的数据类型。

❏ **identifier**　用于定义 VARRAY 变量。

注意

当使用 VARRAY 元素时，必须要使用其构造方法初始化 VARRAY 元素。

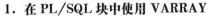

1. 在 PL/SQL 块中使用 VARRAY

当在 PL/SQL 块中使用 VARRAY 变量时，必须首先使用其构造方法来初始化 VARRAY 变量，然后才能在 PL/SQL 块内引用 VARRAY 元素。

【练习47】

查询表 student 中的学生姓名数据，要求用到 VARRAY 变量，如下所示。

```
SQL>  DECLARE
   2      TYPE stuname_table_type IS VARRAY(20) OF student.stuname%TYPE;
   3      stuname_table stuname_table_type;  --定义 VARRAY 类型的变量 stuname_table
   4      BEGIN
   5      stuname_table:=stuname_table_type
   6        ('李伟','易晨','周晔');  --使用其构造方法来初始化 VARRAY 变量
   7      SELECT stuname INTO stuname_table(2) FROM student
   8        WHERE stuid=200410;  --查询结果赋值给 stuname_table(2)
   9      DBMS_OUTPUT.PUT_LINE('学生姓名: '||stuname_table(2));
  10      END;
  11    /
学生姓名: 魏征
PL/SQL procedure successfully completed
```

如上所示，当执行了以上 PL/SQL 块之后，会根据学生编号返回学生姓名。其中，stuname_table_type 为 VARRAY 类型，而 stuname_table_type()是其构造方法。

2. 在表列中使用 VARRAY

VARRAY 类型不仅可以在 PL/SQL 块中直接引用，也可以作为表列的数据类型使用。但如果在表列中使用该数据类型，必须首先使用 CREATE TYPE 命令建立 VARRAY 类型。另外，当使用 VARRAY 类型作为表列的数据类型时，必须要为 VARRAY 列指定专门的存储表。

【练习48】

创建一个表 stu_type_table，表列中使用 VARRAY 类型，如下所示。

```
SQL>  CREATE TYPE stu_type IS VARRAY(20) OF VARCHAR2(20);
  2  /
Type created
SQL>  CREATE TABLE stu_type_table(
  2      stu_id NUMBER(4),
  3      stu_name VARCHAR2(10),
  4      stu_score NUMBER(6,2),
  5      student stu_type)
  6  ;
Table created
```

如上所示，在使用 CREATE TYPE 命令建立了嵌套表类型 stu_type 之后，就可以在建立表 stu_type_table 时使用该 VARRAY 类型。

3. 在 PL/SQL 块中为 VARRAY 列插入数据

当定义 VARRAY 类型时，Oracle 自动为该类型生成相应的构造方法。当为 VARRAY 列插入数据时，需要使用 VARRAY 的构造方法。

【练习49】

在表 stu_type_table 中添加数据，如下所示。

```
SQL> BEGIN
  2       INSERT INTO stu_type_table VALUES
  3          (2,'高雪',80,stu_type('WEB班','表现良好'));
  4    END;
  5  /
PL/SQL procedure successfully completed
```

4. 在 PL/SQL 块中检索 VARRAY 列的数据

当在 PL/SQL 块中检索 VARRAY 列的数据时，需要定义 VARRAY 类型的变量接收其数据。

```
SQL> set serveroutput on
SQL>  DECLARE
  2       student_table stu_type;   --定义VARRAY类型的变量student_table
  3     BEGIN
  4      SELECT student INTO student_table
  5        FROM stu_type_table WHERE stu_id=2;   --查询结果赋值给student_table
  6      FOR i IN 1..student_table.COUNT LOOP  --循环取student_table的值
  7        DBMS_OUTPUT.PUT_LINE('学生表现情况: '||student_table(i));
  8      END LOOP;
  9    END;
 10  /
学生表现情况: WEB班
学生表现情况: 表现良好
PL/SQL procedure successfully completed
```

从上面例子可以看出，在 PL/SQL 块中操纵 VARRAY 列的方法与操纵嵌套表列的方法完全相同，但需要注意的是嵌套表列的元素个数没有限制，而 VARRAY 列的元素个数是有限制的。

11.5.4　集合方法

集合方法是 Oracle 所提供的用于操作集合变量的内置函数或过程，其中 EXISTS()、COUNT()、LIMIT()、FIRST()、NEXT()、PRIOR() 和 LAST() 是函数，而 EXTEND()、TRIM() 和 DELETE() 则是过程。集合方法的调用语法如下所示。

```
collection_name.method_name{(parameters)}
```

 注意

集合方法只能在 PL/SQL 语句中使用，而不能在 SQL 语句中调用。另外集合方法 EXTEND 和 TRIM 只适用于嵌套表和 VARRAY，而不适用于索引表。

11.5.5　PL/SQL 记录表

PL/SQL 变量用于处理单行单列数据，PL/SQL 记录用于处理单行多列数据，PL/SQL 集合用于处理多行单列数据。为了在 PL/SQL 块中处理多行多列数据，开发人员可以使用 PL/SQL 记录表。PL/SQL 记录表结合了 PL/SQL 记录和 PL/SQL 集合的优点，从而可以有效地处理多行多列的数据。

【练习 50】

使用 PL/SQL 记录表，处理多行多列数据，如下所示。

```
SQL> DECLARE
  2       TYPE student_table_type IS TABLE OF student%ROWTYPE
```

```
 3      INDEX BY BINARY_INTEGER;  --定义索引表类型
 4      student_table student_table_type;  --定义索引表类型变量
 5      BEGIN
 6      SELECT * INTO student_table(1) FROM student
 7      WHERE stuid=200408;  --查询学生编号为 200408 的列存储在索引表变量中
 8      DBMS_OUTPUT.PUT_LINE('学生姓名: '||student_table(1).stuname);--取变量中的列值
 9      DBMS_OUTPUT.PUT_LINE('学生成绩: '||student_table(1).score);
10      END;
11      /
学生姓名: 安宁
学生成绩: 78
PL/SQL procedure successfully completed
```

在执行了以上的 PL/SQL 块之后，会将雇员 7788 所对应的行的数据检索到 PL/SQL 记录表元素 student_table(1)中，并最终显示其雇员名及其工资。

11.6 实例应用：对学生选课系统进行查询

11.6.1 实例目标

在实例应用中使用 SQL 语句中的基本函数，以及自定义函数完成对学生选课系统的基本查询操作，并使用数据库事务进行处理。

本节通过对学生选课系统数据库中的学生选课信息进行查询，演示函数在查询中的使用。该库包含了如下表及列。

❑ **Course** 表（课程信息表） 包含 Cno（课程编号）、Cname（课程名称）和 Credit（课程的学分）列。

❑ **Scores** 表（学生成绩表） 包含 Sno（学号编号）、Cno（课程编号）、和 SScore（考试成绩）列。

❑ **Student** 表（学生信息表） 包含 Sno（学号编号）、Sname（学生姓名）、SSex（学生性别）、Sbirth（出生日期）和 SAdrs（籍贯）列。

❑ **Chooice**（学生选课表） 包含 Sno（学生编号）、First（学生的必修课）和 Second(学生的选修课)列。

查询要求如下所示。

（1）使用聚合函数查询学生表中共有几条数据。

（2）查询出学生成绩表中的最大成绩、最小成绩以及成绩总和。

（3）查询学生成绩表中的平均成绩与方差。

（4）将表中的大写数据转换为小写。

（5）对课程表进行插入，进行事务提交，查看结果。

（6）删除表中的一行数据，回滚事务，使用查询语句，查看结果。

11.6.2 技术分析

查询表中的数据需要使用聚合函数 COUNT(value)。查询出生日期最大同学的年级要用到日期函数。使用插入语句进行插入。使用 COMMIT 进行提交。进行删除操作，使用 rollback 回滚，使用查询语句查看结果。

11.6.3　实现步骤

（1）使用聚合函数查询学生表中共有几条数据。

```
SQL> select count(*) from student;
COUNT(*)
-------
8
```

（2）查询出学生成绩表中的最大成绩和最小成绩。

```
SQL> select max(sscore),min(sscore)from scores;
MAX(SSCORE)    MIN(SSCORE)
-----------    -----------
92             46
```

（3）查询学生成绩表中的平均成绩与方差。

```
SQL> select avg(sscore),variance(sscore) from scores;
AVG(SSCORE)      VARIANCE(SSCORE)
-----------      ---------------
77.21428571      158.335164835165
```

（4）将课程表中的大写数据转换为小写。

```
SQL> select lower(cname) from course;
LOWER(CNAME)
-----------
java 编程基础
c#编程基础
oracle 数据库
jsp 课程设计
php 课程
三大框架
6 rows selected
```

（5）对课程表进行插入，进行事务提交，查看结果。

```
SQL> insert into course  values(1111,'SQL Server',100);
1 row inserted
SQL> commit
 2  /
Commit complete
```

（6）删除表中的一行数据，回滚事务，使用查询语句，查看结果。

```
SQL> delete from course where cno=1094;
1 row deleted
SQL> select * from course;
CNO        CNAME              CREDIT
---        ------------       ------
```

```
1098            C#编程基础              100
1101            oracle 数据库           80
1102            JSP 课程设计            100
1103            PHP 课程               80
1104            三大框架                100
1111            SQL Server            100
6 rows selected
SQL> rollback
  2  /
Rollback complete
SQL> select * from course;
CNO             CNAME                 CREDIT
---             ----------            ------
1094            java 编程基础           100
1098            C#编程基础              100
1101            oracle 数据库           80
1102            JSP 课程设计            100
1103            PHP 课程               80
1104            三大框架                100
1111            SQL Server            100
7 rows selected
```

11.7 拓展训练

查询商品信息表的数据信息

假设存在商场商品管理系统数据库中包含了以下几个表。

❑ **货架信息表 helf**　包含货架编号 Sno、货架名称 Sname、货架分类性质 Stype。

❑ **商品信息表 Product**　包含商品编号 Pno、商品名称 Pname、商品分类性质 Ptype、商品价格 Pprice、商品进货日期 Ptime、商品过期时间 Pdate。

❑ **分类信息表 Part**　包含商品编号 Pno、货架编号 Sno。

（1）使用聚合函数查询商品表中共有几条数据。

（2）对商品表进行插入，进行事务提交，查看结果。

（3）删除表中的一行数据，回滚事务，使用查询语句，查看结果。

（4）将表中的大写数据转换为小写。

（5）查询同一种分类的商品的平均价格。

（6）查询商品信息表中的最大价格。

11.8 课后练习

一、填空题

1. 基本的函数包括字符函数、数字函数、_____、转换函数、聚合函数五种。

2. 数据库事务的提交使用_____。

3. 数据库事务的回滚使用_____。

4. 创建包规范需要使用 CREATE PACKAGE 语句。创建包体需要使用_____语句。

5. 集合类型包括索引表（PL/SQL 表）、嵌套表（Nested Table）和_____三种类型。

6. _____是指多个具有相同名称的子程序。在定义包时，使用这种特性，可以使用户在调用同名组件的时候使用不同的参数传递数据。

二、选择题

1. 以下哪个函数是表示求平均值？_____

    A. AVG()

    B. COUNT()

    C. SUM()

    D. STDDEV()

2. 以下哪个函数是表示求一个数字列的总和？_____

    A. AVG()

    B. COUNT()

    C. SUM()

    D. STDDEV()

3. 以下哪个函数是表示求表中的记录总数？_____

    A. AVG()

    B. COUNT()

    C. SUM()

    D. STDDEV()

4. 以下哪个函数是表示求数字列中的最大值？_____

    A. MAX()

    B. COUNT()

    C. MIN()

    D. SUM()

5. 以下哪个函数可以将列数据转换为字符串？_____

    A. TO_NUMBER()

    B. CAST()

    C. TO_STRUNG()

    D. TO_CHAR()

6. 以下哪个函数可以将列数据转换为数字？_____

    A. TO_NUMBER()

    B. CAST()

    C. TO_STRUNG()

    D. TO_CHAR()

7. 以下哪个函数可以返回当前日期所在月的最后一天？_____

    A. NEXT_DAY()

    B. NEXT_MONTH()

    C. LAST_MONTH()

    D. LAST_DAY()

三、简答题

1. 简述几种常用的函数以及使用方法。

2. 数据库事务的几种优缺点。

3. 程序包的几种使用方法。

4. 使用包重载的几种优点。

5. 使用集合的几种方法。

第 12 课
存储过程和触发器

上一课已经介绍了 PL/SQL 语言强大的功能和用途，但是所创建的 PL/SQL 程序都是匿名的，没有为程序块提供一个名称。这就造成了这些匿名的程序块无法被存储，在每次执行后都不可以被重新使用。因此每次运行匿名程序块时，都需要先编译后再执行。在很多时候，为了提高系统的应用性能，需要数据库保存程序块，以便以后可以重新使用。这也意味着，程序块需要一个名称，这样在调用或引用时，系统就可以找到这个特定的程序块。

本课主要介绍 Oracle 存储过程以及触发器的创建、使用和管理操作。

本课学习目标：
- ☐ 掌握存储过程的创建
- ☐ 掌握存储过程基本操作的语法
- ☐ 理解存储过程中各种形式的参数
- ☐ 掌握触发器的创建
- ☐ 掌握基本的触发器的基本操作
- ☐ 了解各种类型触发器的应用

12.1 存储过程

过程用于执行特定的操作。如果在应用程序中经常需要执行特定的操作，可以基于这些操作建立一个特定的过程。通过使用过程，不仅可以简化客户端应用程序的开发和维护，而且还可以提高应用程序的运行性能。

12.1.1 过程的基本操作

使用过程，首先要创建一个过程，过程创建好后不会自动执行。过程需要调用它才能被执行，同时还可以对它进行修改和删除。本节将介绍如何创建和调用过程，以及如何修改和删除过程。

1. 创建过程

创建过程的语法如下所示。

```
CREATE [OR REPLACE] PROCEDURE procedure_name
[(parameter_name [IN | OUT | IN OUT] datatype [,…])]
{IS | AS}
BEGIN
procedure_body
END procedure_name;
```

其中各个的参数含义如下所示。

❑ **OR REPLACE**　表示如果过程已经存在，则替换已有的过程。

❑ **IN | OUT | IN OUT**　定义了参数的模式，如果忽略参数模式，则默认为 IN。

❑ **IS | AS**　这两个关键字等价，其作用类似于无名块中的声明关键字 DECLARE。

❑ **datatype**　指定参数的类型。

❑ **procedure_body**　包含过程的实际代码。

【练习 1】

建立一个用于输出当前系统日期和时间的过程 sys_time，如下所示。

```
SQL>  CREATE OR REPLACE PROCEDURE sys_time
  2     IS
  3     BEGIN
  4      DBMS_OUTPUT.PUT_LINE(systimestamp);
  5     END;
  6  /
Procedure created
```

建立了过程 sys_time()之后，就可以调用该过程了。在 **SQL Plus** 环境中调用过程有两种方法，一种是使用 EXECUTE（简写为 EXEC）命令，另一种是使用 CALL 命令。

【练习 2】

使用 EXECUTE、CALL 命令调用过程，如下所示。

```
SQL> set serveroutput on
SQL> EXEC sys_time;
27-5 月 -13 04.32.55.734000000 下午 +08:00
PL/SQL procedure successfully completed
SQL> call sys_time();
```

```
Method called
27-5月 -13 04.32.55.734000000 下午 +08:00
```

2. 修改过程

使用带有 OR REPLACE 选项的重建命令可以修改过程，示例如下所示。

```
SQL>  CREATE OR REPLACE PROCEDURE sys_time
  2      IS
  3     BEGIN
  4     DBMS_OUTPUT.PUT_LINE('当前系统时间');
  5     DBMS_OUTPUT.PUT_LINE(systimestamp);
  6     END;
  7  /
Procedure created
SQL>  set serveroutput on
SQL>  EXEC sys_time;
当前系统时间
27-5月 -13 04.38.52.296000000 下午 +08:00
PL/SQL procedure successfully completed
```

3. 删除过程

当过程不再需要时，用户可以使用 DROP PROCEDURE 命令来删除该过程。

【练习 3】

删除上面练习中创建的过程，如下所示。

```
SQL> DROP PROCEDURE sys_time;
Procedure dropped
```

▌12.1.2 过程的参数传递

当调用带有参数的子程序时，需要将数值或变量传递给参数。参数传递有 3 种方式：按位置传递、按名称传递和混合方式传递。

- ❏ **按位置传递参数** 即调用时的实参数据类型、个数与形参在相应位置上要保持一致。如果位置没有对应，那么将产生错误。
- ❏ **按名称传递参数** 使用带名程的参数，调用时用 "=>" 符号把实参和形参关联起来。按名称传递参数可以避免按位置传递参数引发的问题，而且代码更容易阅读和维护。
- ❏ **混合方式传递参数** 即指开头的参数使用按位置传递参数，其余参数使用按名称传递参数。这种传递方式适用于过程具有可选参数的情况。

【练习 4】

建立一个用于为 class 表添加数据的过程，研究如何使用各种方法为参数传递数值，如下所示。

```
SQL>  CREATE OR REPLACE PROCEDURE add_class
  2      (cid NUMBER,cname VARCHAR2 DEFAULT NULL,
  3      cteacher VARCHAR2 DEFAULT NULL)
  4      IS
  5     BEGIN
  6      INSERT INTO class VALUES(cid,cname,cteacher);
```

```
  7      END;
  8  /
Procedure created
```

1. 位置传递

位置传递是指在调用子程序时按照参数定义的顺序依次为参数指定相应的变量或数值。

【练习 5】

调用 add_class 过程,根据表中的参数进行添加并查询,如下所示。

```
SQL> EXEC add_class(10,'Oracle班','王宏老师');
PL/SQL procedure successfully completed
SQL> select * from class;
CLAID    CLANAME      CLATEACHER
-----    -------      ----------
1        JAVA班       陈明老师
2        .NET班       欧阳老师
3        PHP班        东方老师
4        安卓班        杜宇老师
5        3D班         叶开老师
6        WEB班        东艺老师
10       Oracle班     王宏老师
7        3DMAX班      林海老师
9        动漫班        汪洋老师
9 rows selected
```

2. 名称传递

名称传递是指在调用子程序时指定参数名,并使用关联符号"=>"为其提供相应的数值或变量。

【练习 6】

使用关联符号"=>"指定参数,如下所示。

```
SQL> EXEC add_class(cname=>'SQL Server',cid=>11,cteacher=>'程斌老师');
PL/SQL procedure successfully completed
SQL> select * from class where claid=11;
CLAID    CLANAME        CLATEACHER
-----    ----------     ----------
11       SQL Server     程斌老师
```

3. 组合传递

组合传递是指在调用子程序时同时使用位置传递和名称传递。

【练习 7】

使用组合传递为 class 添加数据,如下所示。

```
SQL> EXEC add_class(12,cteacher=>'林夏老师',cname=>'JSP基础');
PL/SQL procedure successfully completed
SQL> select * from class where claid=12;
CLAID    CLANAME      CLATEACHER
-----    -------      ----------
12       JSP基础      林夏老师
```

12.1.3 过程的参数模式

参数模式决定了形参的行为，PL/SQL 中参数模式有 IN、OUT 和 IN OUT 三种。

❑ IN 模式的参数，用于向过程传入一个值。

❑ OUT 模式的参数，用于从被调用过程返回一个值。

❑ IN OUT 模式的参数，用于向过程传入一个初始值，返回更新后的值。

建立过程时，可以通过使用输入参数，将应用程序的数据传递到过程中。当为过程定义参数时，如果不指定参数模式，那么默认就是输入参数，另外也可以使用 IN 关键字显式地定义输入参数。

【练习 8】

建立为 student 表插入数据的过程 add_student()，使用带有输入参数过程的方法，如下所示。

```
SQL> CREATE OR REPLACE PROCEDURE add_student
  2      (sid NUMBER,sname VARCHAR2,ssex CHAR,
  3      sbirth date,sscore NUMBER,cid NUMBER DEFAULT 4)
  4      IS
  5    BEGIN
  6      INSERT INTO student(stuid,stuname,stusex,stubirth,score,claid)
  7        VALUES(sid,sname,ssex,sbirth,sscore,cid);
  8    END;
  9  /
Procedure created
```

如上所示，因为在建立过程 add_student()时所有参数都没有指定参数模式，所以这些参数全部都是输入参数。当调用该过程时，除了具有默认值的参数之外，其余参数必须要提供数值。

【练习 9】

向 student 表中添加数据，其中 claid 列为默认值，如下所示。

```
SQL> EXEC add_student(200499,'马丁','男','19-10月-1994',80);
PL/SQL procedure successfully completed
SQL> select * from student where stuid=200499;
STUID    STUNAME   STUSEX   STUBIRTH    SCORE   CLAID
-----    -------   ------   --------    -----   -----
200499   马丁      男       1994-10-19  80      4
```

1. 建立带有 OUT 参数的过程

过程不仅可以用于执行特定操作，而且也可以用于输出数据，在过程中输出数据是使用 OUT 或 IN OUT 参数来完成的。当定义输出参数时，必须要提供 OUT 关键字。

【练习 10】

建立用于输出学生姓名及其成绩的过程 out_name_score()，说明建立带有 OUT 参数过程的方法，如下所示。

```
SQL>  CREATE OR REPLACE PROCEDURE out_name_score
  2      (sid NUMBER,sname OUT VARCHAR2,sscore OUT NUMBER)
  3      IS
  4    BEGIN
  5      SELECT stuname,score INTO sname,sscore FROM student
  6        WHERE stuid=sid;
```

```
  7      EXCEPTION
  8        WHEN NO_DATA_FOUND THEN
  9          RAISE_APPLICATION_ERROR(-20000,'该学生不存在');
 10     END;
 11   /
Procedure created
```

如上所示，因为在建立过程 out_name_score ()时，没有为参数 sid 指定参数模式，所以该参数是输入参数；因为参数 sname 和 sscore 指定了 OUT 关键字，所以这两个参数是输出参数。当在应用程序中调用该过程时，必须要定义变量接收输出参数的数据。

【练习 11】

使用该 out_name_score()过程，获得 student 表中学生的姓名和成绩，如下所示。

```
SQL> var name VARCHAR2(10)
SQL>  var sscore NUMBER
SQL>  EXEC out_name_score (200499,:sname,:sscore);
PL/SQL procedure successfully completed
sname
-----
马丁
sscore
------
80
```

2. 建立带有 IN OUT 参数的过程

定义过程时，不仅可以指定 IN 和 OUT 参数，也可以指定 IN OUT 参数。IN OUT 参数也称为输入输出参数，当使用这种参数时，在调用过程之前需要通过变量给这种参数传递数据，在调用结束之后，Oracle 会通过该变量将过程结果传递给应用程序。

【练习 12】

创建计算两个数值相除结果的过程 division()，说明在过程中使用 IN OUT 参数的方法，如下所示。

```
SQL>   CREATE OR REPLACE PROCEDURE division
  2      (num1 IN OUT NUMBER,num2 IN OUT NUMBER)
  3       IS
  4        v1 NUMBER;
  5        v2 NUMBER;
  6      BEGIN
  7        v1:=num1/num2;
  8        v2:=MOD(num1,num2);
  9       num1:=v1;
 10      num2:=v2;
 11      END;
 12   /
Procedure created
```

如上所示，在过程 mod ()中，num1 和 num2 为输入输出参数。当在应用程序中调用该过程时，必须要提供两个变量临时存放数值，在运算结束之后会将两数相除的商和余数分别存放到这两个变量中。

【练习 13】

调用创建好的 division() 过程，计算 50 除 3 的结果，如下所示。

```
SQL> var n1 NUMBER
SQL>  var n2 NUMBER
SQL>  EXEC :n1 :=50
PL/SQL procedure successfully completed
n1
---
50
SQL>  EXEC :n2 :=3
PL/SQL procedure successfully completed
n2
---
3
SQL>  EXEC division(:n1,:n2)
PL/SQL procedure successfully completed
n1
---
16.6666666666667
n2
---
2
```

12.1.4　参数的默认值

参数的默认值声明语法如下所示。

```
parameter_name parameter_type {[DEFAULT | :=]}value
```

调用过程时，如果忽略了默认参数，默认值将被用到。

【练习 14】

创建过程 create_class()，其中的列数据设定为默认值，如下所示。

下例介绍了如何使用带有默认参数的过程。

```
SQL>  CREATE OR REPLACE PROCEDURE create_class1(
  2      new_cname VARCHAR2 DEFAULT 'JAVA班',  --定义变量并初始化值
  3      new_cteacher  VARCHAR2 DEFAULT '欧阳老师')IS
  4    BEGIN
  5      DBMS_OUTPUT.PUT_LINE('new_cname:'||new_cname||'new_cteacher:'||
      new_cteacher);
  6    END;
  7 /
Procedure created
```

【练习 15】

执行上面创建的 create_class1() 过程，使用默认值，如下所示。

```
SQL>  BEGIN
  2      create_class1;
  3      create_class1('C#班');
```

```
4          create_class1('JSP 班','李晨老师');
5      END;
6   /
new_cname:JAVA 班 new_cteacher:欧阳老师
new_cname:C# 班 new_cteacher:欧阳老师
new_cname:JSP 班 new_cteacher:李晨老师
PL/SQL procedure successfully completed
```

注意

只用 IN 参数才具有默认值，OUT 参数和 IN OUT 参数都不具有默认值。

12.2 触发器 ━━━━━━━━━━━━━━━━━━━━━○

　　触发器（TRIGGER）是一种特殊类型的 PL/SQL 程序块。触发器类似于函数和过程，也具有声明部分、执行部分和异常处理部分。触发器作为 Oracle 对象存储在数据库中，在事件发生时被隐式触发，而且触发器不能接收参数，不能像过程一样显示调用。

　　使用触发器时要注意以下事项。

- ❏ 使用触发器可以保证当特定的操作完成时，相关动作也要自动完成。
- ❏ 当完整性约束条件已经定义后，就不要再定义相同功能的触发器。
- ❏ 触发器大小不能超过 32KB，如果要实现触发器功能需要超过这个限制，可以考虑用存储过程来代替触发器或在触发器中调用存储过程。
- ❏ 触发器仅在全局性的操作语句上被触发,而不考虑哪一个用户或者哪一个数据库应用程序执行这个语句。
- ❏ 不能够创建递归触发器。
- ❏ 触发器不能使用事务控制命令 COMMIT、ROLLBACK 或 SAVEPOINT。
- ❏ 触发器主体不能声明任何 LONG 或 LONG RAW 变量。

▌12.2.1　触发器的类型 ━━━━━━━━━━━━━━━━━━━━○

　　触发器主要有 DML 触发器、替代触发器、系统触发器及 DDL 触发器几种类型。

1. DML 触发器

　　由 DML 语句触发的触发器。DML 所包含的触发事件有：INSERT、UPDATE 和 DELETE。DML 语句触发器可以为这些触发事件创建 BEFORE 触发器（发生前）和 AFTER 触发器（发生后）。DML 触发器可以在语句级或行级操作上被触发，语句级触发器对于每一个 SQL 语句只触发一次，行级触发器对 SQL 语句受影响的表中的每一行都触发一次。

2. 替代触发器

　　替代触发器又称 INSTEAD OF 触发器。替代触发器代替数据库视图上的 DML 操作。使用替代触发器不但可以通过使用视图简化代码，还允许根据需要发生各种不同的操作。

3. 系统触发器

　　系统触发器分为数据库级（DATABASE）和模式级（SCHEMA）两种。数据库级触发器的触发事件对于所有用户都有效，模式级触发器仅被指定模式的用户触发。系统触发器支持的触发事件有 LOGON、LOGOFF、SERVERERROR、STARTUP 和 SHUTDOWN。

4. DDL 触发器

　　即由 DDL 语句（CREATE、ALTER 或 DROP 等）触发的触发器。可以在这些 DDL 语句之前

（或之后）定义 DDL 触发器。

12.2.2　触发器的基本操作

使用触发器，首先要创建触发器，对于创建好的触发器还可以进行查看、修改和删除。本节将详细讲解怎样创建一个触发器，以及修改和删除触发器。

1. 创建触发器

在开始创建触发器之前，有必要先看一下创建触发器的语法。在创建触发器时，必须指定触发器的执行时间和触发事件。创建触发器的语法如下所示。

```
CREATE [OR REPLACE] TRIGGER trigger_name
{BEFORE | AFTER |INSTEAD OF} trigger_event
ON {table_name | view_name}
[FOR EACH ROW]
BEGIN
     trigger_body
END trigger_name ;
```

其中，各个参数的语法如下所示。

❑ **TRIGGER**　表示创建触发器对象。

❑ **trigger_name**　触发器名称。

❑ **BEFORE | AFTER**　表示在事件发生之前触发还是事件发生之后触发。

❑ **trigger_event**　指定引起触发器运行的触发事件。

❑ **FOR EACH ROW**　可选，表示触发器是行级触发器，如果没有此选项，则默认是语句级触发器。

触发体类似于子程序体，由 PL/SQL 语句组成。

【练习 16】

创建一个触发器 student_count，当在 student 表中添加记录后触发，如下所示。

```
SQL>  CREATE OR REPLACE TRIGGER student_count
  2       AFTER INSERT ON student   --删除记录后触发
  3    DECLARE
  4      cou INTEGER;
  5    BEGIN
  6      SELECT COUNT(*) INTO cou FROM student;
  7      DBMS_OUTPUT.PUT_LINE('现在还剩'||cou||'条数据');
  8    END;
  9  /
Trigger created
SQL> insert into student values(200488,'肖克','男','15-12月-1992',65,2);
现在还剩 15 条数据
1 row inserted
```

2. 查看触发器

创建成功的触发器存放在数据库中，与触发器有关的数据字典有 USER_TRIGGER、ALL_TRIGGER 和 DBA_TRIGGER 等。其中，USER_TRIGGERS 存放当前用户的所有触发器，ALL_TRIGGERS 存放当前用户可以访问的所有触发器，DBA_TRIGGERS 存放数据库中的所有触发器。

【练习 17】

下面查看当前用户的所有触发器，如下所示。

```
SQL> SELECT TRIGGER_TYPE,TRIGGER_NAME FROM USER_TRIGGERS;
TRIGGER_TYPE        TRIGGER_NAME
------------        ------------
AFTER STATEMENT     STUDENT_COUNT
```

3. 修改触发器

修改触发器，只能通过带有 OR REPLACE 选项的 CREATE TRIGGER 语句重建。而 ALTER TRIGGER 语句则用来启用或禁止触发器。

4. 改变触发器的状态

触发器有 ENABLED（有效）和 DISABLED（无效）两种状态。新建的触发器默认是 ENABLED 状态。启用和禁止触发器的语句是 ALTER TRIGGER，其语法如下所示。

```
ALTER TRIGGER trigger_name ENABLED | DISABLED;
```

如果使一个表上的所有触发器都有效或无效，可以使用下面的语句。

```
ALTER TABLE table_name ENABLED ALL TRIGGERS;
ALTER TABLE table_name DISABLED ALL TRIGGERS;
```

5. 删除触发器

删除触发器的语法如下所示。

```
DROP TRIGGER trigger_name;
```

【练习 18】

删除创建的 student_count 触发器，如下所示。

```
SQL> DROP TRIGGER student_count;
Trigger dropped
```

删除触发器和删除过程或函数不同。过程或函数没有与使用到的数据库对象关联。如果删除过程或函数所使用到的表，那么过程或函数将被标记为 INVAID 状态，仍存在于数据库中。如果删除创建触发器的表或视图，那么也将删除这个触发器。

▌12.2.3 语句触发器

语句触发器是指当执行 DML 语句时被隐含执行的触发器。如果在表上针对某种 DML 操作建立了语句触发器，那么当执行 DML 操作时会自动执行触发器的相应代码。

1. 建立 BEFORE 语句触发器

为了确保 DML 操作在正常情况下进行，可以基于 DML 操作建立 BEFORE 语句触发器。例如，为了禁止工作人员在休息日改变雇员信息，开发人员可以建立 BEFORE 语句触发器，以实现数据的安全保护。

【练习 19】

创建带有 BEFORE 语句的触发器，禁止工作人员在休息日改变学生信息。

```
SQL> CREATE OR REPLACE TRIGGER tr_sec_student
  2       BEFORE INSERT OR UPDATE OR DELETE ON student  --DML 语句执行前触发
```

```
 3      BEGIN
 4        IF to_char(sysdate,'DY','nls_data_language=AMERICAN')
 5         IN ('SAT','SUN') THEN
 6            raise_application_error(-20001,'不能在休息日改变学生信息');
 7        END IF;
 8      END;
 9   /
Trigger created
```

在建立了触发器 tr_sec_student 之后，如果星期六、星期日在 student 表上执行 DML 操作，
则会显示错误信息。

```
SQL> DELETE student WHERE stuid= 200405;
DELETE student WHERE stuid= 200405
ORA-06502: PL/SQL: 数字或值错误
ORA-06512: 在 "SCOTT.TR_SEC_STUDENT", line 2
ORA-04088: 触发器 'SCOTT.TR_SEC_STUDENT' 执行过程中出错
```

2．使用条件谓词

当在触发器中同时包含多个触发事件（INSERT、UPDATE 和 DELETE）时，为了在触发器代
码中区分具体的触发事件，可以使用以下 3 个条件谓词。

❑ **INSERTING**　当触发事件是 INSERT 操作时，该条件谓词返回值为 true，否则为 false。

❑ **UPDATING**　当触发事件是 UPDATE 操作时，该条件谓词返回值为 true，否则为 false。

❑ **DELETING**　当触发事件是 DELETE 操作时，该条件谓词返回值为 true，否则为 false。

【练习 20】

创建一个触发器 test_student，该触发器包含以上三种条件谓词，如下所示。

```
SQL>  CREATE OR REPLACE TRIGGER test_student
 2        BEFORE INSERT OR UPDATE OR DELETE ON student
 3      BEGIN
 4        IF to_char(sysdate,'DY','nls_date_language=AMERICAN')
 5         IN ('SAT','SUN') THEN
 6          CASE
 7            WHEN INSERTING THEN
 8              raise_application_error(-20001,'不能在休息日增加学生');
 9            WHEN UPDATING THEN
10              raise_application_error(-20002,'不能在休息日更新学生');
11            WHEN DELETING THEN
12              raise_application_error(-20003,'不能在休息日删除学生信息');
13          END CASE;
14        END IF;
15      END;
16   /
Trigger created
```

当建立了触发器 test_student 之后，如果星期六、星期日在 student 表上执行 DML 操作，则会
根据不同的操作显示不同的错误号和错误消息。

```
SQL>  DELETE FROM student WHERE stuid=200410;
DELETE FROM student WHERE stuid=200410
```

```
ORA-20003: 不能在休息日删除学生信息
ORA-06512: 在 "SCOTT.TEST_STUDENT", line 10
ORA-04088: 触发器 'SCOTT.TEST_STUDENT' 执行过程中出错
SQL> UPDATE student SET score=score*1.1 WHERE stuid=200411;
UPDATE student SET score=score*1.1 WHERE stuid=200411
ORA-20002: 不能在休息日更新学生
ORA-06512: 在 "SCOTT.TEST_STUDENT", line 8
ORA-04088: 触发器 'SCOTT.TEST_STUDENT' 执行过程中出错
SQL> INSERT INTO student values(200501,'李玫晓','女','12-11月-1993',82,4);
INSERT INTO student values(200501,'李玫晓','女','12-11月-1993',82,4)
ORA-20001: 不能在休息日增加学生
ORA-06512: 在 "SCOTT.TEST_STUDENT", line 6
ORA-04088: 触发器 'SCOTT.TEST_STUDENT' 执行过程中出错
```

12.2.4 触发器的新值和旧值

OLD 关键字是指数据操作之前的旧值，NEW 关键字是指数据操作之后的新值。OLD 和 NEW 关键字在使用时必须在其前面加上冒号":"。OLD 值只对 UPDATE 和 DELETE 操作有效，对 INSERT 操作无效；NEW 值只对 UPDATE 和 INSERT 操作有效，对 DELETE 操作无效。

> **注意**
>
> OLD 和 NEW 关键字只能用于行级触发器（FOR EACH ROW），不能用在语句级触发器，因为在语句级触发器中一次触发涉及许多行，无法指定是哪一个新旧值。

【练习 21】

创建一个触发器，当更新表 student 中学生成绩的时候触发，显示更新前后的成绩信息，如下所示。

```
SQL>  CREATE OR REPLACE TRIGGER update_student
 2       BEFORE UPDATE ON student
 3       FOR EACH ROW
 4     DECLARE
 5       oldvalue NUMBER;
 6       newvalue NUMBER;
 7     BEGIN
 8       oldvalue := :old.score;   --数据操作之前的旧值赋值给变量 oldvalue
 9       newvalue := :new.score;   --数据操作之后的新值赋值给变量 newvalue
10       DBMS_OUTPUT.PUT_LINE('OLD:'||oldvalue||'    '||'NEW:'||newvalue);
11     END;
12  /
Trigger created
```

在上面例子中，第二行中 BEFORE 关键字说明该触发器在更新表 student 之前触发，第 3 行 FOR EACH ROW 说明为行触发器，每更新一行就会触发一次，第 5 行和第 6 行定义两个变量 oldvalue 和 newvalue，BEGIN 块中用 OLD 关键字把数据更新之前的旧值赋值给变量 oldvalue，把数据更新之后的新值赋值给变量 newvalue。

使用上述触发器，将 student 表中班级编号为 4 的学生成绩修改为原来的 1.2 倍，查看结果，如下所示。

```
SQL> set serveroutput on;
```

```
SQL> update student set score=score*1.2 where claid=4;
OLD:89     NEW:107
OLD:68     NEW:82
OLD:65     NEW:78
OLD:80     NEW:96
4 rows updated
```

12.2.5 行触发器

在创建触发器时，如果使用了 FOR EACH ROW 选项，则表示该触发器为行级触发器。行级触发器和语句触发器的区别在于：行级触发器在执行 DML 操作时，每作用一行就触发一次。

1. 建立 BEFORE 行触发器

在开发数据库应用时，为了确保数据符合商业逻辑或企业规则，应该使用约束对输入数据加以限制，但某些情况下使用约束可能无法实现复杂的商业逻辑或企业规则，此时可以考虑使用BEFORE 行触发器。

【练习 22】

确保学生成绩不能低于其原有成绩为例，创建 BEFORE 行触发器，如下所示。

```
SQL>  CREATE OR REPLACE TRIGGER update_student_score
  2       BEFORE UPDATE OF score ON student
  3       FOR EACH ROW
  4     BEGIN
  5     IF :new.score< :old.score THEN
  6       raise_application_error(-20010,'成绩只涨不降');
  7     END IF;
  8     END;
  9  /
Trigger created
```

在建立触发器 update_student_score 之后，如果学生的新成绩低于其原有成绩，则会提示错误信息，如下所示。

```
SQL>  UPDATE student SET score=50 WHERE stuid=200405;
UPDATE student SET score=50 WHERE stuid=200405
ORA-20010: 成绩只涨不降
ORA-06512: 在 "SCOTT.UPDATE_STUDENT_SCORE", line 3
ORA-04088: 触发器 'SCOTT.UPDATE_STUDENT_SCORE' 执行过程中出错
```

2. 建立 AFTER 行触发器

为了审计 DML 操作，可以使用语句触发器或 Oracle 系统提供的审计功能；而为了审计数据变化，则应该使用 AFTER 行触发器。下面以审计雇员工资变化为例，说明使用 AFTER 行触发器的方法。

【练习 23】

在建立触发器之前，首先应该建立存放审计数据的表 student_score_change，如下所示。

```
SQL> CREATE TABLE student_score_change(
  2     sname VARCHAR2(10),
  3     oldscore NUMBER(3),
  4     newscore NUMBER(3),
  5     time DATE)
```

```
   6  ;
Table created
```

为了审计所有学生的成绩变化和学生成绩的更新日期，必须要建立 AFTER 行触发器，如下所示。

```
SQL> CREATE OR REPLACE TRIGGER tr_score_change
  2       AFTER UPDATE OF score ON student
  3       FOR EACH ROW  --更新 student 表的 score 列之后触发
  4     DECLARE
  5      v_temp INT;
  6     BEGIN
  7      SELECT COUNT(*) INTO v_temp FROM student_score_change
  8       WHERE sname= :old.stuname;
  9      IF v_temp=0 THEN
 10       INSERT INTO student_score_change
 11        VALUES(:old.stuname,:old.score,:new.score,SYSDATE);
 12      ELSE
 13       UPDATE student_score_change
 14        SET oldscore=:old.score,newscore=:new.score,time=SYSDATE
 15         WHERE sname=:old.stuname;
 16      END IF;
 17     END;
 18  /
Trigger created
```

在建立了触发器 tr_score_change 之后，当修改学生成绩时，会将每个学生的成绩变化全部写入到审计表 student_score_change 中，如下所示。

```
SQL>  UPDATE student SET score=score*1.2 WHERE claid=3;
OLD:59    NEW:71
OLD:78    NEW:94
2 rows updated
SQL> select * from student_score_change;
SNAME      OLDSCORE      NEWSCORE      TIME
-----      --------      --------      ----
马瑞        59            71            2013-5-26 9
安宁        78            94            2013-5-26 9
```

3. 限制行触发器

当使用行触发器时，默认情况下会在每个被作用行上执行一次触发器代码。为了使在特定条件下执行行触发器代码，就需要使用 WHEN 子句对触发器条件加以限制。

【练习 24】

审计班级编号为 4 的学生成绩变化，说明限制行触发器的方法，如下所示。

```
SQL>  CREATE OR REPLACE TRIGGER tr_score_change
  2      AFTER UPDATE OF score ON student
  3      FOR EACH ROW
  4      WHEN (old.claid=4)
  5    DECLARE
```

```
   6      v_temp INT;
   7    BEGIN
   8     SELECT COUNT(*) INTO v_temp FROM student_score_change
   9      WHERE sname=:old.stuname;
  10     IF v_temp=0 THEN
  11       INSERT INTO student_score_change
  12         VALUES(:old.stuname,:old.score,:new.score,SYSDATE);
  13     ELSE
  14       UPDATE student_score_change
  15        SET oldscore=:old.score,newscore=:new.score,time=SYSDATE
  16          WHERE sname=:old.stuname;
  17     END IF;
  18   END;
  19  /
Trigger created
```

在建立触发器 tr_score_change 时，因为使用 WHEN 子句指定了触发条件，所以只有在满足触发条件时才会执行触发器代码。这样当修改班级编号为 3 的学生成绩时，只有部分学生会被审计，示例如下所示。

```
SQL> UPDATE student SET score=score*1.1 WHERE claid=4;
4 rows updated
SQL> select * from student_score_change;
SNAME       OLDSCORE     NEWSCORE      TIME
-----       --------     --------      -----------
张华         107          118          2013-5-26 1
魏征         82           90           2013-5-26 1
刘楠         78           86           2013-5-26 1
马丁         96           106          2013-5-26 1
```

12.2.6　INSTEAD OF 触发器

对于简单视图，可以直接执行 INSERT、UPDATE 和 DELETE 操作。但是对于复杂视图，不允许直接执行 INSERT、UPDATE 和 DELETE 操作。当视图符合以下任何一种情况时，都不允许直接执行 DML 操作。具体情况如下所示。

❑ 具有集合操作符（UNION、UNION ALL、INTERSECT、MINUS）。
❑ 具有分组函数（MIN()、MAX()、SUN()、AVG()、COUNT()等）。
❑ 具有 GROUP BY、CONNECT BY 或 START WITH 等子句。
❑ 具有 DISTINCT 关键字。
❑ 具有连接查询。

为了在具有以上情况的复杂视图上执行 DML 操作，必须要基于视图建立 INSTEAD OF 触发器。在建立了 INSTEAD-OF 触发器之后，就可以基于复杂视图执行 INSERT、UPDATE 和 DELETE 语句。但建立 INSTEAD OF 触发器有以下注意事项。

❑ INSTEAD OF 选项只适用于视图。
❑ 当基于视图建立触发器时，不能指定 BEFORE 和 AFTER 选项。
❑ 在建立视图时不能指定 WITH CHECK OPTION 选项。
❑ 在建立 INSTEAD OF 触发器时，必须指定 FOR EACH ROW 选项。

1. 建立复杂视图 class_student

视图是逻辑表，本身没有任何数据。视图只是对应于一条 SELECT 语句，当查询视图时，其数据实际是从视图基表上取得。

【练习 25】

建立复杂视图 class_student，简化所在班级及其学生信息的查询，如下所示。

```
SQL> CREATE OR REPLACE VIEW class_student AS
  2     SELECT c.claid,c.claname,s.stuid,s.stuname
  3     FROM class c,student s
  4     WHERE c.claid=s.claid;
View created
```

> **注意**
>
> SYSTEM 用户可以创建视图，而 SCOTT 用户没有权限，管理员可以使用 GRANT CREATE VIEW TO SCOTT 语句将创建视图的权限授予 SCOTT 用户。

当执行以上语句建立了复杂视图 class_student 之后，直接查询视图 class_student 会显示班级及其学生信息，但不允许执行 DML 操作，示例如下所示：

```
SQL> SELECT * FROM class_student WHERE claid=4;
CLAID     CLANAME      STUID       STUNAME
-----     -------      ------      -------
4         安卓班       200407      张华
4         安卓班       200410      魏征
4         安卓班       200411      刘楠
4         安卓班       200499      马丁
SQL>  INSERT INTO class_student VALUES(11,'AJAX技术','200511','李珂');
INSERT INTO class_student VALUES(11,'AJAX技术','200511','李珂')
ORA-01779: 无法修改与非键值保存表对应的列
```

2. 建立 INSTEAD OF 触发器

为了在复杂视图上执行 DML 操作，必须要基于复杂视图来建立 INSTEAD OF 触发器。

【练习 26】

在复杂视图 class_student 上执行 INSERT 操作，说明建立 INSTEAD OF 触发器的方法，如下所示。

```
SQL> CREATE OR REPLACE TRIGGER tr_insert_class_student
  2      INSTEAD OF INSERT ON class_student
  3      FOR EACH ROW
  4    DECLARE
  5      v_temp INT;
  6    BEGIN
  7     SELECT count(*) INTO v_temp FROM class
  8       WHERE claid=:new.claid;
  9     IF v_temp=0 THEN
 10      INSERT INTO class(claid,claname)
 11        VALUES(:new.claid,:new.claname);
 12     END IF;
 13     SELECT count(*) INTO v_temp FROM student
 14       WHERE stuid=:new.stuid;
```

```
15        IF v_temp=0 THEN
16          INSERT INTO student(stuid,stuname,claid)
17            VALUES(:new.stuid,:new.stuname,:new.claid);
18        END IF;
19      END;
20    /
Trigger created
```

当建立了 INSTEAD OF 触发器 tr_insert_class_student 之后，就可以在复杂视图 class_student 上执行 INSERT 操作了，如下所示。

```
SQL> INSERT INTO class_student VALUES(21,'AJAX 技术','200511','李珂');
1 row inserted
SQL> INSERT INTO class_student VALUES(21,'AJAX 技术','200512','刘宓');
1 row inserted
```

执行了以上两条 INSERT 语句之后，就为表 class 插入了一条数据，为 student 表插入了两条数据。

12.2.7　系统事件触发器

系统事件触发器是指基于 Oracle 系统事件（例如 LOGON 和 STARTUP）所建立的触发器。通过使用系统事件触发器，提供了跟踪系统或数据库变化的机制，其所支持的系统事件如表 12-1 所示。

表 12-1　系统事件触发器所支持的系统事件

系 统 事 件	说　　明
LOGOFF	用户从数据库注销
LOGON	用户登录数据库
SERVERERROR	服务器发生错误
SHUTDOWN	关闭数据库实例
STARTUP	打开数据库实例

提示

其中，对于 LOGOFF 和 SHUTDOWN 事件只能创建 BEFORE 触发器；对于 LOGON、SERVERROR 和 STARTUP 事件只能创建 AFTER 触发器。

【练习 27】

为了记载例程启动和关闭的事件和时间，首先建立事件表 EVENT_TABLE，如下所示。

```
SQL> create table event_table(
  2    event varchar2(30),
  3    time date);
Table created
```

在建立了事件表 EVENT_TABLE 之后，就可以在触发器中引用该表了。例程启动触发器和例程关闭触发器只有特权用户才能建立，并且例程启动触发器只能使用 AFTER 关键字，而例程关闭触发器只能使用 BEFORE 关键字，如下所示。

```
SQL> CREATE OR REPLACE TRIGGER tr_startup
  2      AFTER STARTUP ON DATABASE
  3      BEGIN
```

```
   4           INSERT INTO event_table VALUES(ora_sysevent,SYSDATE);
   5      END;
   6  /
Trigger created
SQL> CREATE OR REPLACE TRIGGER tr_shutdown
   2    BEFORE SHUTDOWN ON DATABASE
   3  BEGIN
   4    INSERT INTO event_table VALUES(ora_sysevent,SYSDATE);
   5  END;
   6  /
Trigger created
```

在建立了触发器 tr_startup 之后，当打开数据库后，会执行该触发器的相应代码；在建立了触发器 tr_shutdown 之后，在关闭例程之前，会执行该触发器的相应代码，如下所示。

```
SQL>SHUTDOWN
SQL>STARTUP
SQL>SELECT event,to_char(time, 'YYYY/MM/DD') time
   2  FROM event_table;
EVENT                 TIME
-----                 ---------
SHUTDOWN              2013/5/28
STARTUP               2013/5/28
```

为了记载用户登录和退出事件，可以分别建立登录和退出触发器。为了记载登录用户和退出用户的名称、时间和 IP 地址，应该首先建立专门存放登录和退出的信息表 LOG_TABLE。

12.3 实例应用：更改学生选课系统中课程表的信息

12.3.1　实例目标

触发器是一个特殊的存储过程，它的执行不是程序调用，也不是手工启动，而是由事件来触发。例如，当对一个表进行操作的增删改（INSERT、DELETE、UPDATE）时就会激活它执行。

在学生选课系统中有 Course 表（课程信息表）包含 Cno（课程编号）、Cname（课程名称）和 Credit（课程的学分）列。

创建一个触发器，要求用户进行操作的时候，都会将表 course 中的 cname 列值修改为大写。

12.3.2　技术分析

创建触发器使用 CREATE OR REPLACE TRIGGER trigger_name 语句，同时要注意使用条件谓词。

12.3.3　实现步骤

（1）以 scott 用户连接数据库，创建触发器 replace_cname_trig，将 course 表中的 cname 列的数据转换为大写。

```
SQL> CREATE OR REPLACE TRIGGER replace_cname_trig
  2  BEFORE INSERT OR UPDATE OF CNAME
  3  ON course
  4  FOR EACH ROW
  5  BEGIN
  6  IF INSERTING THEN
  7  :NEW.CNAME:=LOWER(:NEW.CNAME);
  8  ELSE UPDATING THEN
  9  :NEW.CNAME:=LOWER(:NEW.CNAME);
 10  END IF;
 11  END;
 12  /
Trigger created
```

（2）向表中添加数据，以确认触发器是否能正常使用。

```
SQL> INSERT INTO course
  2  VALUES(1122,'PHOTOSHOP',100)
1 row inserted
SQL> SELECT * FROM course
  2  WHERE CNO=1122;
CNO          CNAME          CREDIT
---          -----          ------
1122         photoshop      100
```

（3）修改表 cno=1094 的 cname 的值。

```
SQL> UPDATE course SET CNAME='FLASH'
  2  WHERE CNO=1094;
1 row updated
SQL> SELECT * FROM course
  2  WHERE CNO=1094;
CNO     CNAME    CREDIT
-----   -----    ------
1094    flash    100
```

12.4　拓展训练

修改商品管理系统中商品表的数据信息

商品信息表 Product 包含商品编号 Pno、商品名称 Pname、商品分类性质 Ptype、商品价格 Pprice、商品进货日期 Ptime、商品过期时间 Pdate。

创建一个触发器，要求用户进行操作的时候，都会将商品信息表 Product 中的商品价格 Pprice 列值修改为原来的 1.2 倍。

12.5 课后练习

一、填空题

1. 存储过程有三种参数模式，分别为 IN、OUT 和_____。

2. 创建存储过程要使用 CREATE _____语句。

3. 触发器的类型主要有 DML 触发器、_____、替代触发器和 DDL 触发器。

4. 创建触发器要使用 CREATE _____语句。

5. 如果在创建触发器的时候未使用 FOR EACH ROW 子句，则创建的触发器为_____。

6. 使用条件谓词来确定触发器的激活语句，该条件谓词由一个关键字 IF 和谓词 INSERTING、UPDATING 和_____来构成。

7. 创建系统事件触发器需要使用_____子句，即表示创建的触发器是数据库级触发器。

二、选择题

1. 在调用存储过程的时候，以下哪种方法不是向过程传递参数的方法？_____
   A. 参数表示法
   B. 名称表示法
   C. 位置表示法
   D. 混合表示法

2. 删除触发器应该使用以下哪种语句？_____
   A. ALTER TRIGGER 语句
   B. DROP TRIGGER 语句
   C. CREATE TRIGGER 语句
   D. CREATE OR REPLACE TRIGGER 语句

3. 修改触发器应该使用以下哪种语句？_____
   A. ALTER TRIGGER 语句
   B. DROP TRIGGER 语句
   C. CREATE TRIGGER 语句
   D. CREATE OR REPLACE TRIGGER 语句

4. _____动作不会激发触发器。
   A. 查询数据（SELECT）
   B. 更新数据（UPDATE）
   C. 删除数据（DELETE）
   D. 插入数据（INSERT）

5. 具有默认值的参数是_____。
   A. IN
   B. OUT
   C. IN OUT
   D. 都具有

6. 以下视图所示的_____种情况下不允许直接执行 DDL 操作。
   A. 具有集合操作符（UNION、UNION ALL、INTERSECT、MINUS）
   B. 具有分组函数（MIN()、MAX()、SUN()、AVG()、COUNT()等）

C. 具有 GROUP BY、CONNECT BY 或 START WITH 等子句

D. 具有以上任何一种都不能直接执行 DML 操作

三、简答题

1. 简述调用过程时传递参数值的三种方法。

2. 简述存储过程的基本操作语法格式。

3. 简述 Oracle 中触发器的类型与用法。

4. 简述 INSTEAD OF 触发器的作用。

5. 简述系统事件触发器所支持的系统事件有哪些？

第 13 课
管理数据库对象

除了表以外，Oracle 还提供了其他模式对象，例如视图、索引、索引组织表、序列以及同义词等。其中，索引用于提高数据的检索效率；索引组织表用于提高数据的查询效率；视图用于从一个或多个表（或视图）中导出常用的数据；序列用于自动生成列值；同义词用于为数据库对象定义别名。

本课将对这些数据库模式对象的功能以及具体用法进行详细的讲解以及使用。

本课学习目标：

❑ 熟练掌握视图的创建以及操作

❑ 了解索引的类型

❑ 掌握创建索引的方法

❑ 掌握各种类型索引的创建

❑ 掌握创建索引组织表及处理表中的数据

❑ 熟练掌握序列的使用

❑ 了解同义词的使用

13.1 视图

视图是基于一个表、多个表或视图的逻辑表，本身不包含数据，通过它可以对表里面的数据进行查询和修改。视图基于的表称为基表。视图是存储在数据字典里的一条 select 语句。通过创建视图可以提取数据的逻辑上的集合或组合。

视图的优点如下所示。

❑ 对数据库的访问，因为视图可以有选择性的选取数据库里的一部分。

❑ 用户通过简单的查询可以从复杂查询中得到结果。

❑ 维护数据的独立性，试图可从多个表检索数据。

❑ 对于相同的数据可产生不同的视图。

视图可以分为简单视图和复杂视图两类，两者区别如下如下所示。

❑ 简单视图只从单表里获取数据，复杂视图从多表获取数据。

❑ 简单视图不包含函数和数据组，复杂视图则包含函数和数据组。

❑ 简单视图可以实现 DML 操作，复杂视图不可以。

▌13.1.1 创建视图

在 Oracle 数据库中，创建视图需要使用 CREATE VIEW 语句，其语法格式如下所示。

```
CREATE [OR REPLACE] VIEW <view_name>[(ALIAS [,ALIAS]…)]
as<SUBQUERY>;
[WITH CHECK OPTION [CONSTRAIINT constraint_name]]
[WITH READ ONLY]
```

在上述语法格式中，ALIAS 用于指定视图列的别名，SUBQUERY 用于指定视图对应的子查询语句；WITH CHECK OPTION 子句用于指定在视图上定义 CHECK 约束；WITH READ ONLY 子句用于定义只读视图。在创建视图时，如果不提供视图列别名，Oracle 会自动使用子查询的列名或列别名；如果视图子查询包含函数或表达式，则必须定义列别名。

(提示)

如果在当前用户模式中创建视图，那么数据库用户必须具有 CREATE VIEW 系统权限；如果要在其他用户模式中创建视图，则用户必须具有 CREATE ANY VIEW 系统权限。

表视图分为两种创建情况分别是：创建基于一个表的视图和基于多个表的视图。

【练习 1】

基于 student 表创建一个 student_view 试图来显示表中的数据，如下所示。

```
SQL> CREATE OR REPLACE VIEW student_view
  2  AS SELECT stuid,stuname,stubirth FROM student;
View created
```

使用 SELECT 语句查询该视图，如下所示。

```
SQL> SELECT * FROM student_view;
STUID      STUNAME     STUBIRTH
-----      -------     --------
200433     李梦         1984-8-12
```

```
200444      林静         1983-6-25
200402      宋佳         1984-9-7
200403      张天中       1983-2-21
200404      赵均         1985-11-13
200405      周腾         1984-12-18
200407      张华         1983-12-6
200408      安宁         1984-9-8
200410      魏征         1984-4-2
200411      刘楠         1984-5-5
10 rows selected
```

【练习2】

基于 student 和 class 两个表中 claid 键的关联创建 stu_cla_view 试图，用来显示表中的关联数据，如下所示。

```
SQL> CREATE OR REPLACE VIEW stu_cla_view(学生姓名,班级编号，班级名称) AS
  2  SELECT s.stuname,s.claid ,c.claname FROM student s,class c
  3  WHERE s.claid=c.claid;
View created
```

上述代码在创建视图时，为 stuname 字段指定的中文名是学生姓名，为 claid 字段指定的中文名是班级编号，claid 字段指定的中文名是班级名称，所以查询的数据结果则是下面所列的效果。

```
SQL> SELECT * FROM stu_cla_view;
学生姓名           班级编号    班级名称
-------           ------     ------
宋佳              1          JAVA 班
赵均              2          .NET 班
张天中            2          .NET 班
周腾              2          .NET 班
安宁              3          PHP 班
张华              4          安卓班
魏征              4          安卓班
刘楠              4          安卓班
8 rows selected
```

13.1.2　可更新的视图

所谓更新视图即是在没有为视图指定 WITH READ ONLY 子句的情况下，通过对视图进行 INSERT、UDATE 和 DELETE 操作，从而使与视图相关的基本表中的数据改变。视图是否可以更新，取决于定义视图的 SELECT 语句。通常情况下，创建视图时的查询语句越复杂，该视图可以被更新的可能性也就越小。

通过数据字典视图 USER_UPDATABLE_COLUMNS 可以了解视图中哪些字段可以被更新，哪些字段不可以被更新。

【练习3】

查看一下该数据字典视图的结构，如下所示。

```
SQL> DESC USER_UPDATABLE_COLUMNS;
名称                是否为空?         类型
```

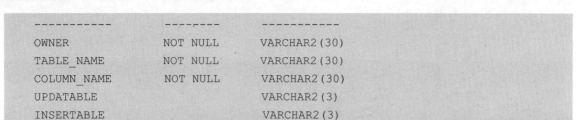

```
-----------              --------          -----------
OWNER                    NOT NULL          VARCHAR2(30)
TABLE_NAME               NOT NULL          VARCHAR2(30)
COLUMN_NAME              NOT NULL          VARCHAR2(30)
UPDATABLE                                  VARCHAR2(3)
INSERTABLE                                 VARCHAR2(3)
DELETABLE                                  VARCHAR2(3)
```

从上述结果可以看出，数据字典视图 USER_UPDATABLE_COLUMNS 中包含 UPDATABLE、NSERTABLE 和 DELETABL 列，这些列都有两个值，分别是 YES 或 NO。如果这些列的值为 YES，则说明该列可以执行相应的操作。

【练习4】

通过数据字典视图 USER_UPDATABLE_COLUMNS 查询视图 USERINFO_VIEW 中可更新的列，并对这些列进行修改，其步骤如下所示。

（1）查询视图 student_view 的结果如下所示。

```
SQL> SELECT * FROM student_view;
STUID      STUNAME     STUBIRTH
-----      -------     --------
200433     李梦        1984-8-12
200444     林静        1983-6-25
200402     宋佳        1984-9-7
200403     张天中      1983-2-21
200404     赵均        1985-11-13
200405     周腾        1984-12-18
200407     张华        1983-12-6
200408     安宁        1984-9-8
200410     魏征        1984-4-2
200411     刘楠        1984-5-5
10 rows selected
```

（2）查询视图 student_view 中可更新的列，如下所示。

```
SQL> COLUMN COLUMN_NAME FORMAT A30
SQL> SELECT COLUMN_NAME,UPDATABLE,INSERTABLE,DELETABLE
  2 FROM USER_UPDATABLE_COLUMNS WHERE TABLE_NAME='STUDENT_VIEW';
COLUMN_NAME            UPDATABLE      INSERTABLE     DELETABLE
-----------           ---------      ----------     ----------
STUID                 YES            YES            YES
STUNAME               YES            YES            YES
STUBIRTH              YES            YES            YES
```

 注意

TABLE_NAME 中视图名称的值要使用大写。

从上述结果中可以看出：stuid、stuname 以及 stubirth 列均可以执行 UPDATE、INSERTE 和 DELETEE 操作。

（3）将 stuname 列为"周腾"的名称修改为"周波"，如下所示。

```
SQL> UPDATE student_view
```

```
 2   SET stuname='周波'
 3   WHERE stuname='周腾';
1 row updated
```

（4）查询表 student，结果如下所示。

```
SQL> SELECT *FROM student where stuname ='周波';
STUID     STUNAME    STUSEX    STUBIRTH    SCORE   CLAID
-----     -------    ------    --------    -----   -----
200405    周波       男        1984-12-18  52      2
```

13.1.3　删除视图

如果创建的视图与先前创建的视图相同，那么就会出现错误，这时可以使用 DROP VIEW 语句将该视图进行删除，然后再进行创建。

【练习 5】

删除前面创建的视图 stu_cla_view，如下所示。

```
SQL> DROP VIEW stu_cla_view;
View dropped
```

13.2　索引

索引是数据库中用于存放表中每一条记录的位置的对象，其目的是为了加快数据的读取速度和完整性检查。索引由根节点、分支节点和叶子节点组成，上级索引块包含下级索引块的索引数据，叶子节点包含索引数据和确定行位置的 ROWID。但创建索引需要占用许多存储空间，而且向表中添加和删除记录时，数据库需要花费额外的开销来更新索引。因此，在实际应用中应该确保索引能够得到有效地利用。

13.2.1　索引类型

在 Oracle 中有一些常用的索引类型，例如：B 树索引、位图索引、反向键索引以及基于函数的索引等。本节将详细介绍这些索引。

1. B 树索引

B 树索引是 Oracle 中默认的索引类型。其逻辑结构如图 13-1 所示。

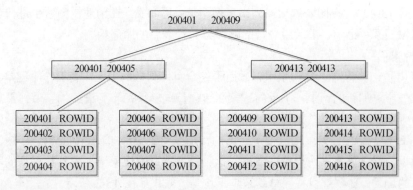

图 13-1　B 树索引的逻辑结构

从图 13-1 可以看出，B 树索引的组织结构类似于一棵树，其中主要数据都集中在叶子节点上。每个叶子节点包括：索引列的值和记录行对应的物理地址 ROWID。在使用索引查找数据时，首先通过索引列的值查找到 ROWID，然后通过 ROWID 找到记录的物理地址。

采用 B 树索引时，无论索引条目位于何处，Oracle 都只需要花费相同的 I/O 就可以获取它。例如，要搜索上述 B 树索引搜索编号为 2023 的节点，其搜索过程如下所示。

（1）访问根节点，将 2023 与 2001 和 2013 进行比较。

（2）由于 2023 大于 2013，因此搜索右边的分支，在右边的分支中将 2023 与 2013、2017 和 2021 比较。

（3）由于 2023 大于 2021，因此搜索右边分支的第三个叶子节点。

在 B 树索引中，无论用户搜索哪个分支的叶子节点，都可以保证所经过的索引层次是相同的。

2．位图索引

上面介绍了 B 树索引保存排过序的索引列的值，通过数据行的 ROWID 来实现快速查找。而位图索引既不存储 ROWID 值，也不存储键值，主要用于在比较特殊的列上创建索引。

在 Oracle 中建议，当一个列的所有取值数与表的行数之间的比例小于 1%时，就不适合在该列上创建 B 树索引。

例如，在一个用户注册表中有一列是用户的性别，该列仅有两种取值分别是：男或女。因此该列上不适合创建 B 树索引，因为 B 树索引主要用于对大量不同的数据进行细分。在该列上使用位图索引的效果如图 13-2 所示。

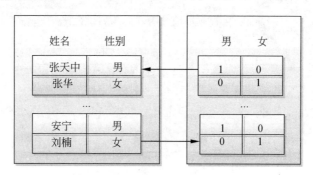

图 13-2 位图索引示意图

在图 13-2 中，1 表示"是，该值存在于这一行中"，0 表示"否，该值不存在于这一行中"。虽然 1 和 0 不能作为指向行的指针。但是，由于图表中 1 和 0 的位置与表行的位置是相对应的，如果给定表的起始和终止 ROWID，则可以计算出表中行的物理位置。

在为表中的低基数列创建位图索引时，系统将对表进行一次全面扫描，为遇到的各个取值构建"图表"。例如图 13-2 中，在图表的顶部列出了两个值：男和女。在创建位图索引进行全表扫描的同时，还将创建位图索引记录，记录中各行的顺序与它在表中的顺序相同。

3．反向键索引

反向键索引是一种特殊的 B 树索引，适用于在含有序列数的列上。其工作原理是：如果用户使用序列编号在表中添加新的记录，则反向键索引首先反向转换每个列键值的字节，然后在反向后的新数据上进行索引。

在常规的 B 树索引中，如果主键列是递增的，那么向表中添加新的数据时，B 树索引将直接访问最后一个数据，而不是逐一访问每个节点。这种情况造成的现象是，随着数据行的不断增加，以及原有数据行的删除，B 树索引将变得越来越不均匀，效果如图 13-3 所示。

如图 13-3 所示，当主键列递增时，添加的新索引表项会占据后面的叶子节点，而不会占据已经删除的叶子节点。如果在该列上创建反向键索引，将会使索引键就变成非递增的。也就是说，如果将这个索引键添加到叶子节点中，则可能会在任意的叶子节点中进行，从而使新的数据在值的范围分布上比原来均匀。

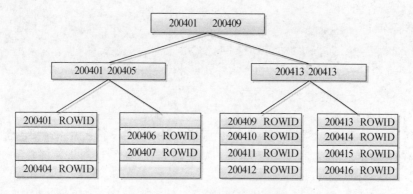

图 13-3   不均匀的 B 树索引图

4．基于函数的索引

基于函数的索引，其存放的不是数据本身而是经过函数处理后的数据，是常规的 B 树索引。如果检索数据时需要对字符大小写或数据类型进行转换，则使用这种索引可以提高检索效率。

例如，在 class 表中有一个 claname 列，该列中有一个值为 JAVA 班，如果输入字符串 java 班进行查询，则无法查到，如下所示。

```
SQL> select * from class where claname='java班';

CLAID   CLANAME   CLATEACHER

-----   -------   ----------
未选定行
```

这就可以通过引用 LOWER()函数来解决问题，该函数的目的是将查询时遇到的每个值都转换为小写，如下所示。

```
SQL> SELECT * FROM class WHERE lower(claname)=lower('java班');

CLAID   CLANAME   CLATEACHER

-----   -------   ----------
1       JAVA班    陈明老师
```

在上述代码中，可以将查询时遇到的值都转换为小写，然后再进行比较，这样就避免了因大小写不同而导致值不同的问题。

在上述查询语句时使用函数对列进行了转换，那么这个查询将不会使用 class 表的 claname 列上的 claname_index 索引，为了在使用函数转换数据的同时，还能使用索引提高检索效率，就需要创建基于函数的索引。

13.2.2   指定索引选项

本节将介绍如何指定索引的选项，创建索引的语法格式如下所示。

```
CREATE UNIQUE | BTIMAP INDEX <schema>.<index_name>
ON <schema>.<table_name>
(<column_name> | <expression> ASC | DESC,
<column_name> | <expression> ASC | DESC,…)
```

```
TABLESPACE<tablespace_name>
STORAGE<storage_settings>
LOGGING | NOLOGGING
COMPUTE STATISTICS
NOCOMPRESS | COMPRESS<nn>
NOSORT | REVERSE
PARTITION | GLOBAL PARTITION<partition_setting>;
```

其中各个关键字或子句的含义如下所示。

（1）UNIQUE | BITMAP

在创建索引时，如果指定关键字 UNIQUE，则要求表中的每一行在索引时都包含惟一的值；如果指定 BITMAP 关键字，将创建一个位图索引；如果都省略，则默认创建 B 树索引。

（2）ASC

表示该列为升序排列。ASC 为默认排列顺序。

（3）DESC

表示该列为降序排列。

（4）TABLESPACE

用来在创建索引时为索引指定存储空间。

（5）STORAGE

用户可以使用该子句来进一步设置存储索引的表空间存储参数，以取代表空间的默认存储参数。

（6）LOGGING | NOLOGGING

LOGGING 用来指定在创建索引时创建相应的日志记录；NOLOGGING 则用来指定不创建相应的日志记录。默认使用 LOGGING。

提示

如果使用 NOLOGGING，则可以更快地完成索引的创建操作，因为在创建索引的过程中不会产生重做日志信息。

（7）COMPUTE STATISTICS

用来指定在创建索引的过程中直接生成关于索引的统计信息。这样可以避免以后再对索引进行分析操作。

（8）NOCOMPRESS | COMPRESS<nn>

COMPRESS 用来指定在创建索引时对重复的索引值进行压缩，以节省索引的存储空间；NOCOMPRESS 则用来指定不进行任何压缩，默认使用 NOCOMPRESS。

（9）NOSORT | REVERSE

NOSORT 用来指定在创建索引时，Oracle 将使用与表中相同的顺序来创建索引，省略再次对索引进行排序的操作；REVERSE 则指定以相反的顺序存储索引值。

注意

如果表中行的顺序与索引期望的顺序不一致，则使用 NOSORT 子句将会导致索引创建失败。

（10）PARTITION | NOPARTITION

使用该子句，可以在分区表和未分区表上对创建的索引进行分区。

13.2.3　创建 B 树索引

B 树索引中包括普通索引、惟一索引以及复合索引，创建这些索引都需要使用到 CREATE

INDEX 语句，在本节中将主要介绍如何创建这些索引的。

> 如果用户要在自己的模式中创建索引，则必须具有 CREATE INDEX 系统权限；如果用户要在其他用户模式中创建索引，则必须具有 CREATE ANY INDEX 系统权限。

1．创建普通索引

创建普通索引的详细语法格式如下。

```
CREATE INDEX index_name on table_name(column_name);
```

其中，index_name 表示所创建索引的名称，table_name 表示表的名称，column_name 表示创建索引的列名。

【练习 6】

为 class 表的 claname 列创建一个名称为 claname_index 的索引，如下所示。

```
SQL>  CREATE INDEX claname_index on class(claname)
  2   TABLESPACE USERS;
Index created
```

2．创建惟一索引

创建惟一 B 树索引主要可以保证索引列不会出现重复的值，创建惟一索引需要使用 UNIQUE 关键字，其详细语法如下所示。

```
CREATE UNIQUE INDEX index_name on table_name(column_name);
```

【练习 7】

为 class 表的 claid 列创建一个名称为 claid_index 的惟一索引，如下所示。

```
SQL>  CREATE UNIQUE INDEX claid_index on class(claid)
  2   TABLESPACE USERS;
Index created
```

3．创建复合索引

复合索引，是指为表中的多个字段创建索引。其语法格式如下所示。

```
CREATE INDEX index_name on table_name(column_name1,column_name2,…);
```

【练习 8】

为 student 表的 stuname 和 stusex 列创建一个名称为 stuname_stusex_index 的索引，如下所示。

```
SQL> CREATE INDEX stuname_stusex_index on
  2  student(stuname,stusex)
  3  TABLESPACE USERS;
Index created
```

在创建复合索引时，多个列的顺序可以是任意的。例如，在【练习 8】中创建的复合索引也可以这样编写，如下所示。

```
SQL> CREATE INDEX name_sex_index on
  2  student(stusex,stuname)
  3  TABLESPACE USERS;
Index created
```

复合索引另外一个特点就是键压缩。在创建索引时，使用键压缩，可以节省存储索引的空间。索引越小，执行查询时服务器就越有可能使用它们。且读取索引所需的磁盘 I/O 也会减少，从而使得索引读取的性能得到提高。启用键压缩需要使用 COMPRESS 子句。

【练习 9】

为 student 表中的 stuname 和 score 列创建复合索引，要求使用键压缩，如下所示。

```
SQL> CREATE INDEX stuname_score_index on student(stusex,score)
  2  COMPRESS 2
  3  ;
Index created
```

压缩并不是只能用于复合索引，只要是非惟一索引的列具有较多的重复值，即使单独的列，也可以使用压缩。

注意

对单独列上的惟一索引进行压缩是没有意义的，因为所有的列值都是不重复的。只有当惟一索引是复合索引，其他列的基数较小时，对其进行压缩才有意义。

13.2.4 创建位图索引

创建位图索引需要使用 BITMAP 关键字，该索引适用于在表中基数较小的列上创建。其语法格式如下所示。

```
CREATE BITMAP INDEX bitmap_name on table_name(column_name)
```

其中，bitmap_name 表示创建位图索引的名称，table_name 代表表名，column_name 表示创建位图索引的列名。

【练习 10】

为 student 表的 stusex 列创建一个名称为 stusex_bitmap_index 的位图索引，如下所示。

```
SQL> CREATE BITMAP INDEX stusex_bitmap_index on student(stusex)
  2  TABLESPACE USERS;
Index created
```

13.2.5 创建反向键索引

创建反向键索引需要使用 REVERSE 关键字，该索引适用于在表中严格排序的列上创建。其语法格式如下所示。

```
CREATE INDEX reverse_name on table_name(column_name)
REVERSE;
```

其中，reverse_name 表示创建反向键索引的名称。

【练习 11】

为 student 表的 stuid 列创建一个名称为 stuid_reverse_index 的反向键索引，如下所示。

```
SQL> CREATE INDEX stuid_reverse_index on student(stuid)
  2  REVERSE
  3  TABLESPACE USERS;
Index created
```

上述代码中为 stuid 列创建了一个反向键索引，而在查询时，用户只需要像常规方式一样查询数据，而不需要关心键的反向处理，系统会自动完成该处理。

13.2.6　创建基于函数的索引

通过创建基于函数的索引，可以提高在查询条件中使用函数和表达式时查询的执行速度。

> **注意**
> 如果用户要在自己的模式中创建基于函数的索引，则必须具有 QUERY REWRITE 系统权限；如果用户想要其他模式中创建基于函数的索引，则必须具有 CREATE ANY INDEX 和 GLOBAL QUERY REWRITE 权限。

【练习 12】

为 class 表的 claname 列创建一个基于 LOWER()函数的索引，如下所示。

```
SQL> CREATE INDEX claname_func_index on class(LOWER(claname))
  2  TABLESPACE USERS
  3  ;
Index created
```

在上述代码中，为 class 表中的 claname 列创建了一个名称为 claname_func_index 的函数索引。创建该索引后，如果在查询条件中包含有相同的函数，则可以提高查询的执行速度。下面的查询将会使用 claname_func_index 索引，如下所示。

```
SQL> SELECT * FROM class WHERE LOWER(claname)='web 班';
CLAID     CLANAME    CLATEACHER
-----     -------    ----------
6         WEB 班     东艺老师
```

> **提示**
> 创建基于函数的索引时，Oracle 会首先对包含索引列的函数值或表达式值进行求值，然后对求值后的结果进行排序，最后存储到索引中。

13.2.7　管理索引

Oracle 允许我们对于已创建完成的索引进行管理，例如修改索引的名称、合并索引中的存储碎片、重新创建索引、监视索引的使用情况以及删除不必要的索引等。在本节中将介绍这些操作。

1. 修改索引的名称

在 Oracle 中可以将已经创建的索引进行重命名操作，重新命名索引的语法格式如下所示。

```
ALTER INDEX index_name RENAME TO new_index_name;
```

其中，index_name 代表已经定义的索引名称，new_index_name 代表重新命名的索引名称。

【练习 13】

将索引名称为 claname_index 重新命名为 new_claname_index，如下所示。

```
SQL> ALTER INDEX claname_index RENAME TO new_claname_index;
Index altered
```

2. 合并索引

在实际应用中，表中的数据要不断的进行更新，会导致表的索引中产生越来越多的存储碎片，这些碎片会影响索引的使用效率。而合并索引可以清除索引中的存储碎片，其语法格式如下所示。

```
ALTER INDEX index_name COALESCE [ DEALLOCATE UNUSED ];
```

其中，index_name 表示索引的名称，COALESCE 表示合并索引，DEALLOCATE UNUSED 表示合并索引的同时，释放合并后多余的空间。

【练习 14】

例如，合并索引名称为 stuname_score_index 的索引，如下所示。

```
SQL> ALTER INDEX stuname_score_index COALESCE ;
Index altered
```

3．重建索引

除了合并索引可以清除索引中的存储碎片之外，还有一种方式可以清除存储碎片，即重建索引。重建索引在清除存储碎片的同时，还可以改变索引中全部存储参数的设置以及索引的存储表空间，其语法格式如下所示。

```
ALTER [ UNIQUE ] INDEX index_name
REBUILD;
```

其中，index_name 代表需要重建索引的名称。

【练习 15】

重新建立索引的名称为 stuname_score_index，如下所示。

```
SQL> ALTER INDEX stuname_score_index REBUILD;
Index altered
```

4．监视索引

监视索引的目的是为了确保索引得到有效的利用，打开索引的监视状态需要使用 ALTER INDEX ... MONITORING USAGE 语句，其语法格式如下所示。

```
ALTER INDEX index_name MONITORING USAGE;
```

其中，index_name 表示索引的名称。

【练习 16】

例如，打开索引 stuname_score_index 的监视状态，如下所示。

```
SQL> ALTER INDEX stuname_score_index MONITORING USAGE;
Index altered
```

在上面练习中将 stuname_score_index 索引的监视状态打开后，可以通过动态性能视图 V$OBJECT_USAGE 查看该索引的使用情况。首先了解一下该动态性能视图的结构，如下所示。

```
SQL> DESC V$OBJECT_USAGE;
 名称                   是否为空?         类型
 ----------            --------         -----------
 INDEX_NAME            NOT NULL         VARCHAR2(30)
 TABLE_NAME            NOT NULL         VARCHAR2(30)
 MONITORING                            VARCHAR2(3)
 USED                                  VARCHAR2(3)
 START_MONITORING                      VARCHAR2(19)
 END_MONITORING                        VARCHAR2(19)
```

在上述代码中，MONITORING 代表标识是否激活了使用的监视，USED 字段表示在监视过程中索引的使用情况，START_MONITORING 和 END_MONITORING 字段分别表示描述监视的开始和终止时间。

【练习 17】

例如，查看 stuname_score_index 索引的使用情况，如下所示。

```
SQL> SELECT INDEX_NAME,MONITORING,USED,START_MONITORING FROM V$OBJECT_USAGE;
INDEX_NAME            MONITORING    USED    START_MONITORING
------------------    ----------    ----    --------------------
STUNAME_SCORE_INDEX   YES           NO      05/30/2013 15:25:20
```

关闭索引的监视状态需要使用 ALTER INDEX ... NOMONITORING USAGE 语句。

【练习 18】

将 stuname_stusex_index 的索引监视状态关闭，如下：

```
SQL> ALTER INDEX stuname_stusex_index NOMONITORING USAGE;
Index altered
```

5. 删除索引

当一个索引被删除后，它所占用的盘区会全部返回给它所在的表空间，并且可以被表空间中的其他对象使用。在以下情况下通常需要删除某个索引。

（1）该索引不需要被使用。

（2）该索引很少被使用，索引的使用情况可以通过监视来查看。

（3）该索引中包含较多的存储碎片，需要重建该索引。

如果该索引属于其他模式，则需要用户必须具有 DROP ANY INDEX 系统权限。其删除索引主要分为如下两种情况。

（1）删除基于约束条件的索引

如果索引是在定义约束条件时由 Oracle 自动建立的（例如定义 UNIQUE 约束时，Oracle 自动创建惟一索引），则必须禁用或删除该约束本身。

（2）删除使用 CREATE INDEX 语句创建的索引

如果索引是使用 CREATE INDEX 语句显示创建的，则需要使用 DROP INDEX 语句删除该索引。

【练习 19】

删除 stuname_stusex_index 索引，如下所示。

```
SQL> drop index stuname_stusex_index;
Index dropped
```

13.3 索引组织表

索引组织表（Index Organized Table，IOT）是一个将数据和索引数据存储在一起，以 B 树索引的方式来组织，用于提高查询效率的新型表。该索引组织表在存储时并不像普通的表那样采用堆组织方式将记录无序地存放在数据段中，而是采用类似 B 树索引的索引组织方式将记录按照某个主键列进行排序后，再以 B 树的方式存在数据段中。

13.3.1 创建索引组织表

索引组织表为包含精确匹配和范围搜索的查询提供了对表中数据的快速访问，这种访问是快速的、基于主键的，但是却以牺牲插入和更新性能为代价。创建索引组织表，需要使用 ORGANIZATION INDEX 子句，并且必须为该索引组织表指定主键，其语法格式如下。

```
CREATE TABLE table_name
(
column_name data_type
)
ORGANIZATION INDEX;
```

其中，table_name 表示创建索引组织表的名称；column_name 表示创建表中的字段；data_type 代表表中字段的类型。

索引组织表与标准表之间的差异如图 13-4 所示。

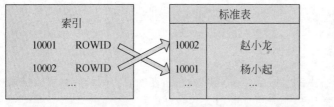

图 13-4　索引组织表与标准表的结构对比

【练习 20】

创建一个名称为 index_table 的索引组织表，该表中包含两个字段分别是 id 和 name，如下所示。

```
SQL> CREATE TABLE index_table
  2  (id number primary key,
  3  name varchar2(20))
  4  ORGANIZATION INDEX;
Table created
```

如果向索引组织表中添加数据，Oracle 会根据主键列对其进行排序，然后再将数据写入磁盘。所以在使用主键列进行查询时，与标准表相对比较来说，索引组织表可以得到更好的读取性能。

13.3.2　溢出存储

普通 B 树索引条目一般比较小，是因为在每个索引条目中仅保存索引列的值与 ROWID 的值。但索引表中的每个索引条目都是整条记录，因此索引表中的索引条目可能会很大。如果用户在索引表中查询其中一部分字段数据的话，索引表的效果就体现不出来。为此，在 Oracle 数据库中，采用了溢出存储功能来弥补索引表的这个缺陷。

溢出存储，就是将索引组织表的每条记录分为索引条目部分和溢出部分，其含义如下所示。

（1）索引条目部分

索引条目部分被存储在索引组织表中，它只包含所有的主键字段与那些经常会被查询的非主键字段。

（2）溢出部分

溢出部分被保存在溢出存储区中，它只包含被查询几率很小的非主键字段。其目的是为了减轻索引条目中的数据量，让绝大多数查询变得轻便快速。

溢出存储区的组织方式与普通表相同，都是采用堆组织方式无序存放。在索引组织表的索引条目中保存有指向溢出部分的 ROWID，Oracle 能够通过这个 ROWID 将索引条目部分与溢出部分合并为完整的一条记录。

启用溢出存储功能，必须在创建索引组织表时指定 OVERFLOW 选项，然后使用 INCLUDING 和 PCTTHRESHOLD 关键字设置溢出存储方式，其含义如下所示。

- **PCTTHRESHOLD n**　为数据块指定一个预留空间百分比，如果行中的数据占用空间超出这个百分比，该行将被分隔到两个位置存储。主键列被存储在基本索引条目中，所有其他列被存储到溢出部分。
- **INCLUDING column**　指定一个非主键列，该列之前的所有列都存入基本索引条目，该列之后的索引列则存入溢出部分。使用 INCLUDING 子句，可以规定哪些非主键列可以与主键列一起存储。

【练习 21】

创建一个名称为 full_table 的索引组织表，该表包含三个字段分别是 id、name 以及 age。将其主键列 id 存储在基本索引条目中，并规定当数据占用空间超过数据块大小的 30%时，在基本索引条目部分中只存放主键列。并使用 INCLUDING 子句将 name 列和主键列存放在一起。

```
SQL> CREATE TABLE full_table
  2 (
  3 id number primary key,
  4 name varchar2(20),
  5 age number
  6 )
  7 ORGANIZATION INDEX
  8 PCTTHRESHOLD 30
  9 INCLUDING name
 10 OVERFLOW;
Table created
```

13.4　序列

序列是一个数据库对象，使用它可以生成惟一的整数。在 Oracle 数据库中，序列允许同时生成多个序列号，但每个序列号都是惟一的，这样可以避免在向表中添加数据时，手动指定主键值。使用序列可以实现自动产生主键值。序列也可以在多用户并发环境中使用，为所有用户生成不重复的顺序数字，而且不需要任何额外的 I/O 开销。在本节中将介绍如何创建序列、修改序列以及删除序列。

13.4.1　创建序列

序列的创建方法和视图的创建方法相同，只是在数据字典中保存其定义信息，并不占用实际的存储空间。创建序列的语法格式如下所示。

```
CREATE SEQUENCE sequence_name
[START WITH start]
[INCREMENT BY increment]
[MINVALUE minvalue | NOMINVALUE]
[MAXVALUE maxvalue | NOMAXVALUE]
```

```
[CACHE cache | NOCACHE]
[CYCLE | NOCYCLE]
[ORDER | NOORDER]
```

其中各个参数的含义如下所示。

❑ **sequence_name**　用来指定待创建的序列名称。

❑ **start**　用来指定序列的开始位置。在默认情况下，递增序列的起始值为 MINVALUE，递减序列的起始值为 MAXVALUE。

❑ **increment**　用来表示序列的增量。该参数值为正数，则生成一个递增序列，为负数则生成一个递减序列。其默认值为 1。

❑ **minvalue**　用来指定序列中的最小值。

❑ **maxvalue**　用来指定序列中的最大值。

❑ **CACHE | NOCACHE**　用来指定是否产生序列号预分配，并存储在内存中。

❑ **CYCLE | NOCYCLE**　用来指定当序列达到 MAXVALUE 或 MINVALUE 时，是否可复位并继续下去。如果使用 CYCLE，则如果达到极限，生成的下一个数据将分别是 MINVALUE 或者 MAXVALUE；如果使用 NOCYCLE，则如果达到极限并试图获取下一个值时，将返回一个错误。

❑ **ORDER | NOORDER**　用来指定是否可以保证生成的序列值是按顺序产生的。如果使用 ORDER，则可以保证；而如果使用 NOORDER，则只能保证序列值的惟一性，而不能保证序列值的顺序。

【练习 22】

已经创建好的 stu_table 表，存在 stuaid 和 stuname 列为了不在每次添加新记录时，stuid 列按一定的顺序自动生成，就需要创建一个名称为 sequence_id 的序列，使其 200501 从开始，每次增加 1，没有最大值，不可复位，如下所示。

```
SQL> CREATE SEQUENCE sequence_id
  2   START WITH 200501
  3   INCREMENT BY 1
  4   NOMAXVALUE
  5   NOCYCLE;
Sequence created
```

向该表中添加数据时，需要使用伪列 NEXTVAL，该伪列可以返回序列生成的下一个值，定义方法如下所示。

```
SQL> INSERT INTO stu_table VALUES(sequence_id.nextval,'陈辰');
1 row inserted
SQL> INSERT INTO stu_table VALUES(sequence_id.nextval,'李欣');
1 row inserted
```

NEXTVAL 返回序列中下一个有效的值，任何用户都可以引用；CURRVAL 中存放序列的当前值。NEXTVAL 应在 CURRVAL 之前指定，二者应该同时有效。

查看 stu_table 表，结果如下所示。

```
SQL> select * from stu_table;
```

```
    STUID           STUNAME
    -----           -------
    200501          陈辰
    200502          李欣
    200503          王旭
    200504          周科
```

13.4.2 修改序列

修改序列需要使用 ALTER SEQUENCE 语句。使用 ALTER SEQUENCE 语句，可以对定义序列的任何子句和参数进行修改，除了序列的起始值以外。如果要修改序列的起始值，则必须先删除该序列，然后重建该序列。

【练习 23】

将在创建的 sequence_id 序列中把每次的增量修改为 3，如下所示。

```
SQL> ALTER SEQUENCE sequence_id
  2  INCREMENT BY 3;
Sequence altered
```

向 stu_table 表中添加数据进行查看，如下所示。

```
SQL>  INSERT INTO stu_table VALUES(sequence_id.nextval,'李玉');
1 row inserted
SQL>  INSERT INTO stu_table VALUES(sequence_id.nextval,'张科');
1 row inserted
SQL>  INSERT INTO stu_table VALUES(sequence_id.nextval,'万斌');
1 row inserted
SQL> select * from stu_table;
STUID           STUNAME
-----           -------
200501          陈辰
200502          李欣
200503          王旭
200504          周科
200507          李玉
200510          张科
200513          万斌
7 rows selected
```

13.4.3 删除序列

删除序列需要使用 DELETE SEQUENCE 语句。

【练习 24】

将上面创建好的 sequence_id 序列删除，如下所示。

```
SQL> drop sequence sequence_id ;
Sequence dropped
```

提示

删除序列时，Oracle 只是将它的定义从数据字典中删除。

13.5 同义词

Oracle 中的同义词主要分为两种，即公有同义词和私有同义词。其中公有同义词是数据库中的所有用户都可以使用，而私有同义词只能由创建它的用户私人拥有。不过用户可以控制其他用户是否有权使用自己的同义词。

1．创建同义词

创建同义词的语法如下所示。

```
CREATE [ PUBLIC ] SYNONYM synonym_name FOR schema_object ;
```

在上述语法格式中，PUBLIC 指定创建的同义词为公有同义词。如果不使用此选项，则默认为创建私有同义词；synonym_name 为创建的同义词名称；schema_object 指定同义词所代表的对象。

【练习 25】

为 student 表创建一个公有同义词 pub_student_info，并查询该同义词中的数据，如下所示。

（1）创建一个公有同义词 pub_student_info，如下所示。

```
SQL> CREATE PUBLIC SYNONYM pub_student_info FOR student;
Synonym created
```

（2）使用该同义词查询结果，如下所示。

```
SQL>  SELECT * FROM pub_student_info;
STUID      STUNAME    STUSEX    STUBIRTH     SCORE    CLAID
-----      -------    ------    --------     -----    -----
200433     李梦        男        1984-8-12    75
200444     林静        男        1983-6-25    97
200402     宋佳        女        1984-9-7     80       1
200403     张天中      男        1983-2-21    86       2
200404     赵均        男        1985-11-13   72       2
200405     周波        男        1984-12-18   52       2
200407     张华        女        1983-12-6    118      4
200408     安宁        男        1984-9-8     94       3
200410     魏征        男        1984-4-2     90       4
200411     刘楠        女        1984-5-5     86       4
10 rows selected
```

2．删除同义词

删除同义词需要使用 DROP SYNONYM 语句，如果是公有同义词，则需要指定 PUBLIC 关键字，其语法格式如下所示。

```
DROP [ PUBLIC ] SYNONYM synonym_name ;
```

其中，synonym_name 代表需要删除同义词的名称。

【练习 26】

将已经创建的公有同义词 pub_student_info 删除，如下所示。

```
SQL> DROP PUBLIC SYNONYM pub_student_info;
Synonym dropped
```

13.6 实例应用：为学生选课系统表创建视图

13.6.1 实例目标

本课主要讲解了如何创建索引、视图、序列以及同义词。本节将综合使用索引和视图的相关知识为学生管理系统表创建索引和视图。

该数据库中主要包含如下表以及列。

❑ **Course** 表（课程信息表） 包含 Cno（课程编号）、Cname（课程名称）和 Credit（课程的学分）列。

❑ **Scores** 表（学生成绩表） 包含 Sno（学号编号）、Cno（课程编号）、和 SScore（考试成绩）列。

❑ **Student** 表（学生信息表） 包含 Sno（学号编号）、Sname（学生姓名）、SSex（学生性别）、Sbirth（出生日期）和 SAdrs（籍贯）列。

❑ **Chooice**（学生选课表） 包含 Sno（学生编号）、First（学生的必修课）和 Second(学生的选修课)列。

Student 表（学生信息表）的 Sno（学号编号）创建惟一索引。现在创建视图，在该视图中显示学生的编号、姓名、所选必修课程以及课程编号。

13.6.2 技术分析

创建视图需要使用 CREATE VIEW 语句。在创建多表关联的视图时，要注意表与表之间的关联字段。

13.6.3 实现步骤

（1）创建视图 stu_chooice_view，如下所示。

```
SQL>  CREATE OR REPLACE VIEW stu_chooice_view(学生编号,学生姓名,课程编号,所选必
修课)
  2   AS
  3   SELECT s.sno,s.sname,c.first,co.cname
  4   FROM student s,chooice c,course co
  5   WHERE s.sno=c.sno and c.first=co.cno;
View created
```

（2）查看视图，如下所示。

```
SQL> select * from stu_chooice_view;
学生编号      学生姓名       课程编号        所选必修课
------      ------       ------        --------
20100092    李兵         1094          FLASH
20100094    刘瑞         1094          FLASH
20100099    张宁         1098          C#编程基础
20110001    张伟         1101          oracle 数据库
20110002    周会         1102          JSP 课程设计
```

```
20110003     魏晨          1102 JSP 课程设计
20110012     张鹏          1104 三大框架
7 rows selected
```

13.7 拓展训练

为商品管理系统表创建视图

商场商品管理系统数据库中包含了如下几个表。

❏ **货架信息表 helf**　包含货架编号 Sno、货架名称 Sname、货架分类性质 Stype。

❏ **商品信息表 Product**　包含商品编号 Pno、商品名称 Pname、商品分类性质 Ptype、商品价格 Pprice、商品进货日期 Ptime、商品过期时间 Pdate。

❏ **分类信息表 Part**　包含商品编号 Pno、货架编号 Sno。

创建视图，要求在视图中可以显示商品的编号、商品名称、商品所在货架、商品分类性质以及商品价格。

13.8 课后练习

一、填空题

1. 视图与数据库中的表非常像，用户也可以在视图进行 INSERT、UDATE 和 DELETE 操作。通过_____修改数据时，实际上是在修改基本表中的数据。

2. 在 Oracle 数据库中，创建视图需要使用_____语句。

3. 视图是否可以更新，取决于定义视图的_____语句。通常情况下，创建视图时的查询语句越复杂，该视图可以被更新的可能性也就越小。

4. 在 Oracle 中有一些常用的索引类型有 B 树索引、位图索引、_____以及基于函数的索引等。

5. 在使用过程中，表的索引中产生越来越多的存储碎片，这些碎片会影响索引的使用效率。而通过_____可以清除索引中的存储碎片。

6. 创建索引组织表，需要使用_____子句。

7. 创建索引组织表，并且必须为该索引组织表指定_____。

8. 如果要修改序列的_____，则必须先删除该序列，然后重建该序列。

9. Oracle 中的同义词主要分为公有同义词和_____两类。

二、选择题

1. 建立序列后，首次调用序列时应该使用的伪列是_____。

　　A. ROWID

　　B. ROWNUM

　　C. NEXTVAL

　　D. CURRVAL

2. 为了禁止在视图上执行 DML 操作，建立视图时应该提供的选项是_____。

　　A. WITH CHECK OPTION

B.　WITH READ ONLY

C.　WITH READ OPTION

D.　READ ONLY

3.　在下列各选项中，对序列的描述不正确的是_____

A.　序列是 Oracle 提供的用于产生一系列惟一数字的数据库对象

B.　序列并不占用实际的存储空间

C.　使用序列时，需要用到序列的两个伪列 NEXTVAL 与 CURRVAL。其中 NEXTVAL 将返回序列生成的下一个值，而 CURRVAL 返回序列的当前值

D.　在任何时候都可以使用序列的伪列 CURRVAL，可以返回当前序列值

4.　以下_____子句是表示创建惟一索引。

A.　CREATE UNIQUE INDEX index_name on table_name(column);

B.　CREATE INDEX index_name on table_name(column);

C.　CREATE INDEX index_name on table_name(column)REVERSE;

D.　CREATE BITMAP INDEX index_name on table_name(column)TABLESPQCE USERS;

5.　以下_____子句是表示创建反向键索引。

A.　CREATE UNIQUE INDEX index_name on table_name(column);

B.　CREATE INDEX index_name on table_name(column);

C.　CREATE INDEX index_name on table_name(column)REVERSE;

D.　CREATE BITMAP INDEX index_name on table_name(column)TABLESPQCE USERS;

6.　以下_____子句是表示创建位图索引。

A.　CREATE UNIQUE INDEX index_name on table_name(column);

B.　CREATE INDEX index_name on table_name(column);

C.　CREATE INDEX index_name on table_name(column)REVERSE;

D.　CREATE BITMAP INDEX index_name on table_name(column)TABLESPQCE USERS;

三、简答题

1.　简述创建视图的方法以及优点。

2.　解释不同的索引类型有不同的区别。

3.　简述创建索引组织表的方法。

4.　简述溢出存储的功能。

5.　序列中的 NEXTVAL 与 CURRVAL 有什么区别？

6.　同义词主要包含哪几种？主要区别是什么？

第 14 课
管理 Oracle 中的特殊表

在 Oracle 数据库中的模式对象除了表、视图、索引、同义词和序列之外，还包含了一些具有特殊功能的表，像分区表可以将表的数据进行分布式存储，外部表允许读取外部文件中的数据等。本课将详细介绍 Oracle 中的这些特殊表，包括分区表、簇表、临时表和外部表。

本课学习目标：

- ❑ 理解分区表的概念及逻辑结构
- ❑ 掌握不同类型分区表的创建
- ❑ 了解分区表索引的创建
- ❑ 掌握分区表的增加、合并和删除操作
- ❑ 了解簇和簇表的创建
- ❑ 掌握簇的修改和删除操作
- ❑ 了解临时表的优缺点
- ❑ 熟悉临时表的使用方法
- ❑ 熟练掌握外部表的创建
- ❑ 掌握创建外部表时处理错误的方法

14.1 分区表

在大型的数据库应用中，需要处理的数据量可能达到几十到几百 GB，甚至达到 TB 级。如果每次搜索时都对全表进行扫描，显然会很耗费时间，也降低系统的效率。Oracle 允许对一个表进行分区，即把大表分解为更容易管理的分区块，按照不同的分区规则可以分布在不同的磁盘上。

在实际应用中，对分区表的操作是在独立的分区上，但是对用户而言，分区表的使用方法非常简单，下面将详细介绍分区表的内容。

14.1.1 什么是分区表

分区表是 Oracle 中的一个逻辑概念，即用户虽然操作的是一个表，而实际上 Oracle 会到不同的分区去搜索数据。而且分区表对用户而言是透明的，即用户看不到分区的存在，分区由 Oracle 进行管理。

假设一个公司有很多子公司分布在不同的区域，而建立了一个具有相同属性的表，这个表又是每个子公司需要的，此时这个表就可以设计为分区表。如图 14-1 所示了分区表的逻辑模型。

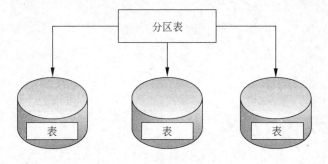

图 14-1　分区表的逻辑模型

在图 14-1 所示的分区表由三个分区块组成，每个分区块都是分区表的一部分，当操作分区表时不同用户可以同时操作一个分区表的不同分区块中的数据。

分区表主要有以下几个优点。

❏ **增强可用性**　表的某个分区出现故障，不影响其他分区的数据使用。

❏ **维护方便**　如果表的某个分区出现故障，修复该分区即可。

❏ **均衡 I/O**　可以将不同的分区映射到磁盘以平衡 I/O，从而改善整个系统性能。

❏ **改善查询性能**　可以仅搜索某一个分区，从而提高查询性能。

在考虑是否对一个表进行分区时，需要考虑如下几点。

❏ 如果一个表的大小超过了 2GB，通常会对它进行分区。

❏ 如果要对一个表进行并行 DML 操作，则必须对它进行分区。

❏ 如果为了平衡硬盘 I/O 操作，需要将一个表分散存储在不同的表空间中，这时就必须对表进行分区。

❏ 如果需要将表的一部分设置为只读，而另一部分设置为可更新的，则必须以它进行分区。

在对表进行分区后，每一个分区都具有相同的逻辑属性。例如，各个分区都具有相同的字段名、数据类型和约束等。而各个分区的物理属性可以不同。例如，各个分区可以具有不同的存储参数，或者位于不同的表空间中。

如果对表进行了分区，表中的每一条记录都必须明确地属于某一个分区。记录应当属于哪一个分区是由记录中分区字段的值决定的。分区字段可以是表中的一个字段或多个字段的组合，可以在创建分区表时确定。在对分区表执行插入、删除或更新等操作时，Oracle 会自动根据分区字段的值来选择所使用的分区。分区字段由 1~16 个字母以某种顺序组成，但不能包含 ROWID 伪列，也不能包含全为 NULL 值的字段。

14.1.2 创建分区表

根据表分区方法的不同，Oracle 支持四种类型的分区表分别是：范围分区、列表分区、哈希分区和复合分区，下面详细介绍每种类型的创建方法。

1. 范围分区

范围分区适用于数字和日期类型数据，它根据用户创建分区时指定的数据范围进行分区，并将数据映射到不同的分区。

在使用范围分区时应该注意以下规则。

❏ 定义分区必须使用 VALUES LESS THAN 子句定义分区的标识上限，即分区数据大于或者等于此标识的数据将存储到下一个分区。

❏ 除了第一个分区外，其他分区都有一个隐含的下限，该下限由上一个分区的 VALUES LESS THAN 子句指定。

❏ 使用 MAXVALUES 关键字修饰最大分区，该关键字表示一个无穷大值，用来标识大于所有分区标识的数据。

创建范围分区需要使用 PARTITION BY RANGE 子句，其语法格式如下所示。

```
PARTITION BY RANGE(column_name)
(
PARTITION part1 VALUES LESS THAN (range1) [TABLESPACE tbs1],
PARTITION part2 VALUES less than (range2) [TABLESPACE tbs2],
……
PARTITION partn VALUES less than (MAXVALUE) [TABLESPACE tbsN]
);
```

在上述语法中，column_name 是需要创建范围分区的列名；part1...partN 是分区的名称；range1...MAXVALUE 是分区的边界值；tbs1...tbsN 是分区所在的表空间，TABLESPACE 子句是可选项。

【练习 1】

例如，有一个人员信息表 PEOPLE，该表中有一列 AGE 表示年龄。现在创建表 PEOPLE，并根据 AGE 列值的大小进行分区，如下所示。

```
SQL> create table PEOPLE(
  2  id number primary key,
  3  name varchar2(8),
  4  age number)
  5  partition by range(age)
  6  (
  7  partition baby values less than(3),
  8  partition children values less than(8),
  9  partition young values less than(16),
 10  partition youth values less than(30),
```

```
 11  partition adult values less than(maxvalue)
 12  );

Table created
```

上面在创建表 PEOPLE 时，使用 PARTITION BY RANGE 子句指定按 AGE 列进行范围分区，并按照值的大小将表分为五个区分别为：baby、children、young、youth 和 adult。VALUES LESS THAN 子句用来指定分区的上限（不包含该上限）；MAXVALUE 关键字用来表示分区中可能的最大值，一般用于设置最后一个分区的上限。

下面向 PEOPLE 表中添加一些数据，语句如下所示。

```
SQL> INSERT INTO PEOPLE VALUES(1,'宝宝',2);
SQL> INSERT INTO PEOPLE VALUES(2,'儿童',5);
SQL> INSERT INTO PEOPLE VALUES(3,'少年',16);
SQL> INSERT INTO PEOPLE VALUES(4,'青年',30);
SQL> INSERT INTO PEOPLE VALUES(5,'成年',40);
```

使用 SELECT 查询 PEOPLE 表中的所有数据，语句如下所示。

```
SQL> select * from people;

    ID      NAME        AGE
--------- ------- -----------
     1     宝宝          2
     2     儿童          5
     3     少年         16
     4     青年         30
     5     成年         40
```

接下来查询最后一个分区，即 adult 分区中存储的表数据，语句如下所示。

```
SQL> select * from people partition(adult);

    ID      NAME      AGE
--------- ------- ----------
     4     青年        30
     5     成年        40
```

从查询结果中可以发现，30 这个值并没有被包含到 youth 分区中。这说明分区的取值范围中，不包括 VALUES LESS THAN 子句所指定的上限值。

2. 列表分区

列表分区是基于特定值的列表对表进行分区。列表分区适用于分区列的值为非数字或日期数据类型，并且分区列的取值范围较少时使用。创建列表分区需要使用 PARTITION BY LIST 子句。

 提示

> 进行列表分区时，需要为每个分区指定一个取值列表，分区列的取值处于同一个列表中的行将被存储到同一个分区中。

【练习 2】

例如，有一个客户信息表 kehu，该表中有一列 city 表示客户所在城市的名称。现在创建表，并根据 city 列的值进行列表分区，如下所示。

```
SQL>  create table kehu(
  2  id number primary key,
  3  name varchar2(8),
  4  city varchar2(10))
  5  partition by list(city)
  6  (
  7  partition henan values('zhengzhou','anyang','kaifeng','luoyang'),
  8  partition hubei values('wuhan','xianyang','jingmen'),
  9  partition sichuan values('chengdu','luzhou'),
 10  partition other values(default)
 11  );
```

上面在创建 kehu 表时，使用 PARTITION BY list 子句指定按 city 列进行列表分区，并按照 city 值的内容将表分为四个区分别为：henan、hubei、sichuan 和 other。

下面向 kehu 表中添加一些数据，语句如下所示。

```
SQL> INSERT INTO KEHU VALUES(1,'祝红涛','anyang');
SQL> INSERT INTO KEHU VALUES(2,'侯霞','chengdu');
SQL> INSERT INTO KEHU VALUES(3,'张丽','changsa');
SQL> INSERT INTO KEHU VALUES(4,'刘杰辉','chengdu');
SQL> INSERT INTO KEHU VALUES(5,'马兵','beijing');
SQL> INSERT INTO KEHU VALUES(6,'李晶晶','wuhan');
```

接下来查询在 henan 分区中的客户信息，语句如下所示。

```
SQL> select * from kehu partition(henan);

  ID    NAME        CITY
------- ---------- ----------
   1    祝红涛       anyang
```

再查询 other 分区中的客户信息，语句如下所示。

```
SQL> select * from kehu partition(other);

  ID    NAME        CITY
------- ---------- -----------
   3    张丽         changsa
   5    马兵         beijing
```

从上述结果中可以看到，如果指定的值不在 VALUES 的列表中将被划分到 default 分区中。

3．哈希分区

哈希分区是通过 HASH 算法均匀分布数据的一种分区类型，目的主要是实现分区平衡。创建哈希分区需要使用 PARTITION BY HASH 子句，其语法格式如下所示。

```
PARTITION BY HASH(column_name)
PARTITIONS number_of_partitions [STORE IN (tablespace_list)];
```

或

```
PARTITION BY HASH(column_name)
(
```

```
PARTITION part1 [TABLESPACE tbs1],
PARTITION part2 [TABLESPACE tbs2],
...
PARTITION partN [TABLESPACE tbsN]);
```

在上述语法格式中，column_name 代表需要创建哈希分区的列名；number_of_partitions 是哈希分区的数目，使用这种方法系统会自动生成分区的名称。tablespace_list 指定分区使用的表空间，如果分区数目比表空间的数目多，分区将会以循环的方式分配到表空间中。part1...partN 是分区的名称。tbs1...tbsN 是分区所在的表空间，TABLESPACE 子句是可选项。

【练习 3】

假设要创建一个哈希分区的 book 表，使用 PARTITION BY HASH 子句的实现如下所示。

```
SQL> CREATE TABLE book(
  2      bid NUMBER(4),
  3      bookname VARCHAR2(30),
  4      bookprice NUMBER(4,2),
  5      booktime DATE
  6  )PARTITION BY HASH(bid)(
  7      partition part1 tablespace mytemp1,
  8      partition part2 tablespace mytemp2
  9  );
```

创建 book 表后，将会根据表中的 bid 列将添加的数据均匀分布到 part1 和 part2 分区。这两个分区分别存储在 mytemp1 和 mytemp2 表空间中。

提示

> 使用 HASH 分区表可以使表中的数据得到均匀的分配，有助于在某些高并发性的应用程序中消除数据块冲突。

4. 复合分区

复合分区首先根据范围进行表分区，然后使用列表方式或者哈希方式创建子分区。使用复合分区实现了对分区表更精细的管理，既可以发挥范围分区的可管理优势，也可以发挥哈希分区的数据分布、条带化和并行化的优势。

【练习 4】

下面的示例语句在创建订单表 sale_orders 时使用了复合分区。

```
SQL> create table sale_orders(
  2      id number primary key,
  3      empid number,
  4      pdtid number,
  5      amount number,
  6      price number(3,2),
  7      saledate date
  8  )
  9  partition by range(saledate)
 10      subpartition by hash(id)
 11      subpartition template(
 12      subpartition sp1 tablespace subspace1,
 13      subpartition sp2 tablespace subspace2,
 14      subpartition sp3 tablespace subspace3
```

```
15    )
16    (
17        partition spring2013 values less than(to_date('04/01/2013','MM/DD/YYYY')),
18        partition summer2013 values less than(to_date('07/01/2013','MM/DD/YYYY')),
19        partition autumn2013 values less than(to_date('09/01/2013','MM/DD/YYYY')),
20        partition winter2013 values less than(maxvalue)
21    );
```

执行后 sale_orders 就是一个复合分区表，其中首先按照 saledate 列（销售日期）进行范围分区，然后按照 id 列（订单编号）创建哈希分区。在子分区中将根据 id 列的值平均分布在 sp1、sp2 和 sp3 分区。

14.1.3　创建分区表索引

在 Oracle 11g 中根据对索引进行分区目的的不同，可以分为三种分区表索引分别是：局部分区索引、全局分区索引和全局非分区索引。

1. 局部分区索引

局部分区索引是指为分区表的各个分区单独建立的索引，各个分区索引之间是相互独立的。为分区表创建局部分区索引后，Oracle 将会自动对表的分区和索引的分区进行同步管理。局部分区索引与分区表的对应关系如图 14-2 所示。

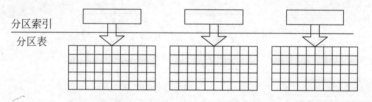

图 14-2　局部分区索引与分区表的对应关系

【练习 5】

创建局部分区索引，需要在 CREATE INDEX 语句中使用 LOCAL 关键字。假设要对练习 1 中 PEOPLE 分区表创建局部分区索引，语句如下所示。

```
SQL> create index people_index
  2 on people (name) local
  3 (
  4 partition index1 tablespace mytemp1,
  5 partition index2 tablespace mytemp2,
  6 partition index3 tablespace mytemp3
  7 );
索引已创建。
```

> **注意**
> 如果为分区表添加新的分区，Oracle 会自动为新分区建立新的索引；如果表的分区还存在，则用户不能删除其所对应的索引分区；如果删除表的分区，则系统会自动删除其所对应的索引分区。

2. 全局分区索引

全局分区索引是指对整个分区表建立的索引，Oracle 会对索引进行分区。全局分区索引的各个分区之间不是相互独立的，分区索引和分区表之间也不是简单的一对一关系。全局分区索引与分区表的对应关系如图 14-3 所示。

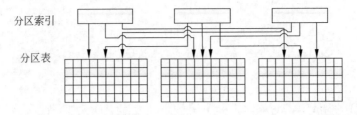

分区索引

分区表

图 14-3　全局分区索引与分区表的对应关系

【练习 6】

建立全局分区索引，需要在 CREATE INDEX 语句中使用 GLOBAL 关键字，而且只能针对 RANGE 分区进行。

假设要对练习 1 中 PEOPLE 分区表创建全局分区索引，语句如下所示。

```
SQL> create index people_global_index
  2 on people(age)
  3 global partition by range(age)
  4 (
  5 partition baby values less than(3) tablespace mytemp1,
  6 partition children values less than(8) tablespace mytemp2,
  7 partition young values less than(16) tablespace mytemp3,
  8 partition youth values less than(30) tablespace mytemp4,
  9 partition adult values less than(maxvalue) tablespace mytemp5
 10 );
索引已创建。
```

3．全局非分区索引

全局非分区索引是指对整个分区表建立的索引，但是未对索引进行分区。全局非分区索引与分区表的对应关系如图 14-4 所示。

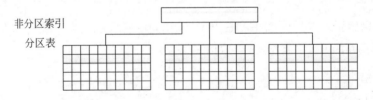

非分区索引

分区表

图 14-4　全局非分区索引与分区表的对应关系

【练习 7】

假设要对练习 1 中 PEOPLE 分区表创建全局非分区索引，语句如下所示。

```
SQL> create index people_nopart_index
  2 on people(id);
索引已创建。
```

▌14.1.4　增加分区表

增加表分区适应于所有的分区表类型，其语法如下所示。

```
ALTER TABLE table_name ADD PARTITION ...
```

但是对于范围分区表和列表分区表，由于在分区时指定了范围值，因此在增加分区时需要注意以下两点。

- ❏ 在最后一个分区之后增加分区，分区值必须大于当前分区中的最大值。
- ❏ 如果当前存在 MAXVALUE 或 DEFAULT 值的分区，那么在增加分区时会出现错误。这种情况只能采用分隔分区的方法，具体来说是指定 SPLIT PARTITION 子句。

1．为范围分区表增加分区

为范围分区表增加分区可以分为三种情况：在最后一个分区之后、分区中间和开始处增加分区。

（1）在最后一个分区之后增加分区

为范围分区表增加分区时，如果是在最后一个分区之后增加分区，根据最后一个分区的分区值是否为 MAXVALUE，可以使用两种不同的实现方式。

【练习 8】

为练习 1 中的 PEOPLE 表增加一个分区，由于创建该表时指定了 MAXVALUE 值，那么需要使用 SPLIT PARTITION 子句，语句如下所示。

```
SQL> alter table people split partition adult at(60)
  2  into
  3  (partition adult,
  4  partition older
  5  );
表已更改。
```

在上述语句中使用 60 为分界点，将原来的 adult 分为 adult 和 older 两个分区。

【练习 9】

如果创建的分区表中没有指定 MAXVALUE 值，那么在添加分区时需要使用 ADD PARTITION 子句。下面创建一个范围分区表表 UserReg，在创建过程中该分区表中的最后一个分区不使用 MAXVALUE 关键字，且在最后一个分区之后增加分区，如下所示。

```
SQL> CREATE TABLE UserReg(
  2  id number,
  3  name varchar2(10),
  4  pass varchar2(10),
  5  age number)
  6  PARTITION BY RANGE(age)
  7  (
  8  PARTITION user1 VALUES less than (18),
  9  PARTITION user2 VALUES less than (30),
 10  PARTITION user3 VALUES less than (50)
 11  );
表已创建。
```

接着添加分区，如下所示。

```
SQL> ALTER TABLE UserReg ADD PARTITION
  2  user4 VALUES less than (60);
表已更改。
```

从上述语句中可以看出，分区 user4 已经增加成功。

注意　在最后一个分区之后增加分区时，指定的 VALUES 值要大于当前分区中的最大值，否则会出现错误信息。

（2）在分区中间或开始处增加分区

这种情况可以直接使用 SPLIT PARTITION 子句向已有的分区中间或开始处增加分区。

【练习 10】

在练习 9 的 UserReg 表分区开始增加一个分区，语句如下所示。

```
SQL> ALTER TABLE userreg
  2     SPLIT PARTITION user1 AT (9)
  3     INTO (PARTITION user0, PARTITION user1);

表已更改。
```

上面在 UserReg 表的 user1 分区中使用 9 为分隔点，将 user1 分为 user0 和 user1，从而达到增加一个分区的目的。

2．为哈希分区表增加分区

为哈希分区表增加分区，只需要使用带有 ADD PARTITION 的 ALTER TABEL 语句即可。

【练习 11】

在练习 3 创建的哈希分区表 book 中添加一个分区，语句如下所示。

```
SQL> ALTER TABLE book
  2  ADD PARTITION part3 TABLESPACE mytemp3;

表已更改。
```

为哈希分区表增加分区后，Oracle 会将数据重新分配，将一部分数据自动分配到新区中。

3．为列表分区表增加分区

为列表分区表新增加一个分区，方法与创建列表分区时一样需要为分区使用 VALUES 子句指定取值列表。

【练习 12】

在练习 2 创建的列表分区表 kehu 中添加一个分区，语句如下所示。

```
SQL> ALTER TABLE kehu
  2  ADD PARTITION guangdong VALUES('guangzhou', 'shenzhen', 'zhongshan', 'huizhou');

表已更改。
```

14.1.5 合并分区表

假设要合并一个表中的几个分区，可以使用带 MERGE PARTITION 的 ALTER TABLE 语句。

【练习 13】

例如，要合并练习 1 范围分区表 people 中的 adult 和 older 分区为 adult，语句如下所示。

```
SQL> ALTER TABLE people
  2  MERGE PARTITIONS adult,older
  3  INTO PARTITION adult;
表已更改。
```

14.1.6 删除分区表

删除表分区的方法是使用带有 DROP PARTITION 的 ALTER TABL 语句。

【练习 14】

假设要删除 people 中的 adult 分区，语句如下所示。

```
SQL> ALTER TABLE people
  2  DROP PARTITION adult;
表已更改。
```

14.2　簇表

簇由一组共享相同数据块的多个表组成，它将这些表的相关行一起存储到相同数据块中，这样可以减少查询数据所需的磁盘读取量。在簇中创建的表称为簇表。

建立簇和簇表的顺序是：簇、簇表、数据以及簇索引，下面首先介绍如何创建簇。

14.2.1　创建簇

创建簇的语句是 CREATE CLUSTER，其语法如下所示。

```
CREATE CLUSTER cluster_name(column data_type[,column data_type] …)
[PCTUSED 40 | integer]
[PCTFREE 10 | integer]
[SIZE integer]
[INITRANS 1 | integer]
[MAXTRANS 255 | integer]
[TABLESPACE tablespace_name]
[STORAGE storage]
```

在上述语法格式中，cluster_name 表示所创建的簇的名称，column 表示对簇中的表进行聚簇存储的字段，data_type 表示该字段的类型。

【练习 15】

创建一个名称为 MyCluster1 的簇，并指定通过 id 字段对簇中的表进行聚簇存储，语句如下所示。

```
SQL> create cluster MyCluster1(id number)
  2  pctused 60
  3  pctfree 10
  4  size 1024
  5  storage(
  6    initial 128
  7    minextents 2
  8    maxextents 20
  9  );
簇已创建。
```

在上述代码中，SIZE 子句用来为聚簇字段提供指定的数据块数量。

> **提示**
> 如果用户在自己的模式中创建簇和簇表，则必须具有 CREATE CLUSTER 权限和 UNLIMITED TABLESPACE 系统权限；如果在其他模式中创建簇，还必须具有 CREATE ANY CLUSTER 系统权限。

14.2.2　创建簇表

上一小节介绍了创建簇的方法,创建簇表需要使用 CLUSTER 子句来指定所使用的簇和簇字段。

【练习 16】

创建一个名称为 clu_student 的簇表,在创建的过程中使用 CLUSTER 子句指定所使用的簇为 MyCluster1,使用的簇字段为 id,语句如下所示。

```
SQL> create table clu_student(
  2  id number,
  3  name varchar2(10),
  4  email varchar(50),
  5  qq varchar(12)
  6  )
  7  cluster mycluster1(id);
表已创建。
```

提示

如果没有为簇建立索引之前向簇表中添加记录,就会出现"聚簇表无法在簇索引建立之前使用"错误。

14.2.3　创建簇索引

簇索引与普通索引一样需要具有独立的存储空间,但它与簇表不同,并不存在于簇中。创建簇索引的语法格式如下所示。

```
CREATE INDEX index_name
ON CLUSTER clu_name;
```

在上述语法格式中,index_name 表示创建簇索引的名称,clu_name 表示所创建簇的名称。

【练习 17】

为前面创建的 MyCluster1 簇添加一个簇索引 cluster_index,语句如下所示。

```
SQL> CREATE INDEX cluster_index
  2  ON CLUSTER MyCluster1;
索引已创建。
```

14.2.4　修改簇

修改簇主要是指修改创建簇时指定的属性值,包含物理存储属性、存储簇键值的所有行所需空间的平均值 SIZE 以及默认的并行度。其中物理存储属性包括 PCTFREE、PCTUSED、INITRANS、MAXTRANS 和 STORAGE。

【练习 18】

假设要修改 MyCluster1 簇中的参数 PCTUSED 和 PCTFREE 的值分别修改为 70 和 30。语句如下所示。

```
SQL> ALTER CLUSTER MyCluster1
  2  PCTUSED 70
  3  PCTFREE 30;
簇已变更。
```

14.2.5　删除簇

簇的删除分为两种情况：一种是删除不包含簇表的簇，即一个空簇；另一种是删除包含簇表的簇。

1．删除空簇

当一个簇中不包含簇表时，可以直接使用 DROP CLUSTER 语句删除该簇。

【练习 19】

创建一个用于测试的簇 testcluster，语句如下所示。

```
SQL> CREATE CLUSTER testcluster(id number);
簇已创建。
```

假设要删除 testcluster 簇，可用如下语句：

```
SQL> DROP CLUSTER testcluster;
簇已删除。
```

2．删除含有簇表的簇

当要删除包含有簇表的簇时，需要在 DROP CLUSTER 语句中添加 INCLUDING DATA 关键字。此时使用该簇的所有簇表会随之删除。

【练习 20】

删除已经包含簇表的簇 MyCluster1，如下所示。

```
SQL> DROP CLUSTER MyCluster1 INCLUDING TABLES;
簇已删除。
```

14.3　临时表

临时表是 Oracle 中的"静态"表，它与普通的数据表一样被数据库保存，并且从创建开始直到被删除期间一直是有效的，被作为模式对象存在于数据字典中。通过这种方法，可以避免每当用户应用中需要使用临时表存储数据时必须重新创建临时表。

14.3.1　临时表简介

临时表与其他类型表的区别包括以下四点。

（1）临时表只有在用户向表中添加数据时，才会为其分配存储空间；而其他类型的表则在使用 CREATE TABLE 语句执行之后就分配一个盘区。

（2）为临时表分配的空间是来自临时表空间，从而避免了与永久对象争用存储空间。

（3）临时表中存储数据也是以事务或者会话为基础。

（4）建立在临时表上的索引、视图等也是临时的，也是只对当前会话或者事务有效。

临时表中存储的数据只在当前事务处理或者会话进行期间有效，因此临时表主要分为以下两种。

（1）事务级别的临时表

创建事务级别临时表，需要使用 ON COMMIT DELETE ROWS 子句。事务级别临时表的记录会在每次提交事务后被自动删除。

（2）会话级别的临时表

创建会话级别临时表，需要使用 ON COMMIT PRESERVE ROWS 子句。会话级别临时表的记录会在用户与服务器断开连接后自动删除。

14.3.2 创建临时表

在 Oracle 中可以使用 CREATE GLOBAL TEMPORARY TABLE 语句创建临时表，临时表中数据的保存时间可以通过 ON COMMIT 子句来控制。

1. 创建事务级别临时表

创建临时表时指定 ON COMMIT DELETE ROWS 子句，则表示创建的临时表是事物级别临时表，语法如下所示。

```
CREATE GLOBAL TEMPORARY TABLE table_name (
    column_name data_type , [column_name data_type , … ]
) ON COMMIT DELETE ROWS;
```

提示

在创建临时表时，如果不指定 ON COMMIT 子句，则创建的临时表默认为事务级别的临时表。

【练习 21】

创建一个事务级别临时表 class_temptable，并指定字段和字段的数据类型，语句如下所示。

```
SQL> create global temporary table class_temptable
  2  (
  3  claid number(4) not null,
  4  claname varchar2(10) not null,
  5  clateacher varchar2(10)
  6  )on commit delete rows;

表已创建。
```

2. 创建会话级别临时表

在创建临时表时，如果指定 ON COMMIT PRESERVE ROWS 子句则表示创建的临时表是会话级别临时表，语法如下所示。

```
CREATE GLOBAL TEMPORARY TABLE table_name (
    column_name data_type , [column_name data_type , … ]
) ON COMMIT PRESERVE ROWS;
```

【练习 22】

同样以创建 class_temptable 表为例，创建会话级别临时表的语句如下所示。

```
SQL> create global temporary table class_temptable
  2  (
  3  claid number(4) not null,
  4  claname varchar2(10) not null,
  5  clateacher varchar2(10)
  6  )on commit preserve rows;

表已创建。
```

14.3.3　使用临时表

临时表的使用方法与堆表的使用方法相同，都可以执行 SELECT 语句、INSERT 语句等。以下使用前面创建的临时表 class_temptable 执行相应的操作。

【练习 23】

使用 INSERT 语句向 class_temptable 表中添加一条记录数据，如下所示。

```
SQL> INSERT INTO class_temptable VALUES(1,'Oracle班','祝红涛');
已创建 1 行。
```

使用 SELECT 语句检索 temp_student 表中的记录信息，如下所示。

```
SQL> SELECT * FROM class_temptable;

CLAID   CLANAME     CLATEACHER
-----   ----------  -------------
  1     Oracle班     祝红涛
```

接下来使用 COMMIT 命令提交事务，然后再检索 temp_student 表中的记录，如下所示。

```
SQL> commit;
提交完成。
SQL> SELECT * FROM temp_student;
未选定行
```

可以发现当运行 COMMIT 命令提交事务之后，临时表 temp_student 中的内容被清空，但是表还存在。

> **注意**
> 向事务级别的临时表中添加数据后，如果不执行事务提交，而是断开然后重新连接数据库，表中的记录数据也被清除。

上面介绍的是事务级临时表的使用。而会话级别的临时表中的数据，当用户退出会话结束时，Oracle 自动清除该临时表中的数据。

【练习 24】

使用练习 22 的代码创建会话级别的临时表 class_temptable。使用 INSERT 语句向 class_temptable 表中添加一条记录数据，如下所示。

```
SQL> INSERT INTO class_temptable VALUES(1,'数据库班','祝悦桐');
已创建 1 行。
```

使用 SELECT 语句检索 class_temptable 表中的记录数据，如下所示。

```
SQL> SELECT * FROM class_temptable;
CLAID   CLANAME     CLATEACHER
------  ----------  -------------
  1     数据库班     祝悦桐
```

使用 COMMIT 命令提交事务，然后再检索 class_temptable 表中的数据，发现表中的数据还在，如下所示。

```
SQL> commit;
```

```
提交完成。
SQL> SELECT * FROM class_temptable;

CLAID     CLANAME      CLATEACHER
------    ---------    --------------

  1       数据库班      祝悦桐
```

如果断开数据库连接，然后重新连接数据库。这时再检索 class_temptable 表中的数据，会发现该表中的记录数据已经被清除。

(提)(示)

> 会话级别的临时表，在执行事务提交后，表中的数据不会被清除，只有在当前会话结束后才会被清除；而事务级别的临时表，在执行事务提交或者结束当前会话时，表中的数据都会被清除。

▌14.3.4 删除临时表

删除临时表的操作和删除堆表的操作是一样的，都是使用 DROP TABLE 语句。删除该表后，该表的相关内容也从 user_tables 视图中删除。

【练习 25】

删除前面所创建的临时表 class_temptable，语句如下所示。

```
SQL> DROP TABLE class_temptable;

表已删除。
```

14.4 外部表

所谓外部表是指在数据库以外使用文件系统存储数据的只读表。也就是说，外部表所要读取的数据存储在 Oracle 数据库外部的文件中，并且只能读取这些数据，不能进行写入数据。

▌14.4.1 使用外部表读取外部文件

在 Oracle 中可以很容易地将一个格式化的文本文件虚拟成数据库的表，并且可以使用 SELECT 语句访问表中的数据。

创建外部表需要在 CREATE TABLE 语句中添加 ORGANIZATION EXTERNAL 子句，并在子句中指定下面所示的一些选项。

❑ **TYPE** 用来指定访问外部表数据文件时所使用的访问驱动程序，该程序可以将数据从它们最初的格式转换为可以向服务器提供的格式。Oracle 提供的默认访问驱动程序是 ORACLE_LOADER。

(提)(示)

> 使用驱动程序转换源数据文件中数据的格式，目的是为了方便数据库读取其中的数据。

❑ **DEFAULT DIRECTORY** 用来指定所使用的目录对象，该目录对象指向外部数据文件所在目录。

❑ **LOCATION** 用来指定源数据文件。

❑ **ACCESS PARAMETERS** 用来设置访问驱动程序进行数据格式转换时的参数。

❑ **FIELDS TERMINATED BY** 用来指定字段之间的分隔符。

【练习 26】

下面通过一个实例讲解 Oracle 如何实现读取外部文件的操作。

（1）使用外部表对外部文件执行读取操作之前，首先创建外部文件。在 E 盘根目录下创建一个记录学生信息的文件 student.csv，文件内容如图 14-5 所示。

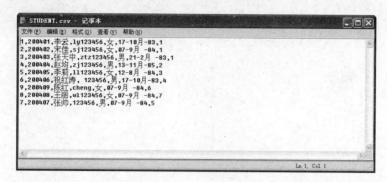

图 14-5　student.csv 文件

上述 student.csv 文件的每一行记录中，不同列之间的内容使用英文逗号","隔开；如果文件中的内容需要使用日期，必须使用 DD-MON-YY 格式。

（2）创建一个目录对象，该目录对象将作为操作系统文件系统上目录的别名，用来指向数据文件位置的目录。要创建目录对象，登录用户必须具有 CREATE ANY DIRECTORY 权限。创建目录的内容如下所示。

```
SQL> CREATE DIRECTORY dir_student AS 'E:\';
目录已创建。
```

上面创建了一个名为 dir_student 的目录，该目录指向操作系统 E 盘根目录，也就是 student.csv 文件所在的目录。

（3）接下来创建外部表。创建外部表需要使用添加 ORGANIZATION EXTERNAL 的 CREATE TABLE 语句。

从 student.csv 文件中创建外部表 students 的语句如下所示。

```
SQL> create table students(
  2  stuid number(2),
  3  stunumber varchar2(8),
  4  stuname varchar2(20),
  5  stupassword varchar2(20),
  6  stusex varchar2(4),
  7  stubirthday varchar2(20),
  8  claid number(2)
  9  )
 10  organization external(
 11    type oracle_loader
 12    default directory dir_student
 13    access parameters(
 14      records delimited by newline
 15      fields terminated by ','
 16    )
 17    location('STUDENT.csv')
```

```
18  );
表已创建。
```

（4）使用 SELECT 语句查询外部表 students 中的数据，如下所示。

```
SQL> select * from students;
```

STUID	STUNUMBER	STUNAME	STUPASSWORD	STUSEX	STUBIRTHDAY	CLAID
1	200401	李云	ly123456	女	17-10 月-83	1
2	200402	宋佳	sj123456	女	07-9 月 -84	1
3	200403	张天中	ztz123456	男	21-2 月 -83	1
4	200404	赵均	zj123456	男	13-11 月-85	2
5	200405	李莉	ll123456	女	12-8 月 -84	3
6	200406	祝红涛	123456	男	17-10 月-83	4
7	200407	张帅	123456	男	07-9 月 -84	5
8	200408	王丽	wl123456	女	07-9 月 -84	7
9	200409	陈红	cheng	女	07-9 月 -84	6

▎14.4.2　使用 REJECT LIMIT 子句

将外部文件中的数据作为外部表时，文件中的任何错误都会导致外部表无法使用。例如，在外部文件中的数据为字符型，而创建外部表时却指定为数字型，这就会导致数据类型转换出错。

为了避免类似错误的发生，Oracle 允许在创建外部表时使用 REJECT LIMIT 子句指定在数据类型的转换期间允许出现的错误个数。

【练习 27】

下面通过实例介绍使用 REJECT LIMIT 子句处理外部表中出现的数据类型转换错误。

（1）使用 student.csv 创建外部表 students1，并在创建时将 STUBIRTHDAY 列作为 date 类型，语句如下所示。

```
SQL> create table students1(
  2  stuid number(2),
  3  stunumber varchar2(8),
  4  stuname varchar2(20),
  5  stupassword varchar2(20),
  6  stusex varchar2(4),
  7  stubirthday date,
  8  claid number(2)
  9  )
 10  organization external(
 11   type oracle_loader
 12    default directory dir_student
 13    access parameters(
```

```
14      records delimited by newline
15      fields terminated by ','
16    )
17    location('STUDENT.csv')
18  );
```

表已创建。

（2）使用 SELECT 语句查询 students1 表时将会出现类型转换错误，如下所示。

```
SQL> select * from students1;

select * from students1

ORA-29913: 执行 ODCIEXTTABLEFETCH 调出时出错
ORA-30653: 已达到拒绝限制值
```

上述语句执行后会看到错误信息，这是因为默认情况下，允许出现的错误个数为 0。所以错误内容为"已达到拒绝限制值"。

（3）接下来重新创建 students1 表，为其添加 REJECT LIMIT UNLIMITED 子句来指定忽略所有数量的错误，语句如下所示。

```
SQL> create table students1(
  2  stuid number(2),
  3  stunumber varchar2(8),
  4  stuname varchar2(20),
  5  stupassword varchar2(20),
  6  stusex varchar2(4),
  7  stubirthday date,
  8  claid number(2)
  9  )
 10  organization external(
 11   type oracle_loader
 12    default directory dir_student
 13    access parameters(
 14      records delimited by newline
 15      fields terminated by ','
 16    )
 17    location('STUDENT.csv')
 18  )REJECT LIMIT UNLIMITED;
表已创建。
```

（4）再次使用 SELECT 语句查询 students1 表的内容，语句如下所示。

```
SQL> SELECT * FROM students1;


未选定行
```

从查询结果可以看出，Oracle 不再提示错误，但是返回 0 行数据。这是因为虽然允许出现无数个错误，但如果数据类型转换失败，源文件数据还是无法被读取到表的相应列中。

（5）如果对外部文件中的内容进行修改，使得数据类型符合转换的要求，将可以查询到数据。

例如将 students.csv 文件中第一行数据修改为以下内容。

```
1,200401,李云,ly123456,女,17-Oct-83,1
```

则检索表 students1 中的数据时将会显示以下数据。

```
SQL> select * from students1;

STUID   STUNUMBER   STUNAME   STUPASSWORD   STUSEX   STUBIRTHDAY    CLAID
------  ----------  --------- -----------   -------- -------------  -----
1       200401      李云       ly123456      女        1983-10-17     1
```

14.4.3 使用 BADFILE 子句

使用上一小节的 REJECT LIMIT 子句可以处理外部表中的错误。而在创建外部表时使用 BADFILE 子句可以将所有不能转换的数据所在的行写入到该子句指定的文件。如果指定 NOBADFILE 子句，则 Oracle 将会忽略所有数据类型转换错误。

【练习 28】

使用 students.csv 创建外部表 students2，并使用 BADFILE 子句将不能处理的数据写入 student_badfile.csv 文件中，语句如下所示。

```
SQL> create table students2(
  2  stuid number(2),
  3  stunumber varchar2(8),
  4  stuname varchar2(20),
  5  stupassword varchar2(20),
  6  stusex varchar2(4),
  7  stubirthday date,
  8  claid number(2)
  9  )
 10  organization external(
 11   type oracle_loader
 12    default directory dir_student
 13    access parameters(
 14      records delimited by newline
 15      BADFILE 'student_badfile.txt'
 16      fields terminated by ','
 17    )
 18    location('STUDENT.csv')
 19  )REJECT LIMIT UNLIMITED;

表已创建。
```

上面在创建 students2 表时，使用 BADFILE 子句指定存储错误数据行的文件为 student_badfile.txt。该文件将在执行上述语句时被自动创建，并且与 card.txt 文件同目录。

注意

在 BADFILE 子句上面还使用了 RECORDS DELIMITED BY NEWLINE 子句，目的是让 students.csv 文件只记录最后一次查询表时发生转换错误的行。如果不使用该子句，错误行将不会被记录。

现在使用 SELECT 语句查询 students2 表，如下所示。

```
SQL> SELECT * FROM students2;

STUID    STUNUMBER    STUNAME    STUPASSWORD    STUSEX    STUBIRTHDAY     CLAID
------   ---------    --------   -----------    -------   -------------   -----
1        200401       李云        ly123456       女        1983-10-17      1
```

从查询结果可以看出，符合转换要求的数据可以正常显示。而不符合转换要求的数据行将被复制到 student_badfile.txt 文件中，该文件的内容如图 14-6 所示。

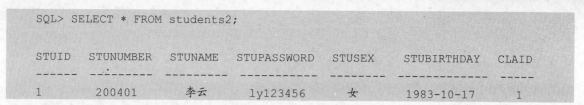

图 14-6   student_badfile.txt 文件

如果既不使用 BADFILE，也不使用 NOBADFILE，则 Oracle 会在数据文件所在的目录中创建一个 .bad 文件来记录错误数据。

14.4.4   使用 LOGFILE 子句

创建外部表使用 LOGFILE 子句可以指定一个记录错误信息的日志文件。如果使用 NOLOGFILE 子句则不会将错误信息写入任何日志文件中。

【练习 29】

使用 students.csv 创建外部表 students3，并使用 LOGFILE 子句将错误日志写入 student_log.txt 文件中，语句如下所示。

```
SQL> create table students3(
  2  stuid number(2),
  3  stunumber varchar2(8),
  4  stuname varchar2(20),
  5  stupassword varchar2(20),
  6  stusex varchar2(4),
  7  stubirthday date,
  8  claid number(2)
  9  )
 10  organization external(
 11   type oracle_loader
 12    default directory dir_student
 13    access parameters(
 14      records delimited by newline
 15      BADFILE 'student_badfile.txt'
 16      LOGFILE 'student_log.txt'
 17      fields terminated by ','
 18    )
 19   location('STUDENT.csv')
 20  )REJECT LIMIT UNLIMITED;
```

表已创建。

上面在创建 students3 表时，使用 LOGFILE 子句指定记录错误信息的日志文件为 student_log.txt。该文件将在执行上述语句时被自动创建，并与 card.txt 文件同目录。

使用 SELECT 语句查询 students3 表的数据，此时会产生错误信息。如图 14-7 所示为 student_log.txt 文件中生成的内容。

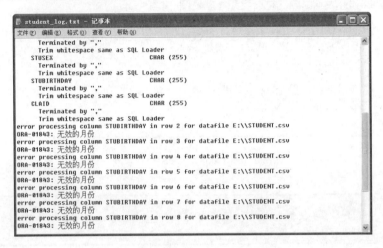

图 14-7　student_log.txt 文件

注意

如果既不使用 LOGFILE，也不使用 NOLOGFILE，则 Oracle 会在数据文件所处的目录中创建一个 .log 文件来记录错误信息。

14.5　实例应用：从 EXCEL 电子表格生成学生成绩表

14.5.1　实例目标

在日常办公中经常使用 EXCEL 来存放一些常用的数据。那么可以将它作为外部表来读取其中的数据信息，然后将外部表中的数据导入到普通表中，从而可以避免在创建表之后，多次使用 INSERT 语句对这些数据的插入操作，而且可以对它进行分区处理。

本次实例的要求如下所示。

（1）在一个 EXCEL 中保存了 CSV 格式的学生成绩信息，包括编号、学号、课程编号、考试分数，EXCEL 文件名为 scores.csv。

（2）从 scores.csv 中创建一个名为 ext_scores 的外部表。

（3）创建一个分区表 scores，并依据考试分数创建 4 个分区。各个分区的描述如下所示。

❑ 60 分以下分区为 bad。

❑ 80 分以下分区为 good。

❑ 90 分以下分区为 better。

❑ 其他分数分区为 best。

（4）将外部表 ext_scores 中的数据导入到 scores 中，再查看各个分区中的数据。

14.5.2 技术分析

开始操作之前首先需要准备外部表，即保存学生成绩信息的 EXCEL 文件 scores.csv。这里将它保存在 D:\Oracle 目录，具体内容如图 14-8 所示。

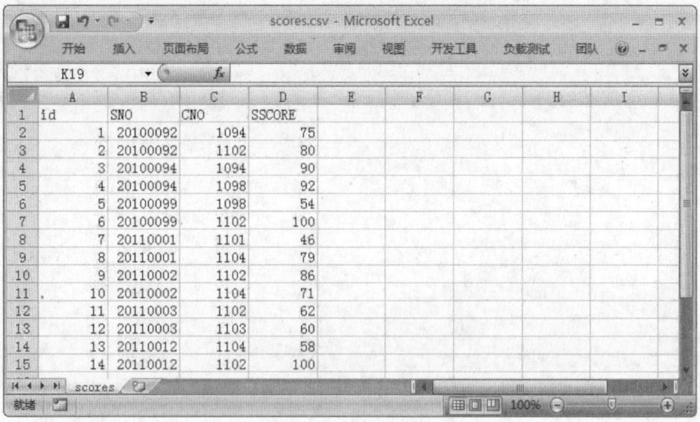

图 14-8　学生成绩信息

从图 14-8 中可以看到各个列的数据分析其数据类型，其中成绩列 SSCORE 都是数字，因此在对它进行分区时适合使用范围分区。

14.5.3 实现步骤

（1）创建一个到"D:\Oracle"的目录对象 dir_score，语句如下所示。

```
SQL> CREATE DIRECTORY dir_score AS 'D:\Oracle';
目录已创建。
```

（2）创建外部表 ext_scores，并在创建时指定允许出错、错误数据文件和错误信息文件，语句如下所示。

```
SQL> create table ext_score(
  2  id number(2),
  3  sno varchar2(8),
  4  cno varchar2(4),
  5  sscore number(3)
  6  )
  7  organization external(
  8   type oracle_loader
  9   default directory dir_score
 10   access parameters(
 11     records delimited by newline
 12     skip=1
 13     BADFILE 'score_badfile.txt'
 14     LOGFILE 'score_log.txt'
 15     fields terminated by ','
 16   )
 17   location('scores.csv')
 18  )REJECT LIMIT UNLIMITED;
```

从图 14-8 中可以看到文件的第一行是表的列名，而不是数据，因此在上面创建外部表时使用"skip=1"来跳过第一行。

（3）使用 SELECT 语句查看 ext_score 表，查看是否有数据，以此来检测外部表是否创建成功。成功后的执行结果如下所示。

```
SQL> select * from ext_score;
ID     SNO        CNO      SSCORE
----   --------   -------  --------
  1    20100092   1094     75
  2    20100092   1102     80
  3    20100094   1094     90
  4    20100094   1098     92
  5    20100099   1098     54
  6    20100099   1102     100
  7    20110001   1101     46
  8    20110001   1104     79
  9    20110002   1102     86
 10    20110002   1104     71
 11    20110003   1102     62
 12    20110003   1103     60
 13    20110012   1104     58
 14    20110012   1102     100
```

（4）创建一个与外部表 ext_score 的相同结构，并对 sscore 列进行范围分区，名为 scores 的分区表语句如下所示。

```
SQL> create table scores(
  2  id number(2),
  3  sno varchar2(8),
  4  cno varchar2(4),
  5  sscore number(3)
  6  )
  7  partition by range(sscore)
  8  (
  9  partition bad values less than(60),
 10  partition good values less than(80),
 11  partition better values less than(90),
 12  partition best values less than(maxvalue)
 13  );
```

（5）由于外部表只能读取不能进行其他操作。因此下面将外部表 ext_score 中的数据批量添加到分区表 scores 中，语句如下所示。

```
SQL> INSERT INTO scores SELECT * FROM ext_score;
```

（6）现在要查看 bad 分区中的学生成绩信息，语句如下所示。

```
SQL> SELECT * FROM scores partition(bad);

ID     SNO        CNO      SSCORE
----   --------   -------  --------
  5    20100099   1098     54
```

| 7 | 20110001 | 1101 | 46 |
| 13 | 20110012 | 1104 | 58 |

14.6　拓展训练

1. 操作分区表

使用分区表可以根据某一列的值按照指定的规则将它放到不同的分区和表空间中。本次训练要求读者完成如下对分区表的操作。

（1）创建一个员工表，包括员工编号、员工姓名、所在部门编号、出生日期、就职日期以及所在城市。

（2）为员工表使用分区，依据为根据就职日期列使用范围分区划分 4 个分区。

（3）为员工表使用分区，依据为根据所在部门编号列使用列表分区划分 3 个分区。

（4）创建一个薪酬表，包括员工编号、工资、发放日期 3 列。

（5）对薪酬表创建复合分区，先依据发放日期创建 4 个范围分区，再依据员工编号创建 3 个哈希分区。

（6）为第 3 步创建的所在部门编号列表分区增加一个新分区。

（7）添加数据进行测试。最终删除创建的分区和表。

2. 操作簇表

使用本课介绍的簇表内容完成如下操作。

（1）创建一个对日期类型 today 列进行存储的簇 date_cluster。

（2）创建订单簇表，并使用 date_cluster 簇中的 today 列。

（3）创建商品信息簇表，并使用 date_cluster 簇中的 today 列。

（4）添加数据进行测试。最终删除创建的簇和簇表。

14.7　课后练习

一、填空题

1. 在创建分区表或者为分区表增加分区时，指定的分区值可以是一个具体的数据，也可以使用＿＿＿＿＿＿表示分区中可能的最大值。

2. Oracle 数据库提供对表的分区方法有四种分别为范围分区、散列分区、哈希分区和＿＿＿＿＿＿。

3. 假设要对一个分区进行分割需要使用＿＿＿＿＿＿子句。

4. 由于临时表中存储的数据只在当前事务处理或者会话进行期间有效，因此临时表主要分为两种：事务级临时表和＿＿＿＿＿＿。

5. Oracle 中创建事务级别的临时表，需要使用＿＿＿＿＿＿子句。

6. 创建外部表时，可以在 ORGANIZATION EXTERNAL 子句中通过＿＿＿＿＿＿选项用来指定源数据文件。

7. 创建外部表时，可以使用＿＿＿＿＿＿子句指定允许出现的数据转换错误个数。

二、选择题

1. 假设要对商品信息表进行分区处理，并且根据商品的产地进行分区，应该采用下列的分区是_____。

    A. 范围分区

    B. 散列分区

    C. 列表分区

    D. 组合范围散列分区

2. 以下选项中分区方法适用于存放离散数据的是_____。

    A. 范围分区

    B. 哈希分区

    C. 列表分区

    D. 索引分区

3. 创建范围分区表需要指定_____关键字，创建哈希分区表需要使用_____关键字，创建列表分区表需要使用_____关键字。

    A. LIST、HASH、RANGE

    B. HASH、LIST、RANGE

    C. RANGE、LIST、HASH

    D. RANGE、HASH、LIST

4. 下列选项中关于簇和簇表描述不正确的是_____。

    A. 簇实际上是一组表

    B. 因为簇将不同表的相关行一起存储到相同的数据块中，所以合理使用簇可以帮助减少查询数据所需的磁盘读取量

    C. 簇表是簇中的某一个表

    D. 在创建索引簇和簇表之后就可以向其中添加数据

5. 创建临时表时，如果指定_____子句，则表示创建的临时表是事务级别临时表。

    A. PARTITION BY

    B. ON COMMIT DELETE ROWS

    C. ORGANIZATION EXTERNAL

    D. ON COMMIT PRESERVE ROWS

6. 在创建外部表时，使用_____子句指定记录错误数据的文件。

    A. REJECT LIMIT

    B. LOGFILE

    C. BADFILE

    D. FILE

三、简答题

1. 有一个学生信息表，包括学生编号 sid，学生姓名 sname，学生性别 sex，出生日期 sbirthday。

2. 对学生信息表按性别创建两个列表分区。

3. 简述分区表有哪些类型，以及如何增加一个分区？

4. 简述簇和簇表的关系，以及如何创建？

5. 简述临时表的两种类型，以及它们的区别？

6. 简述外部表的局限性。

第 15 课
数据备份与恢复

保证数据库安全正常的运行是数据库管理员的重要职责。而在实际应用中，由于硬件、软件或者系统等损坏都会造成数据库无法运行。这就需要数据库管理员建立一整套的数据库备份与恢复机制，并在数据库出现故障时，及时还原系统中的重要数据。

EXP 和 IMP 是 Oracle 中经典的数据库备份与恢复实用程序，其中 EXP 用于导出数据，IMP 用于导入数据。Oracle 11g 引入了数据泵技术进行数据的备份和恢复，并建议用户使用数据泵代替传统程序，其中 EXPDP 代替 EXP，IMPDP 代替 IMP。除了导出与导入之外，还可以使用脱机或者联机方式对数据库进行备份和恢复。

本课将详细介绍 EXP、IMP、数据泵以及脱机或者联机方式对数据库进行备份和恢复。

本课学习目标：

❏ 熟悉 EXP 程序的语法格式

❏ 掌握 EXP 导出表、用户、表空间和数据库的方法

❏ 掌握 IMP 导入数据的方法

❏ 了解 Oracle 数据泵的结构及与传统方法的区别

❏ 掌握数据泵 EXPDP 和 IMPDP 对数据的导出与导入

❏ 熟悉脱机和联机下的数据库备份与恢复方法

15.1 EXP 导出数据

EXP 和 IMP 是 Oracle 中"古老"的一对数据导出与导入程序，EXP 导出的数据必须使用 IMP 才能导入。

使用 EXP 可以导出数据表、用户，甚至整个数据库。本节将详细介绍 EXP 导出各种类型数据的方法。

15.1.1 EXP 语法格式

虽然 EXP 在 Oracle 中已经存在很长时间了，但是每一次 Oracle 版本更新时都会对该程序进行更新。所以在使用 EXP 程序之前，最好先了解一下它的语法格式。

【练习 1】

查看 EXP 程序语法格式的方法非常简单，只需要打开 Windows 的命令行窗口，并输入 "EXP HELP=Y" 命令即可。输出结果如下所示。

```
C:\>EXP HELP=Y
Export: Release 11.1.0.6.0 - Production on 星期一 5 月 27 15:35:38 2013
Copyright (c) 1982, 2007, Oracle.  All rights reserved.


通过输入 EXP 命令和您的用户名/口令, 导出
操作将提示您输入参数:

    例如: EXP SCOTT/TIGER

您也可以通过输入跟有各种参数的 EXP 命令来控制导出的运行方式。要指定参数, 您可以使用关键字。

    格式:  EXP KEYWORD=value 或 KEYWORD=(value1,value2,...,valueN)
    例如: EXP SCOTT/TIGER GRANTS=Y TABLES=(EMP,DEPT,MGR)
            或 TABLES=(T1:P1,T1:P2), 如果 T1 是分区表

USERID 必须是命令行中的第一个参数。


关键字          说明 (默认值)              关键字              说明 (默认值)
---------   -----------------         ----------------   ------------------
USERID      用户名/口令                FULL               导出整个文件 (N)
BUFFER      数据缓冲区大小              OWNER              所有者用户名列表
FILE        输出文件 (EXPDAT.DMP)      TABLES             表名列表
COMPRESS    导入到一个区 (Y)           RECORDLENGTH       IO 记录的长度
GRANTS      导出权限 (Y)               INCTYPE            增量导出类型
INDEXES     导出索引 (Y)               RECORD             跟踪增量导出 (Y)
DIRECT      直接路径 (N)               TRIGGERS           导出触发器 (Y)
LOG         屏幕输出的日志文件          STATISTICS         分析对象 (ESTIMATE)
ROWS        导出数据行 (Y)             PARFILE            参数文件名
CONSISTENT  交叉表的一致性 (N)          CONSTRAINTS        导出的约束条件 (Y)


OBJECT_CONSISTENT           只在对象导出期间设置为只读的事务处理 (N)
FEEDBACK                    每 x 行显示进度 (0)
```

```
FILESIZE                每个转储文件的最大大小
FLASHBACK_SCN           用于将会话快照设置回以前状态的 SCN
FLASHBACK_TIME          用于获取最接近指定时间的 SCN 的时间
QUERY                   用于导出表的子集的 select 子句
RESUMABLE               遇到与空格相关的错误时挂起 (N)
RESUMABLE_NAME          用于标识可恢复语句的文本字符串
RESUMABLE_TIMEOUT       RESUMABLE 的等待时间
TTS_FULL_CHECK          对 TTS 执行完整或部分相关性检查
TABLESPACES             要导出的表空间列表
TRANSPORT_TABLESPACE    导出可传输的表空间元数据 (N)
TEMPLATE                调用 iAS 模式导出的模板名

成功终止导出，没有出现警告。
```

上述输出为 Oracle 11g 中 EXP 的参数及语法格式，其中重要参数的含义如下所示。

❑ **USERID**　该参数无默认值，说明登录数据库的用户名和密码。

❑ **BUFFER**　指定数据缓冲区大小，该参数依赖于操作系统，用户可以根据导出数据的性质设置此值，例如对于 LOB 类型可以适当设置较大的值。

❑ **FILE**　指定备份的数据文件名称，默认为 EXPDAT.DMP。

❑ **COMPRESS**　此参数的值为 Y 或者 N，用于使 Oracle 对输入文件进行配置，使得当引入并且重新创建对象时，对象初始化的大小为已经导出的对象大小。

❑ **GRANTS**　此参数的值为 Y 或者 N，用于控制授权的导出。

❑ **INDEXS**　此参数的值为 Y 或者 N，用于控制索引的导出。

❑ **LOG**　此参数没有默认值，说明在导出备份时是否需要创建一个备份日志，该日志记录了整个备份过程。

❑ **FULL**　说明是否导出整个数据库的所有对象，值为 Y 或者 N。如果执行整个数据库导出，则连接的用户必须具有 DBA 权限或者具有 EXP_FULL_DATABASE 权限。

❑ **OWNER**　此参数没有默认值，用于指定导出特定用户的数据库对象，多个用户名之间用逗号隔开。

❑ **TABLES**　指定要导出的表名称，如果该表是属于当前连接用户的，则直接输入表名；否则输入 "模式.表名"，多表名之间用逗号隔开。

❑ **TRIGGERS**　此参数的值为 Y 或者 N，指定是否导出用户模式中的触发器对象。

❑ **STATISTICS**　此参数的值为 estimate、computer 或者 none，用于指定对象统计量的方式。如果选择了 estimate 或者 computer，则以该方式统计；如果为 none 表示不使用统计。

❑ **CONSTRAINTS**　此参数的值为 Y 或者 N，用于指定是否导出约束。

❑ **FEEDBACK**　此参数用于指定每隔一定的行数显示备份进行情况，该参数的值可以为从 0 到任何有效的数字。

❑ **FILESIZE**　此参数用于指定每个转储文件的最大值。

❑ **TABLESPACES**　此参数用于指定要导出的表空间名称，使得 EXP 程序可以从该表空间中导出数据，多个表空间名称之间用逗号隔开。

❑ **RESUMABLE**　此参数的值为 Y 或者 N，用于指定 EXP 是否使用 Oracle 的可恢复空间管理工具。如果使用该工具可以使得导出数据时，发生与空间相关的错误就中止导出。

上述参数在使用 EXP 程序时都可以忽略，此时程序会提示用户需要输入一些参数指定要导出备份的数据，像用户名和密码、缓冲区大小、导出的文件名，导出表或者数据库对象等。

【练习2】

了解 EXP 的语法格式及参数含义之后，下面使用 EXP 程序导出 SCORE 用户的所有数据库对象。语句和执行过程如下所示。

```
C:\>EXP
Export: Release 11.1.0.6.0 - Production on 星期一 5 月 27 16:34:05 2013
Copyright (c) 1982, 2007, Oracle.  All rights reserved.


用户名：SCORE@ORCL
口令：


连接到：Oracle Database 11g Enterprise Edition Release 11.1.0.6.0 - Production
With the Partitioning, OLAP, Data Mining and Real Application Testing options
输入数组提取缓冲区大小: 4096 > ❶

 导出文件: EXPDAT.DMP > ❷

(2)U(用户), 或 (3)T(表): (2)U > ❸

导出权限 (yes/no): yes > ❹

导出表数据 (yes/no): yes > ❺

压缩区 (yes/no): yes > ❻


已导出 ZHS16GBK 字符集和 AL16UTF16 NCHAR 字符集
. 正在导出 pre-schema 过程对象和操作
. 正在导出用户 SCORE 的外部函数库名
. 导出 PUBLIC 类型同义词
. 正在导出专用类型同义词
. 正在导出用户 SCORE 的对象类型定义
即将导出 SCORE 的对象...
. 正在导出数据库链接
. 正在导出序号
. 正在导出簇定义
. 即将导出 SCORE 的表通过常规路径...
. . 正在导出表              ACHIEVEMENT 导出了          0 行
. . 正在导出表              CLASS 导出了                6 行
. . 正在导出表              CLA_SUB 导出了              7 行
. . 正在导出表              CLA_TEA 导出了              3 行
. . 正在导出表              DEPARTMENTS 导出了          7 行
. . 正在导出表              STUDENT 导出了              9 行
. . 正在导出表              SUBJECT 导出了              7 行
. . 正在导出表              TEACHER 导出了              4 行
. 正在导出同义词
. 正在导出视图
. 正在导出存储过程
. 正在导出运算符
. 正在导出引用完整性约束条件
```

- 正在导出触发器
- 正在导出索引类型
- 正在导出位图,功能性索引和可扩展索引
- 正在导出后期表活动
- 正在导出实体化视图
- 正在导出快照日志
- 正在导出作业队列
- 正在导出刷新组和子组
- 正在导出维
- 正在导出 post-schema 过程对象和操作
- 正在导出统计信息

成功终止导出,没有出现警告。

从上述输出可以看到,当运行不带参数的 EXP 时,首先会要求输入登录用户名和密码。然后使用向导提示用户设置 6 个方面的导出选项,它们的具体说明如下所示。

❑ 在❶处设置缓冲区的大小,在 Windows 操作系统下默认值为 4096 字节,如果导出的数据中包含大对象,则设置此值为 2MB 以上。

❑ 在❷处指定导出数据的保存文件名称,该文件默认为 EXPDAT.DMP,保存在 C 盘根目录。

❑ 在❸处指定是要导出用户的所有对象还是仅导出表,默认为前者,如果输入 "T" 表示仅导出表。

❑ 在❹处设置是否导出权限,即是否导出对表、视图、序列和角色的授权,默认为 yes (导出)。

❑ 在❺处设置是否导出表数据,默认为 yes 即导出数据,如果输入 no 则仅导出表的定义。

❑ 在❻处设置是否使用压缩区,默认为 yes 即启用压缩区。

15.1.2 导出表

要导出特定用户中的表需要使用 EXP 的 TABLES 参数,多个表名之间使用英文逗号隔开。如果要导出的表不属于当前用户,则需要使用 "模式.表名" 形式指定。

【练习3】

使用 EXP 程序导出 SCORE 用户中的 STUDENT、SUBJECT 和 CLASS 表,语句如下。

```
C:\>EXP SCORE@ORCL TABLES=STUDENT,SUBJECT,CLASS file=score_tables.dmp
```

执行过程和结果如图 15-1 所示。

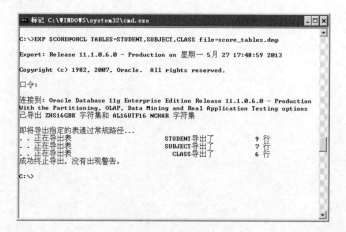

图 15-1　使用 EXP 备份数据表

从图 15-1 所示输出结果可以看到导出成功，导出的文件名为 score_tables.dmp，该文件位于 C 盘根目录。

▌15.1.3　导出用户

如果希望导出特定用户下的所有对象，而不只是数据表，则需要使用 OWNER 参数。

【练习 4】

假设要使用 EXP 程序导出 SCORE 用户中的所有数据对象，语句如下。

```
C:\>EXP SCORE/123456@ORCL owner=score file=score_bakup.dmp
Export: Release 11.1.0.6.0 - Production on 星期一 5 月 27 18:02:16 2013

Copyright (c) 1982, 2007, Oracle.  All rights reserved.

连接到: Oracle Database 11g Enterprise Edition Release 11.1.0.6.0 - Production
With the Partitioning, OLAP, Data Mining and Real Application Testing options
已导出 ZHS16GBK 字符集和 AL16UTF16 NCHAR 字符集
. 正在导出 pre-schema 过程对象和操作
. 正在导出用户 SCORE 的外部函数库名
. 导出 PUBLIC 类型同义词
. 正在导出专用类型同义词
. 正在导出用户 SCORE 的对象类型定义
即将导出 SCORE 的对象...
. 正在导出数据库链接
. 正在导出序号
. 正在导出簇定义
. 即将导出 SCORE 的表通过常规路径...
. . 正在导出表              ACHIEVEMENT 导出了           0 行
. . 正在导出表              CLASS 导出了                 6 行
. . 正在导出表              CLA_SUB 导出了               7 行
. . 正在导出表              CLA_TEA 导出了               3 行
. . 正在导出表              DEPARTMENTS 导出了           7 行
. . 正在导出表              STUDENT 导出了               9 行
. . 正在导出表              SUBJECT 导出了               7 行
. . 正在导出表              TEACHER 导出了               4 行
. 正在导出同义词
. 正在导出视图
. 正在导出存储过程
. 正在导出运算符
. 正在导出引用完整性约束条件
. 正在导出触发器
. 正在导出索引类型
. 正在导出位图，功能性索引和可扩展索引
. 正在导出后期表活动
. 正在导出实体化视图
. 正在导出快照日志
. 正在导出作业队列
. 正在导出刷新组和子组
. 正在导出维
```

. 正在导出 post-schema 过程对象和操作

. 正在导出统计信息

成功终止导出，没有出现警告。

从输出结果可以清晰地看到导出了 SCORE 用户的哪些对象，以及对象的数据。

▌15.1.4 导出表空间

数据库维护时，有时可能需要重点对某一个表空间进行备份或者恢复操作。使用 EXP 的 TABLESPACES 参数可以指定要导出的表空间名称，并导出表空间中的表和数据。

【练习 5】

假设要使用 EXP 程序导出 USERS 表空间的所有表和数据，语句如下。

```
C:\>EXP system/123456@ORCL TABLESPACES=USERS file=userTableSpaceBakup.dmp
Export: Release 11.1.0.6.0 - Production on 星期一 5 月 27 18:17:50 2013
Copyright (c) 1982, 2007, Oracle.  All rights reserved.


连接到: Oracle Database 11g Enterprise Edition Release 11.1.0.6.0 - Production
With the Partitioning, OLAP, Data Mining and Real Application Testing options
已导出 ZHS16GBK 字符集和 AL16UTF16 NCHAR 字符集


即将导出所选表空间...
对于表空间 USERS...
. 正在导出簇定义
. 正在导出表定义
. . 正在导出表        BONUS 导出了                                    0 行
. . 正在导出表        CLASS 导出了                                    6 行
. . 正在导出表        DEPT 导出了                                     4 行
. . 正在导出表        EMP 导出了                                      14 行
. . 正在导出表        SALGRADE 导出了                                 5 行
. . 正在导出表        SCGRADE 导出了         .                        4 行
. . 正在导出表        STUDENT 导出了                                  15 行
. . 正在导出表        CATEGORIES_TAB 导出了                           22 行
. . 正在导出表        PRODUCT_REF_LIST_NESTEDTAB 导出了               288 行
. . 正在导出表        SUBCATEGORY_REF_LIST_NESTEDTAB 导出了           21 行
EXP-00079: 表        "PURCHASEORDER" 中的数据是被保护的。常规路径只能导出部分表。
. . 正在导出表                PURCHASEORDER 导出了                     132 行
. . 正在导出表                ACHIEVEMENT 导出了                       0 行
. . 正在导出表                CLASS 导出了                             6 行
. . 正在导出表                CLA_SUB 导出了                           7 行
. . 正在导出表                CLA_TEA 导出了                           3 行
. . 正在导出表                DEPARTMENTS 导出了                       7 行
. . 正在导出表                STUDENT 导出了                           9 行
. . 正在导出表                SUBJECT 导出了                           7 行
. . 正在导出表                TEACHER 导出了                           4 行
. 正在导出引用完整性约束条件
. 正在导出触发器
导出成功终止，但出现警告。
```

从上述输出结果可以看到导出成功。如果仅需要导出表空间中表的定义，而不包含数据，则可

以添加 "ROWS=NO" 参数。

15.1.5　导出数据库

与前面的几种导出方式相比，导出数据库是最简单的方式，此时只需要指定 FULL 和 FILE 两个参数。

【练习6】

假设要使用 EXP 程序导出整个 Oracle 数据库，并保存到 oracle_backup.dmp 文件中，语句如下。

```
C:\>EXP system/123456@ORCL FULL=y file=oracle_bakup.dmp
Export: Release 11.1.0.6.0 - Production on 星期一 5月 27 18:38:01 2013

Copyright (c) 1982, 2007, Oracle.  All rights reserved.

连接到: Oracle Database 11g Enterprise Edition Release 11.1.0.6.0 - Production
With the Partitioning, OLAP, Data Mining and Real Application Testing options
已导出 ZHS16GBK 字符集和 AL16UTF16 NCHAR 字符集

即将导出整个数据库...
. 正在导出表空间定义
. 正在导出概要文件
. 正在导出用户定义
. 正在导出角色
. 正在导出资源成本
. 正在导出回退段定义
. 正在导出数据库链接
. 正在导出序号
. 正在导出目录别名
. 正在导出上下文名称空间
. 正在导出外部函数库名
. 导出 PUBLIC 类型同义词
. 正在导出专用类型同义词
. 正在导出对象类型定义
. 正在导出系统过程对象和操作
. 正在导出 pre-schema 过程对象和操作
. 正在导出簇定义
. 即将导出 SYSTEM 的表通过常规路径...
. . 正在导出表        MGMT_NOTIFY_NOTIFYEES 导出了           1 行
. . 正在导出表        MGMT_NOTIFY_PROFILES 导出了            3 行
. . 正在导出表        MGMT_NOTIFY_QTABLE 导出了              54 行
...
. . 正在导出分区      SALES_Q3_2000 导出了                  58950 行
. . 正在导出分区      SALES_Q4_2000 导出了                  55984 行
...
. 正在导出同义词
. 正在导出视图
. 正在导出引用完整性约束条件
. 正在导出存储过程
```

　　．正在导出运算符

　　．正在导出索引类型

　　．正在导出位图，功能性索引和可扩展索引

　　．正在导出后期表活动

　　．正在导出触发器

　　．正在导出实体化视图

　　．正在导出快照日志

　　．正在导出作业队列

　　．正在导出刷新组和子组

　　．正在导出维

　　．正在导出 post-schema 过程对象和操作

　　．正在导出用户历史记录表

　　．正在导出默认值和系统审计选项

　　．正在导出统计信息

导出成功终止，但出现警告。

　　从输出结果中可以看到，数据库的所有内容被导出到 oracle_bakup.dmp 文件。EXP 程序首先导出了数据库对象的定义，像表空间的定义、配置文件的定义以及用户的定义等，然后导出数据库中的表、分区，再导出数据库中其他类对象的定义。总之是整个 Oracle 数据库所有内容都包含，因此这种方式也称为逻辑备份。

　　假设要使用 EXP 程序导出整个 Oracle 数据库，要求不需要表中的数据，语句如下。

```
C:\>EXP system/123456@ORCL FULL=y ROWS=n file=oracle_bakup.dmp
```

15.2　IMP 导入数据

　　在上节中详细介绍了如何使用 EXP 导出数据的备份，而 IMP 程序用于将 EXP 导出的数据导入到数据库中，可以是一个表、一个用户或者所有数据库对象。

　　本节首先介绍 IMP 导入程序的语法格式，然后讲解具体的导入方法。

15.2.1　IMP 语法格式

　　IMP 程序与 EXP 程序一样都是运行在操作系统上，通过各种参数来控制运行的方式。

【练习 7】

　　查看 IMP 程序语法格式的方法是在 Windows 的命令行窗口中输入"IMP HELP=Y"命令即可，输出结果如下所示。

```
C:\>IMP HELP=y
Import: Release 11.1.0.6.0 - Production on 星期一 5 月 27 18:08:10 2013
Copyright (c) 1982, 2007, Oracle.  All rights reserved.


通过输入 IMP 命令和您的用户名/口令，导入操作将提示您输入参数：


    例如：IMP SCOTT/TIGER


或者，可以通过输入 IMP 命令和各种参数来控制导入
的运行方式。要指定参数，您可以使用关键字：
```

```
格式:  IMP KEYWORD=value 或 KEYWORD=(value1,value2,...,valueN)
例如:  IMP SCOTT/TIGER IGNORE=Y TABLES=(EMP,DEPT) FULL=N
       或 TABLES=(T1:P1,T1:P2), 如果 T1 是分区表
```

USERID 必须是命令行中的第一个参数。

关键字	说明 (默认值)	关键字	说明 (默认值)
USERID	用户名/口令	FULL	导入整个文件 (N)
BUFFER	数据缓冲区大小	FROMUSER	所有者用户名列表
FILE	输入文件 (EXPDAT.DMP)	TOUSER	用户名列表
SHOW	只列出文件内容 (N)	TABLES	表名列表
IGNORE	忽略创建错误 (N)	RECORDLENGTH	IO 记录的长度
GRANTS	导入权限 (Y)	INCTYPE	增量导入类型
INDEXES	导入索引 (Y)	COMMIT	提交数组插入 (N)
ROWS	导入数据行 (Y)	PARFILE	参数文件名
LOG	屏幕输出的日志文件	CONSTRAINTS	导入限制 (Y)
DESTROY	覆盖表空间数据文件 (N)		
INDEXFILE	将表/索引信息写入指定的文件		
SKIP_UNUSABLE_INDEXES	跳过不可用索引的维护 (N)		
FEEDBACK	每 x 行显示进度 (0)		
TOID_NOVALIDATE	跳过指定类型 ID 的验证		
FILESIZE	每个转储文件的最大大小		
STATISTICS	始终导入预计算的统计信息		
RESUMABLE	在遇到有关空间的错误时挂起 (N)		
RESUMABLE_NAME	用来标识可恢复语句的文本字符串		
RESUMABLE_TIMEOUT	RESUMABLE 的等待时间		
COMPILE	编译过程, 程序包和函数 (Y)		
STREAMS_CONFIGURATION	导入流的一般元数据 (Y)		
STREAMS_INSTANTIATION	导入流实例化元数据 (N)		

下列关键字仅用于可传输的表空间
TRANSPORT_TABLESPACE 导入可传输的表空间元数据 (N)
TABLESPACES 将要传输到数据库的表空间
DATAFILES 将要传输到数据库的数据文件
TTS_OWNERS 拥有可传输表空间集中数据的用户

成功终止导入, 没有出现警告。

上述输出中重要参数的含义如下所示。

❑ **USERID**　指定登录数据库的用户名和密码。

❑ **BUFFER**　指定导入数据时的缓冲区大小。

❑ **FILE**　指定 EXP 导出备份文件的文件名称, 需要使用绝对路径。

❑ **SHOW**　指定是否使导入过程只显示备份文件。

❑ **IGNORE**　指定是否忽略在导入过程中备份文件的错误。

❑ **INDEXES**　指定是否导入索引。

❑ **ROWS**　该参数的值为 Y 或者 N, 用于指定是否导入数据行, 如果为 N 则不导入数据。

- **LOG**　指定是否将导入过程记录到日志文件。
- **FULL**　指定对整个备份文件完全导入。
- **FROMUSER**　该参数用于指定要导入数据的所属用户名，它允许将一个备份文件中的对象从一个用户复制到另一个用户。
- **TOUSER**　该参数用于指定要导入数据的用户名，它允许将一个备份文件中的对象从一个用户复制到另一个用户。
- **TABLES**　该参数用于指定要导入的表名列表，多个表名之间用逗号分隔。
- **SKIP_UNSABLE_INDEXES**　该参数的值为 Y 或者 N，用于指定是否需要重建已经设置为 unusable 状态的索引。
- **STATISTICS**　用于指定导入对象后统计量的处理方式，值可以为 always、none、safe 或者 recalculate。其中 always 表示从备份文件中导入统计量；safe 表示如果使用了可靠优化器，则允许导入优化器统计量；recalculate 表示需要重新计算统计量，而不是从备份中导入；none 表示不进行任何处理。
- **CONSTRAINTS**　指定是否导入备份文件中的约束。
- **COMPILE**　指定是否引入进程来编译过程、包和函数。

15.2.2　导入表

使用 IMP 可以导入使用 EXP 备份的所有表，也可以仅导入一个表。例如，在练习 3 中将 SCORE 用户中的 STUDENT、SUBJECT 和 CLASS 表导出到 score_tables.dmp 备份文件。

【练习 8】

假设由于某种原因删除了 SUBJECT 表，现在要对它进行恢复（导入）操作，语句如下所示。

```
C:\>IMP SCORE/123456@ORCL TABLES=SUBJECT FILE='C:\score_tables.dmp'
```

在上述语句中使用 TABLES 参数指定仅导入 SUBJECT 表，FILE 参数指定备份文件名称，执行结果如图 15-2 所示。

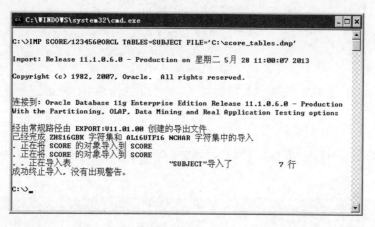

图 15-2　导入 SUBJECT 表

从图 15-2 所示结果可以看到，成功从备份文件 score_tables.dmp 中恢复了 SCORE 用户的 SUBJECT 表及数据。

如果希望仅导入表的定义，而不导入表的数据，则可以使用如下语句：

```
C:\>IMP SCORE/123456@ORCL TABLES=SUBJECT ROWS=N FILE='C:\score_tables.dmp'
```

┃15.2.3　导入用户

在一个 Oracle 数据库中可以创建多个用户，每个用户都拥有自己的数据库对象，像表、表空间、索引和约束等。

前面学习了使用 EXP 程序导出指定用户，其实就是导出该用户拥有的所有数据库对象。因此在用户的数据库对象受到损坏时，则可以使用 IMP 恢复用户的整个数据库对象或者部分对象。

【练习 9】

假设要从练习 4 导出的 score_bakup.dmp 文件中恢复 SCORE 用户中的所有数据对象，语句如下所示。

```
C:\>IMP SYSTEM/123456@ORCL TOUSER=SCORE FULL=Y FILE='C:\score_bakup.dmp'
Import: Release 11.1.0.6.0 - Production on 星期二 5 月 28 11:41:16 2013
Copyright (c) 1982, 2007, Oracle.  All rights reserved.

连接到: Oracle Database 11g Enterprise Edition Release 11.1.0.6.0 - Production
With the Partitioning, OLAP, Data Mining and Real Application Testing options

经由常规路径由 EXPORT:V11.01.00 创建的导出文件

警告: 这些对象由 SCORE 导出, 而不是当前用户

已经完成 ZHS16GBK 字符集和 AL16UTF16 NCHAR 字符集中的导入
. 正在将 SCORE 的对象导入到 SCORE
. . 正在导入表               "ACHIEVEMENT"导入了            0 行
. . 正在导入表               "CLASS"导入了                 6 行
. . 正在导入表               "CLA_SUB"导入了               7 行
. . 正在导入表               "CLA_TEA"导入了               3 行
. . 正在导入表               "DEPARTMENTS"导入了           7 行
. . 正在导入表               "STUDENT"导入了               9 行
. . 正在导入表               "SUBJECT"导入了               7 行
. . 正在导入表               "TEACHER"导入了               4 行
成功终止导入, 没有出现警告。
```

在上述语句中，通过 TOUSER 参数指定导入到 SCORE 用户中，FULL 参数指定导入用户的所有数据库对象。

【练习 10】

如果希望仅导入表可以通过 TABLES 参数指定，例如如下语句把 SUBJECT 表和 TEACHER 表导入到新用户中。

```
C:\>IMP SYSTEM/123456@ORCL TABLES=SUBJECT,TEACHER FROMUSER=SCORE TOUSER= SYSTEM
FILE='C:\score_bakup.dmp'
```

在上述语句中，向 SYSTEM 用户中导入了 SCORE 用户的 SUBJECT 表和 TEACHER 表，也就是实现了 SUBJECT 表和 TEACHER 表的复制功能。

注意
如果读者自己创建了一个用户，一定要注意用户必须具有对导入新表的表空间的访问权，否则将提示对表空间的无权限错误，导致无法恢复数据库对象到指定用户。

15.2.4　导入数据库

　　IMP 程序可以将 EXP 导出的整个数据库恢复到当前的数据库中。在恢复过程中会创建一系列数据库对象，像表空间、索引和序列等。如果要创建的和数据库对象已经存在，则该创建语句会失败。为了避免这种问题导致的恢复失败，可以在恢复时使用 IGNORE 参数。

【练习 11】

　　在练习 6 中使用 EXP 程序将整个 Oracle 数据库导出到 oracle_backup.dmp 文件中。下面使用 IMP 程序从该文件中恢复数据库，语句如下所示。

```
C:\>IMP SYSTEM/123456@ORCL FULL=Y FILE='C:\oracle_bakup.dmp' IGNORE=Y
```

　　上述语句中的 FULL 参数表示恢复数据库，IGNORE 参数表示忽略恢复过程中的错误。

提示

> 如果用户数据库包含的对象很多，恢复过程将会较长。使用这种方法恢复整个数据库其实就是重新创建数据库中所有对象的过程，所以也可以看作是一种逻辑数据库恢复方法。

15.3　数据泵技术

　　前面两节讲解了如何使用 EXP 和 IMP 进行数据的备份与恢复。但是在 Oracle 11g 中建议用户使用数据泵来代替 EXP 和 IMP。因为数据泵技术提供了很多新的特性，例如可以中断导出、导入作业，再恢复作业的执行，或者从一个会话中监视数据泵作业，以及重启一个失败的数据泵作业等。

　　本节将详细讲解如何在 Oracle 11g 中使用数据泵技术实现导入和导出数据。

15.3.1　什么是数据泵

　　从 Oracle 10g 开始可以使用数据泵（Data Pump）技术进行高速的数据导出和导入。使用 Data Pump 技术可以实现逻辑备份和逻辑恢复、数据库用户之间移动对象、数据库之间移动对象以及实现表空间迁移等维护操作。

　　数据泵中包含 Data Pump Export（数据泵导出）和 Data Pump Import（数据泵导入）两个工具，它们所使用的命令行程序为 EXPDP 和 IMPDP。

1. 数据泵特点

　　与传统的 IMP 和 EXP 应用程序相比，数据泵技术具有如下特点。

- ❑ 在导出或导入作业中，能够控制用于此作业的并行线程的数量。
- ❑ 支持在网络上进行导出或导入，而不需要使用转储文件集。
- ❑ 如果作业失败或停止，能够重启一个 Data Pump 作业。
- ❑ 能够挂起和恢复导出和导入作业。
- ❑ 通过一个客户端程序能够连接或脱离一个运行的作业。
- ❑ 可以指定导出或导入对象的数据库版本。允许对导出和导入对象进行版本控制，方便与低版本的数据库兼容。

2. 与传统 EXP 和 IMP 程序的区别

　　Oracle 数据泵技术是在传统 EXP 和 IMP 程序基础上进行的扩展，使得在数据库服务器端快速地移动数据。下面罗列了二者的主要区别，方便读者在使用时根据需求进行选择。

- 数据泵技术比传统的 EXP 和 IMP 可以更加快速地移动大量数据，因为数据泵技术采用并行流技术实现快速的并行处理。
- 数据泵技术基于数据库服务器，在启动数据导入导出程序时在数据库服务器端产生服务器进程负责备份或导入数据，并且将备份的数据备份在数据库服务器端。而且服务器进程与EXPDP 客户端建立的会话无关。
- 传统的 EXP 和 IMP 类似于普通的用户进程，执行像 SELECT 等 SQL 语句一样。而数据泵技术类似启动作业的控制进程，不但启动客户端进程建立会话，还控制整个导入或导出过程，如重启作业。
- 使用传统的 EXP 和 IMP 导出的数据格式与数据泵导出的数据格式不兼容。
- 数据泵技术与传统的导入和导出程序不同，它使用目标和目标对象存储数据泵导出文件，使用数据泵导出数据前必须先创建目录对象，否则无法使用数据泵导入和导出作业。

3. 数据泵技术的结构

当启动数据泵导入或者导出程序时，在数据库服务器端会启动相应的服务器进程完成数据的导入及导出任务。所以数据泵技术是基于 Oracle 数据库服务器的，导入及导出的数据文件也保存在数据库服务器端。如图 15-3 所示为数据泵的工作结构图。

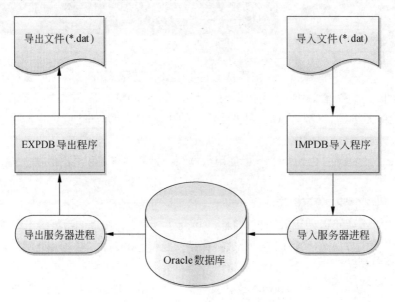

图 15-3　数据泵的工作结构图

15.3.2　使用数据泵前的准备工作

通过上一小节的介绍，我们知道数据泵将在数据库服务器上创建所有的备份文件。因此，数据泵要求必须使用目录对象指定文件位置，以防止用户误操作数据库服务器上特定目录下的系统文件。

如果当前用户是 DBA 用户，可以使用默认的目录对象而不必再创建数据泵操作的工作目录。此时，数据泵作业将会把备份文件、日志文件以及 SQL 文件都存储到该目录下。

【练习 12】

使用 dba_directories 数据字典查询当前数据泵使用的目录对象及对应的目录位置，语句如下所示。

```
SQL> SELECT * FROM dba_directories
  2  WHERE directory_name='DATA_PUMP_DIR';
```

```
OWNER           DIRECTORY_NAME            DIRECTORY_PATH
-----------     ------------------        -------------------------------------
SYS             DATA_PUMP_DIR             E:\app\Administrator\admin\orcl\dpdump\
```

【练习 13】

对于非 DBA 用户，在使用数据泵之前首先需要创建一个目录对象，并对用户赋予相应的操作权限。

假设要给 SCORE 用户赋予对 D:\Oracle 目录的操作权限，步骤如下所示。

（1）在 D 盘根目录下新建名为 Oracle 的目录。

（2）使用 CREATE DIRECTORY 语句创建一个名为 mydatadir 的目录对象，语句如下所示。

```
SQL> CREATE DIRECTORY mydatadir
  2 AS 'D:\Oracle';
```

（3）使用 GRANT 语句将 READ 和 WRITE 权限赋予 SCORE 用户，语句如下所示。

```
SQL> GRANT READ,WRITE ON DIRECTORY mydatadir TO SCORE;
```

上述语句成功执行后，在使用数据泵导入或者导出 SCORE 用户的数据时，就可以使用目录对象来存储或者恢复文件了。

15.4   数据泵 EXPDP 导出数据

使用数据泵的 EXPDP 应用程序可以将数据和元数据导出到目录对象中存储数据的一组操作系统文件中。下面首先介绍 EXPDP 导出数据的语法，然后详细介绍如何使用该程序实现数据导出。

15.4.1 EXPDP 语法

Oracle 数据泵导出实用程序（EXPDP）在使用方面类似于 EXP 程序，即通过运行 "EXPDP HELP=y" 可以查看程序的语法。运行后将显示一些关键字和关键字的说明信息，这些关键字可以被分为两类：EXPDP 应用程序可以带有的参数和交互界面中所使用的命令。下面将分别介绍这两部分的具体内容。

1. 使用 EXPDP 命令可以带有的参数

使用 EXPDP 命令时可以带有的参数如表 15-1 所示。

表 15-1   使用 EXPDP 命令可以带有的参数

参　　数	说　　明
COMPRESS	指定要压缩的数据，可选值为：metadata_only（仅压缩元数据，数据保持不变）、data_only（仅压缩数据，元数据保持不变）、all（同时压缩元数据和数据）、none（默认选项，不执行任何压缩）
CONTENT	筛选导出的内容，可选值有：all（同时导出元数据和数据，默认值）、data_only（仅导出数据）、metadata_only（仅导出元数据）
DATA_OPTIONS	指定如何处理某些异常，惟一有效值为 skip_constraint_errors
DIRECTORY	指定用于日志文件和转储文件使用的目录对象。用法为 DIRECTORY = directory_object，其中 directory_object 指定目录对象名称。目录对象是使用 CREATE DIRECTORY 语句建立的对象，而不是操作系统中的目录

参　数	说　明
DUMPFILE	指定转储文件名称，默认名称为 expdat.dmp。用法为 DUMPFILE = [directory_object:] file_name [,…]。其中 directory_object 用于指定目录对象名；file_name 用于指定转储文件名。如果不指定 directory_object，导出工具会自动使用 DIRECTORY 选项指定的目录对象
ENCRYPTION	加密部分或全部转储文件，其中有效关键字的值有：all、data_only、encrypted_columns_only、metadata_only 和 none
ENCRYPTION_ALGORITHM	使用的加密方法，可选值有：AES128、AES192 或 AES256
ENCRYPTION_MODE	生成加密密钥的方法，可选值有：dual、password 和 transparent
ENCRYPTION_PASSWORD	用于创建加密列数据的口令关键字
ESTIMATE	作业计算估计值，有效值有 blocks 和 statistics。默认值为 blocks。设置为 blocks 时，Oracle 会按照目标对象所占用的数据块个数乘以数据块尺寸来估算对象占用的空间；设置为 statistics 时，根据最近统计值估算对象占用空间
ESTIMATE_ONLY	是否只估算导出作业所占用的磁盘空间。设置值为 y 时，只进行估算，而不执行导出；如果参数值为 n，则估算起作用，并且执行导出
EXCLUDE	排除特定的对象类型，EXCLUDE 和 INCLUDE 不能同时使用
FILESIZE	以字节为单位指定每个转储文件的大小。默认值为 0，表示文件没有大小限制
FLASHBACK_SCN	指定导出特定 SCN 时刻的表数据。用法为 FLASHBACK_SCN = scn_value，其中 scn_value 是一个 SCN 值
FLASHBACK_TIME	导出特定时间点的表数据，FLASHBACK_SCN 和 FLASHBACK_TIME 不能同时使用
INCLUDE	包括特定的对象类型
JOB_NAME	要创建的导出作业的名称，默认情况下是系统生成的
LOGFILE	日志文件名
NETWORK_LINK	连接到源系统的远程数据库的名称
NOLOGFILE	是否不写入日志文件，默认值为 n
PARFILE	指定参数文件
PARALLEL	为 Data Pump Export 作业设置工作进程的数量。默认值为 1
QUERY	用于在导出过程中从表中筛选行
REMAP_DATA	指定数据转换函数
REUSE_DUMPFILES	指定文件存在时，是否覆盖已有的转储文件。默认值为 n，表示不覆盖
SAMPLE	指出导出数据的百分比，以便从每个表中选择一定百分比的行
STATUS	显示 Data Pump 作业的状态
ATTACH	连接到当前作业。ATTACH = [schema_name.] job_name，其中 schema_name 用于指定模式名；job_name 用于指定导出作业名。使用 ATTACH 选项时，在命令行除了连接字符串和 ATTACH 选项外，不能指定任何其他选项
VERSION	要导出对象的版本。VERSION = { compatible	latest	version_string }，其中 compatible 用于指定根据该参数值生成对象元数据；latest 用于指定根据数据库的实际版本生成对象元数据；version_string 用于指定任何有效的数据库版本字符串
TRANSPORTABLE	指定是否可以使用可传输方法，可选值有 always、never
FULL	是否导出整个数据库，默认值为 n
SCHEMAS	要导出的模式的列表
TABLES	标识要导出的表的列表
TABLESPACES	标识要导出的表空间的列表
TRANSPORT_TABLESPACES	要从中卸载元数据的表空间的列表

参　　数	说　　明
TRANSPORT_FULL_CHECK	指定是否验证正在导出的表空间是一个自包含集。默认值为 n，表示导出作用只检查单端依赖，如果迁移索引所在表空间，但未迁移表所在表空间，将显示出错信息；如果迁移表所在表空间，未迁移索引所在表空间，则不会显示错误信息。当设置为 y 时，检查表空间的完整关联关系，即表所在表空间或其索引所在的表空间中，只要有一个表空间被迁移，将显示错误信息

2．EXPDP 交互模式中的命令列表

在 Oracle 数据库泵操作中，使用 Ctrl+C 快捷键可以将数据泵操作转移到后台执行，然后 Oracle 会将 EXPDP 设置为交互模式。进入交互模式后可以执行表 15-2 中所示的命令。

表 15-2　EXPDP 的操作命令

参　　数	说　　明
ADD_FILE	向转储文件集中添加转储文件
CONTINUE_CLIENT	返回到记录模式。如果处于空闲状态，将重新启动作业
EXIT_CLIENT	退出客户机会话并使作业处于运行状态
FILESIZE	ADD_FILE 命令的默认文件大小（字节）
HELP	显示用于导入的联机帮助
KILL_JOB	分离和删除作业
PARALLEL	改变用于 Data Pump Export 作业的工作进程的数量
START_JOB	启动/恢复当前作业
STATUS	显示 Data Pump Export 作业的状态
REUSE_DUMPFILES	是否覆盖现有的转储文件。设置为 y 时，现在的转储文件将被覆盖；当使用默认值 n 时，如果转储文件已经存在就会产生一个错误
STOP_JOB	依次关闭执行的作业并退出客户机。STOP_JOB = immediate 将立即关闭数据泵作业

【练习 14】

要进入到 EXPDP 的交互模式，首先在操作系统的命令提示符窗口中执行一个 EXPDP 导出命令，语句如下所示。

```
E:\app\Administrator\product\11.1.0\db_1\BIN>EXPDP system/123456
Export: Release 11.1.0.6.0 - Production on 星期四, 10 9月, 2009 10:16:38

Copyright (c) 2003, 2007, Oracle.  All rights reserved.

连接到: Oracle Database 11g Enterprise Edition Release 11.1.0.6.0 - Production
With the Partitioning, OLAP, Data Mining and Real Application Testing options
启动 "SYSTEM"."SYS_EXPORT_SCHEMA_01":  system/********
正在使用 BLOCKS 方法进行估计...
处理对象类型 SCHEMA_EXPORT/TABLE/TABLE_DATA
…
```

在导出内容的显示过程中，使用 Ctrl+C 快捷键切换到 EXPDP 作业的交互模式。切换到交互模式后将返回 EXPORT 提示符，如下所示。

```
Export>
```

在该提示符下就可以使用 EXPDP 的交互模式操作命令了。例如使用 EXIT_CLIENT 命令可以退

出客户程序，如下所示。

```
Export> EXIT_CLIENT
```

在退出客户程序后，使用 EXPDP 语句启动作业，并且可以使用 ATTACH 参数指定作业名称，如下所示。

```
EXPDP system/admin DUMPFILE = myport ATTACH = myjob;
```

还可以使用 STOP_JOB 命令暂停一个作业，如下所示。

```
Export> STOP_JOB
```

如果作业被挂起后并没有被取消，可以使用 START_JOB 命令重启作业，如下所示。

```
Export> START_JOB
```

15.4.2　导出表

假设要导出数据库中的表，可以使用 EXPDP 命令的 TABLES 参数，多个表名之间使用英文逗号隔开。

【练习 15】

假设要使用数据泵的 EXPDP 程序导出 SCORE 用户中的 STUDENT 表和 SUBJECT 表，语句如下。

```
C:\>EXPDP SCORE/123456@ORCL DIRECTORY=mydatadir DUMPFILE=tables.dat TABLES=
STUDENT,SUBJECT
```

上述语句使用 DIRECTORY 参数指定导出文件所使用的目录对象，DUPMFILE 参数指定文件名称，TABLES 参数指定要导出的表，执行结果如图 15-4 所示。

图 15-4　导出表

在图 15-4 所示的导出结果中显示了 STUDENT 表和 SUBJECT 表的导出过程。从导出结果可以看出，输出文件的名称为 TABLES.DAT。在导出过程中，EXPDP 创建并使用了一个名为 SYS_EXPORT_TABLE_02 的外部表。

15.4.3　导出表空间

在 EXPDP 中通过 TABLESPACES 参数可以导出指定表空间中的所有对象信息。

【练习 16】

假设要使用 EXPDP 程序从 USERS 表空间中导出数据，语句如下所示。

```
C:\>EXPDP SYSTEM/123456@ORCL DIRECTORY=mydatadir DUMPFILE=users.dat TABLESPACES=
users

Export: Release 11.1.0.6.0 - Production on 星期三, 29 5月, 2013 10:31:11
Copyright (c) 2003, 2007, Oracle.  All rights reserved.

连接到: Oracle Database 11g Enterprise Edition Release 11.1.0.6.0 - Production
With the Partitioning, OLAP, Data Mining and Real Application Testing options
启动 "SYSTEM"."SYS_EXPORT_TABLESPACE_01":  SYSTEM/********@ORCL DIRECTORY=mydata
dir DUMPFILE=users.dat TABLESPACES=users
正在使用 BLOCKS 方法进行估计...
处理对象类型 TABLE_EXPORT/TABLE/TABLE_DATA
使用 BLOCKS 方法的总估计: 2.687 MB
处理对象类型 TABLE_EXPORT/TABLE/TABLE
处理对象类型 TABLE_EXPORT/TABLE/INDEX/INDEX
处理对象类型 TABLE_EXPORT/TABLE/CONSTRAINT/CONSTRAINT
处理对象类型 TABLE_EXPORT/TABLE/INDEX/STATISTICS/INDEX_STATISTICS
处理对象类型 TABLE_EXPORT/TABLE/COMMENT
处理对象类型 TABLE_EXPORT/TABLE/CONSTRAINT/REF_CONSTRAINT
处理对象类型 TABLE_EXPORT/TABLE/STATISTICS/TABLE_STATISTICS
. . 导出了 "OE"."PURCHASEORDER"              243.9 KB    132 行
. . 导出了 "OE"."LINEITEM_TABLE"             280.4 KB    2232 行
. . 导出了 "OE"."ACTION_TABLE"               15.21 KB    132 行
. . 导出了 "SCOTT"."CLASS"                    5.984 KB    6 行
...
. . 导出了 "SCOTT"."DEPT"                     5.937 KB    4 行
. . 导出了 "SCOTT"."EMP"                      8.570 KB    14 行
. . 导出了 "SCOTT"."SALGRADE"                 5.867 KB    5 行
. . 导出了 "SCOTT"."SCGRADE"                  5.953 KB    4 行
. . 导出了 "SCOTT"."STUDENT"                  7.554 KB    15 行
已成功加载/卸载了主表 "SYSTEM"."SYS_EXPORT_TABLESPACE_01"
********************************************************************
SYSTEM.SYS_EXPORT_TABLESPACE_01 的转储文件集为:
  D:\ORACLE\USERS.DAT
作业 "SYSTEM"."SYS_EXPORT_TABLESPACE_01" 已于 10:31:41 成功完成
```

15.4.4 导出指定的模式

使用 EXPDP 命令的 SCHEMAS 参数可以导出指定模式中的所有对象信息。

【练习 17】

假设要使用 EXPDP 程序 scott 模式中的所有对象信息，语句如下。

```
C:\>EXPDP system/123456@ORCL DIRECTORY = mydatadir DUMPFILE = scott.dmp SCHEMAS
= scott NOLOGFILE = y
```

上述语句中的 SCHEMAS 参数指定导出的为 scott 模式，NOLOGFILE 参数指定导出时不在日志中记录。

▌15.4.5　导出数据库

使用 EXPDP 命令时指定 FULL 参数可以导出整个 Oracle 数据库，包括数据库中的所有对象、元数据、数据和所有对象的转储。

【练习 18】

使用 EXPDP 命令将 Oracle 数据库导出到 oracle_bak.dmp 文件中，语句如下。

```
C:\>EXPDP system/123456@ORCL DIRECTORY = mydatadir DUMPFILE = oracle_bak.dmp FULL = y
```

将 FULL 参数的值设置为 Y 表示导出整个数据库，最终保存在 mydatadir 目录对象中，文件名为 oracle_bak.dmp。

▌15.4.6　指定不导出的对象

使用 EXPDP 的 EXCLUDE 参数可以从要导出的列表中指定不导出的对象，即排除对象。如果排除了一个对象，也将排除所有与它相关的对象。

EXCLUDE 参数的格式如下所示。

```
EXCLUDE = object_type [ : name_clause ] [ , … ]
```

其中，object_type 可以是任何 Oracle 对象类型，包括权限、索引和表等；name_clause 用来限制返回的值。object_type 参数可以有如下值。

- ❑ **INDEX**　将会排除指定的索引。
- ❑ **TABLE**　将会排除指定的表。
- ❑ **CONSTRAINT**　将会排除 NOT NULL 外的所有约束。
- ❑ **USERS**　将排除用户定义，但是导出用户模式中的对象。
- ❑ **SCHEMA**　则排除一个用户以及该用户所有的对象。
- ❑ **GRANT**　将排除所有的对象授权和系统特权。

【练习 19】

假设希望从 USERS 表空间中导出数据时排除 STUDENT 表和 SUBJECT 表，语句如下。

```
C:\>EXPDP system/123456@ORCL DIRECTORY =mydatadir DUMPFILE = exclude.dmp
TABLESPACES = users EXCLUDE = TABLE:"IN('STUDENT', 'SUBJECT')"
```

技巧

可以在一个 EXPDP 导出作业中指定多个 EXCLUDE 参数。

▌15.4.7　仅导出指定对象

INCLUDE 参数的作用与 EXCLUDE 参数相反，使用它可以导出仅符合要求的对象，而其他所有对象均被排除。INCLUDE 参数的语法格式与 EXCLUDE 参数相同，这里就不再介绍。

【练习 20】

例如，导出 users 表空间中的索引信息，其他对象均被排除，语句如下所示。

```
C:\>EXPDP system/123456@ORCL DIRECTORY=mydatadir DUMPFILE =index.dmp
TABLESPACES = users INCLUDE = INDEX
```

如果在 EXPDP 命令中指定 CONTENT＝DATA_ONLY，则不能指定 EXCLUDE 参数，也不能指定 INCLUDE 参数。

15.4.8　限制要导出的行

在使用 EXCLUDE 参数和 INCLUDE 参数对要导出的对象进行筛选时，将会导出符合条件对象的所有行。这时可以使用 QUERY 参数来筛选仅导出符合条件的行。

QUERY 参数的格式如下：

```
QUERY = [ schema. ] [ table_name: ] query_clause
```

其中，schema 指定表所属的用户名，或者所属的用户模式名称；table_name 指定表名；query_clause 用来指定限制条件。

【练习 21】

假设要导出 SCORE 用户的 STUDENT 表中性别为女的数据，语句如下。

```
C:\>EXPDP system/123456@ORCL DIRECTORY=mydatadir DUMPFILE =data.dmp TABLES = SCORE.
STUDENT QUERY = \"WHERE STUSEX =\'女\'\"
```

在 EXPDP 命令的 QUERY 参数值中，需要使用转义字符 "\" 将特殊符号（例如双引号"、单引号'等）转义为普通字符。

如果需要对日期进行处理，则在 QUERY 参数值中可以使用如下所示的参数值形式。

```
C:\>EXPDP system/123456@ORCL DIRECTORY =mydatadir  DUMPFILE =data.dmp TABLES =SCORE.
STUDENT QUERY = \" WHERE TO_CHAR\(stubirthday,\'DD-MON-YY\'\)\ < \'01-1月-82\'\"
```

15.5　数据泵 IMPDP 导入数据

数据泵中的 IMPDP 用于使用 EXPDP 创建的数据备份文件导入到一个目标系统中，可以导入数据到整个数据库、特定的模式、特定的表空间或者特定的表。

IMPDP 的使用方法与 EXPDP 类似，可以运行 "IMPDP HELP=y" 查看详细的参数以及含义。

15.5.1　导入表

数据表的导出与导入是最简单的数据备份与恢复方式。对于使用 EXPDP 导出的数据表，可以使用带 TABLES 参数的 IMPDP 程序来导入。同样多个表名之间用逗号分隔。

【练习 22】

从练习 15 导出的备份中导入 SCORE 用户的 STUDENT 表和 SUBJECT 表，语句如下。

```
C:\>IMPDP SYSTEM/123456@ORCL DIRECTORY=mydatadir DUMPFILE=tables.dat
TABLES=STUDENT, SUBJECT TABLE_EXISTS_ACTION=replace
```

上述语句使用 DIRECTORY 参数指定导入文件所使用的目录对象，DUPMFILE 参数指定备份文件的名称，TABLES 参数指定要导出的表，TABLE_EXISTS_ACTION 参数值为 replace，表示如果要导入的对象已经存在则覆盖该对象并加载数据。最终执行结果如图 15-5 所示。

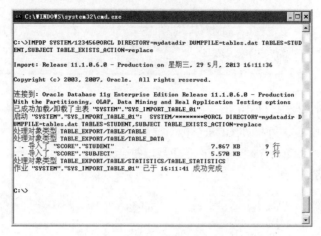

图 15-5　导入表

【练习 23】

如果要将导出文件中的数据表导入到另一个模式中，则需要在使用 IMPDP 时指定 REMAP_SCHEMA 参数。

例如，将练习 22 备份文件的 STUDENT 表和 SUBJECT 表从 SCORE 用户导入到 SYSTEM 模式中，语句如下。

```
C:\>IMPDP SYSTEM/123456@ORCL DIRECTORY=mydatadir DUMPFILE=tables.dat TABLES=STUDENT,
SUBJECT REMAP_SCHEMA = score : system
```

15.5.2　导入表空间

使用 IMPDP 命令的 TABLESPACES 参数可以导入使用 EXPDP 命令导出的表空间数据。

【练习 24】

在练习 16 中使用 EXPDP 程序将 USERS 表空间数据导出到 users.dat 文件中。下面使用 IMPDP 命令将该文件中的内容导入到 USERS 表空间中，语句如下。

```
C:\>IMPDP system/123456@ORCL DIRECTORY=mydatadir DUMPFILE=users.dat TABLESPACES =
users
```

技巧

在使用 IMPDP 命令执行导入的语句中，同样也可以使用 EXCLUDE、INCLUDE 和 QUERY 等参数，用来对需要导入的数据进行过滤。

15.5.3　导入模式

使用 IMPDP 命令执行导入时，如果指定 SCHEMAS 参数，可以实现导入一个指定的模式。

【练习 25】

在练习 17 中使用 EXPDP 命令导出了 scott 用户中的所有对象信息，目录对象为 mydatadir，保存文件为 scott.dmp。下面使用 IMPDP 命令将该文件中的内容导入到 scott 模式中，语句如下所示。

```
C:\>IMPDP scott/123456@ORCL DIRECTORY = mydatadir DUMPFILE = scott.dmp SCHEMAS
= scott
```

如果要将导出的信息导入到 system 模式中，使用的语句如下所示。

```
C:\>IMPDP scott/123456@ORCL DIRECTORY = mydatadir DUMPFILE = scott.dmp SCHEMAS
= scott  REMAP_SCHEMA = scott : system
```

15.5.4　导入数据库

使用 IMPDP 命令执行导入时，指定 FULL 参数可以将使用 EXPDP 命令导出的整个数据库数据导入进来。

【练习 26】

在练习 18 中使用 EXPDP 命令将 Oracle 数据库导出到 oracle_bak.dmp 文件中。下面使用 IMPDP 命令将该文件中的内容导入到 Oracle 数据库，语句如下所示。

```
C:\>IMPDP system/123456@ORCL DIRECTORY = mydatadir DUMPFILE = oracle_bak.dmp FULL = y
```

15.6　数据备份与恢复

无论是使用 Oracle 传统的 EXP 和 IMP 进行导出与导入，还是使用数据泵，都可以实现对 Oracle 中数据不同程度上的备份与恢复。本节将介绍另外两种备份与恢复方式，分别应用在脱机状态和联机状态。

15.6.1　脱机备份

所谓脱机备份是指先关闭数据库，然后使用操作系统工具复制 Oracle 系统数据库文件、数据文件、控制文件和日志文件等。这种备份方式总是一致性的，因为备份时用户无法访问数据库，也就不存在对数据的修改变化，所以备份后的数据与当前数据库是完全一致的。

【练习 27】

下面通过具体的示例演示如何脱机对 Oracle 进行备份，具体步骤如下。

（1）首先确认当前 Oracle 数据库数据文件的存储目录，语句如下。

```
SQL>  SELECT FILE_NAME,TABLESPACE_NAME FROM dba_data_files;

FILE_NAME                                              TABLESPACE_NAME
----------------------------------------------------   --------------------
E:\APP\ADMINISTRATOR\ORADATA\ORCL\USERS01.DBF          USERS
E:\APP\ADMINISTRATOR\ORADATA\ORCL\UNDOTBS01.DBF        UNDOTBS1
E:\APP\ADMINISTRATOR\ORADATA\ORCL\SYSAUX01.DBF         SYSAUX
E:\APP\ADMINISTRATOR\ORADATA\ORCL\SYSTEM01.DBF         SYSTEM
E:\APP\ADMINISTRATOR\ORADATA\ORCL\EXAMPLE01.DBF        EXAMPLE
E:\APP\ADMINISTRATOR\ORADATA\ORCL\CONTROL04.CTL        SYSTEM
E:\APP\ADMINISTRATOR\ORADATA\ORCL\SYSTEM02.DBF         SYSTEM
```

（2）查看控制文件的存储目录，语句如下。

```
SQL>  SELECT NAME FROM v$controlfile;

NAME
------------------------------------------------
E:\APP\ADMINISTRATOR\ORADATA\ORCL\CONTROL01.CTL
E:\APP\ADMINISTRATOR\ORADATA\ORCL\CONTROL02.CTL
E:\APP\ADMINISTRATOR\ORADATA\ORCL\CONTROL03.CTL
```

（3）查看日志文件的存储目录，语句如下。

```
SQL> SELECT MEMBER FROM v$logfile;

MEMBER
----------------------------------------------
E:\APP\ADMINISTRATOR\ORADATA\ORCL\REDO03.LOG
E:\APP\ADMINISTRATOR\ORADATA\ORCL\REDO02.LOG
E:\APP\ADMINISTRATOR\ORADATA\ORCL\REDO01.LOG
```

经过上面的三个查询语句可以看到当前数据文件、控制文件和日志文件都保存在同一个目录，即 E:\APP\ADMINISTRATOR\ORADATA\ORCL。

（4）运行 shutdown immediate 命令关闭数据库。

（5）将 E:\APP\ADMINISTRATOR\ORADATA\ORCL 目录下的文件复制到一个安全的位置，例如其他驱动器中。

（6）复制完成之后运行 startup 命令启动数据库，结束脱机备份过程。

> **注意**
> 由于脱机备份需要关闭数据库后复制数据文件，因此对于 7*24 小时运行数据库是不可取的，需要采用联机备份方式。

15.6.2 脱机恢复

在使用脱机备份的文件恢复 Oracle 数据库时，需要考虑数据库的归档模式。下面分两种情况介绍使用脱机备份恢复数据的方法。

如果数据库处于非归档模式，首先要保证数据库处于关闭状态，然后需要从最近的脱机备份中复制并覆盖当前 Oracle 数据库目录下的数据文件、日志文件和控制文件，最后再重启数据库即可。

如果数据库处于归档模式，需要使用数据恢复将备份后所有变化了的数据重写进数据文件中。这种恢复方式与联机恢复方式一样，将在后面进行介绍。

15.6.3 联机备份

联机备份是指在不关闭 Oracle 数据库的情况下实现备份，而且也不用手动的复制 Oracle 的数据文件。由于联机备份是在运行的 Oracle 数据库上实现备份操作，这就要求将备份的表空间设置为备份模式，这种模式将告诉 Oracle 数据库该表空间中的数据文件正在备份，不能对它进行修改操作，也不能再向该表空间写入数据，但是可以读取，也就是说处于备份模式的表空间中数据不再发生变化。

那么对于备份期间变化的数据，或要写入备份表空间中的数据该如何处理呢。这就需要使用归档日志记录在备份期间变化的数据。所以要使用 Oracle 数据库的联机备份，数据库必须处于归档模式，并且要求备份期间产生归档日志。

【练习 28】

在实现联机备份前必须先做一些准备工作，步骤如下所示。

（1）首先将 Oracle 数据库设置为归档模式。如果数据库已经打开，必须先关闭数据库，再启动数据库到 MOUNT 状态，语句如下所示。

```
SQL> shutdown immediate
数据库已经关闭。
已经卸载数据库。
```

```
ORACLE 例程已经关闭。
SQL> startup mount
ORACLE 例程已经启动。

Total System Global Area       535662592 bytes
Fixed Size                       1334380 bytes
Variable Size                  289407892 bytes
Database Buffers               239075328 bytes
Redo Buffers                     5844992 bytes
数据库装载完毕。
```

（2）然后使用如下语句将数据库设置为归档模式。

```
SQL> ALTER DATABASE archivelog;
数据库已更改。
```

（3）再将数据库更改到 OPEN 状态，即在数据库处于 MOUNT 状态时打开数据库。

```
SQL> ALTER DATABASE OPEN;
```

（4）此时可以使用如下语句查看数据库的归档信息。

```
SQL> archive log list;
数据库日志模式                   存档模式
自动存档                         启用
存档终点                         USE_DB_RECOVERY_FILE_DEST
最早的联机日志序列                88
下一个存档日志序列                90
当前日志序列                     90
```

从上述输出可以看到，当前数据库日志处于归档模式，而存档终点是 USE_DB_RECOVERY_FILE_DEST，即使用数据库快闪恢复区的数据库存储目录。

（5）将 LOG_ARCHIVE_DEST_1 参数的值设置为存储归档日志的目录。如果使用了快闪恢复区作为归档日志的存储目录，也可以忽略此参数，再将 LOG_ARCHIVE_START 的值设置为 true。

以上准备工作做完之后便可以开始联机备份整个数据库或者某个数据库文件。如果仅要备份某个表空间的数据文件，则需要先将该表空间置于备份模式；如果是备份整个数据库，则需要将所有数据文件所在的表空间置于备份模式。

【练习 29】

假设要备份 USERS 表空间的数据文件，首先需要确定数据文件的保存位置，再把它设置为备份模式进行备份，具体步骤如下所示。

（1）使用 dba_data_files 数据字典查询 USERS 表空间中包含数据文件的位置，语句如下。

```
SQL> SELECT FILE_NAME,TABLESPACE_NAME
  2  FROM dba_data_files
  3  WHERE TABLESPACE_NAME='USERS';

FILE_NAME                                                TABLESPACE_NAME
-------------------------------------------------------- ------------------------
E:\APP\ADMINISTRATOR\ORADATA\ORCL\USERS01.DBF            USERS
```

（2）接下来将 USERS 表空间设置为备份模式，语句如下。

```
SQL> ALTER TABLESPACE USERS BEGIN BACKUP;
表空间已更改。
```

上述语句将与 USERS 表空间相关的所有数据文件都设置为备份模式。

提示

运行 "ALTER DATABASE BEGIN BACKUP;" 命令可以将整个数据库置于备份模式。

（3）将第 1 步查询出来的数据文件复制到一个安全的位置，即粘贴到备份目录即可。

（4）接下来将 USERS 表空间退出备份恢复，语句如下。

```
SQL> ALTER TABLESPACE USERS END BACKUP;
表空间已更改。
```

提示

运行 "ALTER DATABASE END BACKUP;" 命令可以将整个数据库退出备份模式。

【练习 30】

假设要备份当前数据库的归档日志，首先需要找到归档日志的存储目录，然后复制在备份过程中产生的归档日志数据，即从开始备份模式到退出备份模式之间的数据变化，查看语句如下所示。

```
SQL> SELECT NAME,VALUE
  2  FROM v$parameter
  3  WHERE NAME IN
  4  ('log_archive_dest','log_archive_dest_1','db_recovery_file_dest');
```

【练习 31】

为了保持数据的一致性，在备份数据文件之后还应该备份控制文件。因为在备份数据文件之后，整个数据库结构可能会发生变化，像新建了表空间、增加了数据文件等。那么这些变化都会记录在控制文件中，而备份的数据文件信息记录在当前的控制文件中，如果在将来恢复时，既需要备份的数据文件，也需要此时备份的控制文件。

控制文件的备份语句如下所示。

```
SQL> ALTER DATABASE BACKUP CONTROLFILE to 'D:\Oracle\Files\controlfiles_bak.ctl'
```

执行后将把当前的控制文件备份到 D:\Oracle\Files 目录，名称为 controlfiles_bak.ctl。

15.6.4 联机恢复

在联机备份时，处于备份状态的表空间或者整个数据库是无法写入数据的，虽然可以访问和使用 DML 操作，但是更新的数据只保留在重做日志文件中。所以在使用联机恢复时，需要 RECOVER 数据，即将用户提交的、记录在重做日志文件中的数据重新写入数据文件中。

【练习 32】

假设 USERS 表空间中的 USERS01.DBF 数据文件损坏，现在对它进行恢复，具体步骤如下。

（1）使用 dba_data_files 数据字典查询 USERS 表空间中 USERS01.DBF 数据文件的存储位置，语句如下。

```
SQL> SELECT FILE_NAME,TABLESPACE_NAME
  2  FROM dba_data_files
  3  WHERE TABLESPACE_NAME='USERS';
```

（2）将 USERS01.DBF 数据文件设置为联机状态，语句如下。

```
SQL>ALTER DATABASE DATAFILE
  2   'E:\APP\ADMINISTRATOR\ORADATA\ORCL\USERS01.DBF' OFFLINE;
```

（3）查看脱机后 USERS01.DBF 数据文件的状态信息。

```
SQL> SELECT FILE_NAME,STATUS,ONLINE_STATUS
  2   FROM dba_data_files
  3   WHERE TABLESPACE_NAME='USERS';


FILE_NAME                                          STATUS       ONLINE_STATUS
-------------------------------------------------- ----------- ---------------
E:\APP\ADMINISTRATOR\ORADATA\ORCL\USERS01.DBF      AVAILABLE    RECOVER
```

上述输出中的 FILE_NAME 表示要恢复的数据文件，ONLINE_STATUS 列的值 RECOVER 表示该数据文件需要介质恢复。即数据文件中的 SCN 与控制文件中的 SCN 不一致，需要使用重做日志文件中的数据恢复用户提交的数据。

（4）使用 RECOVER DATAFILE 命令指定一个介质来恢复损坏的 USERS01.DBF 数据文件。

```
SQL> RECOVER DATAFILE 'D:\Oracle\Files\USERS01.DBF';
```

上述语句指定从 D:\Oracle\Files\USERS01.DBF 介质恢复 USERS01.DBF 数据文件。

（5）现在数据文件虽然完整了，但是仍然无法访问，因为数据文件处于脱机状态。下面的语句将 USERS01.DBF 数据文件恢复到在线状态，此时用户可以访问数据文件了。

```
SQL>ALTER DATABASE DATAFILE
  2   'E:\APP\ADMINISTRATOR\ORADATA\ORCL\USERS01.DBF' ONLINE;
```

15.7 拓展训练

1. 使用 EXP 和 IMP 备份与恢复数据

EXP 与 IMP 经常是一起使用的，实现数据的备份与恢复。本次训练要求读者完成如下操作：

（1）将 scott 用户下的 DEPT 表和 EMP 表导出到 scott_tables.dmp 文件。

（2）将 scott 用户下的所有对象导出到 scott.dmp 文件。

（3）将 users 表空间导出到 user_tablespace.dmp 文件。

（4）先恢复 users 表空间，再恢复 scott 用户下的所有对象。

2. 使用数据泵备份与恢复学生选课数据

学生选课系统的所有信息都保存在 COURSE 表空间。使用数据泵技术完成对 COURSE 表空间的如下操作。

（1）创建目录对象。使用 CREATE DIRECTORY 语句创建目录对象 coursedir，指向 E:\temp 目录。

（2）使用 EXPDP 的 TABLESPACES 选项对 COURSE 表空间执行导出操作，导出文件为 course_bak.dmp。

（3）使用 EXPDP 导出 COURSE 用户的所有数据。

（4）使用 EXPDP 导出选取了"Oracle 班"课程的学生数据。

（5）在使用过程中，如果发现 COURSE 表空间的数据文件被无意删除，或者文件被破坏。这时不需要重新创建 COURSE 表空间，而只需要使用已经导出的文件执行恢复操作。

（6）使用 IMPDP 应用程序将步骤 2 中导出的 course_bak.dmp 文件导入 Oracle 数据库。

15.8 课后练习

一、填空题

1. 在使用 EXP 程序时通过＿＿＿＿＿＿参数指定导出的文件名称。

2. 使用 IMP 程序的＿＿＿＿＿＿参数可以设置要导入到的目标用户。

3. 如果希望不从备份文件中导入数据应该使用＿＿＿＿＿＿参数。

4. 使用 EXPDP 工具之前必须建立＿＿＿＿＿＿来指向将要使用的外部目录。

5. 对于满足 EXCLUDE 和 INCLUDE 标准的对象，将会导出该对象的所有行。这时，可以使用＿＿＿＿＿＿参数来限制返回的行。

6. 在 IMPDP 应用程序中可以使用 CONTENT 参数来指定要加载的数据，该参数有 3 个可选值，分别为：all、metadata_only 和＿＿＿＿＿＿。

二、选择题

1. 在 Oracle 中创建目录对象时，可以使用＿＿＿＿＿＿语句。

    A．CREATE DIRECTORY

    B．ALTER DIRECTORY

    C．GRANT DIRECTORY

    D．DROP DIRECTORY

2. 作业被挂起后并没有被取消，可以使用＿＿＿＿＿＿命令来重启作业。

    A．EXIT_CLIENT

    B．KILL_JOB

    C．START_JOB

    D．STOP_JOB

3. 如果在 EXPDP 中使用＿＿＿＿＿＿参数将只导出符合要求的对象，其他所有对象均被排除。

    A．EXLUDE

    B．INCLUDE

    C．QUERY

    D．ATTACH

4. 要将导出的一个模式中的信息导入到另一个模式中，需要使用＿＿＿＿＿＿参数。

    A．REMAP_DATAFILE

    B．REMAP_SCHEMA

    C．REMAP_TABLE

    D．REMAP_TABLESPACE

5. 下列关于 EXP 程序的描述不正确的是＿＿＿＿＿＿。

    A．EXP 备份的文件可以用记事本打开进行恢复

    B．EXP 备份时可以设置缓冲区大小

    C．EXP 可以备份一个表、多个表、表空间，甚至整个数据库

    D．EXP 可以指定备份的路径

6. 在使用 IMP 导入时将 STATISTICS 参数设置为_____可以从备份文件中导入统计量。

    A. safe

    B. none

    C. always

    D. recalculate

7. 在非归档模式下脱机恢复时，数据库必须处于_____状态。

    A. 归档

    B. 离线

    C. 在线

    D. 关闭

8. 将整个数据库退出备份模式的语句是_____。

    A. ALTER DATABASE END BACKUP;

    B. ALTER DATABASE EXIT BACKUP;

    C. ALTER DATABASE STARTUP;

    D. ALTER DATABASE ONLINE;

三、简答题

1. 简述数据泵导出导入与传统导出导入的区别。

2. 使用 HELP 命令分别查看 EXPDP 命令和 IMPDP 命令的参数信息。

3. 使用 EXPDP 命令导出 scott 用户中除了 dept 表之外的其他表数据。

4. 简述脱机状态下的备份与恢复方式。

5. 简述归档模式下备份的步骤。

6. 简述联机下恢复时需要哪些文件？

第 16 课
数据库安全

Oracle 数据库自带了许多用户，如 system、scott 和 sys 用户等，也允许数据库管理员创建用户。为了保证数据库系统的安全，数据库管理员可以为创建的用户分配不同的权限，也可以将一组权限授予某个角色，然后将这个角色授予用户，这样可以方便用户权限的管理。其中权限是指管理用户在访问数据库时，能够执行某些操作的能力；角色（Role）是权限管理的一种解决方案，是一组相关权限的集合。在实际应用中，用户、角色与权限是密不可分的。

本课将介绍用户的创建与管理，用户配置文件的定义，Oracle 中的权限以及角色的创建与管理。

本课学习目标：

❑ 掌握用户的创建与管理

❑ 了解用户配置文件的作用

❑ 熟练掌握条件查询和对结果集的格式化

❑ 掌握使用用户配置文件限制用户使用的资源

❑ 掌握配置文件的修改与删除

❑ 了解通过 OEM 管理配置文件

❑ 了解 Oracle 中的权限

❑ 了解系统权限与对象权限的区别

❑ 了解系统预定义角色

❑ 掌握角色的创建与管理

❑ 掌握如何为角色授予权限

❑ 掌握如何为用户授予权限和角色

❑ 了解通过 OEM 管理角色

16.1 管理用户

在用户连接 Oracle 数据库时，Oracle 为了防止非授权用户的访问，需要用户提供账号和口令。在实际应用中，数据库的用户一般较多，所以数据库管理员应该对用户可以使用的系统资源加以限制，需要为用户创建并指定配置文件。在创建用户时，对用户可以使用的安全参数进行限制，从而可以对用户的操作进行一定的规范。这些都是通过对用户进行管理，从而确保数据库的安全。

16.1.1 用户和模式

用户是控制数据库访问的第一道防线。只要以特定用户身份登录到数据库之后，才能执行管理操作、DDL 操作以及 DML 操作。

连接到数据库的用户所具有的权限是不相同。每个 Oracle 数据库至少应该配备一名数据库管理员（DBA），数据库管理员需要承担以下任务。

❑ 安装和升级 Oracle Server。

❑ 建立数据库。

❑ 建立数据库的主要存储结构（表空间）。

❑ 建立数据库的主要对象（表、视图、索引）。

❑ 制定并实施备份与恢复计划。

根据 DBA 多承担的管理职责不同，可以为它们分配不同的数据库用户，管理数据库的用户主要包括特权用户和 DBA 用户两种类型。

1. 特权用户

特权用户是指具有 SYSDBA 或 SYSOPER 特殊权限的用户，该用户可以启动例程（STARTUP）、关闭例程（SHUTDOWN）、执行备份和恢复等操作。SYSDBA 和 SYSOPER 的区别在于：SYSDBA 不仅可以具备 SYSOPER 的所有权限，而且还可以建立数据库，执行不完全恢复。在 Oracle 11g 中，Oracle 提供了默认的特权用户 SYS，当以特权用户身份登录数据时，必须带有 AS SYSDBA 或 AS SYSOPER 选项。

```
SQL> CONNECT SYS/123 AS SYSDBA
已连接。
```

2. DBA 用户

DBA 用户是指具有 DBA 角色的数据库用户。特权用户可以启动例程（实例）、关闭例程等特殊操作，而 DBA 用户只有在启动了数据库之后才能执行各种管理操作。默认的 DBA 用户为 SYS 和 SYSTEM。

需要注意，SYS 用户不仅具有 SYSDBA 和 SYSOPER 特权，而且还具有 DBA 角色，因此不仅可以启动例程、停止例程，也可以执行任何管理操作。而 SYSTEM 用户只具有 DBA 角色，因此不能启动例程、停止例程。

16.1.2 模式

模式是用户所拥有的数据库对象集合。这些数据库对象包括表、视图、索引、触发器、Java存储过程、PL/SQL 程序包、函数等。在 Oracle 数据库中对象是以用户来组织的，用户和模式是一一对应的关系，并且二者名称相同。Oracle 数据库中每个用户都拥有惟一的模式，该用户创建的所有对象都保存在自己的模式中。

用户和模式的关系如图 16-1 所示。

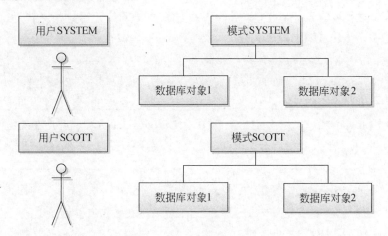

图 16-1　用户和模式的关系图

如图 16-1 所示，SYSTEM 用户拥有的所有对象都属于 SYSEM 模式，而 SCOTT 用户拥有的所有对象都属于 SCOTT 模式。

在使用 Oracle 数据库模式时应该注意以下几点问题。

❑ 在同一模式中不能存在同名对象，但不同模式可以具有同名对象。

❑ 用户可以直接访问其模式对象，但如果要访问其他模式对象，必须具有相应的权限。

❑ 当用户访问其他模式对象时，必须加模式名作为前缀。例如：用户 SMITH 要访问 SCOTT 模式下的 DEPT 表，必须使用 SCOTT.DEPT 来访问。

16.1.3　创建用户

在创建一个用户时，可以为用户指定表空间、临时表空间和资源文件等。另外，还可以使用 PASSWORD EXPIRE 子句和 ACCOUNT 子句，对该用户进行相应的管理。

1. 创建用户的语法

创建一个新的数据库用户时，需要使用 CREATE USER 语句，该语句的语法如下。

```
CREATE USER user_name
IDENTIFIED BY password
[ DEFAULT TABLESPACE default_tablespace |
TEMPORARY TABLESPACE temp_tablespace |
PROFILE profile
QUOTA [ integer K | M ] | UNLIMITED ON tablespace
| PASSWORD EXPIRE
| ACCOUNT LOCK | UNLOCK ];
```

其中各个参数的含义如下所示。

❑ **user_name**　指定要创建的数据库用户的名称。

❑ **password**　表示用户的口令。

❑ **DEFAULT TABLESPACE**　为用户指定默认表空间。如果用户没有指定该表空间，则系统将使用用户默认的表空间来存储。

❑ **TEMPORARY TABLESPACE**　为用户指定临时表空间。如果没有指定用户临时表空间，则系统将使用默认的临时表空间来存储。

❑ **PROFILE** 表示用户的资源文件，该资源文件必须在之前已经被创建。在安装数据库时，Oracle 自动建立名为 DEFAULT 的默认资源文件。如果没有为用户指定 PROFILE 选项，Oracle 将会为它指定 DEFAULT 资源文件。

> **(技巧)**
>
> 在安装数据库时，Oracle 自动建立名为 DEFAULT 的默认资源文件。如果没有为用户指定 PROFILE 选项，Oracle 将会为它指定 DEFAULT 资源文件。

❑ **QUOTA [integer K | M] | | UNLIMITED ON tablespace** 表示用户在表空间中可以使用的空间总大小。UNLIMITED 表示无限制，默认为 UNLIMITED，不能在临时表空间上使用限额。

> **(技巧)**
>
> 如果需要了解用户在表空间中的存储限额，可以查询数据字典 DBA_TS_QUOTAS。如果用户使用的空间超出了规定的限额，则系统将返回一个错误号为 ORA-01536 的控制限额错误。

❑ **PASSWORD EXPIRE** 将用户口令的初始状态设置为已过期，从而强制用户在每一次登录数据库后必须修改口令。

❑ **ACCOUNT LOCK | UNLOCK** 设置用户的初始状态为锁定（LOCK）或解锁（UNLOCK），表示锁定或者解锁某个用户账号。

> **(注意)**
>
> 创建数据库用户时，执行创建的用户必须具有 CREATE USER 系统权限。

【练习 1】

创建用户需要具有 CREATE USER 权限，使用 Oracle 特权用户 SYSTEM 连接数据库，并创建用户 user_test，指定该用户的登录口令为 admin、默认表空间为 USERS 和临时表空间 TEMP，如下所示。

```
SQL>  CREATE USER user_test
  2    IDENTIFIED BY admin
  3    DEFAULT TABLESPACE users
  4    TEMPORARY TABLESPACE temp
  5    QUOTA 30M ON users;
User created
```

> **(技巧)**
>
> 如果需要回收用户在表空间的存储空间，可以通过修改其所有表空间的配额为零，这样用户创建的数据库对象仍然被保留，但是该用户无法再创建新的数据库对象。

2. 使用 PASSWORD EXPIRE 语句

在创建用户时，还可以使用 PASSWORD EXPIRE 子句，用来设置用户口令过期、失效，强制用户在登录数据库时必须修改口令。

【练习 2】

创建一个 user_test2 的用户，初始密码为 admin、默认表空间为 USERS、临时表空间为 TEMP。测试 user_test2 用户在登录时是否需要修改密码，如下所示。

```
SQL> create user user_test2
  2  identified by admin
  3  default tablespace users
  4  temporary tablespace temp
```

```
  5  quota 20m on users
  6  password expire;
```
用户已创建。
```
SQL> connect user_test2/admin;
ERROR:
ORA-28001: the password has expired
```
更改 user_test2 的口令
新口令：
重新键入新口令：
```
ERROR:
ORA-01045: user USER_TEST2 lacks CREATE SESSION privilege; logon denied
```
口令已更改
警告：您不再连接到 ORACLE。

重新使用 system 用户登录，赋权进行登录 user_test2 用户，如下所示。

```
SQL> connect system/tiger;
已连接。
SQL> grant connect,resource to user_test2;
授权成功。
SQL> connect user_test2/csy;
已连接。
```

因为 user_test2 是刚创建的用户，不具有 session 权限。因此，在登录连接之前要使用 grant connect,resource to user_test2 语句进行赋权。

3. 使用 ACCOUNT LOCK 或者 ACCOUNT UNLOCK 选项

在创建用户时，可以使用 ACCOUNT LOCK 或者 ACCOUNT UNLOCK 选项，表示是否锁定或者解锁用户账号。如果用户被锁定，则该用户不可用。

【练习3】

创建用户 user_tset3，并且创建后不可以正常使用，如下所示。

```
SQL> connect system/tiger;
已连接。
SQL> create user test_user3
  2  identified by admin
  3  default tablespace users
  4  temporary tablespace temp
  5  account lock;
用户已创建。
```

当设置用户不可用时，需要 DBA 对其解锁后才可以正常使用。

16.1.4 修改用户

对创建好的用户可以使用 ALTER USER 语句进行修改，可以修改用户的口令、默认表空间、临时表空间、表空间的配额等，语法格式如下。

```
ALTER USER user_name
```

```
IDENTIFIED BY password
[ DEFAULT TABLESPACE tablespace |
TEMPORARY TABLESPACE tablespace |
PROFILE profile
QUOTA [ integer K | M ]
| UNLIMITED ON tablespace
| PASSWORD EXPIRE
| ACCOUNT LOCK | UNLOCK ];
```

不可以对用户名进行修改。如果需要修改用户名，可以将该用户删除重建。

1. 修改用户的口令

修改用户的口令，需要使用 ALTER USER user_name IDENTIFIED BY 语句。

【练习4】

修改上面练习中创建的用户 user_test，如下所示。

```
SQL> alter user user_test identified by usertest;
用户已更改。
```

其中，**BY** 关键字后面是新口令，该口令可以是任何字符串。也可以使用 GRANT 命令修改用户的口令，如下所示。

```
SQL> grant connect to user_test1 identified by user_test;
授权成功。
```

对某个用户的账号进行修改，不会立即应用到该用户的当前会话中，而是在该用户下一次连接数据库时生效。

2. 修改默认表空间

对用户默认表空间进行修改，需要使用 ALTER USER ... DEFAULT TABLESPACE 语句。

【练习5】

将创建的 user_test1 默认的表空间进行修改，将表默认的表空间修改为在第5课表空间【练习3】中创建的表空间 orclspace 中，如下所示。

```
SQL>  alter user user_test1
  2   default tablespace orclspace;
用户已更改。
```

对用户默认表空间修改后，先前已经创建的表仍然存储在原表空间中。如果创建新表，则将存储在新表空间中。

3. 修改临时表空间

对用户临时表空间进行修改，需要使用 ALTER USER ... TEMPORARY TABLESPACE 语句。

【练习6】

将 user_test1 的临时表空间进行修改，修改为在 temp 中，如下所示。

```
SQL> alter user user_test
  2  temporary tablespace temp;
用户已更改。
```

4. 修改表空间的配额

对用户的表空间配额进行修改，需要使用 ALTER USER ... QUOTA 语句。

【练习 7】

修改表 user_test 的表空间配额为 50MB，如下所示。

```
SQL> alter user user_test quota 50m on system;
用户已更改。
```

表示 USER1 用户在 SYSTEM 表空间中最多可以使用 50MB 的空间。

5. 使用户口令失效

如果在创建用户时没有指定 PASSWORD EXPIRE 子句，则创建用户后，可以在 ALTER USER 语句中使用 PASSWORD EXPIRE 选项，让用户口令失效。

【练习 8】

将用户 user_test 的口令修改为失效，如下所示。

```
SQL> alter user user_test password expire;
用户已更改。
```

 用户口令失效后，如果再次使用该账号连接数据库，则要求用户必须输入新口令。

6. 锁定用户

使用 ALTER USER 语句设置 ACCOUNT 参数，可以实现锁定用户，或者对已经锁定的用户进行解锁。

【练习 9】

锁定用户 user_test，如下所示。

```
SQL> alter user user_test account lock;
用户已更改。
```

 用户被锁定后，如果再使用该用户连接数据库，将返回错误信息。被锁定的用户必须由数据库管理员解锁后才能够使用。

解锁时使用 UNLOCK 选项。

【练习 10】

将用户 user_test 解锁，如下所示。

```
SQL> alter user user_test account unlock;
用户已更改。
```

16.1.5 删除用户

删除用户时，需要使用 DROP USER 语句，该语句的语法如下所示。

```
DROP USER user_name [ CASCADE ];
```

其中，CASCADE 选项表示在删除用户时，将该用户所创建的模式对象也全部删除。

【练习 11】

删除创建的 user_test1，如下所示。

```
SQL> drop user user_test1;
用户已删除。
```

如果用户已经创建了模式对象，则删除用户时必须使用 CASCADE 选项，否则系统将提示错误信息。

如果被删除的用户正在连接数据库，则必须在该用户退出系统后才能完成删除。否则，在删除时将提示错误信息。

【练习 12】

给 user_test2 用户赋权，使其能够删除用户，然后使用 user_test2 连接数据库，进行删除，如下所示。

```
SQL> connect system/tiger;
已连接。
SQL> grant drop user to user_test2;
授权成功。
SQL> connect user_test2/csy;
已连接。
SQL> drop user user_test2;
drop user user_test2
*
第 1 行出现错误:
ORA-01940: 无法删除当前连接的用户
```

删除用户时，系统将删除用户的账号以及从数据字典中删除该用户模式创建的对象。

▍16.1.6 管理用户会话

当一个用户连接到数据库后，将在数据库实例中创建一个会话，每个会话对应一个用户。为了查看当前数据库中用户的会话情况，保证数据库的安全运行，Oracle 提供了一系列相关的数据字典对用户会话进行监视，以防止用户无限制地使用系统资源。

1. 使用数据字典视图 V$SESSION 监视用户会话信息

Oracle 提供了动态视图 V$SESSION，通过该视图可以获取当前数据库中的会话信息。

【练习 13】

通过动态视图 V$SESSION 查看当前用户的用户名、活动状态、上次连接数据库的时间、登录时所使用的计算机名称信息，如下所示。

```
SQL> connect system/tiger;
已连接。
SQL> SELECT SID, SERIAL#, USERNAME, STATUS, LOGON_TIME, MACHINE FROM V$SESSION
HERE username IS NOT NULL;
SID    SERIAL#   USERNAME     STATUS     LOGON_TIME     MACHINE
----   -------   ---------    ---------  ------------   --------
119    3         SYSMAN       INACTIVE   01-6 月 -13    itzcn
121    257       SYSMAN       NACTIVE    01-6 月 -13    itzcn
122    844       SYSMAN       ACTIVE     01-6 月 -13    itzcn
123    67        SYSMAN       ACTIVE     01-6 月 -13    itzcn
...
```

147	13	SYSMAN	INACTIVE	01-6 月 -13	itzcn
150	3	SYSMAN	INACTIVE	01-6 月 -13	itzcn
152	16	DBSNMP	ACTIVE	01-6 月 -13	WORKGROUP\ITZCN

已选择 10 行。

其中，SID 和 SERIAL#字段用于惟一标识一个会话信息；USERNAME 表示用户名；STATUS 表示该用户的活动状态；LOGON_TIME 表示该用户登录数据库的时间；MACHINE 表示用户登录数据库时所使用的计算机名。

2. 终止用户会话

由于 SID 和 SERIAL#能够惟一标识一个会话，所以在终止用户会话时，可以使用这两个关键字对应的值来确定一个会话。终止用户会话可以使用 ALTER SYSTEM 语句，其语法格式如下。

```
ALTER SYSTEM KILL SESSION 'SID , SERIAL# ' ;
```

其中，SID 与 SERIAL#的值可以通过查询动态视图 V$SESSION 获得。

【练习 14】

终止 SYSTEM 模式下的空用户，首先需要查询表中的空用户，如下所示。

```
SQL> SELECT SID, SERIAL#, USERNAME, STATUS, LOGON_TIME, MACHINE FROM V$SESSION
HERE username IS NULL;
SID        SERIAL#     USERNAME      STATUS    LOGON_TIME     MACHINE
----       -------     --------      -------   ---------      -----------
110        4627                      ACTIVE    01-6 月 -13     ITZCN
128        1                         ACTIVE    01-6 月 -13     ITZCN
129        1                         ACTIVE    01-6 月 -13     ITZCN
…
165.       1                         ACTIVE    01-6 月 -13     ITZCN
166        1                         ACTIVE    01-6 月 -13     ITZCN
167        1                         ACTIVE    01-6 月 -13     ITZCN
168        1                         ACTIVE    01-6 月 -13     ITZCN
169        1                         ACTIVE    01-6 月 -13     ITZCN
170        241                       ACTIVE    01-6 月 -13     ITZCN
已选择 22 行。
SQL> ALTER SYSTEM KILL SESSION '170,241';
系统已更改。
```

 提示

用户的会话被终止后，该用户将中断与数据库的连接，用户所占用的操作系统进程和系统资源等被释放。

3. 使用数据字典视图 V$OPEN_CURSOR 查询最新执行 SQL 语句

在数据字典视图 V$OPEN_CURSOR 中，记录了用户连接数据库后所执行的 SQL 语句。

【练习 15】

查询 SYSTEM 用户连接数据库后最新执行的 SQL 语句，如下所示。

```
SQL> SELECT SID,USER_NAME,SQL_TEXT FROM V$OPEN_CURSOR WHERE USER_NAME='SYSTEM';
SID    USER_NAME    SQL_TEXT
-----  ----------   -------------------------------
143    SYSTEM       declare   m_stmt varchar2(512); begin    m_stmt:='delete fr
…
143    SYSTEM       insert into sys.aud$( sessionid,entryid,statement,ntimestamp
```

4．使用其他数据字典视图

还有一些比较复杂的数据字典视图，例如 V$SESSION_WAIT、V$PROCESS、V$SESSTAT 和 V$SESS_IO 等。

使用不同的数据字典视图，可以获取不同的信息，例如，使用 V$SESSION_WAIT 可以监控数据库中事件的等待信息。如果将数据库字典视图结合使用，可以获得更多的会话信息或者一些统计信息等。例如，通过联合查询数据字典视图 V$PROCESS、V$SESSTAT、V$SESS_IO 和 V$SESSION，可以获得数据库资源竞争状况的统计信息。

16.2 用户配置文件

为了限制用户可以使用的系统资源和数据库资源，在安装数据库时，Oracle 自动创建了一个名称为 DEFAULT 的用户配置文件。用户配置文件是一个参数的集合，其功能除了可以限制用户使用的系统和数据库资源之外，还可以管理用户的口令。如果数据库没有创建用户配置文件，将使用默认的用户配置文件，默认用户配置文件指定对于所有用户资源没有限制。

16.2.1 创建用户配置文件

创建用户配置文件的用户必须具有 CREATE PROFILE 的系统权限。创建用户配置文件需要使用 CREATE PROFILE 语句，其语法如下。

```
CREATE PROFILE profile_name LIMIT
[ SESSIONS_PER_USER number | UNLIMITED | DEFAULT ]
[ CPU_PER_SESSION number | UNLIMITED | DEFAULT ]
[ CPU_PER_CALL number | UNLIMITED | DEFAULT ]
[ CONNECT_TIME number | UNLIMITED | DEFAULT ]
[ IDLE_TIME number | UNLIMITED | DEFAULT ]
[ LOGICAL_READS_PER_SESSION number | UNLIMITED | DEFAULT ]
[ LOGICAL_READS_PER_CALL number | UNLIMITED | DEFAULT ]
[ PRIVATE_SGA number | UNLIMITED | DEFAULT ]
[ COMPOSITE_LIMIT number | UNLIMITED | DEFAULT ]
[ FAILED_LOGIN_ATTEMPTS number | UNLIMITED | DEFAULT ]
[ PASSWORD_LIFE_TIME number | UNLIMITED | DEFAULT ]
[ PASSWORD_REUSE_TIME number | UNLIMITED | DEFAULT ]
[ PASSWORD_REUSE_MAX number | UNLIMITED | DEFAULT ]
[ PASSWORD_LOCK_TIME number | UNLIMITED | DEFAULT ]
[ PASSWORD_GRACE_TIME number | UNLIMITED | DEFAULT ]
[ PASSWORD_VERIFY_FUNCTION function_name | NULL | DEFAULT ] ;
```

其中各项参数的含义如下所示。

❑ **profile_name**　创建的配置文件名称。

❑ **number | UNLIMITED | DEFAULT**　设置参数值。UNLIMITED 表示无限制；DEFAULT 表示使用默认值。

❑ **SESSIONS_PER_USER**　每个用户可以拥有的会话数。

❑ **CPU_PER_SESSION**　每个会话可以占用的 CPU 总时间，其单位为 1%秒。

- ❑ **CPU_PER_CALL**　每条 SQL 语句可以占用的 CPU 总时间，其单位为 1%秒。
- ❑ **CONNECT_TIME**　用户可以连接到数据库的总时间，单位为分钟。
- ❑ **IDLE_TIME**　用户可以闲置的最长时间，单位为分钟。
- ❑ **LOGICAL_READS_PER_SESSION**　每个会话期间可以读取的数据块数量，包括从内存中读取的数据块和从磁盘中读取的数据块。
- ❑ **LOGICAL_READS_PER_CALL**　每条 SQL 语句可以读取的数据块数量。
- ❑ **PRIVATE_SGA**　在共享服务器模式下，该参数限定一个会话可以使用的内存 SGA 区的大小，单位是数据块。在专用服务器模式下，该参数不起作用。
- ❑ **COMPOSITE_LIMIT**　由多个资源限制参数构成的复杂限制参数，利用该参数可以对所有混合资源进行设置。
- ❑ **FAILED_LOGIN_ATTEMPTS**　用户登录数据库时允许失败的次数。达到失败次数后，该用户将被自动锁定，需要数据库管理员解锁后才可以使用。
- ❑ **PASSWORD_LIFE_TIME**　用户口令的有效时间，单位为天。
- ❑ **PASSWORD_REUSE_TIME**　用于设置一个失效口令多少天之内不允许被使用。
- ❑ **PASSWORD_REUSE_MAX**　用于设置一个已使用的口令被重新使用之前，口令必须被修改的次数。
- ❑ **PASSWORD_LOCK_TIME**　用户登录失败的次数达到 FAILED_LOGIN_ATTEMPTS 时，该用户将被锁定的天数。
- ❑ **PASSWORD_GRACE_TIME**　当口令的使用时间达到 PASSWORD_LIFE_TIME 时，该口令还允许使用的"宽限时间"。在用户登录时，Oracle 会提示该时间。
- ❑ **PASSWORD_VERIFY_FUNCTION**　设置用于判断口令复杂性的函数。函数可以使用自动创建的，也可以使用默认的或不使用。

> **提示**
> 在 Oracle 数据库的安装目录下存在一个 utlpwdmg.sql 文件，该文件是 Oracle Database 11g 的密码验证文件。

【练习 16】

使用 DBA 身份创建用户配置文件 system_userprofile，对该文件的说明如下所示。

（1）限制用户允许拥有的会话数为 2，对应的参数为 SESSIONS_PER_USER。

（2）限制该用户执行的每条 SQL 语句可以占用的 CPU 总时间为 10%秒，对应的参数为 CPU_PER_CALL。

（3）保持 5 分钟的空闲状态后，会话自动断开，对应的参数为 IDLE_TIME。

（4）限制用户登录数据库时可以失败的次数为 5 次，对应的参数为 FAILED_LOGIN_ATTEMPTS。

（5）在 10 天之后才允许重复使用同一个口令，对应的参数为 PASSWORD_LIFE_TIME。

（6）设置用户登录失败次数达到限制要求时，用户被锁定的天数为 1 天，对应的参数为 PASSWORD_LOCK_TIME。

（7）设置口令使用时间达到有效时间之后，口令仍然可以使用的"宽限时间"为 5 天，对应的参数为 PASSWORD_GRACE_TIME。

下面就按上述要求创建配置文件 system_userprofile。

```
SQL> CREATE PROFILE system_userprofile LIMIT
  2  SESSIONS_PER_USER 2
  3  CPU_PER_CALL 10
```

```
    4    IDLE_TIME 5
    5    FAILED_LOGIN_ATTEMPTS 5
    6    PASSWORD_LIFE_TIME 10
    7    PASSWORD_LOCK_TIME 1
    8    PASSWORD_GRACE_TIME 5;
配置文件已创建
```

注意

对于在创建配置文件时没有指定的参数，其值将默认由 DEFAULT 配置文件提供。

16.2.2　使用配置文件

在创建用户时，可以在 CREATE USER 语句中只用 PROFILE 子句为用户指定自定义配置文件，也可以使用 ALTER USER 语句为已创建的用户修改配置文件。

【练习 17】

指定用户 user_test2 的配置文件为 system_userprofile，如下所示。

```
SQL> ALTER USER user_test2 PROFILE system_userprofile;
用户已更改。
```

除此之外，还需要修改参数 resource_limit 的值使配置文件生效，其值默认为 false，需要将其值修改为 TRUE。

【练习 18】

首先使用 SHOW PARAMETER 语句查看参数 resource_limit 的默认值，如下所示。

```
SQL> SHOW PARAMETER resource_limit;
NAME                    TYPE            VALUE
---------------         --------        ----------
resource_limit          boolean         FALSE
```

然后使用 ALTER SYSTEM 语句修改该参数的值为 true，如下所示。

```
SQL> ALTER SYSTEM SET resource_limit = TRUE ;
系统已更改。
```

16.2.3　管理配置文件

在 Oracle 数据库中，数据库管理员可以对用户配置文件进行管理。对配置文件的管理内容包括：查看、修改和删除配置文件。

1. 使用数据字典 DBA_PROFILES 查看配置文件信息

【练习 19】

通过数据字典 DBA_PROFILES 视图，可以查看系统默认配置文件 DEFAULT 和自定义的用户配置文件的参数设置，如下所示。

```
SQL> SELECT PROFILE,RESOURCE_NAME,LIMIT
  2  FROM DBA_PROFILES
  3  WHERE PROFILE='DEFAULT';
PROFILE                 RESOURCE_NAME           LIMIT
------------------      ------------------------ ---------------
DEFAULT                 COMPOSITE_LIMIT          UNLIMITED
```

```
DEFAULT                SESSIONS_PER_USER           UNLIMITED
…
DEFAULT                PASSWORD_GRACE_TIME         7
已选择 16 行。
```

其中，PROFILE 表示配置文件名；RESOURCE_NAME 表示参数名；LIMIT 表示参数值。从上面的配置文件信息中可以看出，用户配置文件实际上是对用户使用的资源进行限制的参数集。

2．修改配置文件

修改配置文件需要使用 ALTER PROFILE 语句，使用形式与修改用户类似，可以针对配置文件的每个参数进行修改。在修改时同样需要使用 LIMIT 关键字。

【练习 20】

修改配置文件 system_userprofile 的 CPU_PER_CALL 参数，将用户执行的每条 SQL 语句可以占用的 CPU 总时间修改为 20%，如下所示。

```
SQL> ALTER PROFILE system_userprofile LIMIT
  2  CPU_PER_CALL 20;
配置文件已更改
```

如果使用 ALTER PROFILE 语句对 DEFAULT 文件进行修改，则所有配置中设置为 DEFAULT 的参数都会受到影响。

3．删除配置文件

删除配置文件需要使用 DROP PROFILE 语句。如果要删除的配置文件已经被指定给某个用户，则必须在 DROP PROFILE 语句中使用 CASCADE 关键字。

```
SQL> DROP PROFILE system_userprofile CASCADE;
配置文件已删除。
```

如果为用户指定的配置文件被删除，则 Oracle 将自动为用户重新指定 DEFAULT 配置文件。

16.2.4 使用 OEM 管理配置文件

数据库管理员可以通过 OEM 图形界面来管理数据库中的所有配置文件，步骤如下所示。

（1）启动 OracleDBConsoleorcl 服务，在浏览器地址栏中请求 https://localhost:1158/em，以 SYS 用户以数据库管理员的身份登录到 OEM 主页面，在【服务器】选项页面的【安全性】一栏中，单击【概要文件】链接，将显示数据库中所有的配置文件，如图 16-2 所示。

（2）单击概要文件页面中的【创建】按钮，进入创建概要文件页面，该页面默认显示一般信息选项卡页面，这时输入资源文件名称为 my_userprofile，对各项资源限制参数进行设置，如图 16-3 所示。

（3）单击口令选项卡，可以设置配置文件中的口令参数，如图 16-4 所示。

（4）完成上述配置后，可以单击【显示 SQL】按钮，查看创建配置文件的 SQL 语句。最后单击【确定】按钮，即可完成配置文件的创建。

配置文件 my_userprofile 创建好后，在概要文件页面中的配置文件列表中将包含该文件。如图 16-5 所示。

在概要文件页面中，单击文件名链接可以查看该文件信息；如果选中该文件，则可以对该文件执行编辑、查看和删除操作，从而实现通过 OEM 对配置文件进行多方面的管理。

图 16-2　显示配置文件

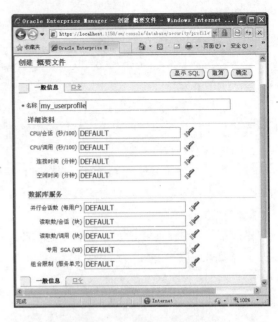

图 16-3　新建配置文件

图 16-4　配置文件的口令参数

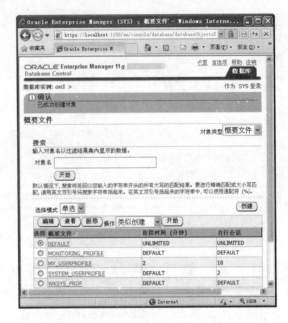

图 16-5　显示所有配置文件

16.3　权限

权限是指在数据库中执行某种操作的权力，例如连接数据库、在数据库中创建与操作数据库对象等权限。刚刚创建的用户没有任何权限，这也就意味着该用户不能执行任何操作。如果用户要执行特定的数据库操作，就必须具有系统权限；如果用户要访问其他模式中的对象，则必须具有相应的对象权限。本节将介绍 Oracle 中系统权限和对象权限的创建及使用。

16.3.1　权限概述

权限是指执行特定类型的 SQL 语句，或访问其他模式对象的权利。在 Oracle 数据库中，根据系统管理方式的不同，可以将权限分为两类：系统权限和对象权限。

1. 系统权限

系统权限是指在系统级控制数据库的存取和使用机制。系统级控制决定是否可以连接到数据库，在数据库中可以进行哪些操作等。它用于控制用户可以执行的一个或一组数据库操作，例如当用户具有 CREATE ANY TABLE 权限时，可以在任何模式中创建表等。

系统权限是针对用户而设置的，用户必须被授予相应的系统权限，才可以连接到数据库中进行相应的操作。如图 16-6 所示。

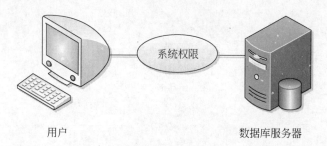

图 16-6　系统权限

在 Oracle 数据库中，用户 SYSTEM 和 SYS 都是数据库管理员，具有 DBA 所有系统权限，包括 SELECT ANY DICTIONARY 权限。所以，SYSTEM 和 SYS 可以查询数据字典中以 "DBA_" 开头的数据字典视图。

【练习 21】

以 SYSTEM 权限登录数据库，可以查询数据字典视图 DBA_USERS，如下所示。

```
USERNAME        PASSWORD        DEFAULT_TABLESPACE
---------       -----------     --------------------
SYS                             SYSTEM
SYSTEM                          SYSTEM
USER_TEST2                      USERS
USER_TEST1                      ORCLSPACE
...
已选择 40 行。
```

提示

Oracle 用户的口令虽然是加密后存储在数据字典中的，但是将口令信息显示出来，还是会增加系统的不安全性。所以 DBA_USERS 视图的显示结果中，将 PASSWORD 列的内容隐藏，显示为空。

如果以非系统用户身份登录数据库，例如 SCOTT，则不能查询数据字典视图 DBA_USERS。

2. 对象权限

在 Oracle 中，可以授权的数据库对象包括表、视图、序列、存储过程和函数等，对象权限一般是针对用户模式对象的。例如，用户访问模式对象中的表，如图 16-7 所示。

图 16-7　对象权限

对象权限是用户与用户之间对表、视图等模式对象的相互存取权限。

【练习22】

以 SYSTEM 用户登录到数据库，可以查询 SCOTT 用户模式中的表 class。因为 SYSTEM 用户具有查询 SCOTT 用户基本表 class 的对象权限，如下所示。

```
SQL> connect system/tiger
已连接。
SQL> select * from scott.class;
CLAID      CLANAME             CLATEACHER
-------    -----------         ------------
1          JAVA 班              陈明老师
2          .NET 班              欧阳老师
3          PHP 班               东方老师
4          安卓班                杜宇老师
5          3D 班                叶开老师
6          WEB 班               东艺老师
10         Oracle 班            王宏老师
11         SQL Server          程斌老师
12         JSP 基础             林夏老师
7          3DMAX 班             林海老师
9          动漫班                汪洋老师
21         AJAX 技术
已选择 12 行。
```

提示

Oracle 对数据库对象权限采用分散控制方式，允许具有 WITH GRANT OPTION 的用户把相应权限授予其他用户，但不允许循环授权，即被授权者不能把权限再授予授权者或其祖先。

16.3.2 系统权限

系统权限是指对整个 Oracle 系统的操作权限，例如连接数据库、创建与管理表或视图等。系统权限一般由数据库管理员授予用户，并允许用户将被授予的系统权限再授予其他用户。

1. Oracle 中的系统权限

Oracle 提供了多种系统权限，每一种系统权限分别能使用户进行某种或某一类特定的操作。通过数据字典视图 SYSTEM_PRIVILEGE_MAP 可以获取 Oracle 中的系统权限，其中常用的系统权限如表 16-1 所示。

表 16-1 Oracle 中常用的系统权限

系 统 权 限	说　　　明
CREATE SESSION	连接数据库
CREATE TABLESPACE	创建表空间
ALTER TABLESPACE	修改表空间
DROP TABLESPACE	删除表空间
CREATE USER	创建用户
ALTER USER	修改用户
DROP USER	删除用户
CREATE TABLE	创建表
CREATE ANY TABLE	在任何用户模式中创建表

系 统 权 限	说 明
DROP ANY TABLE	删除任何用户模式中的表
ALTER ANY TABLE	修改任何用户模式中的表
SELECT ANY TABLE	查询任何用户模式中基本表的记录
INSERT ANY TABLE	向任何用户模式中的表插入记录
UPDATE ANY TABLE	修改任何用户模式中的表的记录
DELETE ANY TABLE	删除任何用户模式中的表的记录
CREATE VIEW	创建视图
CREATE ANY VIEW	在任何用户模式中创建视图
DROP ANY VIEW	删除任何用户模式中的视图
CREATE ROLE	创建角色
ALTER ANY ROLE	修改任何角色
GRANT ANY ROLE	将任何角色授予其他用户
ALTER DATABASE	修改数据库结构
CREATE PROCEDURE	创建存储过程
CREATE ANY PROCEDURE	在任何用户模式中创建存储过程
ALTER ANY PROCEDURE	修改任何用户模式中的存储过程
DROP ANY RPOCEDURE	删除任何用户模式中的存储过程
CREATE PROFILE	创建配置文件
ALTER PROFILE	修改配置文件
DROP PROFILE	删除配置文件

2. 授予系统权限

一般情况下，授予系统权限是由 DBA 完成的。如果要以其他用户身份授予系统权限，则要求该用户必须具有 GRANT ANY PRIVILEGE 系统权限，或在相应的系统权限上具有 WITH ADMIN OPTION 选项。向用户授予权限的 GRANT 语句的语法如下所示。

```
GRANT SYSTEM_PRIV [,SYSTEM_PRIV,…]
TO {PUBLIC |role | user}[,{user | role | PUBLIC}]…
[WITH ADMIN OPTION];
```

其中，SYSTEM_PRIV 用于指定系统权限，如果指定多个系统权限，那么各个系统权限之前用户逗号隔开 PUBLIC 表示全体用户；USER 用于指定被授权的用户；ROLE 用于指定被授权的角色，如果要指定多个用户或角色，它们之间用逗号隔开。另外，在授予系统权限时可以附加 WITH ADMIN OPTION 选项，使用该选项后，被授权的用户、角色还可以将相应的系统权限授予其他用户、角色。

【练习 23】

使用 DBA 身份向已经创建的 user_test2 用户授予 CREATE TABLE 和 CREATE VIEW 权限，并且 CREATE TABLE 权限使用 WITH ADMIN OPTION 选项，如下所示。

```
SQL> connect system/tiger
已连接。
SQL> GRANT CREATE TABLE TO user_test2
  2  WITH ADMIN OPTION;
授权成功。
SQL> GRANT CREATE VIEW TO user_test2;
授权成功。
```

因为用户 user_test2 在系统权限 CREATE TABLE 上具有 WITH ADMIN OPTION 选项，所以可以将这个权限授予其他用户。另外，因为在系统权限 CREATE VIEW 上不具备 WITH ADMIN OPTION 选项，所以用户 user_test2 不能将 CREATE VIEW 授予其他用户。

3. 显示系统权限

Oracle 提供了三个数据字典，以记录数据库中各种权限信息，说明如下。

❏ **DBA_SYS_PRIVS** 包含了数据库中所有的系统权限信息。

❏ **SESSION_PRIVS** 包含了当前数据库用户可以使用的权限信息。

❏ **SYSTEM_PRIVILEGE_MAP** 包含了系统中所有的系统权限信息。

【练习 24】

通过数据字典视图 DBA_SYS_PRIVS 查看数据库中所有的系统权限信息，如下所示。

```
SQL> SELECT * FROM DBA_SYS_PRIVS;
GRANTEE            PRIVILEGE                    ADM
---------------    -------------------------    --------
DBA                CREATE SESSION               YES
DBA                ALTER SESSION                YES
...
SH                 CREATE MATERIALIZED VIEW     NO
BI                 CREATE SEQUENCE              NO
XIAOLIN            CREATE VIEW                  NO
已选择 1124 行。
```

其中，GRANTEE 表示拥有权限的用户或角色名，PRIVILEGE 表示相应的系统权限，ADM 是 ADMIN_OPTION 的简写，表示是否使用 WITH ADMIN OPTION 选项。

一般情况下，权限的回收都是由 DBA 完成的，如果要以其他用户身份收回系统权限，要求该用户必须具有相应的系统权限及其转授系统权限（WITH ADMIN OPTION）。收回系统权限需要使用 REVOKE 语句完成，REVOKE 语句的语法如下所示。

```
REVOKE SYSTEM_PRIV[ , SYSTEM_PRIV] ...
FROM {PUBLIC | role | user}[,{user | role | PUBLIC}] ...
```

用户的系统权限被回收后，经过传递获得权限的用户不受影响。例如，如果用户 A 将系统权限 a 授予了用户 B，用户 B 又将系统权限 a 授予了用户 C。那么，当删除用户 B 后或从用户 B 回收系统权限 a 后，用户 C 仍然保留着系统权限 a，如图 16-8 所示。

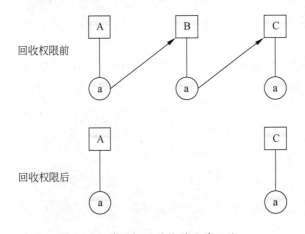

图 16-8 系统权限的传递及其回收

【练习 25】

将用户 user_test2 的 CREATE TABLE 权限收回，如下所示。

```
SQL> REVOKE CREATE TABLE FROM user_test2;
撤销成功。
```

16.3.3　对象权限

对于包含在某用户名模式中的对象，该用户对这些对象具有全部对象权限，即模式拥有者对模式中的对象具有全部对象权限。同时，模式拥有者可以将这些对象上的任何对象权限授予其他用户。

1. 对象权限的分类

对象权限是指在表、视图、目录、函数、存储过程、包或者序列等对象上，执行特殊动作的权限。在对象上可以操作 9 种不同类型的权限，如表 16-2 所示。

表 16-2　对象权限分类

对象＼权限	TABLE	VIEW	DIRECTORY	FUNCTION	PROCEDURE	PACKAGE	SEQUENCE
ALTER	√						√
DELETE	√	√					
EXECUTE				√	√	√	
INDEX	√						
INSERT	√	√					
RREAD			√				
REFERENCE	√						
SELECT	√	√					√
UPDATE	√	√					

其中，"√"表示某个对象所具有的对象权限，空格表示该对象没有某种权限。

注意

在对象权限中没有 DROP 权限，表示不可以将一个用户的对象删除。

如果需要表示某个对象的全部权限，可以使用 ALL 关键字。对于不同的对象，ALL 组合的权限数量是不相同的。

例如，对于表 TABLE 对象，ALL 表示 ALTER、DELETE、INDEX、INSERT、DEFERENCE、SELECT 和 UPDATE 权限，而没有 EXECUTE 权限。对于存储过程 PROCUDERE，ALL 只表示 EXECUTE 权限，而没有其他权限，因为存储过程可以执行，但是不可以进行查询和更新等操作。

2. 授予对象权限

对象权限由该对象的拥有者为其他用户授权，非对象的拥有者不能向其他用户授予对象授权。将对象权限授出后，授权用户可以对对象进行相应的操作，没有授予的权限不得操作。从 Oracle 9i 开始，DBA 用户可以将任何对象权限授予其他用户。授予对象权限所使用的 GRANT 语句形式如下。

```
GRANT object_privilege | ALL [PRIVILEGES]
 ON [schema.]object
 TO PUBLIC | role | user_name
 [WITH GRANT OPTION] ;
```

其中，object_privilege 表示对象权限，多个对象权限之间使用英文逗号","隔开。schema 表示用户模式。例如，INSERT ON user4.products 表示允许用户向 USER4 模式的 PRODUCTS 表中插入行。

其中各个参数的含义如下。

❑ **object_privilege** 表示对象权限。在授予对象权限时，应注意对象权限与对象之间的对应关系。

❑ **ALL [PRIVILEGES]** 使用 ALL 关键字，可以授予对象上的所有权限，也可以在 ALL 关键字后面添加 PRIVILEGES。

❑ **schema** 用户模式。

❑ **object_name** 对象名称。

❑ **WITH GRANT OPTION** 允许用户将该对象权限授予其他用户。与授予系统权限的 WITH ADMIN OPTION 子句相类似。

对象权限不仅可以授予用户、角色，也可以授予 PUBLIC。将对象权限授予 PUBLIC 后，会使所有用户都具有该对象权限。授予对象权限时，可以带有 WITH GRANT OPTION 选项，若使用该选项，被授权用户可以将对象权限转授给其他用户。

 技巧

> 在为用户授予对象权限时，可以增加 WITH GRANT OPTION 选项，表示被授权的用户还可以将这些对象权限传递给其他用户。

【练习 26】

以 SYSTEM 用户的身份连接数据库，并将查询 SCOTT 用户下的 class 表的权限赋予用户 user_test2，然后以 user_test2 的身份连接数据库，查询 SCOTT.class 表中的数据。

```
SQL> connect system/tiger
已连接。
SQL> GRANT SELECT ON SCOTT.class
  2  TO user_test2;
授权成功。
SQL> connect user_test2/csy;
已连接。
SQL> select * from scott.class;
CLAID     CLANAME               CLATEACHER
-----     --------              -------------
1         JAVA 班               陈明老师
2         .NET 班               欧阳老师
3         PHP 班                东方老师
4         安卓班                杜宇老师
5         3D 班                 叶开老师
6         WEB 班                东艺老师
10        Oracle 班             王宏老师
11        SQL Server            程斌老师
12        JSP 基础              林夏老师
7         3DMAX 班              林海老师
9         动漫班                汪洋老师
21        AJAX 技术
已选择 12 行。
```

在直接授予对象权限时，用户可以访问对象的所有列。在向用户授予对象权限时，还可以控制用户对模式对象列的访问，即列权限。需要注意，只能在 INSERT、UPDATE 和 REFERENCES 上授予列权限。

【练习 27】

将更新 SCOTT.class 表中的 claid 列权限授予 user_test2 用户后，该用户将只能更新 SCOTT.class 表中的 claid 列，如下所示。

```
SQL> connect system/tiger
已连接。
SQL> GRANT UPDATE(claid) ON SCOTT.class
  2  TO user_test2;
SQL> connect user_test2/csy;
已连接。
授权成功。
SQL>  UPDATE SCOTT.class SET claid=20
  2   WHERE claname='AJAX技术';
已更新 1 行。
```

如果更新 SCOTT.class 表中的其他列，则会出现 ORA-01031 的错误，提示"权限不足"，如下所示。

```
SQL>  UPDATE SCOTT.class SET claname='HTML技术'
  2   WHERE claid=5;
 UPDATE SCOTT.class SET claname='HTML技术'
         *
第 1 行出现错误:
ORA-01031: 权限不足
```

3. 显示对象权限

Oracle 提供了一些数据字典视图，以便用户查看对象权限信息。对象权限信息的数据字典视图如下所示。

- ❑ **DBA_TAB_PRIVS** 显示所有用户或角色的对象权限信息。
- ❑ **DBA_COL_PRIVS** 显示所有用户或角色的列权限信息。
- ❑ **ALL_COL_PRIVS_MADE** 显示对象所有者或授权用户授出的所有列权限。
- ❑ **ALL_COL_PRIVS_RECD** 显示用户或 PUBLC 组被授予的列权限。
- ❑ **ALL_TAB_PRIVS_MADE** 显示对象所有者或授权用户所授出的所有对象权限。
- ❑ **ALL_TAB_PRIVS_RECD** 显示用户所具有的对象权限

【练习 28】

通过 DBA_TAB_PRIVS 数据字典视图查询 user_test2 用户被授予的所有对象权限，如下所示。

```
SQL> connect system/tiger;
已连接。
SQL>  SELECT * FROM DBA_TAB_PRIVS
  2   WHERE GRANTEE='USER_TEST2';
GRANTEE      OWNER    TABLE_NAME    GRANTOR    PRIVILEGE    GRA    HIÉ
----------   ------   ----------    -------    ---------    ------  ----
USER_TEST2   SCOTT    CLASS         SCOTT      SELECT       NO      NO
```

其中，GRANTEE 表示为被授权的用户或角色，OWNER 表示对象所有者，TABLE_NAME 为数据库对象，GRANTOR 表示授权用户，PRIVILEGE 表示相应的对象权限。GRA 是 GRANTABLE

的简写形式，表示在授权时是否带有 WITH GRANT OPTION 选项，HIE 是 HIERARCHY 的简写形式，表示在授权时是否带有 WITH HIERARCHY OPTION 选项。

4．对象权限的回收

一般情况下，对象权限的回收是由对象的拥有者完成的。如果以其他用户身份回收对象权限，则要求该用户必须是权限授予者。回收对象权限的 REVOKE 语句的形式如下所示。

```
REVOKE {object_priv [, object_priv] …| ALL [ PRIVILEGES]}
ON [schema.]object
FROM {user | role | PUBLIC}
[CASCADE CONSTRAINTS];
 [cascade constraints];
```

> **注 意**
>
> 授权者只能从自己授权的用户那里回收对象权限。如果被授权用户基于一个对象权限创建了过程、视图，那么当回收该对象权限后，这些过程、视图将变为无效。

在回收对象权限时，经过传递获得对象权限的用户将会受到影响，如图 16-9 所示。如果用户 A 将对象权限 a 授予了用户 B，用户 B 又将对象权限 a 授予了用户 C。那么，当删除用户 B 后或从用户 B 回收对象权限 a 后，用户 C 将不再具有该对象权限 a，并且用户 B 和 C 中与该对象权限有关的对象都变成无效。

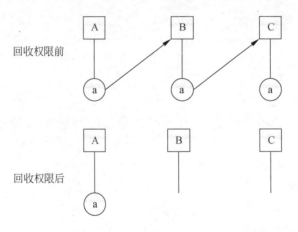

图 16-9　对象权限的传递及其回收

【练习 29】

下面的语句将用户 **xiaolin** 的查询权限回收，如下所示。

```
SQL> REVOKE SELECT ON SCOTT.class
  2  FROM user_test2;
撤销成功。
```

16.4 角色

　　　　　　　　　　　数据库中的权限较多，为了方便对用户权限的管理，Oracle 数据库允许将一组相关的权限授予某个角色，所以角色是一组权限的集合。可以向用户授予角色，也可以从用户中回收角色。如果将角色赋给一个用户，这个用户就拥有了这个角色中的所有权限。

16.4.1 角色概述

对管理权限而言，角色是一个工具，权限能够被授予一个角色，角色也能被授予另一个角色或者用户，用户可以通过角色继承权限。

由于角色集合了多种权限，所以为用户授予某个角色时，相当于为用户授予多种权限。这样就避免了向用户逐一授权，从而简化了用户权限的管理。例如，为两个用户授予 4 个不同的权限。在未使用角色时，需要 8 次操作才能完成。如果使用角色，将 4 个权限组成一个角色，然后将这个角色授予这两个用户，只需要两次操作就能完成。如图 16-10 所示。

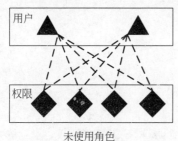
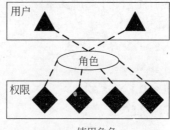

图 16-10　使用角色管理权限

> **提示**
>
> 为用户授予角色时，既可以向用户授予系统预定义的角色，也可以授予自定义的角色。

角色的优点和特性可以概括为如下几个方面。

- ❑ 并不是一次一个地将权限直接授予一个用户，而是先创建角色，向该角色授予一些权限，然后再将该角色授予多个用户。
- ❑ 在增加或者删除一个角色的权限时，被授予该角色的所有用户都会自动获得或者失去相应权限。
- ❑ 可以将多个角色授予一个用户。
- ❑ 可以为角色设置口令。

16.4.2 系统预定义角色

系统预定义角色是在数据库安装后，系统自动创建的一些常用角色，这些角色已经由系统授予了相应的权限。管理员不再需要先创建预定义角色，就可以将它们授予用户。下面介绍这些常用的系统预定义的作用。

【练习30】

通过查询数据字典 DBA_ROLES，可以了解数据库中的系统预定义角色信息，如下所示。

```
SQL> select role,password_required
  2  from dba_roles;
ROLE                         PASSWORD
--------------------         --------
CONNECT                      NO
RESOURCE                     NO
DBA                          NO
SELECT_CATALOG_ROLE          NO
EXECUTE_CATALOG_ROLE         NO
```

...
已选择 51 行。

1．CONNECT 角色

CONNECT 角色是在建立数据库时，由脚本 SQL.BSQ 自动建立的角色。该角色具有应用开发人员所需的多数权限，是授予最终用户的典型权利，它所具有的系统权限如下所示。

- ❑ **ALTER SESSION**　修改会话。
- ❑ **CREATE CLUSTER**　建立聚簇。
- ❑ **CREATE DATABASE LINK**　建立数据库链接。
- ❑ **CREATE SEQUENCE**　建立序列。
- ❑ **CREATE SESSION**　建立会话。
- ❑ **CREATE SYNONYM**　建立同义词。
- ❑ **CREATE VIEW**　建立视图。
- ❑ **CREATE TABLE**　建立表。

2．RESOURCE 角色

RESOURCE 角色是在建立数据库时，Oracle 执行脚本 SQL.BSQ 自动建立的角色，该角色具有应用开发人员所需要的其他权限，如建立存储过程、表等。建立数据库用户后，一般情况下只要给用户授予 CONNECT 和 RESOURCE 角色就足够了。RESOURCE 角色还具有 UNLIMITED TABLESPACE 系统权限，它所具有的系统权限如下所示。

- ❑ **CREATE CLUSTER**　建立聚簇。
- ❑ **CREATE PROCEDURE**　建立过程。
- ❑ **CREATE SEQUENCE**　建立序列。
- ❑ **CREATE TABLE**　建立表。
- ❑ **CREATE TRIGGER**　建立触发器。
- ❑ **CREATE TYPE**　建立类型。

3．DBA 角色

DBA 角色也是在建立数据库时，Oracle 执行脚本 SQL.DSQ 自动建立的角色，该角色具有所有系统权限和 WITH ADMIN OPTION 选项。默认的 DBA 用户为 SYSTEM，该用户可以将系统权限授予其他用户。

DBA 角色不具备 SYSDBA 和 SYSOPER 特权，而 SYSDBA 特权自动具有 DBA 角色所有的权限。

4．EXP_FULL_DATABASE

EXP_FULL_DATABASE 角色是安装数据字典时，执行脚本 CATEX.SQL 创建的角色，该角色用于执行数据库导出操作。该角色具有的权限如下所示。

- ❑ **BACKUP ANY TABLE**　备份任何表。
- ❑ **EXECUTE ANY PROCEDURE**　执行任何过程、函数和包。
- ❑ **SELECT ANY TABLE**　查询任何表。
- ❑ **EXECUTE ANY TYPE**　执行任何对象类型。
- ❑ **ADMINISTER_RESOURCE_MANAGER**　管理资源管理器。
- ❑ **EXECUTE_CATALOG_ROLE**　执行任何 PL/SQL 系统包。
- ❑ **SELECT_CATALOG_ROLE**　查询任何数据字典。

5．IMP_FULL_DATABASE 角色

IMP_FULL_DATABASE 角色用于执行数据库导入操作，它包含了 EXECUTE_CATALOG_

ROLE、SELECT_CATALOG_ROLE 角色和大量的系统权限。

6. EXECUTE_CATALOG_ROLE 角色

该角色具有从数据字典中执行部分存储过程和函数的权利。

7. DELETE_CATALOG_ROLE 角色

这个角色是 Oracle 8i 新增加的，如果授予用户这个角色，用户就可以从表 SYS.AUD$中删除记录，SYS.AUD$表中记录着审计后的记录，使用这个角色可以简化审计踪迹管理。

8. SELECT_CATALOG_ROLE 角色

该角色提供了对所有数据字典（DBA_XXX）上的 SELECT 对象权限。

9. RECOVERY_CATALOG_OWNER 角色

该角色为恢复目录所有者提供了系统权限，该角色所具有的权限和角色如下。

❑ **CREATE SESSION** 建立会话。
❑ **ALTER SESSION** 修改会话参数设置。
❑ **CREATE SYNONYM** 建立同义词。
❑ **CREATE VIEW** 建立视图。
❑ **CREATE DATABASE LINK** 建立数据库链接。
❑ **CREATE TABLE** 建立表。
❑ **CREATE CLUSTER** 建立簇。
❑ **CREATE SEQUENCE** 建立序列。
❑ **CREATE TRIGGER** 建立触发器。
❑ **CREATE PROCEDURE** 建立过程、函数和包。

16.4.3 创建角色

创建角色，必须具有 CREATE ROLE 系统权限。创建角色需要使用 CREATE ROLE 语句，语法如下所示。

```
CREATE ROLE role_name
  [ NOT IDENTIFIED | IDENTIFIED BY password ];
```

其中，各个参数的含义如下所示。

❑ **role_name** 创建的角色名。
❑ **NOT IDENTIFIED | IDENTIFIED BY password** 可以为角色设置口令。默认为 NOT IDENTIFIED，即无口令。

【练习 31】

创建自定义角色 my_role1，并指定在修改角色时必须提供口令，如下所示。

```
SQL> connect system/tiger;
已连接。
SQL> CREATE ROLE my_role1
  2  IDENTIFIED BY admin;
角色已创建。
```

16.4.4 为角色授予权限

新创建的角色还不具有任何权限，可以使用 GRANT 语句向该角色授予权限，其语法形式与向用户授予权限基本相同。

【练习 32】

为角色 my_role1 授予查询 SCOTT.class 表数据、创建会话和创建表的对象权限，如下所示。

```
SQL>  GRANT SELECT ON SCOTT.class TO my_role1;
授权成功。
SQL> GRANT CREATE SESSION,CREATE TABLE
  2  TO my_role1;
授权成功。
```

提示

与 GRANT 语句相对应，使用 REVOKE 语句可以撤销角色的权限。

在实际应用中，根据用户所拥有的权限可以将用户分组，同组用户使用同一角色，该角色中的用户具有相同的权限，当需要为用户增加或者减少权限时，只需要为角色增加或者减少权限即可。

除了可以向角色授予权限以外，还可以直接向角色授予角色，实际上就是将一个权限组合授予一个角色。例如角色 A 有两个权限 a1 和 a2，将角色 A 授予角色 B，相当于将权限 a1 与 a2 授予角色 B，只不过这种形式更便于管理。

提示

为角色授予角色与为角色授予权限的语法形式一样。

16.4.5 为用户授予角色

为用户授予角色，同样是使用 GRANT 语句。为用户授予角色后，该用户就拥有了角色中包含的所有权限。

【练习 33】

将 my_role1 角色授予 user_test2 用户，如下所示。

```
SQL> GRANT my_role1 TO user_test2;
授权成功。
```

以授权用户连接数据库，用户连接数据库后，可以查询数据字典 ROLE_SYS_PRIVS，查看用户所具有的角色，以及该角色所包含的系统权限，如下所示。

```
SQL> connect user_test2/csy;
已连接。
SQL> select * from role_sys_privs;
ROLE                       PRIVILEGE                    ADM
------------               -----------------            -------
RESOURCE                   CREATE SEQUENCE              NO
RESOURCE                   CREATE TRIGGER               NO
RESOURCE                   CREATE CLUSTER               NO
RESOURCE                   CREATE PROCEDURE             NO
RESOURCE                   CREATE TYPE                  NO
CONNECT                    CREATE SESSION               NO
RESOURCE                   CREATE OPERATOR              NO
RESOURCE                   CREATE TABLE                 NO
RESOURCE                   CREATE INDEXTYPE             NO
已选择 9 行。
```

16.4.6　修改用户的默认角色

　　将角色授予某个用户后,这些角色就属于这个用户的默认角色,在用户连接到数据库时,Oracle 会自动启用该用户的所有默认角色。如果不再希望该用户使用某些角色,可以使用 REVOKE 语句撤销该用户的这些角色,除了这种方式以外,还可以选择将这些角色设置为失效状态,其形式是将这些角色从用户的默认角色中删除。

> **技巧**
> 默认角色的生效和失效都是由数据库管理员来操作的。

　　修改用户的默认角色,需要使用 ALTER USER 语句,使相应的角色失效或者生效,该语句的语法如下。

```
ALTER USER user_name
[ DEFAULT ROLE [role_name[,role_name,…]]
 | ALL [ EXCEPT role_name[,role_name,…]]
 | NONE
];
```

　　其中各个参数的含义如下所示。

- **DEFAULT ROLE**　表示默认角色。
- **role_name**　角色名。
- **ALL**　将用户的所有角色设置为默认角色。
- **EXCEPT**　将用户的除某些角色以外的所有角色设置为默认角色。
- **NONE**　将用户的所有角色都设置为非默认角色。

【练习 34】

　　以 SYSTEM 用户的身份连接数据库,将用户 user_test2 的 my_role1 角色指为非默认角色,如下所示。

```
SQL> ALTER USER user_test2
  2 DEFAULT ROLE ALL EXCEPT my_role1;
用户已更改。
```

　　此时,用户 user_test2 将不再拥有 my_role1 角色的所有权限。

16.4.7　管理角色

　　Oracle 提供了用于设置角色口令、为角色添加或删除权限、禁用与启用角色和删除角色的语句,本节将详细介绍如何使用 Oracle 语句来管理角色。

1. 禁用与启用角色

　　数据库管理员可以通过禁用与启用角色,控制所有拥有该角色的用户的相关权限的使用。角色被禁用后,拥有该角色的用户不再具有该角色的权限。不过用户也可以自己启用该角色,此时,如果该角色设置有口令,则用户需要提供口令。

　　禁用与启用角色需要使用 SET ROLE 语句,其语法如下所示。

```
SET ROLE [ role_name [ IDENTIFIED BY password ]
 | role_name [ IDENTIFIED BY password ] … ]
 | ALL [ EXCEPT role_name[,role_name] ]
 | NONE
```

```
];
```

其中各个参数的含义如下所示。

❑ **IDENTIFIED BY** 启用角色时，为角色提供口令。

❑ **ALL** 启用所有角色。要求所有角色都不能有口令。

❑ **EXCEPT** 启用除某些角色以外的所有角色。

❑ **NONE** 禁用所有角色。

【练习 35】

在 SYSTEM 用户连接数据库时，禁用 my_role1 角色，如下所示。

```
SQL> connect system/tiger;
已连接。
SQL> SET ROLE ALL EXCEPT my_role1;
角色集
```

因为在创建角色 my_role1 时，指定了 "IDENTIFIED BY my_role1" 语句，表示在启用 my_role1 角色时需要提供正确的密码，因此在启用 my_role1 角色时，也需要使用 "IDENTIFIED BY my_role1" 语句，如下所示。

```
SQL> SET ROLE my_role1 IDENTIFIED BY admin;
角色集
```

2. 修改角色

修改角色需要使用 ALTER ROLE 语句完成，对角色的修改主要就是设置角色是否为验证方式，语法格式如下所示。

```
ALTER ROLE role_name
[ NOT IDENTIFIED |
IDENTIFIED BY password
];
```

其中，NOT IDENTIFIED 表示不需要口令就可以启用或修改该角色；IDENTIFIED BY password 表示必须通过指定口令才能启用或修改该角色。

【练习 36】

```
SQL> ALTER ROLE my_role1
  2  NOT IDENTIFIED;
角色已丢弃。
```

这样在修改角色 my_role1 时，不需要提供正确的密码就可以实现角色修改。如果需要将非验证角色修改为验证角色，需要使用如下的语句。

```
ALTER ROLE role_name IDENTIFIED BY password;
```

3. 删除角色

在 Oracle 中，可以使用 DROP ROLE 语句将角色删除，该语句的语法如下所示。

```
DROP ROLE role_name;
```

角色被删除后，对于使用该角色的用户来说，相应的权限同时被回收。

【练习37】

```
SQL> drop role my_role1;
角色已删除。
```

16.4.8　查看角色信息

如果需要查询一个用户所拥有的角色信息以及角色中包含的权限，可以通过 Oracle 提供的一些数据字典视图来实现。存储角色信息的数据字典视图如下所示。

- ❏ **DBA_ROLES**　记录数据库中所有的角色。
- ❏ **DBA_ROLE_PRIVS**　记录所有已经被授予用户和角色的角色。
- ❏ **USER_ROLES**　包含已经授予当前用户的角色信息。
- ❏ **ROLE_ROLE_PRIVS**　包含角色授予的角色信息。
- ❏ **ROLE_SYS_PRIVS**　包含为角色授予的系统权限信息。
- ❏ **ROLE_TAB_PRIVS**　包含为角色授予的对象权限信息。
- ❏ **SESSION_ROLES**　包含当前会话所包含的角色信息。

【练习38】

用 SYS 用户以管理员的身份连接数据库时，通过 DBA_ROLES 数据字典视图查询数据库中所有的角色，如下所示。

```
SQL> connect system/tiger
已连接。
ROLE                      PASSWORD
--------------------      -------------

CONNECT                   NO
RESOURCE                  NO
DBA                       NO
...
OWB_DESIGNCENTER_VIEW     YES
OWB_USER                  NO
已选择 51 行。
```

【练习39】

通过 DBA_ROLE_PRIVS 数据字典视图查看 user_test2 用户所拥有的角色，如下所示。

```
SQL> SELECT * FROM DBA_ROLE_PRIVS
  2  WHERE GRANTEE='USER_TEST2';
GRANTEE                   GRANTED_ROLE     ADM    DEF
-----------               ------------     ----   ----
USER_TEST2                RESOURCE         NO     YES
USER_TEST2                CONNECT          NO     YES
```

【练习40】

以 SYSTEM 用户身份连接数据库，通过数据字典视图 ROLE_SYS_PRIVS 查看创建的 my_role2 角色所拥有的系统权限，如下所示。

```
SQL> connect system/tiger;
已连接。
SQL> SELECT * FROM ROLE_SYS_PRIVS
```

```
  2  WHERE ROLE='MY_ROLE2';
ROLE                        PRIVILEGE                           ADM
-------                     ---------------                     -------
MYROLE                      CREATE SESSION                      NO
MYROLE                      CREATE TABLE                        NO
```

16.4.9 通过 OEM 管理角色

使用 OEM 方式管理角色时，用户只需要根据需要选择相应的内容，即可完成对角色的管理，以及将角色授予用户等操作。使用 OEM 管理角色的步骤如下所示。

（1）在浏览器地址栏中请求 https://localhost:1158/em（其中，localhost 为本地的计算机名），这里以 SYS 用户身份登录到 OEM 页面，切换到服务器选项页面，切换到"服务器"选项页面。如图 16-11 所示。

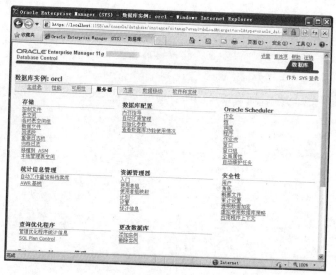

图 16-11 服务器选项页面

（2）在服务器页面中的安全性一档中，单击【角色】链接，将进入角色页面。在角色页面中显示数据库中预定义角色的概要信息，如图 16-12 所示。可以对这些角色进行编辑、查看和删除操作。

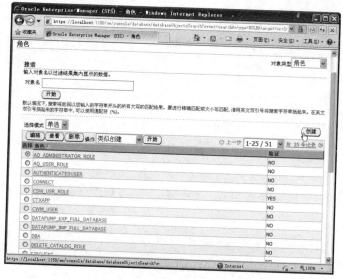

图 16-12 OEM 对角色的管理

（3）在角色页面中，单击【创建】按钮，将进入创建角色页面。在创建角色页面中输入角色的名称，选择是否需要验证。如图 16-13 所示。

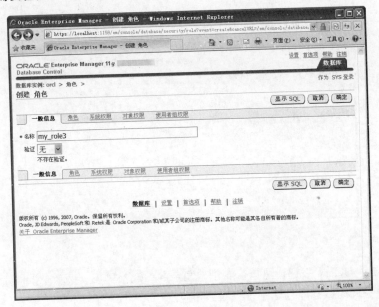

图 16-13　创建角色

（4）在创建角色页面中，切换到角色选项卡，在该页面中可以为新创建的角色授予角色，如图 16-14 所示。

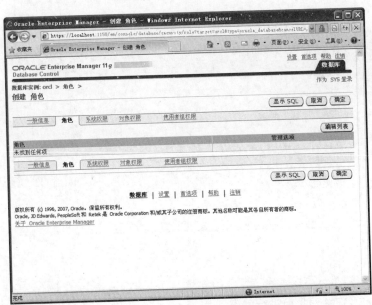

图 16-14　为角色授予权限

（5）单击图 16-14 中的【编辑列表】按钮，将进入到修改角色页面。在修改角色页面的【可用角色】列表框中，列出了当前系统中所有可以使用的角色。选择需要授予新角色的角色，单击【移动】按钮，将该角色移动到【所选角色】列表框中，即可以将指定的角色（权限）授予新创建的角色。如图 16-15 所示。

（6）在图 16-13 中，单击【系统权限】和【对象权限】链接，可以在相应的页面中为新创建的角色授予权限。

图 16-15　修改角色图

（7）单击【显示 SQL】按钮，可以查看创建角色的 SQL 语句。最后单击【确定】按钮，这样就通过 OEM 图像界面为数据库创建了一个新的角色。

（8）创建角色 my_role3 后，在角色页面中的角色列表将包含该角色，如图 16-16 所示。

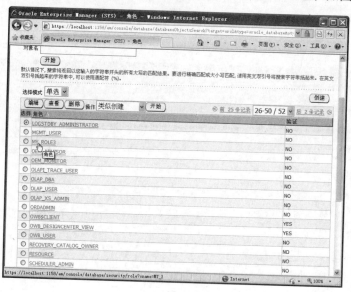

16-16　显示角色列表

通过单击角色名链接，可以查看该角色的创建信息；选中该角色，可以执行编辑、查看和删除操作，从而实现通过 OEM 对角色进行管理。

16.5 拓展训练

为商品信息系统创建用户

通过对本课的学习，熟练掌握了用户的创建、角色的授权以及给用户赋予角色，下面为数据库中的商品管理系统创建用户。

为商品信息管理系统创建一个名称为 product_admin 的管理员用户，该用户拥有对本系统中所有数据表的增、删、改、查权限。

（1）以 SYSTEM 用户的身份连接到数据库，创建系统管理员用户 product_admin。

（2）创建系统管理员角色 product_role。

（3）为 product_role 角色授予权限，包括连接数据库的 CREATE SESSION 权限、对商品信息管理系统中各个表的 INSERT、DELETE、UPDATE、SELECT 权限。

（4）将 product_role 角色授予 product_admin 用户，从而将 product_admin 用户拥有 product_role 角色所拥有的一切权限，即对商品信息管理系统中的所有表进行增、删、改、查的操作权限。

16.6 课后练习

一、填空题

1. 创建用户时，要求创建者具有_____系统权限。

2. 在 Oracle 数据库中的权限可以分为两类，即系统权限和_____，其中，前者是指在系统级控制数据库的存取和使用机制，后者是指在模式对象上控制存取和使用的机制。

3. _____是具有名称的一组相关权限的集合。

4. 在用户连接到数据库后，查询数据字典_____，了解用户所具有的系统权限。

5. 向用户授予系统权限时，使用_____选项表示该用户可以将此系统权限再授予其他用户。向用户授予对象权限时，使用 WITH GRANT OPTION 选项表示该用户可以将此对象权限再授予其他用户。

二、选择题

1. 如果某个用户具有 scott.emp 表上的 SELECT 与 UPDATE 权限，则下面对该用户所能执行的操作叙述正确的是_____。

    A. 该用户能查询 scott.emp 表中的记录

    B. 该用户能添加 scott.emp 表中的记录

    C. 该用户能删除 scott.emp 表中的记录

    D. 该用户无法执行任何操作

2. 如果想要在另一个模式中创建表，用户最少应该具有_____系统权限。

    A. CREATE TABLE

    B. CRATE ANY TABLE

    C. RESOURCE

    D. DBA

3. 如果用户 user1 创建了数据库对象，则删除该用户需要使用下列哪条语句？_____

    A. DROP USER user1;

    B. DROP USER user1 CASCADE;

    C. DELETE USER user1;

    D. DELETE USER user1 CASCADE;

4. 修改用户时，用户的什么属性不能修改？_____

    A. 名称

    B. 密码

    C. 表空间

    D. 临时表空间

5. 下列选项中，_____资源不能在用户配置文件中限定？

    A. 各个会话的用户数

    B. 登录失败的次数

    C. 使用 CPU 时间

    D. 使用 SGA 区的大小

三、简答题

1. 简述系统权限与对象权限的区别。

2. 简述使用 WITH ADMIN OPTION 选项，与使用 WITH GRANT OPTION 选项的区别。

3. 简述修改用户的默认角色与禁用启用角色的区别。

第 17 课
模拟银行储蓄系统

在本书前面的课节中已经对 Oracle 数据库进行了一个比较全面的学习，相信读者也都从中学到不少东西。本课使用 Oracle 设计并实现一个模拟的银行储蓄系统，对本书中所学的知识进行一个全面，综合的运用。

银行储蓄系统主要包括开户、存款、取现、查询余额、转账、查询交易记录、挂失和激活等几项功能。要求在本课中根据该应用的需求设计并在 Oracle 中创建该数据库，以及相关的数据库表。

本课学习目标：

☐ 会使用 SQL 语句创建数据库和表

☐ 掌握常用的 SQL 编程

☐ 熟练使用 INSERT 语句

☐ 熟练使用 UPDATE 语句

☐ 熟练使用 DELETE 语句

☐ 熟练使用 SELECT 语句

☐ 熟练使用聚合函数

☐ 熟练使用日期函数

☐ 熟练使用字符串函数

☐ 熟练使用子查询

☐ 熟练使用视图

☐ 熟练使用处理事务

☐ 熟练使用存储过程

17.1 系统分析

为了能够更快、更准确的完成该银行储蓄系统的制作，首先需要对该系统进行以下列的分析和设计。

17.1.1 需求分析

本系统主要实现开户、存取款、转账等常用的几大功能，具体说明如下所示。

- ❏ **开户** 输入用户姓名、身份证号、联系电话、开户金额等基本信息，创建用户的银行账户。15 位卡号根据当前创建卡的时间随机生成。
- ❏ **存款** 指定卡号和存款金额，为账户执行存款操作，并记录操作。
- ❏ **取现** 指定卡号和存款金额，为账户执行取款操作，并记录操作。
- ❏ **查询余额** 根据指定卡号，查询卡内金额。
- ❏ **转账** 指定转入账号、转出账号和转账金额，执行转账操作，并记录操作。
- ❏ **查询交易记录** 根据指定账号，查询关于该账号的交易记录。
- ❏ **挂失** 根据卡号，修改卡片挂失状态。
- ❏ **激活** 根据个人身份证号、姓名、电话等基本信息，修改卡片挂失状态。

根据上面的需求，可以得知该系统有三个主要对象：用户、银行卡和交易记录。每个用户可能有多张银行卡，银行卡里记录了卡内余额等信息，关于银行卡的每一次操作，都算一次交易记录，也需要在数据库中进行保存。

系统结构分析如图 17-1 所示。

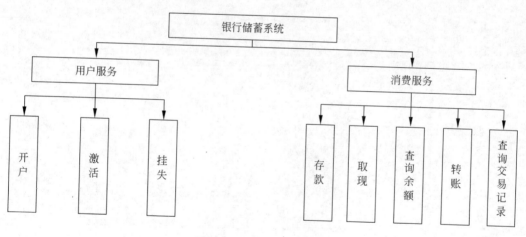

图 17-1　系统结构分析图

17.1.2 系统设计

根据上面的需求，本系统需要设计三张数据表，分别是用户信息表 UserInfo、银行卡信息表 CardInfo 和交易记录表 TransInfo。

1. 用户信息表

用户信息表（UserInfo）用于存储用户的姓名、身份证号、联系电话和联系地址等信息。为了方便区分，在用户信息表中加入一个 ID 字段，用于进行惟一标识。用户信息表 UserInfo 的结构如表 17-1 所示。

表 17-1　用户信息表（UserInfo）

列　名	说　明	数据类型	允许为空	备　注
ID	编号	NUMBER(10)	否	主键、自动编号
UserName	用户名	VARCHAR2(10)	否	用户姓名
PersonID	身份证号	VARCHAR2(18)	否	长度是 18 或 15，惟一
Telephone	电话	VARCHAR2(13)	否	格式为 xxxx-xxxxxxxx 或 11 位手机号
Address	地址	VARCHAR2(50)	是	

2．银行卡信息表

银行卡信息表（CardInfo）用于存储银行卡号、开户日期、开户金额、卡内余额、密码、挂失状态以及用户编号等信息。银行卡信息表的表结构如表 17-2 所示。

表 17-2　银行卡信息表（CardInfo）

列　名	说　明	数据类型	允许为空	备　注
CardNumber	卡号	varchar(15)	否	主键，随机生成
OpenDate	开户日期	date	否	默认为当前日期
OpenMoney	开户金额	number(18,2)	否	大于或等于 1
Balance	余额	number(18,2)	否	大于或等于 0
Password	密码	varchar(6)	否	6 位数字，默认为 "888888"
IsLock	是否锁定	number	否	默认为 1
CustomerID	客户编号	number	否	用户信息表编号字段的外键，表示该卡对应的客户编号。一位客户允许办理多张卡

3．交易信息表

交易信息表（TransInfo）用于存储银行卡每次执行交易时的记录，需要记录下面这些信息：交易日期、交易卡号、交易类型、交易金额、备注信息等，为了方便区分，在用户信息表中加入一个 ID 字段，用于进行惟一标识。交易信息表的表结构如表 17-3 所示。

表 17-3　交易信息表（TransInfo）

列　名	说　明	数据类型	允许为空	备　注
ID	编号	number	否	主键，自动编号
TransDate	交易日期	date	否	默认为系统当前日期
CardNumber	卡号	Varchar2(15)	否	卡片信息表外键，可重复索引
TransType	交易类型	varchar2(6)	否	可选项为：存入，支取，转入，转出
TransMoney	交易金额	number(18,2)	否	大于 0
Remark	备注	Varchar2(200)	是	可以保存转账对方账号等附加信息

17.2　数据库设计

通过对该系统的分析为该系统设计好表结构，下面要搭建数据库、创建数据表。此外还需要创建一个表空间，将所有的数据表进行统一管理，将数据库表空间命名为 BS(Bank System)。

17.2.1　创建数据库

创建该表空间的时候，需要对表空间进行设置。默认保存在系统 D 盘 Bank 目录下的 Database

文件夹中。数据库文件的初始大小为 15MB，自动增长率也是 15MB，最大大小为 150MB。对盘区的管理方式为 UNIFORM 方式。

通过以下代码创建了一个本地化管理方式的表空间。在创建表空间时要使用 system 用户登录，使用其他用户创建表空间时，该用户必须具有创建表空间的权限。

```
SQL> CREATE TABLESPACE BS
  2   DATAFILE'D:\Bank\Database\BS.DBF'SIZE 15M
  3   AUTOEXTEND ON NEXT 15M MAXSIZE 150M
  4   EXTENT MANAGEMENT LOCAL UNIFORM SIZE 800K;
表空间已创建。
```

使用 system 用户登录执行上述命令即可以完成该数据库的创建，在 D 盘 Bank 下的 Database 文件夹下可以找到 BS.DBF 文件，如图 17-2 所示。

图 17-2　数据库文件

> **注意**
> 在执行该命令之前，本地磁盘中必须存在 D:\Bank\Database 目录，否则将产生错误。

17.2.2　创建数据表

前面已经对本实例需要用到的数据表进行简单的分析和设计，下面就根据前面的数据库表的设计要求，分别来创建这些数据库表。

1. 用户信息表

用户信息表（UserInfo）用于存储用户的详细信息，比如编号、用户名、身份证号、联系电话、联系地址等。创建表的时候要注意将该表放在 BS 表空间中，将表中的 ID 设为主键、PersonID 为惟一约束。详细代码如下所示。

```
SQL> CREATE TABLE UserInfo(
  2   ID NUMBER(10) NOT NULL,
  3   UserName VARCHAR2(10) NOT NULL,
  4   PersonID VARCHAR2(18) NOT NULL CONSTRAINT U_UK UNIQUE,
  5   Telephone VARCHAR2(13) NOT NULL,
  6   Address VARCHAR2(50),
  7   CONSTRAINT U_PK PRIMARY KEY(ID)
```

```
    8  )TABLESPACE BS;
表已创建。
```

在上述代码已经设置了主键 ID 列，但是 ID 列不会自动生成。因此需要创建一个序列，然后由触发器来控制序列生成 ID 值。

创建一个 SEQ_UserInfo 序列，用于主键的自动递增，该序列从 1 开始逐步递增到 999999。详细代码如下所示。

```
SQL> CREATE SEQUENCE SEQ_UserInfo
  2  MINVALUE 1
  3  MAXVALUE 999999
  4  INCREMENT BY 1
  5  START WITH 1
  6  CACHE 20
  7  NOORDER CYCLE;
序列已创建。
```

接下来创建一个名为 TR_USERID 的触发器，在用户向表中添加数据之前触发，从而将生成好的序列值写入主键中，这样在插入记录时就会自动生成主键，详细代码如下所示。

```
SQL> CREATE OR REPLACE TRIGGER TR_USERID
  2  BEFORE INSERT ON UserInfo
  3  FOR EACH ROW
  4  WHEN(NEW.ID IS NULL)
  5  BEGIN
  6  SELECT SEQ_UserInfo.NEXTVAL INTO :NEW.ID FROM DUAL;
  7  END;
  8  /
触发器已创建
```

对于 User_Info 的创建完成了，使用 DESC 命令查看表结构，如下所示。

```
SQL> desc User_Info;
```

名称	是否为空?	类型
---------------	--------	-------------------
ID	NOT NULL	NUMBER(10)
USERNAME	NOT NULL	VARCHAR2(10)
PERSONID	NOT NULL	VARCHAR2(18)
TELEPHONE	NOT NULL	VARCHAR2(13)
ADDRESS		VARCHAR2(50)

2. 银行卡信息表

银行卡信息表（CardInfo）用于存储与指定卡号相关的所有卡片信息，包括开户日期、开户金额、账户余额、密码、锁定状态、用户编号等，在创建表的时候，详细代码如下所示。

```
SQL> CREATE TABLE CardInfo(
  2 CardNumber VARCHAR2(15) NOT NULL PRIMARY KEY CONSTRAINT cn_ck CHECK(LENGTH(
CardNumber)=15),
  3  OpenDate DATE DEFAULT (SYSDATE) NOT NULL,
  4  OpenMoney NUMBER(18,2) NOT NULL CHECK(OpenMoney >= 1),
  5  Balance NUMBER(18,2) NOT NULL CHECK(Balance >= 0),
```

```
   6  Password VARCHAR2(6)  DEFAULT('888888')NOT NULL,
   7  IsLock NUMBER DEFAULT(1) NOT NULL ,
   8  CustomerID NUMBER  REFERENCES UserInfo(ID) NOT NULL
   9  );
表已创建。
```

表已经创建成功，查看表结构如下。

```
SQL> desc CardInfo;
 名称                         是否为空?          类型
 ---------------            --------          -------------------
 CARDNUMBER                 NOT NULL          VARCHAR2(15)
 OPENDATE                   NOT NULL          DATE
 OPENMONEY                  NOT NULL          NUMBER(18,2)
 BALANCE                    NOT NULL          NUMBER(18,2)
 PASSWORD                   NOT NULL          VARCHAR2(6)
 ISLOCK                     NOT NULL          NUMBER
 CUSTOMERID                 NOT NULL          NUMBER
```

3. 交易记录表

交易记录表（TransInfo）用于存储银行卡每次执行交易时的信息，其中包括：交易日期、交易卡号、交易类型、交易金额、备注信息等，具体设计代码如下所示。

```
SQL> CREATE TABLE TransInfo(
   2  ID number NOT NULL PRIMARY KEY,
   3  TransDate DATE NOT NULL ,
   4  CardNumber VARCHAR2(15)  REFERENCES CardInfo(CardNumber) NOT NULL ,
   5  TransType VARCHAR2(6) NOT NULL CONSTRAINT ttype_ck CHECK(TransType IN
      ('存入','支取','转入','转出')),
   6  TransMoney number(18,2) NOT NULL CONSTRAINT tmoney CHECK(TransMoney>0),
   7  Remark VARCHAR2(200)
   8  );
表已创建。
```

与 UserInfo 表相同，表中含有 ID 列，需要创建自增序列，由触发器触发自动生成自增 ID 值。

创建一个 SEQ_TransInfo 序列，用于主键的自动递增，该序列从 1 开始逐步递增到 999999。详细代码如下所示。

```
SQL> CREATE SEQUENCE SEQ_TransInfo
   2  MINVALUE 1
   3  MAXVALUE 999999
   4  INCREMENT BY 1
   5  START WITH 1
   6  CACHE 20
   7  NOORDER CYCLE;
序列已创建。
```

接下来创建一个名为 TR_TRANSID 的触发器，在用户向表中添加数据之前触发，从而将生成好的序列值写入主键中，这样在插入记录时就会自动生成主键，详细代码如下所示。

```
SQL> CREATE OR REPLACE TRIGGER TR_TRANSID
```

```
 2  BEFORE INSERT ON TransInfo
 3  FOR EACH ROW
 4  WHEN(NEW.ID IS NULL)
 5  BEGIN
 6  SELECT SEQ_TransInfo.NEXTVAL INTO :NEW.ID FROM DUAL;
 7  END;
 8  /
触发器已创建
```

表已经创建成功，查看表结构如下。

```
SQL> desc TransInfo;
 名称                    是否为空?              类型
 -------------          --------             ------------------
 ID                     NOT NULL             NUMBER
 TRANSDATE              NOT NULL             DATE
 CARDNUMBER             NOT NULL             VARCHAR2(15)
 TRANSTYPE              NOT NULL             VARCHAR2(6)
 TRANSMONEY             NOT NULL             NUMBER(18,2)
 REMARK                                      VARCHAR2(200)
```

17.3 模拟业务逻辑

数据库和数据库表创建完成后，就可以编写一些业务逻辑代码来完善该数据库的功能，并对其进行简单测试。下面来根据项目需求进行一一实现。

17.3.1 开户

银行卡的开户功能要求用户输入用户姓名、身份证号、联系电话、开户金额等信息，系统自动生成 15 位长度的数字账号，并创建相应的用户信息和银行卡信息。因为生成银行账号功能比较独立，也较为常用，所以使用一个存储过程将其封装起来，代码如下。

```
SQL> CREATE OR REPLACE PROCEDURE Proc
 2  (CardNumber OUT number)
 3  IS
 4  BEGIN
 5  CardNumber :=concat((to_char(SYSDATE,'YYYYMMDDHHMMSS')), trunc(dbms_random.
    value(1,10)));
 6  END;
 7  /
过程已创建。
```

下面还需要创建一个用于执行开户功能的存储过程 add_newcard，该存储过程接收用户姓名、身份证号、联系电话、联系地址、开户金额、初始密码等信息（其中联系地址和初始密码为可选参数），然后再根据输入信息分别创建用户信息和银行卡信息。实现该功能的存储过程代码如下。

```
SQL> create or replace
 2  PROCEDURE add_newcard(
 3  NEWUserName in VARCHAR2,
 4  NEWPersonID in VARCHAR2,
```

```
 5  NEWTelephone in VARCHAR2,
 6  Money in NUMBER,
 7  NEWAddress in VARCHAR2 := '',
 8  NEWPassword in VARCHAR2:= '888888'
 9  )
10  IS
11  NEWCARDNUMBER VARCHAR2(18);
12  BEGIN
13  Proc_CreateCardNumber(NEWCARDNUMBER);
14    INSERT INTO UserInfo(UserName,PersonID,Telephone,Address) VALUES(NEWUserName,
      NEWPersonID, NEWTelephone, NEWAddress);
15    INSERT INTO CardInfo(CardNumber,OpenDate, OpenMoney, Balance, Password,IsLock,
      CustomerID)
16                    VALUES(NEWCARDNUMBER,sysdate, Money, Money, NEWPassword,
                      1, (SELECT MAX(ID) FROM USERINFO));
17  END;
18  /
过程已创建。
```

接下来编写代码调用该存储过程执行银行卡开户操作，代码如下所示。

```
SQL> VARIABLE NEWUserName VARCHAR2(10)
SQL> VARIABLE NEWPersonID VARCHAR2(18)
SQL> VARIABLE NEWTelephone VARCHAR2(13)
SQL> VARIABLE NEWAddress VARCHAR2(50)
SQL> VARIABLE Money NUMBER(18,2)
用法: VAR[IABLE] [ <variable> [ NUMBER | CHAR | CHAR (n [CHAR|BYTE]) |
                 VARCHAR2 (n [CHAR|BYTE]) | NCHAR | NCHAR (n) |
                 NVARCHAR2 (n) | CLOB | NCLOB | BLOB | BFILE
                 REFCURSOR | BINARY_FLOAT | BINARY_DOUBLE ] ]
SQL> VARIABLE NEWPassword varchar2(6)
SQL> EXEC add_newcard(NEWUserName => '张彤', NEWPersonID => '410156190012056548'
,NEWTelephone => '15993478562',NEWAddress => '北京海淀',Money => 100,NEWPassword
=>'123456');
PL/SQL 过程已成功完成。
SQL> EXEC add_newcard(NEWUserName => '李琦', NEWPersonID => '410423196508122562'
,NEWTelephone => '18238895264',NEWAddress => '上海浦东',Money => 1,NEWPassword=>
123789);
PL/SQL 过程已成功完成。
SQL> EXEC add_newcard(NEWUserName => '张伟', NEWPersonID => '410422196812153652'
,NEWTelephone => '010-32584658',NEWAddress => '北京海淀',Money => 500,NEWPassword
=>'888888');
PL/SQL 过程已成功完成。
SQL> EXEC add_newcard(NEWUserName => '李梦', NEWPersonID => '410423199001052541'
,NEWTelephone => '13768425941',NEWAddress => '北京海淀',Money => 200,NEWPassword
=>'147258');
PL/SQL 过程已成功完成。
```

上面代码执行了四次插入操作，分别为四个用户开了四张银行卡，查询用户信息表 UserInfo 和银行卡信息表 CardInfo 中的数据信息，如下所示。

```
SQL> select * from UserInfo;
ID     USERNAME    PERSONID              TELEPHONE         ADDRESS
---    --------    ------------------    ------------      ----------
1      张彤        4101561900012056548   010-32584658      北京海淀
2      李琦        410423196508122562    18238895264       上海浦东
3      张伟        410422196812153652    15993478562       北京海淀
4      李梦        410423199001052541    13768425941       北京海淀
SQL> select * from CardInfo;
CARDNUMBER          OPENDATE      OPENMONEY   BALANCE   PASSWO    ISLOCK   CUSTOMERID
----------------    ----------    --------    --------  -------   ------   -----------
201306131106546     13-6月 -13    100         100       123456    1        1
201306131106025     13-6月 -13    1           1         123789    1        2
201306131106091     13-6月 -13    500         500       888888    1        3
201306131106161     13-6月 -13    200         200       147258    1        4
```

17.3.2 存款

存款操作非常简单，只需要指定卡号和存款金额即可，当然最后还需要记录存款操作。所以这里创建一个存储过程，接收用户传入的卡号和存款金额，然后记录该存款操作，实现代码如下。

```
SQL> CREATE OR REPLACE PROCEDURE Proc_SaveMoney(
  2  CN IN VARCHAR2,
  3  TMoney IN  NUMBER)
  4  AS
  5  BEGIN
  6      UPDATE CardInfo
  7      SET Balance = Balance + TMoney
  8      WHERE CardNumber = CN;
  9      INSERT INTO TransInfo(TransDate,CardNumber, TransType, TransMoney)
 10             VALUES(SYSDATE,CN, '存入', TMoney);
 11  END;
 12  /
过程已创建。
```

接下来就可以调用该存储过程执行存款操作了，代码如下。

```
SQL>EXEC Proc_SaveMoney('201306131106546',1200);
PL/SQL 过程已成功完成。
SQL> EXEC Proc_SaveMoney('201306131106025',1000);
PL/SQL 过程已成功完成。
SQL> EXEC Proc_SaveMoney('201306131106091',1500);
PL/SQL 过程已成功完成。
SQL> EXEC Proc_SaveMoney('201306131106161',800);
PL/SQL 过程已成功完成。
SQL> EXEC Proc_SaveMoney('201306131106025',1200);
PL/SQL 过程已成功完成。
SQL> EXEC Proc_SaveMoney('201306131106161', 2000);
PL/SQL 过程已成功完成。
SQL> EXEC Proc_SaveMoney('201306131106546',5000);
PL/SQL 过程已成功完成。
```

上面这段代码执行完毕后，不仅修改了 CardInfo 表中的数据，而且向 TransInfo 表中插入一些操作记录，如下所示。

```
SQL> select * from transinfo;
ID   TRANSDATE      CARDNUMBER        TRANST   TRANSMONEY   REMARK
---  ----------     ------------------  -------  ----------   -------
1    13-6月 -13     201306131106546   存入     1200
2    13-6月 -13     201306131106025   存入     1000
3    13-6月 -13     201306131106091   存入     1500
4    13-6月 -13     201306131106161   存入     800
5    13-6月 -13     201306131106025   存入     1200
6    13-6月 -13     201306131106161   存入     2000
7    13-6月 -13     201306131106546   存入     5000
已选择 7 行。
SQL> select * from cardinfo;
CARDNUMBER        OPENDATE     OPENMONEY   BALANCE   PASSWO    ISLOCK  CUSTOMERID
----------------  ----------   ----------  --------  --------  ------  ----------
201306131106546   13-6月 -13   100         6300      123456    1       1
201306131106025   13-6月 -13   1           2201      123789    1       2
201306131106091   13-6月 -13   500         2000      888888    1       3
201306131106161   13-6月 -13   200         3000      147258    1       4
```

17.3.3 取现

取现操作和存款操作非常相似，使用存储过程实现该操作，代码如下。

```
SQL> CREATE OR REPLACE PROCEDURE Proc_GetMoney(
  2 CN IN VARCHAR2,
  3 TMoney IN  NUMBER)
  4 AS
  5 BEGIN
  6   UPDATE CardInfo
  7   SET Balance = Balance - TMoney
  8   WHERE CardNumber = CN;
  9   INSERT INTO TransInfo(TransDate,CardNumber, TransType, TransMoney)
 10         VALUES(SYSDATE,CN, '支取', TMoney);
 11 END;
 12 /
过程已创建。
```

上面代码执行完毕以后，即可创建该存储过程。接下来调用该存储过程实现取现操作，代码如下。

```
SQL> EXEC Proc_GetMoney ('201306131106546', 2000);
PL/SQL 过程已成功完成。
SQL> EXEC Proc_GetMoney ('201306131106025', 1500);
PL/SQL 过程已成功完成。
SQL> EXEC Proc_GetMoney ('201306131106161', 1200);
PL/SQL 过程已成功完成。
SQL> EXEC Proc_GetMoney ('201306131106546', 500);
PL/SQL 过程已成功完成。
```

```
SQL> EXEC Proc_GetMoney ('201306131106091', 1000);
PL/SQL 过程已成功完成。
SQL> EXEC Proc_GetMoney ('201306131106091', 30000);
BEGIN Proc_GetMoney ('201306131106091', 30000); END;
*
第 1 行出现错误:
ORA-02290: 违反检查约束条件 (SYSTEM.SYS_C009933)
ORA-06512: 在 "SYSTEM.PROC_GETMONEY", line 6
ORA-06512: 在 line 1
```

上面代码中，因为对卡号201306131106091取现金额大于该账户的余额，所以将会抛出错误，表明有操作执行不成功，违反了约束条件。

查询表中数据，发现操作执行成功，如下所示。

```
SQL> select * from transinfo;
ID    TRANSDATE      CARDNUMBER           TRANST    TRANSMONEY    REMARK
---   ---------      ------------------   -------   ----------    -------
1     13-6月 -13     201306131106546      存入      1200
2     13-6月 -13     201306131106025      存入      1000
3     13-6月 -13     201306131106091      存入      1500
4     13-6月 -13     201306131106161      存入      800
5     13-6月 -13     201306131106025      存入      1200
6     13-6月 -13     201306131106161      存入      2000
7     13-6月 -13     201306131106546      存入      5000
8     13-6月 -13     201306131106546      支取      2000
9     13-6月 -13     201306131106025      支取      1500
10    13-6月 -13     201306131106161      支取      1200
11    13-6月 -13     201306131106546      支取      500
12    13-6月 -13     201306131106091      支取      1000
已选择12 行。
SQL> select * from cardinfo;
CARDNUMBER        OPENDATE    OPENMONEY    BALANCE    PASSWO    ISLOCK    CUSTOMERID
---------------   ---------   ----------   --------   --------  ------    ----------

201306131106546   13-6月 -13  100          3800       123456    1         1
201306131106025   13-6月 -13  1            701        123789    1         2
201306131106091   13-6月 -13  500          1000       888888    1         3
201306131106161   13-6月 -13  200          1800       147258    1         4
```

▌17.3.4 查询余额

查询余额功能非常简单，这里就没必要使用存储过程来实现了，直接使用 SELECT 查询语句即可。例如这里查看卡号为 201306131106161 和 201306131106546 的账户余额，可以使用如下代码。

```
SQL> SELECT  Balance as "1306131106161 的余额"
  2  FROM CardInfo
  3  WHERE CardNumber = '201306131106161';
201306131106161 的余额
---------------------------------
1800
SQL> SELECT  Balance as "201306131106546 的余额"
```

```
  2  FROM CardInfo
  3  WHERE CardNumber = '201306131106546';
201306131106546 的余额
----------------------------------
3300
```

17.3.5 转账

转账功能稍微有些复杂，需要先将指定金额的款项从转出账户中扣除，然后添加到转入的账户中。整个业务必须同时执行，所以这里还要使用事务来处理该需求，代码如下。

```
SQL> CREATE OR REPLACE
  2  PROCEDURE PROC_TRANSFERACCOUNT(
  3  OutNumber VARCHAR2,
  4  InNumber VARCHAR2,
  5  Money NUMBER)
  6  AS
  7  BEGIN
  8    UPDATE CardInfo
  9    SET Balance = Balance - Money
 10    WHERE CardNumber = OutNumber;
 11    UPDATE CardInfo
 12    SET Balance = Balance + Money
 13    WHERE CardNumber = inNumber;
 14    INSERT INTO TransInfo(TransDate,CardNumber, TransType, TransMoney, Remark)
 15          VALUES(sysdate,InNumber, '转入', Money, OutNumber);
 16    INSERT INTO TransInfo(TransDate,CardNumber, TransType, TransMoney, Remark)
 17          VALUES(sysdate,OutNumber, '转出', Money, InNumber);
 18            COMMIT;
 19        EXCEPTION
 20        WHEN OTHERS THEN
 21        ROLLBACK;
 22  END PROC_TRANSFERACCOUNT;
 23  /
过程已创建。
```

执行上面代码创建存储过程以后，再使用下面代码调用存储过程实现转账功能。

```
SQL> EXEC Proc_TransferAccount ('201306131106546', '201306131106161', 500);
PL/SQL 过程已成功完成。
```

执行完以后，查看交易记录表，结果如下所示。

```
SQL> select * from cardinfo;
CARDNUMBER        OPENDATE    OPENMONEY    BALANCE  PASSWO   SLOCK  CUSTOMERID
------------      ----------  -----------  -------  -------  ------ ----------
201306131106546   13-6 月 -13  100          3300     123456   1       1
201306131106025   13-6 月 -13  1            701      123789   1       2
201306131106091   13-6 月 -13  500          1000     888888   1       3
201306131106161   13-6 月 -13  200          2300     147258   1       4
```

17.3.6 查询交易记录

查询交易记录的操作也非常简单。不过这里为了更直观的显示结果，需要使用视图来将户姓名、用户卡号作为附加列显示到结果集中。创建该视图的代码如下所示。

```
SQL> CREATE VIEW View_TransInfo
  2  AS
  3  SELECT U.UserName, T.*
  4  FROM TransInfo T, UserInfo U, CardInfo C
  5  WHERE T.CardNumber = C.CardNumber AND C.CustomerID = U.ID;
视图已创建。
```

创建完该视图以后，就可以使用代码查询该视图中的数据，如下所示。

```
SQL> SELECT * FROM View_TransInfo WHERE CardNumber = '201306131106546';
USERNAME   ID   TRANSDATE      CARDNUMBER        TRANST  TRANSMONEY  REMARK
--------   ---  ----------     --------------    ------  ----------  --------------
张彤        1   13-6 月 -13    201306131106546   存入    1200
张彤        7   13-6 月 -13    201306131106546   存入    5000
张彤        8   13-6 月 -13    201306131106546   支取    2000
张彤       11   13-6 月 -13    201306131106546   支取    500
张彤       14   13-6 月 -13    201306131106546   转出    500         201306131106161
```

17.3.7 挂失和激活

挂失操作也非常简单，只需要使用 UPDATE 语句修改指定账户的状态即可，代码如下。

```
SQL> UPDATE CardInfo
  2  SET IsLock = 0
  3  WHERE CardNumber = '201306131106546';
已更新 1 行。
```

上面代码执行以后，即可将账户状态 IsLock 修改为 0，即锁定该状态。如果要重新激活该账户，就需要确认个人身份证号、姓名、电话等信息，代码如下。

```
SQL> UPDATE CardInfo
  2  SET IsLock = 1
  3  WHERE CardNumber = '201306131106546' AND
  4  CustomerID = (SELECT ID FROM UserInfo WHERE PersonID = '4101561900012056548'
  5  AND
  6  UserName = '张彤' AND
  7  Telephone = '15993478562')
  8  ;
已更新 1 行。
```

习题答案

第 1 课　关系数据库和 Oracle 11g

一、填空题

1. 键
2. 实体完整性
3. 第二范式
4. 属性
5. 监听程序

二、选择题

1. D
2. A
3. B
4. C
5. C

第 2 课　认识 Oracle 体系结构

一、填空题

1. 日志文件
2. 数据
3. 临时段
4. 数据块

二、选择题

1. A
2. B
3. C
4. A
5. A
6. C
7. A

第 3 课　Oracle 管理工具

一、填空题

1. OracleDBConsoleorcl
2. DESC
3. PROMPT
4. START
5. &
6. DEFINE
7. COLUMN

二、选择题

1. D
2. B
3. C
4. C
5. A
6. B
7. B
8. D

第 4 课　Oracle 控制文件和日志文件

一、填空题

1. MOUNT
2. 备份为二进制文件
3. V$CONTROLFILE
4. V$CONTROL_RECORD_SECTION
5. ALTER DATABASE OPEN RESETLOGS
6. MAXLOGFILES

二、选择题

1. A
2. B
3. B
4. B
5. C
6. B
7. C

第 5 课　表空间

一、填空题

1. 段
2. TEMPFILE

3. UNDO

4. users

5. TEMPORARY、TEMPFILE

6. 还原段撤销管理

二、选择题

1. C

2. C

3. A

4. D

5. A

6. D

第6课 管理表

一、填空题

1. 堆表

2. 系统表空间 SYSTEM

3. NUMBER

4. CREATE

5. DESCRIBE

6. CHECK

7. 父表

8. DISABLE

9. ANALYZE

二、选择题

1. A

2. D

3. B

4. A

5. B

6. C

7. B

8. C

9. A

第7课 使用SELECT检索语句

一、填空题

1. DISTINCT

2. DESC

3. %

4. GROUP

5. ANY

6. EXISTS

7. AS

二、选择题

1. D

2. A

3. D

4. D

5. B

6. A

第8课 高级查询

一、填空题

1. 笛卡尔积

2. INNER JOIN

3. 完全连接

4. CROSS JOIN

5. UNION

6. ALL

二、选择题

1. C

2. A

3. A

4. C

5. D

第9课 使用 DML 语句修改数据表数据

一、填空题

1. INSERT

2. SELECT

3. SET

4. 某一列

5. 常量过滤谓词

6. 外键表

二、选择题

1. A

2. C

3. A

4. A

5. B

6. D

第 10 课　PL/SQL 编程基础

一、填空题

1. 单行注释
2. IF-THEN-ELSIF
3. %ROWTYPE
4. WHILE
5. 提取游标
6. OPEN

二、选择题

1. A
2. B
3. A
4. D
5. D

第 11 课　PL/SQL 实用编程

一、填空题

1. 日期函数
2. COMMIT
3. ROLLBACK
4. CREATE PACKAGE BODY
5. 变长数组（VARRAY）
6. 重载

二、选择题

1. A
2. C
3. B
4. A
5. D
6. A
7. D

第 12 课　存储过程和触发器

一、填空题

1. IN OUT
2. PROCEDURE
3. 系统事件触发器
4. TRIGGER
5. 语句级触发器
6. DELETING
7. ON DATABASE

二、选择题

1. A
2. B
3. A
4. A
5. A
6. D

第 13 课　管理数据库对象

一、填空题

1. 视图
2. CREATE VIEW
3. SELECT
4. 反向键索引
5. 合并索引
6. ORGANIZATION INDEX
7. 主键
8. 起始值
9. 私有同义词

二、选择题

1. C
2. D
3. D
4. A
5. C
6. D

第 14 课　管理 Oracle 中的特殊表

一、填空题

1. MAXVALUE
2. 复合分区
3. SPLIT PARTITION
4. 会话级临时表
5. ON COMMIT DELETE ROWS
6. LOCATION
7. REJECT LIMIT

二、选择题

1. C
2. B
3. D
4. D

5. B

6. C

第 15 课　数据备份与恢复

一、填空题

1. FILE

2. TOUSER

3. ROWS

4. 目录对象

5. QUERY

6. data_only

二、选择题

1. A

2. C

3. B

4. B

5. A

6. C

7. D

8. A

第 16 课　数据库安全

一、填空题

1. CREATE USER

2. 对象权限

3. 角色

4. USER_SYS_PRIVS

5. WITH ADMIN OPTION

二、选择题

1. A

2. B

3. B

4. A

5. A